名車の残像

名車の残像 I

文 永島 譲二
写真 北畠 主税

名車の残像 I
目 次

I

フェラーリ・ディーノ 246GT	6
メルセデス・ベンツ 300SL	14
シトロエン DS21	22
ランチア・アウレリア GT2500	30
いすゞ・ピアッツァ	38
ランボルギーニ・カウンタック LP400	46
フェラーリ 365GT4/BB	54
ジャガー Mk.II 3.8	62
ダッジ・チャレンジャー R/T コンバーティブル	70
アルファ・ロメオ・アルファスッド TI	78
ルノー 5	86
ニッサン・レパード	94
ポルシェ 911 カレラ RS	102
ジャガー E タイプ	110
トヨタ 2000GT	118
シトロエン 2CV	126
アストン・マーティン DB5	134
プジョー 202	142
ランボルギーニ・ミウラ P400S	150
アルファ・ロメオ GT1300 ジュニア	158
リンカーン・ゼファー	166
ランチア・ストラトス	174
メルセデス・ベンツ 280SL	182
オースティン・ヒーレー・スプライト Mk.I	190
フォード・ロータス・コーティナ	198
ブガッティ・タイプ 35T	206
ナッシュ・メトロポリタン	214
キャディラック・エルドラド・ブロアム	222

II

ロータス・エリート	4（II）
フィアット 600D	12（II）
デイムラー SP250	20（II）
フォード GT40	28（II）
フォード・アングリア	36（II）
フェラーリ 166MM	44（II）
アルピーヌ・ルノー A110	52（II）
ランチア・ベータ・モンテカルロ	60（II）
ルノー 4	68（II）
アルファ・ロメオ・ジュリア・スーパー	76（II）
ボルボ P1800	84（II）
ヒルマン・インプ・スーパー	92（II）
トライアンフ TR4	100（II）
シトロエン DS21	108（II）
シボレー・コーヴェア	116（II）
ランチア・デルタ S4	124（II）
アルファ・ロメオ・ジュニア・ザガート	132（II）
シトロエン CX	140（II）
ポルシェ 914	148（II）
サーブ 92	156（II）
フォルクスワーゲン タイプ 2	164（II）
アルピーヌ A106	172（II）
チシタリア 202	180（II）
ベントレー R タイプ・コンチネンタル	188（II）
ルノー 8 ゴルディーニ	196（II）
マツダ・ファミリア	204（II）
ランボルギーニ LM002	212（II）
ランチア・フルヴィア・スポルト	220（II）
撮影の現場から	228（II）
あとがき	234（II）

DINO 246GT

1969年ジュネーヴ・ショーにてデビュー。フェラーリ初のロードゴーイング・ミドエンジンGT。鋼管スペースフレーム＋スチールボディ。全長：4235mm、全幅：1700mm、全高：1135mm、ホイールベース：2340mm。水冷V型6気筒 DOHC32バルブ横置きミドシップ。2418cc、195ps／7600rpm、23.0mkg／4800rpm。サスペンション：独立 ダブルウィッシュボーン（前／後）

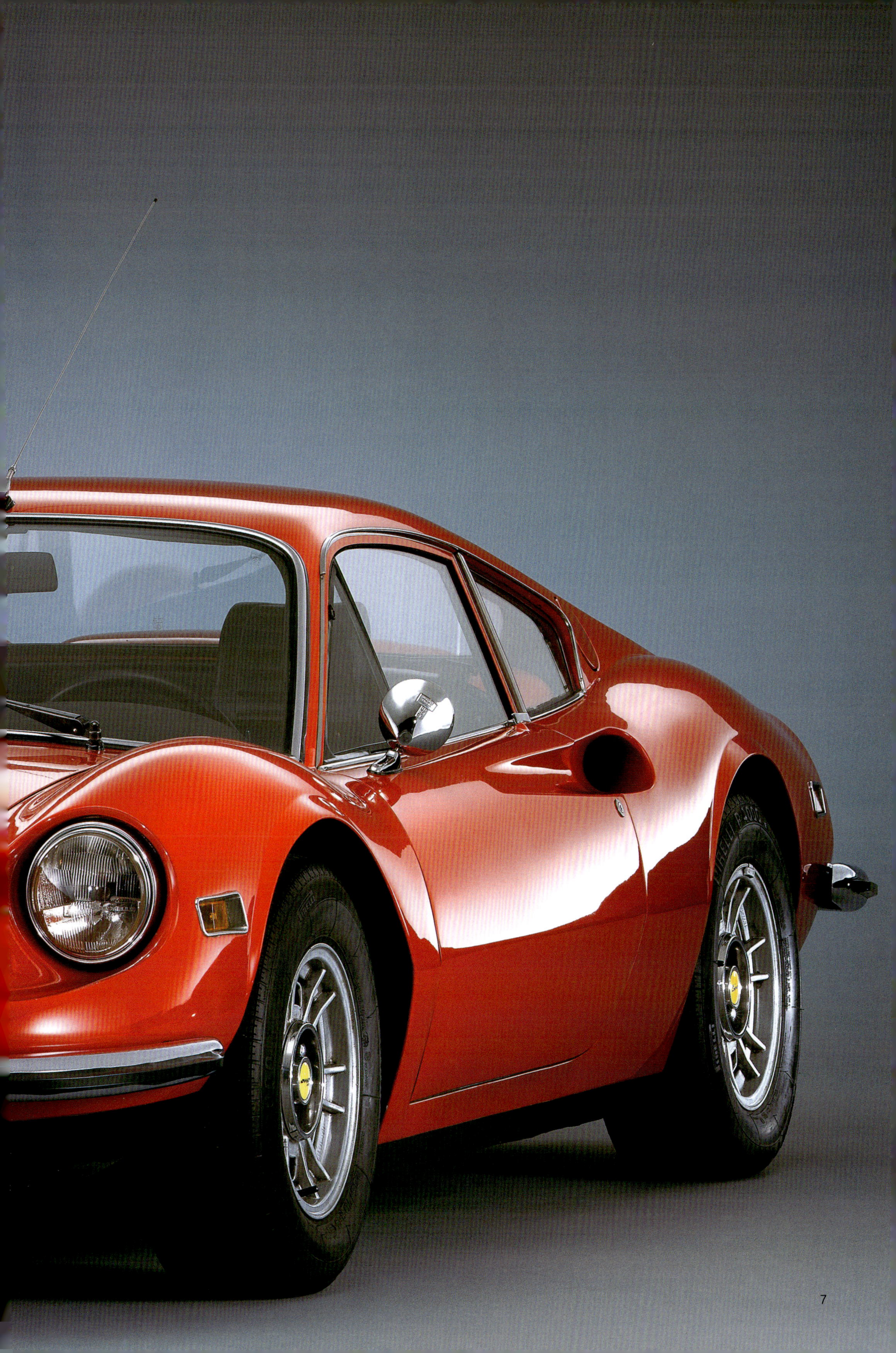

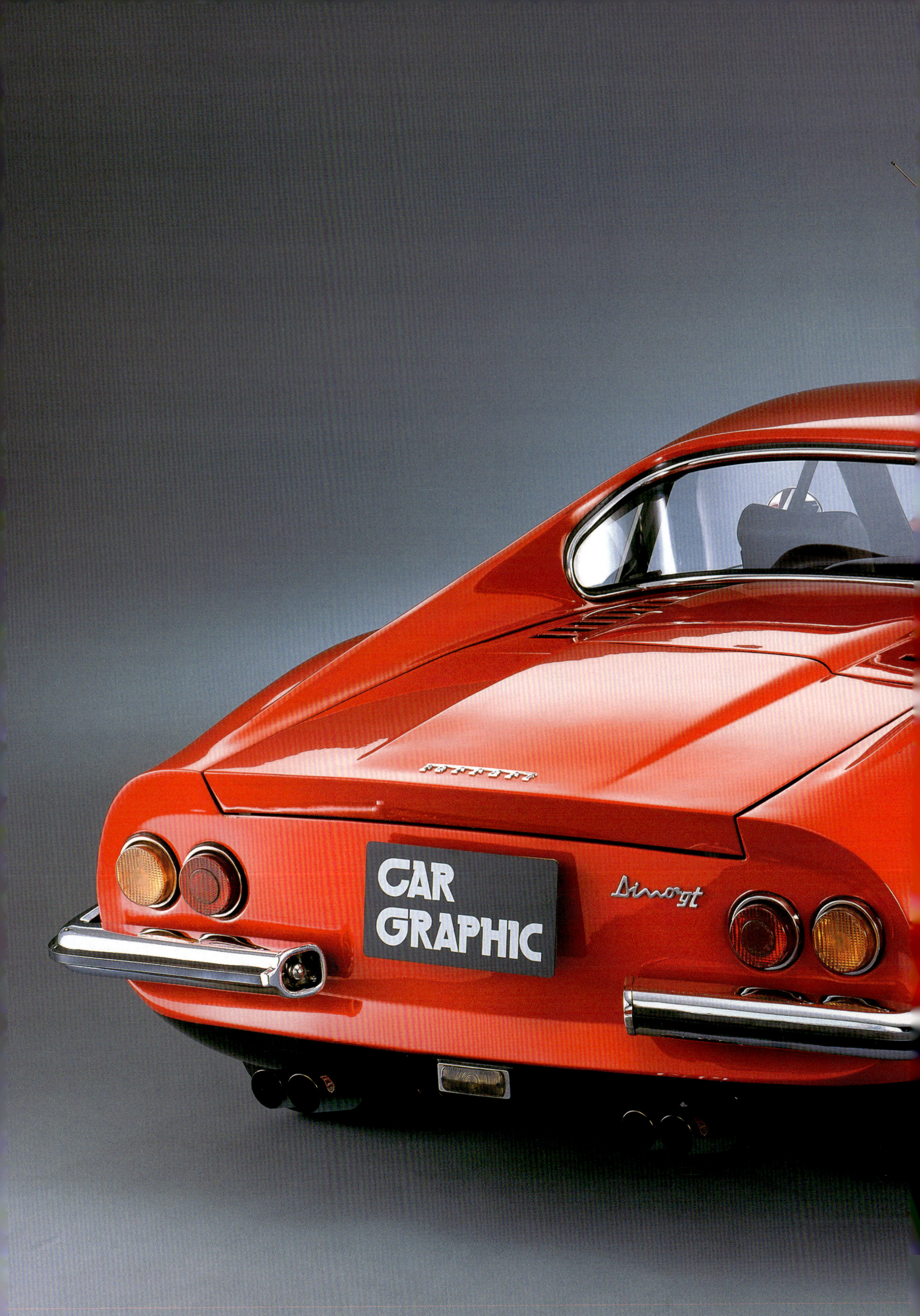
CAR
GRAPHIC
Dino gt

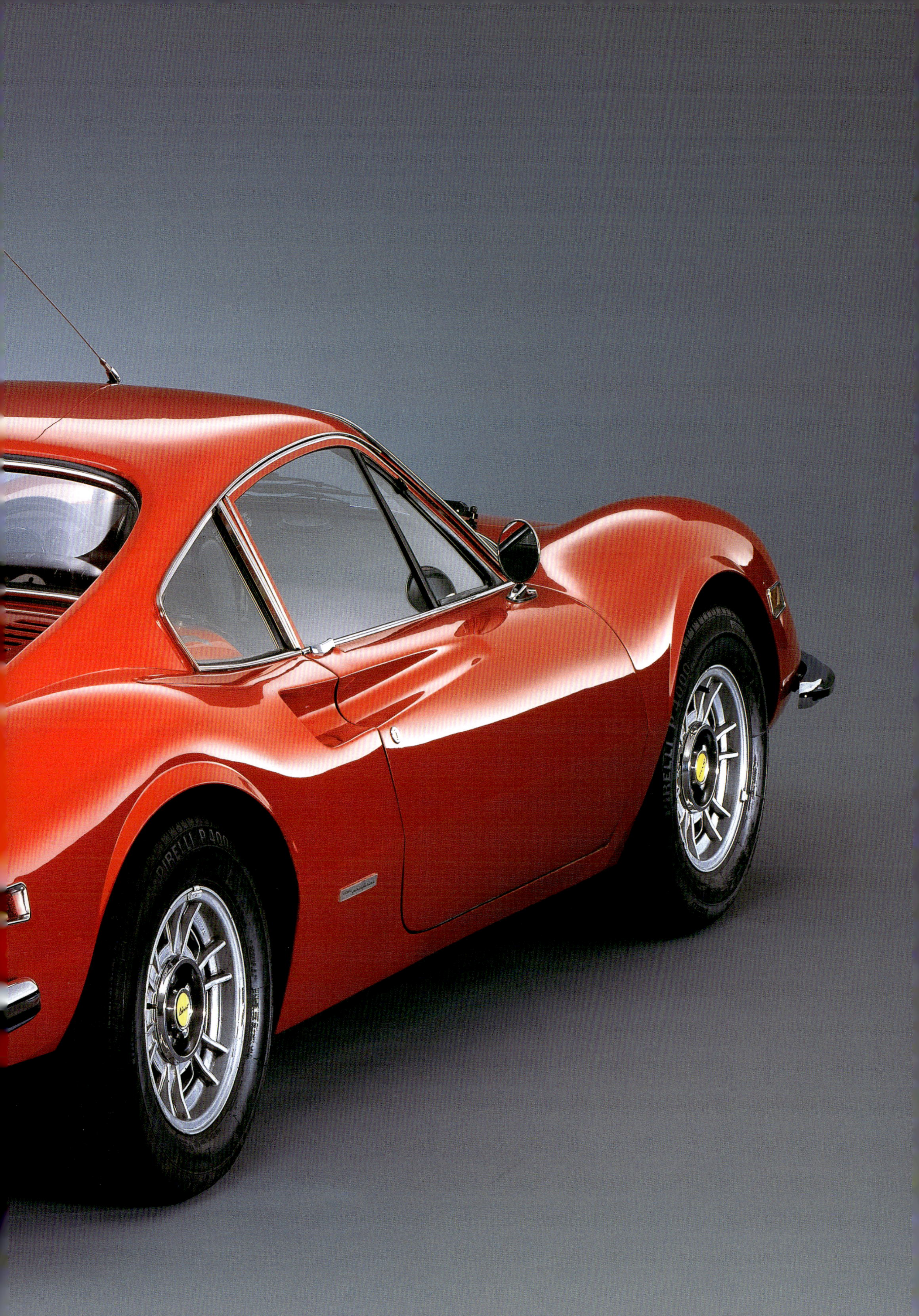

■これってやはり大変な車では？
　「……で、その新しい企画というのは、車の写真をまず撮るわけです」ハァ。「自動車ファンの興味をそそるような車、それもちょっと古めの車ということになります」ハハァ。「写真には長めのキャプションというか、車の解説が添えられることになります」ホホー。「どうでしょう？」おもしろそうじゃないですか。「では、お願いできますか？」エッ？「毎回の車の解説ですね。つまり長めのキャプション部分ですが」アッ、私メが書けばよろしいんで？「どうでしょう？」いいスよ。「では撮影する車が決まり次第、お知らせしますから」ハーイ。

　東京・神田神保町、茶色い二玄社のビルの中の一室の片隅の小型テーブルをヒザではさみあうように向かいあった僕とＣＧ編集部の方とのあいだでおおむね上記のような会話がかわされたのは、ついこのあいだの、ワガ休暇中のことである。神田といえばその昔、銭形平次が活躍していた土地である。平次親分、さかんに「今日もキメ手の」ゼニをとばしていたのがこの辺である。犯罪をゼニで解決していたという言い方もできる。

　いや、この際そんなことはどうでもよい。われながら、えらく簡単にひきうけてしまったものだ。やすうけあいである。相手も拍子抜けというか、内心あきれていたのではないか。もっと悩んだりゴネたり、一応はするのが社会ツーネンからいっても妥当な対応だったのではないか。

　で、ともかく表に出、寒空の下を歩きはじめる頃になって、ちょっと遅すぎだがだんだん心配になってきたのだ。「写真のキャプション」と聞いて、マァそのくらいならと当初かるく考えたが、でも「原稿用紙18枚ぐらいの……」といわれたのである。考えてみりゃこれってかなりの量、というかそんな長いキャプションなんてあるものか？　ナニ書くベェ。

　……しかし短い休暇は過ぎ去り、現在のわが住み家ミュンヘンに帰り、日常生活にもどるにしたがい、社用私用と忙しくなってきたため、この長ーいキャプションのこと、あまり意識にのぼらなくなってきた。少しは気にした方がよいのに、全然気にもならなくなりヘラヘラしていたつい先日、ついに連絡がはいった。平次親分のところからである。

　「例の新企画、1回目はディーノ246に決まりました」「あ、ディーノですね、ハイ」、とそう答えはしたものの、期日はけっこうせまってるし、急にあせっても助けにな

りゃしない。ああ、もの書きのクロウト衆ならこのぐらいの原稿どうにでもなるのだろうが、自慢じゃないがこっちは文章つづるについちゃ極めつけのど素人だ。ド・シロート、とこう書くとフランス貴族みたいないい響き。エーイ、くだらないこと考えてないで、さっさと鉛筆でもけずれ！

で、ディーノ246の話である。僕が初めてディーノを見たのはいつのことだったろう。たしか中2のときに伊勢丹の地下で見たのが最初だったような気がする。新宿のイセタンの地階にはその当時よく1〜2台の輸入車が展示されていた。ただなにぶんにも、デパートの地階であるから、その小さな展示場はたい焼の実演販売と芋ようかん売場、佃煮売場にかこまれた、そんな雑然たる一画であったような記憶がある。

「あっ、ディーノだ！」、そのときイタイケな中学生の僕は足ばやに近づくと、落ちていたゴマメの2〜3匹もふみつぶしながら、そのイタリア車のまわりをぐるぐると、あらゆる角度から鑑賞した。こんな、あまりらしからぬ環境にあっても、そのときの純白のディーノ、なんという美しい車だったろう。まったく圧倒されたといってよい。もちろん写真ではよく見知ってはいたものの、すでに自動車デザインに並々ならぬ関心をいだいていた当方、初めてホンモノを前にしてさすがにシビれた。プロポーション、量感、ふとい芯のある丸み、そして見る人の目の高さをちゃんと計算にいれたその造形は、こちらのシビレを見るほどに増幅した。

またこの車、見るほどに当時のフェラーリのレース用プロトタイプの数々と、元のところでつながっていることがわかる。兄弟であることがわかる。またディーノって実物を前にすると競争自動車に独特の実戦的な「本気」のオーラ、一種のスゴ味も感じられる。その造形的なウツクシサも、たちのぼる「スゴ味」も、他でもないあの60年代後半のフェラーリのスポーツ・レーシングのそれなのだから、これって大変なことだ。

■競争自動車デザイン術

ここから話はとぶ。なんか唐突ではあるが、自分のシゴトの経験、あるいはデザイナーの心理的側面といったハナシを書く。

それはオペルに勤めていた頃の話だ。僕は同社のモータースポーツのプロジェクトに、デザイナーとしてかなり深めに首をつっこんでいた。当時のオペルは世界ラリー選手権にご執心で、かなりのエネルギーを注ぎ込んでおり、デザイン部門も競技用車のたえざる改良、ニューカーの開発とスポーツ活動の一翼を担っていた。僕自身もこのハタケはミーハー的に大好きであり、ひところラリーカー関係の仕事は僕の全仕事量のうち、かなりの割合を占めるまでに至った。

さてこの期間、モータースポーツ関係の人々にもまれ、こちらも少しでも勝てる車を目指して一応の努力をという、そんな経験からよくよく身に沁みてわかったことがある。それは競争用の自動車、レースやラリーに使われる車とは、そもそもどういう種類の機械であるか、あるべきかということである。単なる普通の車の俊足版と考えるのでは浅すぎる。

実際コンペティション・カーって、車に興味のない人が見ても普段、路上で見る車とは印象があまりにちがう。なんか迫力がある。それは機械としてのそもそもの種類のちがい、またつくる側、デザイナーの側の意識・アタマのモードのちがいのゆえであろうと思うのだ。

ここで、普通アタリマエの乗用車と比較して考えてみよう。企業に働くデザイナーにとって一般的な量産車とは何か？　まず第一義的にそれは商品、それも世界中で百万台単位で売りさばかれるべき商品である。オトーサンに買ってもらわなくてはいけない。オニーチャンにも奥サンにも買ってもらわなくちゃいけない。大工サン社長サン大学教授、果ては悪徳不動産屋やサギ師の皆サンにいたるまで、ありとあらゆる人々をニンマリとさせてサイフのヒモをゆるめさせなくてはいけない。この場合、デザイナーに求められるのはナイス・ニコニコモードというか、一種の平衡感覚である（これは没個性ということとは違うが、今はその説明には足をつっこまない）。

これに対して、競争自動車とはどういうものか。ラリーカーもレースカーも4つの車輪がついてはいるが、マシーナリーの種類としては、あれは言ってみれば武器の一種なのだと僕は理解するようになった。戦車や装甲車、そしてライフルやミサイルとも同属のアブナイ機械の一種なのだ。そのココロは、「相手を倒して自分が勝つ」というところにある。いっさい妥協はしない。たとえクビの差ハナの差でも絶対に相手を制して自分の方が先にゴールにとびこむ。それ以外には存在理由はナシという、競争自動車とはそんな単純にして酷薄な物体ではないか。

だからこういうモノをデザインする人は、先程のナイス・ニコニコモードではいけない。そういうヤワな方向はすべてスイッチ・オフして、冷徹にとことん勝とうとする「鉄の爪。フリッツ・フォン・エリック！」といった危険なモードに自らを切り替えなくてはいけないのだ。

さて競争自動車と普通の自動車のちがいについて、もうひとつ具体的に、居住性を例にあげて説明を加える。普通の乗用車というのは、大なり小なり人に嫌われる要素を鯛のホネのように注意深くとりのぞいてつくられている。大枚はたいて買ってくれた大切なお客サンが運転席についたときにゴキゲン悪くならないように、極力居心地好いようによくよく考えてデザインされている。乗りやすく降りやすく、手をのばせば必要なスイッチは自然と指先にふれ、ベントからは春のそよ風が、ステレオからはタエなるしらべが、とまあ、そういう風にデザインされているものだ。

それに対して競争自動車は、ハナ毛一本の差でも相手に勝つ！という、その単純な目的のために他のすべてを犠牲にしてもかまわない。だからドライバーのごきげんのことなんか最初から考えちゃいない。ラリーやレースの専用車に一度でも坐ったことのある人なら知っている、あのあまりの乗り降りのしにくさ、キュークツさ、ガタガタのたてつけの悪さ、ガソリン臭さ、そしてひとたびエンジンをかければアタマなんか割れちまえとばかりの振動と騒音。「健康で文化的な生活」をおくる権利を保証した日本国憲法にてらせば、あきらかに違憲なのである。

では、なぜこんなものが、こんなデザインが許されるのか。先程も述べたように、それはこれが「武器」の一種だからなのだ。妥協してたらやられてしまうから、コロがすドライバーだってベソかきながらも我慢せざるを得ない。

もちろん犠牲になるのは居住性だけではない。キレイな線の流れ、自然な面の変化、デザイナーにとっては大事な、そしてふだんは欠かせぬ商売道具の「美意識」といったものもすべてギセイにする。趣味性や味といったこと、もちろんすべて捨てる。悪徳不動産屋をはじめとする他人の目もすべて無視する。とにかく競争に勝つためだけに徹し、他のところにつながる余計なコンセントはぜんぶ引っこ抜く。

こういう「鉄の爪！」のモードに入ってなければコンペティション・カーはちゃんとデザインできない。これぞオペル時代の経験からたたきこんだ僕の競争自動車観なのであります。ムフフフ(謎の笑い)。

■本当のところ、どうだったのか？

ここで再び話をディーノにもどす。

前世紀からの古いレース・ファンならご承知のように、今回とりあげられた生産型ディーノは同名のスポーツ・プロトタイプ、ディーノ206と同時期に並行して開発された車である。スポーツ・プロトタイプの方はレースにのみ使われ、とても公道を走れるものではない。そこで一般使用のために開発されたのがこの生産型ディーノという図式になっているようである。またそうであってこそ、あのときイセタンの地下で幾百のオネエサン達の売り声と全国各地名産のウマイモノの湯気の中で僕が見たディーノ君も、周囲に負けじと「実戦のスゴ味」を発散させていたのである。

でも、それはそれとして、現在の僕はちょっと違った方向のコトに興味をひかれる。すなわちレース用と市販用の両ディーノの兄弟、またその他のフェラーリのレース専用プロトタイプの数々を1960年代の半ばにデザインしていた人達、どんな「モード」に入って仕事していたのだろう。本当のところ、彼らの心理・アタマのモードはどのあたりにあったのだろう。同じ自動車デザイナーとしてはそのことに興味をそそられずにはいられないのだ。

この時代、60年代も後半に向かうその頃は、スポーツカー選手権がF1に負けない人気を獲得し、かつてないほど盛りあがっていた時代である。フェラーリはフォードやポルシェやシャパラルとはげしくタイトルを争っていた。当然彼らとしては絶対に勝てる車、究極の「鉄の爪」をもった強力な「武器」としてのレースカーをデザインしなくてはいけなかったはずである。

ところが実をいうと、僕にはどうしてもフェラーリをデザインしたその人達が、「勝つためだけの武器」という、単純にして酷薄なモードだけでデザインを行なっていたとは思えないのである。それは空気力学のことと関係がある。

空気力学、すなわち空力は自動車のデザインとは切っても切れないもの、殊にレースカーにおいてはその重要性は絶対的、今日では空力ファクターはレースカー・デザインの全決定権をにぎっているといってもよいほどだ。ディーノの時代にはこの傾向が現在ほど極端ではなかったにせよ、空力の重要性はすでによく認識されていた。

さて僕自身も、自動車デザイナーのハシクレとして空力には少々の知識があるが、60年代後半にむかうあの時代、空力面で最も進んでいたのは間違いなくシャパラルだったろう。別に個人的に風洞でデータをとったわけじゃないが、ひと目見てこの車、他よりも数年は先をいっていたことが明らかにわかる。同時期のフェラーリとは空力性能には大差があったと思われる。つまりフェラーリは当時、空力面では遅れていた。これはかなりの不利である。

もちろん彼ら自身、そのことはよく知っていたにちがいない。ではなぜ、いったいフェラーリのレースカーを手がけたデザイナー達、すでに目の前によいお手本がいるのだから、マネはしないまでもそれを参考として、空力をもう少し改善しようとしなかったのだろう。そこにどんな理由があったのか、単に予算がなかっただけかもしれないし、ホントのところはわからない。しかし僕は想像するのだ。それはやはりデザイナーの「美意識」のゆえではないだろうか。

実は空気力学的に効率のよいカタチ、空力デザインというのは往々にして見た目にはヨロシクないというか、かなり奇異な、異様な印象を与えるものなのである。おそらくイタリアのやつらは風洞実験をやってみて、できあがったカタチを見てそのあまりのヘンテコさにおそれおののき、「こ、これではいくらなんでも……」、「ご先祖さまに申しわけない、オイオイ(泣き声)」、「アベマリア！」とかわけのわからないこと言って鉄の爪モードをちょっとゆるめ、つまり妥協なき「武器デザイン」のモードにすこしだけブレーキをかけて、やさしき心を発動して「美意識」の方を優先させることにしたのではないか。あのミケランジェロやベルニーニにつながる上等至極な彼らの「美意識」を。……ってこれ、ロマンチックすぎる想像だろうか。

まあどうでもいい。それもこれも、もう30年以上も昔のことになってしまった。それにどちらにせよディーノの時代からたった数年の間に、高効率にしてひどく異様な空力デザインはレースの世界を席捲し、「美意識」の方はことごとく駆逐されてしまった。これも当然の結末、やはり競争自動車の世界は「武器」に徹さなくては生き残れない。

ただ忘れられないのは、イセタンの地下でうちのめされた、あのディーノの圧倒的な造形美である。あの時、靴の底にゴメメをはりつけたまま、しゃがんで僕は運転席をのぞいてみた。ディーノのドライバーの視界には左右に丸く盛り上がったフェンダー、その間を通して前方に低い路面が。あの頃のフェラーリのレースカーのコクピットから見えた世界もこうだったのだろう。あの白いディーノ、誰が買ったのか知らないけど、たとえオーナーが京葉道路亀戸天神あたりをトラックにはさまれながら走っても、ル・マンのユノーディエールを疾走する自分の勇姿を幻視することもできたにちがいない。こういう特別な車、将来も出現するのだろうか。やはりこれって大変な車である。

MERCEDES-BENZ 300SL

1954年8月発売。鋼管スペースフレームにガルウィングドアを組み合わせたボディを持つ。全長：4570mm、全幅：1790mm、全高：1300mm、ホイールベース：2400mm。水冷直列6気筒　SOHC2バルブ　機械式気筒内直接噴射インジェクション付き。2996cc、250ps／6200rpm、31.5mkg／5000rpm。縦置きフロントエンジン-リアドライブ。サスペンション：独立 ダブルウィッシュボーン（前）／独立 スウィングアクスル（後）。

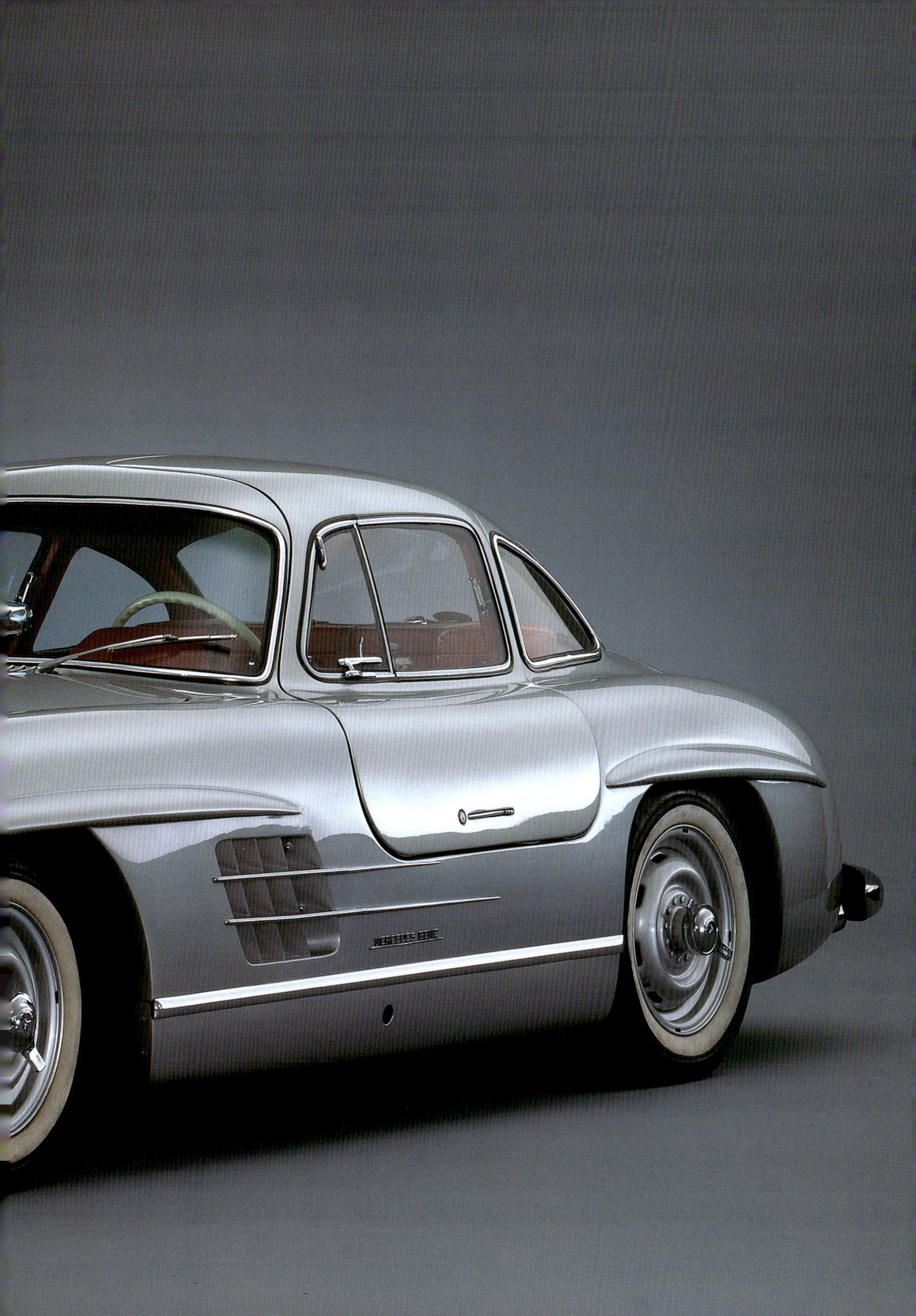

16

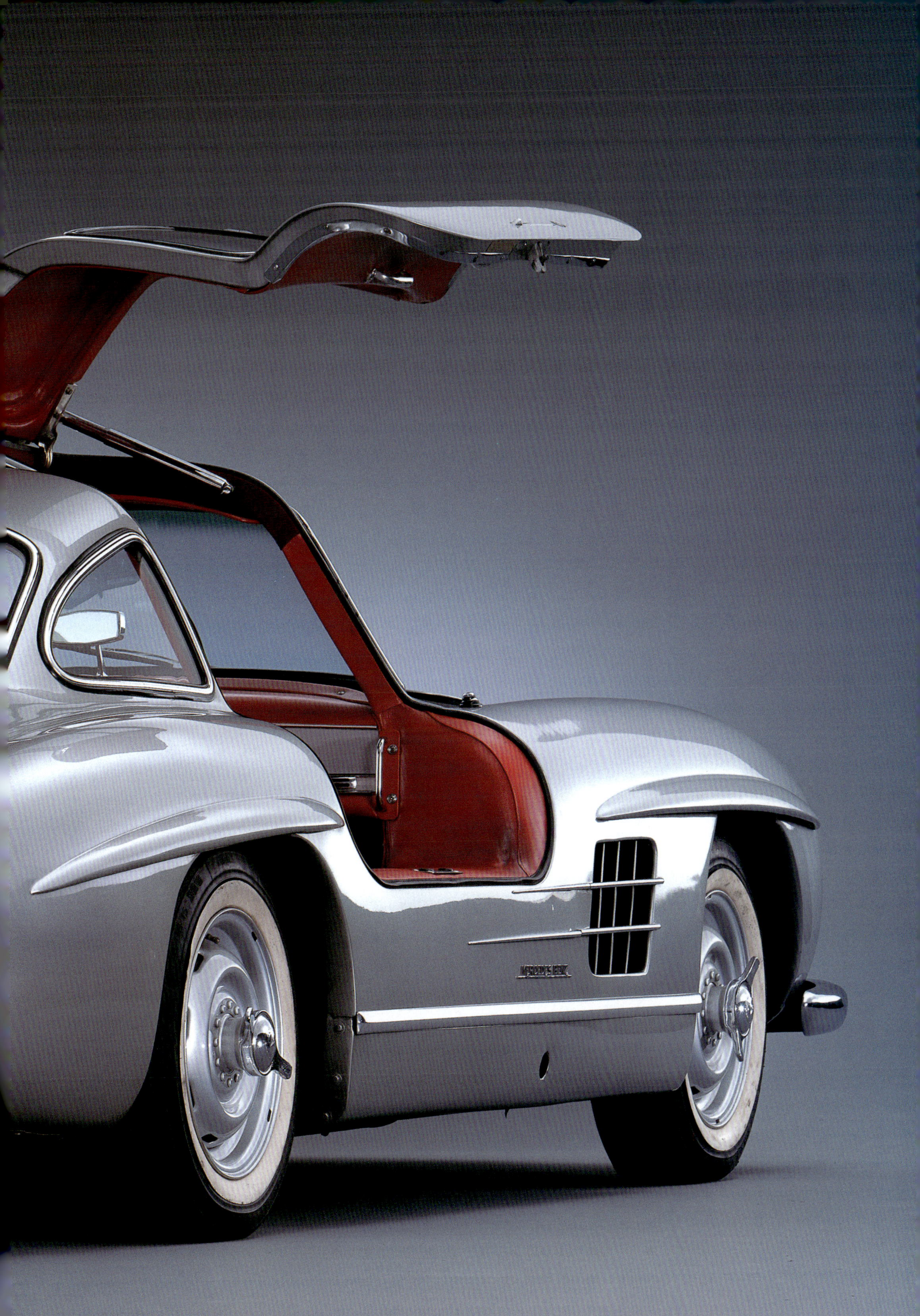

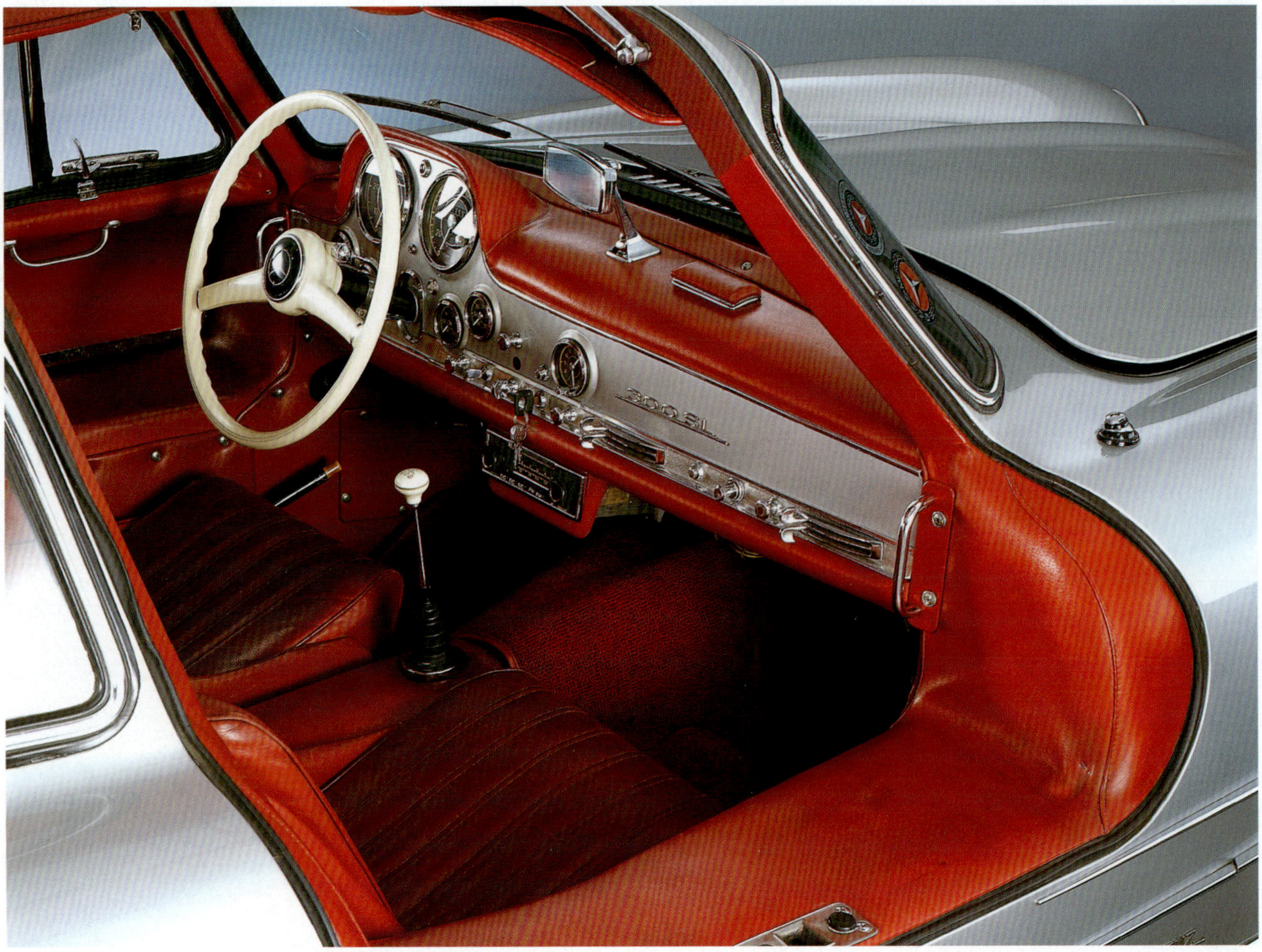
300 SL

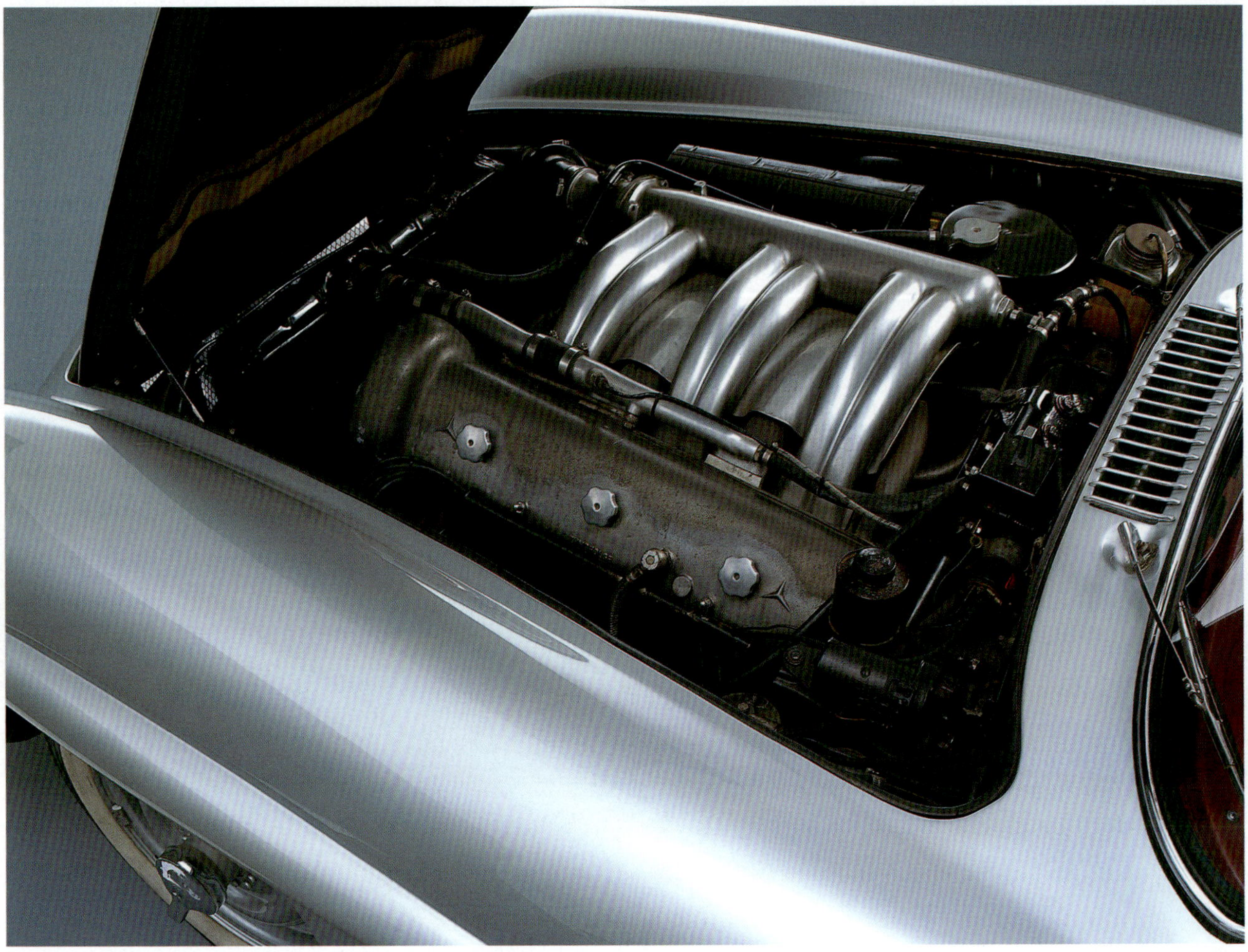

■ワルイオジサンを感心させる車

　以前は鉄道の駅ていどの大きさだったのに近年ターミナルが新築されて急に立派になったシュトゥットガルト空港。そのすぐ横手を高速道路が通っている。その日、僕はこの高速道路、アウトバーン8号線を西にむかって急いでいた。ちょうど件の飛行場のランウェイが視界に入ってきたそのとき、ジェット・エンジンのはきだすアルコールのようなにおいが車内にただよい、背後から頭上におおいかぶさるように旅客機が降りてきているのに気づいた。

　着陸寸前のヒコーキというのは空中に止まっているように見える。限界までスピードを落としている。でもこんな風に真上を飛ばれると、当たり前ながらあれはあれで相当なスピードで飛んでいることがわかる。遠目には止まっているようでも、ほぼ並行して走るアウトバーンをとばす自動車達の頭上を次々に飛び越えてゆく。やっぱり飛行機って速い。

　しかしこの時はフト思ったのである。イヤ待て、ひょっとしてひょっとしたら、あの程度のスピードなら追いつけるんじゃないかナ、と。はたして自動車で、最低速度で飛行中のジェット機に追いつけるものか？　あまり意味のない実験だとわれながら思いつつも一応ものは試し、グッとアクセルを踏みこんでみたのである。

　160、170、180、さらに190km/hにメーターの針が近づき、ヒコーキとのギャップがちぢまってきたように（そんなワケないか）思えたそのときである。ミラーに、後方から最追越車線を猛烈なペースで迫りくる1台の車。チラと見て「エッ！？」、そう思った次の瞬間には「ボワッ」、強い風圧を残してこちらを抜き去っていったのである。

　いや、とばしてたなー。マッハ1.5ぐらいは出ていたようである。別に何千キロだそうとここは速度無制限の区域、違反じゃあないが。すごい合法速度のままみるみる小さくなってゆく正月の鏡モチのようなしろ姿、そう、これガルウィングの300SLだったのである。ジェット機を追いかける意味のない実験の方はもうどうでもよくなり、僕の目はその銀色の丸いお尻をしばし追いかけた。

　場所柄、あるいはダイムラー・ベンツの所有車だったのかもしれぬが、貴重なはずのあんな車をあれだけとばすドライバーもドライバーながら、アウトバーンで並みいる最新型車に風圧くらわしてブチ抜いてゆける半世紀近くも前

19

の太古車ってのもそうあるもんじゃないだろう。

……と、今書きながら、300SLって実際のところ何キロでるのかな、ちょっとインターネットで調べてみましょう。チクチク（マウスの音）……、オオ、やっぱり250km/hぐらいはでるらしい。300SLは1952年にロード・レース用に造られたのをカワキリにいくつかの派生車種を経て1954年に一般市販バージョン、すなわち今回とりあげられたこの車がデビューしたのだとのこと。

「もちろん大変な高価格車でこれを買うことができたのはリッチなお年寄りばかり。しかしレースカー譲りの乗り心地はお年寄りオーナー達の入れ歯が落ちるほどに固かった」……ってRitzsite 300SLというサイトを見たらこんな風に出てましたよ。

さて、誰の入れ歯がおっこちようと僕はこの車を非常に高くかっている。1954年といえば並の車なら130km/hもでればいっぱしの性能、充分自慢できたそんな時代である。即ち250km/hという速度は現代で言えば優に400km/h！、というぐらいのショックを人々に与えたはずである。つまり、スゴイ。が、単にそれだけのことなら僕はそれほど感心はしない。なんといってもコチラは自動車意匠家、1台の車のヨサ、まずは見た目、中身よりもまず外観で判断してしまおうというわるーいオジサンなのである。ところがそんなワルモノの目で見ても、この車ってやっぱりイイ。つまり見た目にもよろしい。まず戦後のメルセデスの中では5本の指、いやトップ3には入る出来映えではないかと個人的には考える。

さらにデザイン業者としてもうすこし突っ込んで述べるならば、この車のカタチ、何よりも勇気を感じますね。ためらわず未来を向いた、「進歩」を信じる思いきりのよさ、ほとんど初期の手塚治虫みたいである。同時代の英・仏・伊・米、いずれの国のスポーツカーにもこれほど根っから確信的に革新的な（オヤヂ！）ものは見られない。しかもどんな角度から見ても破綻のない、まことに結構なデザインだとワタシは思います。

■暗めの思い出

ではこのクルマってどんな社会のどんな状況から生まれてきたものなのか。この感嘆に値する300SLが発表された1954年当時のドイツっていったいどんなトコロだったのか。ココで「ソノ時代背景」といったことに目をむけて、この車のもつメッセージをスルドくさぐってみようと思う。

とまぁ、そう書くとほぼマトモ風であるが、実は僕は第二次大戦後の10年から15年間ほどの世界には、なんとなくいつも興味をそそられるのだ。映画なんかも、この時代のものなら邦画洋画を問わずなるべく見にいくようにしている。欧州生活しながらオリジナルのゴジラやラドンだって苦労の末探し出し、わざわざ見に行ったくらいである（でもラドンの後半はあまりに尻つぼみではないか）。

では小笠原諸島にゴジラがはじめて出現した当時（1950年代中盤）の普通のドイツ人のナマの日常とはどんなものだったのか。そこで聞いてみることにした。知りあいのドイツ人A氏である。僕はこの人から時々昔ばなしをうかがうのだが、A氏は中部ドイツ生まれの現在52才、このたびも期待にたがわず彼、高度なリアリズムをもってその体験を語ってくれました。

「1950年代って、あのころはとにかく誰もかれもが貧乏だった。仕事がなくて、うちでも家族の何人かはルール地方に出かせぎにいかなくてはならなかった。ルール地方といえば鉄鋼業で有名だが、そのころは工場に働きにゆくわけじゃない。石炭を掘りにいくんだ。ルール地方には炭坑があるからそこで働く。なにしろほとんどの工場は爆撃で跡形もなくなっているわけだから」

……ウム、のっけからちょっと暗めの思い出ばなし。戦後の荒れたドイツの様子が目にうかんでくるようだが。

「家のない人だっていくらでもいた。しかし建材なんてさがしても売ってやしないから、人々は爆撃跡からレンガを拾ってきてつみあげるしかない。戦後10年過ぎても、それはあたりまえの光景だった」

A氏自身はそのころは？「自分は小学生だった。その当時は義務教育が4年間しかなかった。4年で学校をおえると働きに出る人もいくらでもいた。自分のクラス45人ほどのうち上級の学校にすすみ、さらに大学までいったのはたった4〜5人しかいない。しかし働きに出たからといってそうそう仕事があるわけがない。世の中に金がないから企業も商店もなかなか成り立たない。運よく職にありつけば日曜以外は働きづめ、しかも庭のある人はたいてい作物を育てていたから、家に帰ってからも小規模ながら農業のようなこともしなくてはならない」

食べものについて。「戦後すぐの最悪の食料事情からは脱しても、1960年代に入るまでは商店も少なく、それに誰もが極度に倹約してなかなか物を買わない。多くの人が自給自足を目指し、肉を食べるのは週1回、日曜の午後だけ。その肉もなるべく店では買わず、多くの人々は裏庭に家畜を飼っていた。豚や羊を飼い、自分で屠殺して解体する。肉を分け、ハム・ソーセージも自製する。こんなのも、すべて一家の父親の仕事となっていた。レストランで食事なんてことは結婚式と葬式以外には記憶にない」

消費の一般的傾向について述べよ。「皆がそこまで倹約したのは、誰もがまず自分の家を持とうとしたからだ。当時、平均的な労働でひと月に700マルクほどの収入が得られた。60年代に入って、人々が安普請でも家を手に入れて少し落ち着くと、次に皆が必要としたのは電話や電化製

品などではない。自動車なんだ。あくまで生活上の必要からだが。でもフォルクスワーゲンなんてそう買えるものじゃない。ロイトとかゴゴモビル、マイコやツュンダップみたいな、スクーターのモーターで走るような車でも皆が欲しがった」

うーん今じゃそんな車、博物館が欲しがってるけどな。それにしても、日本の戦後の困窮と混乱については耳にすることしばしばあったが、ドイツ戦後の現実については僕自身あまり知らなかったのである。ある程度予想してはいたが、やはりこの国もこの時代、一般の人々にとっては大変な時代だったことはよくわかる。

さて、A氏の暗めの思い出ばなしはまだまだ続いたのだが、ここらではしょることにする。ただひとつ、最後に僕は、次の質問を向けてみたのです……「50年代当時、アナタはドイツの路上でメルセデスの300SLを見たことがありますか？」、するとA氏とたんに（ホントに）噴きだし、曰く「冗談じゃないよ、あるわけないだろう！」

エー、笑われてしまいましたな。調べてみると300SL、当時ドイツで3万マルク以上のプライス・タグがついていたようである。日本にくらべれば今だってだいぶ質素で金にきびしいドイツの人達、あの方々が本気だして「極度の」倹約につとめていたその当時、こんな車に乗っていたのはどこの誰だったのだろう。

■ドイツ（車）のたどった道
ズレを感じる。大いなるズレを感じる。A氏の話を聞いての、これが僕の第一の感想である。例の、シュトゥットガルト空港横手のストレッチでアッという間にこちらを置き去りにしていった、あのすさまじい速さの自動車とその車を生みだした50年代半ば（開発期間はおそらく50年代初頭）のドイツの現実、イメージの上で相当なズレがある。別にA氏が全ドイツ国民を代表して完全なる客観論を述べたとも思わないが、聞けば聞くほど貧しい時代のこの国と、価格も内容もあまりにリッチなこの車、やはり時代劇に冷蔵庫やステレオがでてきたかのような、どうにもそぐわないものを感じる。

いや、単に技術面だけを見るならば、ダイムラー・ベンツといえば戦争の直前までグランプリ・レース界で無敵に近い強さを誇っていた会社なのだから、戦争の後も価格が高くなってかまわないなら、たしかにこのくらいの車はつくれたのかもしれない。また、どだい300SLはドイツ国内ではなくアメリカ市場を主なターゲットとして計画された車である。この車の商売上の算段はそちらにあったのであり、現に台数的にはかなりの数が売れたのである（だからと言って黒字が出たとはとても信じられないが）。

また、この戦前からソレと知られた高級車メーカーとしてはすべてが灰じんに帰した戦後にも「オットまだ死んじゃいねぇぞ、ピンピンしてらあ」とその存在と技術力とを見せつける必要があったのだろうし、同時にそこには「イクサにゃ負けたが、見よこのドイツ魂、ドイツの技術力」といった意地だかヤケッパチだかも含まれていたのかもしれない。

しかしそんな色々なアスペクトをあれこれと考慮にいれてもズレはズレである。やはりこの車とその生まれ出た世の中との間には、かなりのミスマッチを感じる。ガレキの山へ出向いてはレンガをひろい、それを積んで住みかとし、周囲に商店も、おそらくまともに走れる道もなく、肉は週に1回だけ、できっこないさらなる倹約をそれでもせざるを得ず、とそんな状況でヒトは普通、「アッ、ソウダ、超ド級のスポーツカーを世に送りだそう」「ドアは鳥のハネみたいに上に開く、250km/h出る車」「値段はオレの年収の3年分！」なんて、そんな風にものを発想し、まともに考えることができるものなのだろうか。

……いや、おそらくそうではないのだ。こういうことは逆に考えた方がよいのかもしれない。つまり、現実がミジメであればあるほど、人々はとんでもないユメ、荒唐無稽に近い夢想をこの1台の車にブチこんだのだと、そう理解した方がよいのかもしれない。誰にも買えない高価な車。完璧に整備された果てしない直線路。すべての他車を根こそぎに250km/hでそこをつっ走る。コリャたしかに気の遠くなるようなあこがれだったんじゃないか。スポーツカーって「理想の投影」ってとこ大きいですからね。それでそのときの彼らのユメと現実のギャップが今僕が感じてる「ズレ」の正体、ということか。

でもポジティブな言い方をすれば、この「ズレ」こそが戦後のドイツの民が自動車にえがいた夢の高さ、理想の遠大さだったのだろう。これってやはり大変なことだ。先に述べたこの車の思いきりよい、ためらいのない進歩指向のデザインも、そうした「理想の高さ」がデザイナーの中にあってのことだろうと僕は思っている。やはり明るい未来をえがく「アトム大使」時代の手塚治虫だ。

で、それから数十年もたってどうなったか。ヤツラの絶対にあきらめないタフなねちっこさのおかげか、今日のドイツは本当に他のどの国よりも発達した高速道路網を完備し、そこをそれらしく走るドイツの自動車はたしかに世界に冠たる存在となるに至った。つまり現代のドイツ車が世界中で高品質高性能、そして一部は高価格車の代名詞のようになっているのはご存知のとおり。夢想は現実となり「ズレ」は補正された。まずはご同慶のいたりと申すべきか。こうして見ると300SLというこの車、戦争が終わって今日までドイツ自動車界があこがれて目指し、そしてたどりきた道のりのひとつのさきがけ、先行実験車、象徴的な意味をもつスピリチュアル・アンセスターだったのかもしれない。

CITROËN DS21 PALLAS

ハイドロニューマチックを搭載したシトロエンDSの最終モデル。オリジナルモデルのDS19は1955年パリ・サロンにてデビュー。全長：4875mm、全幅：1805mm、全高：1400mm、ホイールベース：3125mm。水冷直列4気筒　OHV2バルブ。2175cc、106ps／5500rpm、17.0mkg／3500rpm。縦置きフロントエンジン-フロントドライブ。サスペンション：独立 ダブルウィッシュボーン（前）／独立 トレーリングアーム（後）。

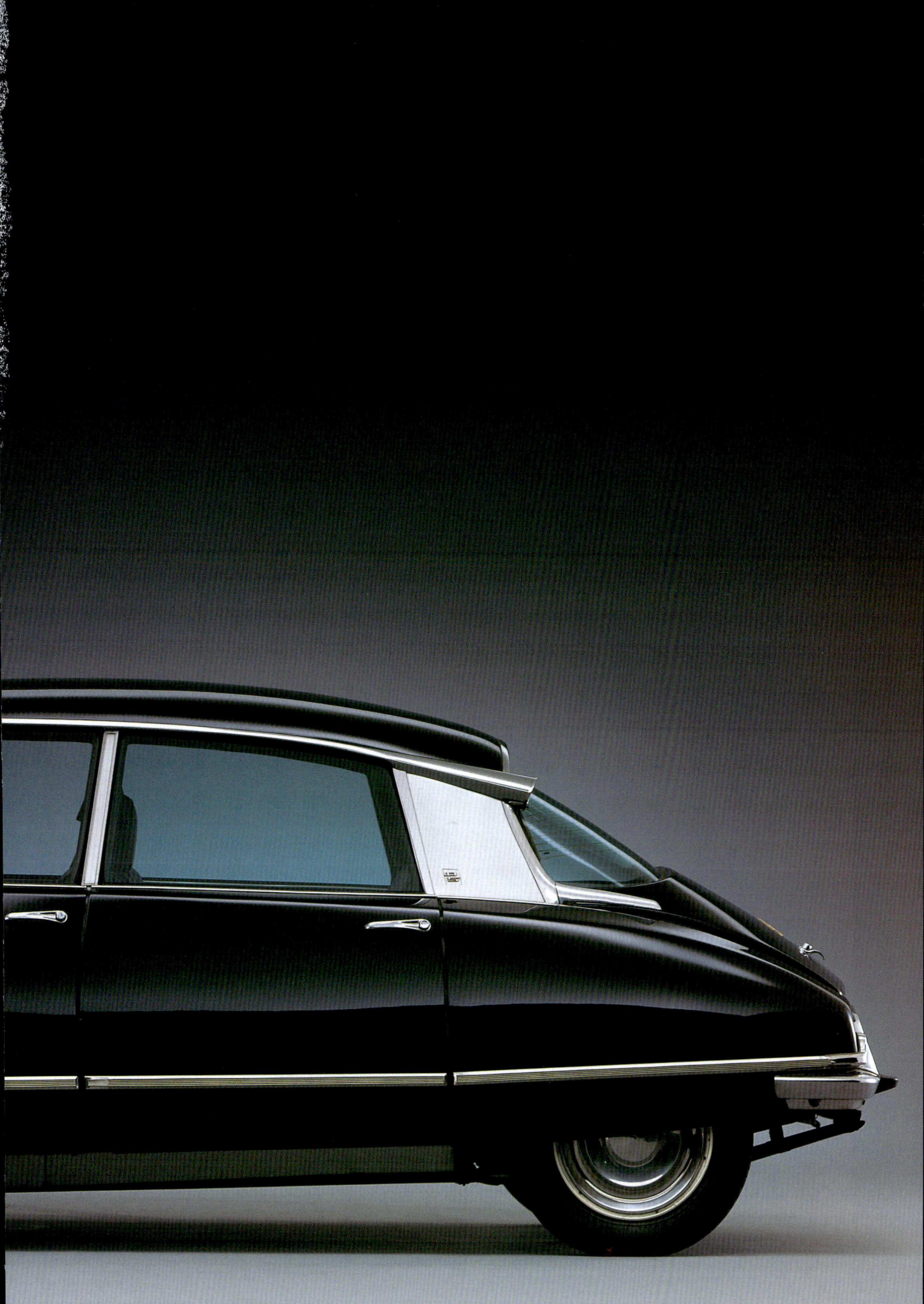

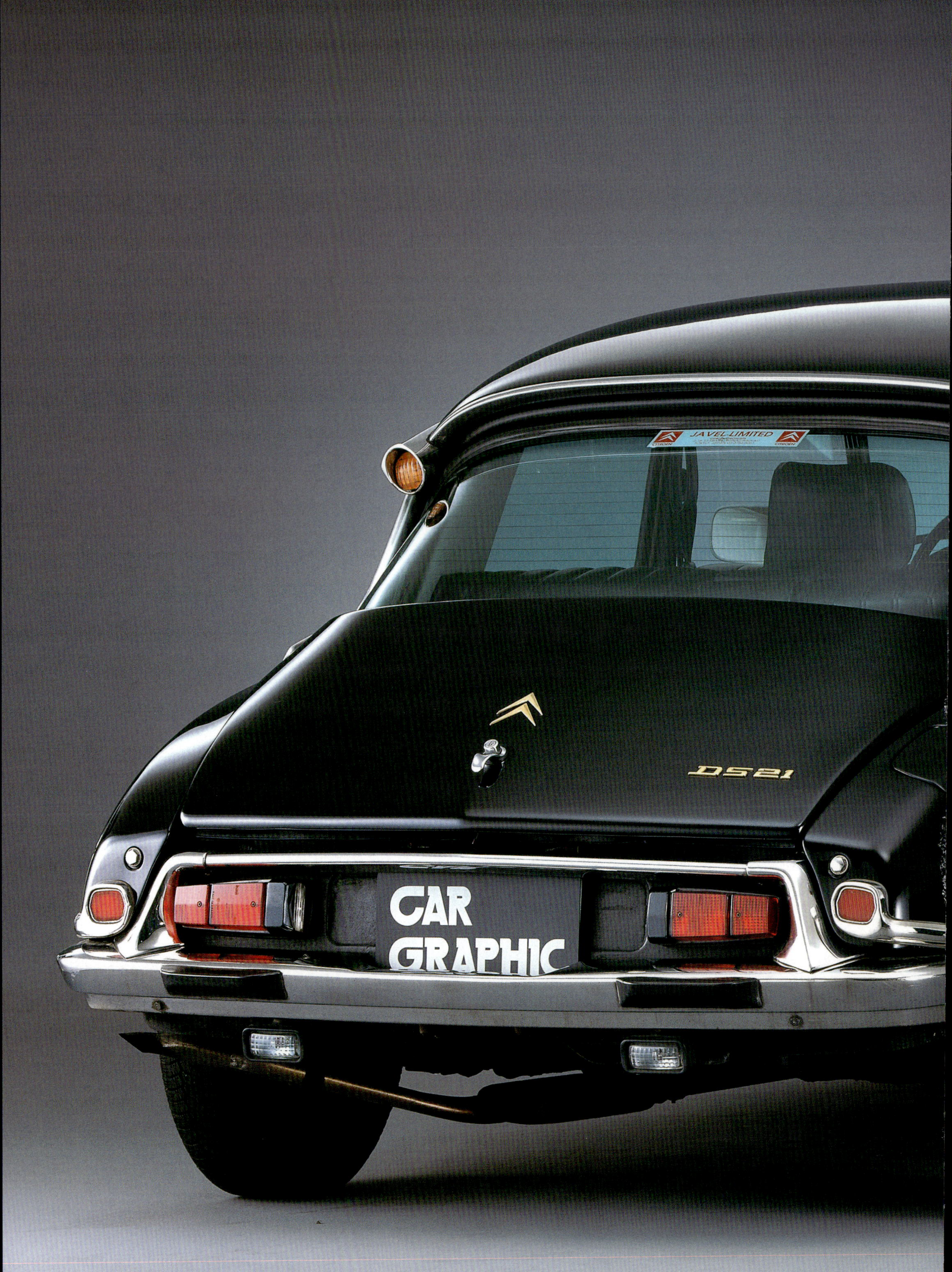
JAVEL LIMITED
DS21
CAR
GRAPHIC

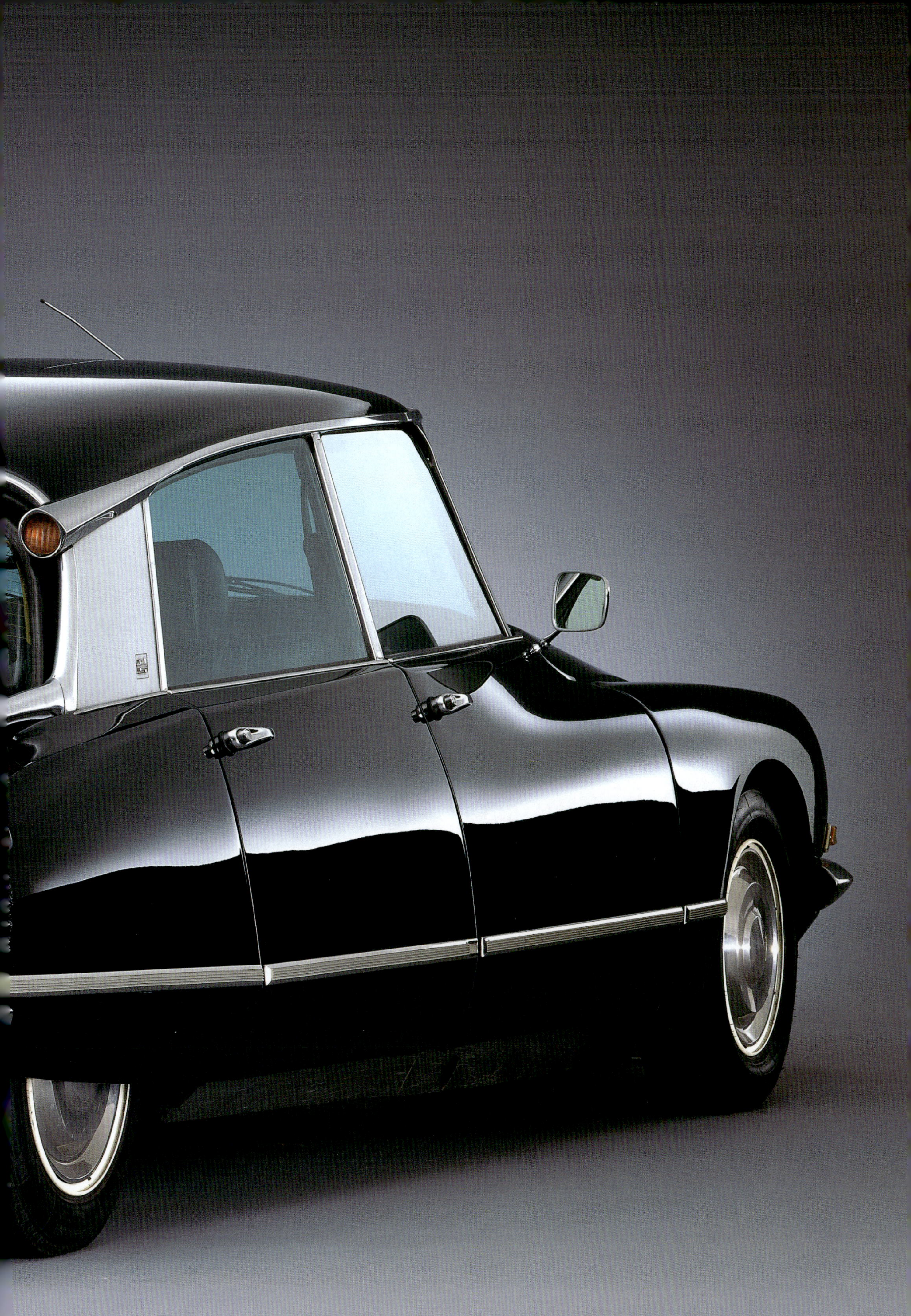

■この車のすごさ

　シトロエンDSについて原稿用紙十なん枚かでなにかを述べよといわれても僕にはとてもムリな話だ。本当を言えば他のどんな車だってムリと言えばムリなのだが、この車については特にむずかしい。DSは色んな意味であまりにも風変わりでかつ意味深長な車であり、ひとりの自動車ファンとしてももちろんつきせぬ興味の対象だが、クルマ職業人、それもデザイナーという視点に立つとこの車の存在はさらに膨らみ、ついにはDSこそは自動車史上で最も特筆すべき車かもしれないと、僕にはそんな気すらしてくるわけである。

シトロエンDSというこの車、ではどこがそれほどすごいのか、とさっそく本題にはいるが、言いつくされたことではあるが、まず第一にその独創性、オリジナリティがすごい。外観的にも構造的にもメカニカル面においても、とにかくそれまでの幾百千の自動車が当然のこととして踏襲してきた常識、そして「先入観」といったものを極力洗いなおしてかかっているところがすごい。開発関係の人々はともかく、セールス上のリスクや規格外れの車をつくることにかかる余計なお金といった企業内の負担を考えると、よくぞこんな車を実現させたものだとつくづく感心する。ともかくDSという車、その独創性ゆえに1955年という発表年代を考えればとんでもない新機軸を満載して世に登場したのである。

　ここでこの車のオリジナリティあふれるフィーチャーを思いつくままランダムに解説つきで列挙するが、

●「見た目派」の僕の目にまず入るのは、全長に対して異様に長いホイールベース。特に極端にうしろまでさがった後輪の位置は本当に極端だな。こうすれば当然客室はタテ方向に拡がるがコストはどんどん高くなる。また回転半径もどんどん大きくなるが、まあそんなことは気にしないことにしたのだろう。

●うしろが前より20cmもせまいトレッド。これもまた極端ですね。おそらく、主に後部をせばめることで空気抵抗を減らそうとしたのだろう。で、それで喰われるリア・シートの幅のことは……やっぱり気にしないことにしたらしい。

●ラジエター・グリルが見あたらないがどうなっているのか。車が走れば空気は前から流れてくると考えるのが普通だが、「でも空気は車の下だって流れてるのだから」、そう彼等は考えたらしい。つまりDSにあって冷却気はボディの下側からとりいれられるのである。

●ついでに言えばこの車のアナのないお盆のようなホイールとホイール・キャップは何を意味するのか。これでは空気はまったく通らない、ということはブレーキの冷却はどうするのか。詳細は省略するが、もちろんこれまたフツーでない方法で冷却気をとりいれているわけである。

●後輪を完全におおうリアのパネルが、ボディ本体にネジたった1個であやうく固定されていること。テール・ラン

プ外側の銀色のポッチがそのネジで、これをゆるめるとパネルはとれてしまう。タイアの交換を容易にするためだ。話が逆になったが、後輪がおおわれているのは、これで空気抵抗がかなり減らせるからである。総じてこの車、当時としてはかなり丹念に空気の流れを研究している。

●それはよいとして、ところでこの車の前後でわずかにサイズの異なるタイア、それも幅180とかいう普段あまり耳にしない寸法はどう理解すればよいのか。ひょっとするとこれは当時のシトロエンの大株主のミシュランのサシガネではないか。わざとハンパなタイア・サイズをこの車専用につくって、DSに関する限り他社のタイアをしめ出そうとしたのでは、とゲンジツ派の僕は考える。でももしそうならこれほどコスト高で冒険的な車をつくっといて、一方でコスい儲け方しようとした、その落差が笑えますけどな。

●インテリアの話だが、1955年のこの車のデビューまで、実際にはそのずっとのちまでも、世界のあらゆる車にとってダッシュボードは金属かウッドパネルがあたり前だった。しかるにDSのダッシュボードはプラスチック製なのである。樹脂技術の進んでいなかった当時、DSのダッシュボードは世界のあらゆる工業製品の中で最大サイズの射出成形品だったという説もある。

●プラスチックついでに言えば、この車のヤネはやはり全プラスチック製（モデルによってはアルミ製）。それも初期の白いヤネは中から空が半分すけて見えるという幻想的なものだった。5月のウララカな午後にはマロニエの並木が車内にも淡いかげを落としますってわけか。でもそれが自動車として良いことかと問われれば、やはり議論は分かれるだろう。それに車のヤネにはよく鳥のフンなんかだって落ちてくるのである。裏側から、見たいですか？

●ちょっとだけ、いわゆるデザイナーっぽいことを言わしてもらうなら、DSはもちろんひと目で充分に独創的なかたちをしているわけだが、たとえばこういうことにお気づきか。この車、横から見ると前からうしろへ、前フェンダー、前ドア、後ドア、後フェンダーと、各要素の長さがすこしずつ短くなっていっていることがわかる。この短くなってゆく割合がほぼ正確な等比級数に合わせられているのである。また自慢のプラスチック・ルーフの断面は一定でなく、これまた決まった割合で前からうしろへむかって次第に曲率が大きくなってゆく。他にもなにやら数字的な法則性みたいなものにのっとってデザインされたあとがソココにココに散見されるのだが、なにか古典名画によくある「穏された暗号」みたいなものか？ いやこれはデザイン上の遊びと言えば遊び、欠くべからざる造形要素と言えばそれもそうだと思うが、ともかくこんな不思議なことにコダワッたデザインというのは、少なくとも戦後の自動車界には他に1台も例がないと思う。余程サンスーがお好きだったんでしょう。

■さらにキツネにつままれる

ともかくシトロエンDSという車、独創的フィーチャーのみを挙げてゆくだけで原稿用紙十数枚ぐらいはすぐ埋まってしまうのでもうやめるが、ただ考えてみると、以上挙げた例のいくつかを見てもわかるように、この車の場合、ただ単に新機構や新素材をふんだんにとりいれたというだけのことではない。それまでの自動車設計において常識的に優先されてきたもの、反対にあまり重視されなかったもの、そんな重要度のプライオリティ・リスト自体をいっぺんサラにして、「いったいクルマにとってホントに重要なのは何なのか」と新しいリストを自分たちが思うように組み立て直した、そんな印象がある。さきに「先入観」を洗い直した、と言ったのはそんな意味である。

すなわち、長所もあれば同時に何かしら短所も生じるのは仕方ないが、ともかくも既成概念にダクダクと従わずにオノレの信念を実現したことは賞讃に値する。

ただ、僕がこの車を自動車史上もっとも特筆すべき車カナ、とまで考えるのはその独創性だけが理由ではない。まだまだ他にもワケがあるのである。

たとえばこのDS、見た目の印象がなぜか古くならない、モダーニティがあまりにも失われないことには、単なる「オリジナリティ」といったこと以上の驚きを僕はおぼえる。DSはもうすぐ50歳をむかえる車なのである。DS発表の時代のどんな車も今では「オールド・タイマー」にしか見えない。

自動車デザイン界のファッションリーダーと目されていた、クロームとジェット機風ダイナミズムを押しだしたその時代のアメリカ車はもちろん、より本質的なシンプリシティを目指したもう一方のデザインリーダー、隆盛期のイタリアのカロッツェリアのどんなマスター・ピースも、また現在われわれが最新F1マシーンを見るときと同様に当時異様なほどの印象を与えたに違いない、先端テクノロジーと空気力学の「オバケ」だったはずのファンジオ／モス時代のグランプリカーも、とにかくその頃のどんな先進的な自動車でも、すべては現代の目で見れば一目瞭然「古ーい車」という形容でくくれてしまうカタチをしている。つまり半世紀前の車は、どうしたって半世紀前の形をしているものなのだと思う。

しかしシトロエンDSは、現代の交通の中で見ても、もちろん変わった車だから目立ちはするが、クラシックカーという印象はない。ロンドンの、あのレトロ調で愛敬をふりまく旧式なタクシーは、発表当時も平均より背は高かったが決してレトロ調をねらった車ではなかった。ただモデルチェンジを永遠に怠ったためレトロになってしまっただけで、当時のヨーロッパの乗用車といえば大体あんな感じが普通だったのである。ところが今日見られる最も旧式なロンドン・タクシーでも発表されたのは実はDSよりも数

年もあとのことだったのだ、と言えばDSの新しさ、真空パックされた如くに古くならないそのスゴさ、よく理解されよう。いやこれはスゴいというより僕にとってはほとんど不思議なこと、なんかキツネにつままれた気にすらさせられる。

……しかし、DSについて僕がさらに驚くこと、まだ他にもあるのである。

■ゲンナマに手を出すな！（特に意味なし）

1980年代後半、僕はルノーのデザイン部門に勤めパリ郊外に住んでいた。この時代、毎週木曜日を強烈に心待ちにしていた一時期が僕にはある。木曜はある部厚い中古情報新聞がでる日だったからである。この新聞、あらゆる中古品売買をモウラし、中古住宅や中古家具などなどにならんで膨大な中古車売買コーナーを含み、そこには毎週何千台という中古車が売りにでてくる。

それをまぁ、丹念にチェックしたもんだな。なんと言ってもその頃、僕は心にきめていたのである。子供のころからどうにもこうにも気になって仕方のなかった、そして自動車職業人となったら覚めるどころか、さらに何倍も気になる存在となってしまったシトロエンDSをぜひとも1台買おうと。

ただし僕には車に関してコレクション趣味というものがなぜかまったくない。つまりこの車も買ったら毎日足として実用に使うつもりである。シトロエンDSの製造はすでに1975年に終了していた。フランスの路上にはまだ充分生き残ってはいたが、実用として使うとすればこれが最後のチャンス、そう思い決めていたのである。

ところが何人かの人に聞くと、意外にもこの国ではDSはじょうぶで長持ち、こわれない車とされているという。それで金のない学生に人気があるのだという。ホントかね。まぁここにいる限りパーツに困ることはないだろうが、アイツラの言う「こわれない」はこわれても「気にしない」だけなのかもしれず、どうも油断はならない。

で、とにかく見に行きましたよ。何ヵ月にもわたってずいぶん見た。試乗ももちろんした。それで、ついによいモノを見つけた。パリの、あれは7区になるのか、あるパン屋さんの若い主人の車で、電話して行ってみると、まずその店が百年ぐらい前の店舗を新築当時の状態に直した、壁に手描きの花もようのある実にイイ店だった。主人も感じのよい人で、ふたりでさっそく試乗にでた。

DSにはマニュアル、オートマチック、半自動と3種のギアボックスがあるが、この車は半自動だった。クラッチ・ペダルはないがシフトは手動でおこなう。ただなんと言っても昔の設計だからこれが大変なクセもので、シフト・レバーを動かすタイミングとアクセルが余程うまくピタリと合わないとギクシャクして、とてもスムーズには走らない。

するとオーナーは運転席につくなり「この車はこうやって運転するのが一番なんだ」と窓をあけ、ひじを突きだすと半分ドアによりかかるようにナナメを向いてすわった。足こそ組んでいないがリビングのソファにでもすわる感じだ。そして走りだすとステアリング上方にかけた片手をリラックスしたまま変速レバーにはこび、カチャッとシフト・チェンジする。全然ギクシャクしない。

おそらくこれが、この半自動ギアボックスに長年手を焼いたあげくついに彼があみだした、最もよいタイミングでシフトのできるハイ・テクニックなのに違いない。やがて運転をかわり、僕も言われるままに同じくナナメにすわり、片手運転でリラックス状態となる右手を動かしシフト・チェンジすると、あっ、ほんとにギクシャクしない。実に自然に絶妙のシフト・タイミングが得られるのである。

かくてクセもののDSは魔法のカーペットのようにセーヌの左岸をすべるように走った。その日たまたま天気もよく、僕は深く感動し、ついでにこの車を買いたいと思った。そこで再会のアポイントメントをとり、その日は別れた。数日後、再びそのパン屋へむかう僕の内ポケットには現金1万6000フラン（30万円ぐらいか）が入っていた。別に値切る気もなし、言い値でそのまま買いとるつもりだった。

手描き花もようの店に入ると、若主人が僕を見るなり「アア……」と声をあげた。嘆息の声である。彼は「あと15分早くきてくれれば……！」と頭をかかえ、実はたった今、他の人がきて、車を買って乗っていってしまったところなのだと言う。前回手つけも払わなかったこちらの決断の遅れである。仕方ない。

「じゃあ、これください」結局ブリオッシュかなにかを買い、あとは手ぶらで帰ることとなった。どうもこの一件でDSを買う決意は空気が抜けてしまい、それ以降もこの車を所有したことはない。コレクターではない僕としては、もう将来もDSを買うことはないのかもしれない。

ただ、今でも時おり見かけると、どうしても素通りできず立ちどまって前からうしろから見てしまう。カメラを持っていれば必ず何枚か写真にとる。シトロエンDSという車は何度見ても、何百台見ても見飽きない。というか、何度見ても初めて見た車のように思える。はなはだ個人的感想ではあるが。これはこの車の独創性やデザインのモダーニティと関係はあるだろうが、実はまったく違う側面、違う価値だと思う。世にはどんな独創的なモダンデザインでもすぐに見飽きてしまう物はいくらでもあるのだから。とマ、そんなわけでこの車、やはり特筆すべき稀有の自動車と僕は思っているわけである。

実はDSについては、まだ他にもすごいと思うところがあるのだが、思っていたとおり枚数が尽きた。

LANCIA AURELIA GT2500

B20の呼称で知られる、終戦直後のランチアを代表するGTカー。オリジナルモデルのGT2000は1951年デビュー。53年秋から2.5ℓのGT2500へ移行し58年まで生産される。全長：4280mm、全幅：1540mm、全高：1360mm、ホイールベース：2660mm。水冷V型6気筒 OHV2バルブ。2451cc、118ps／5000rpm、18.5mkg／3000〜4000rpm。縦置きフロントエンジン-リアドライブ。サスペンション：独立 スライディングピラー（前）／半独立 ド・ディオン式。

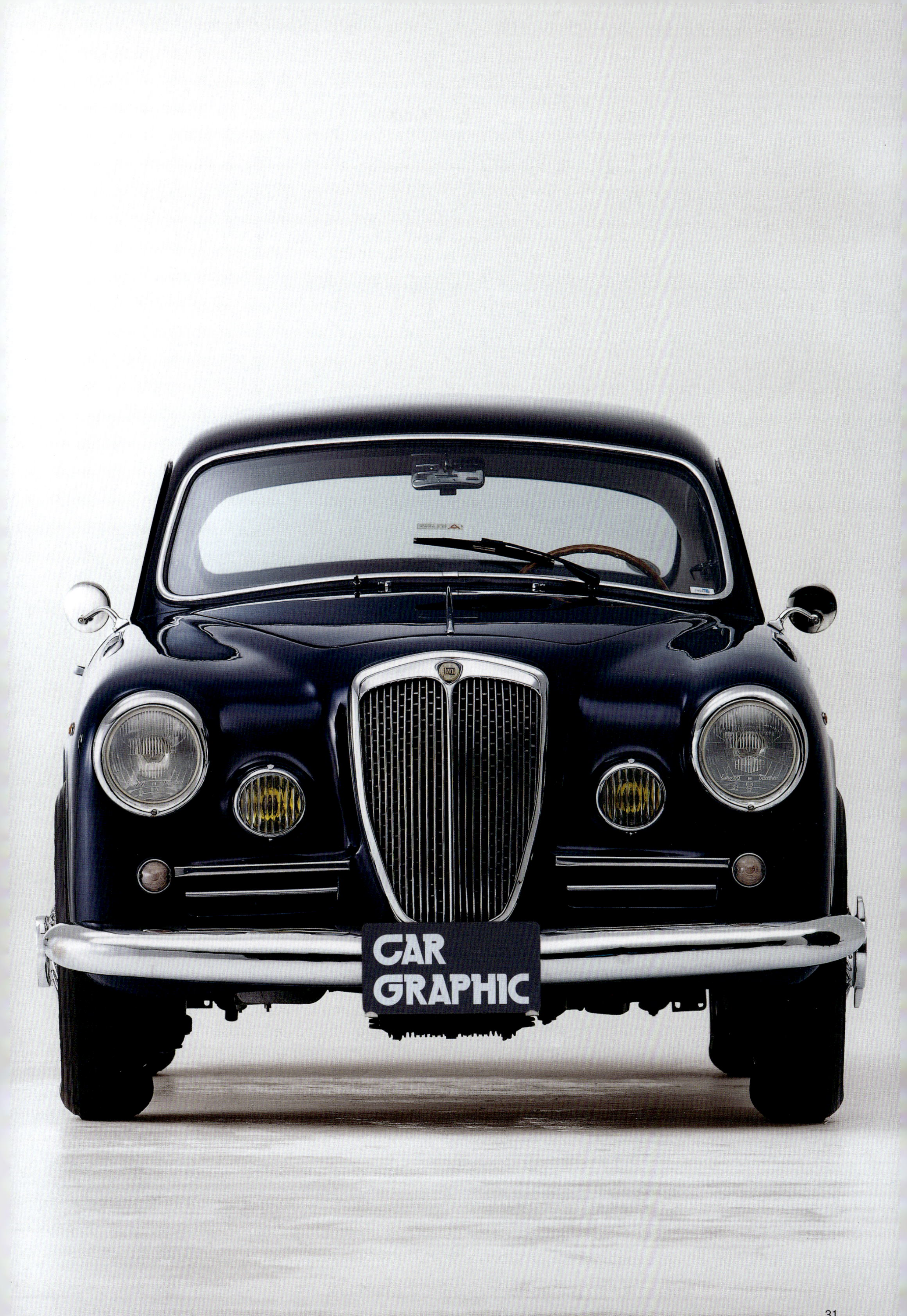
CAR
GRAPHIC

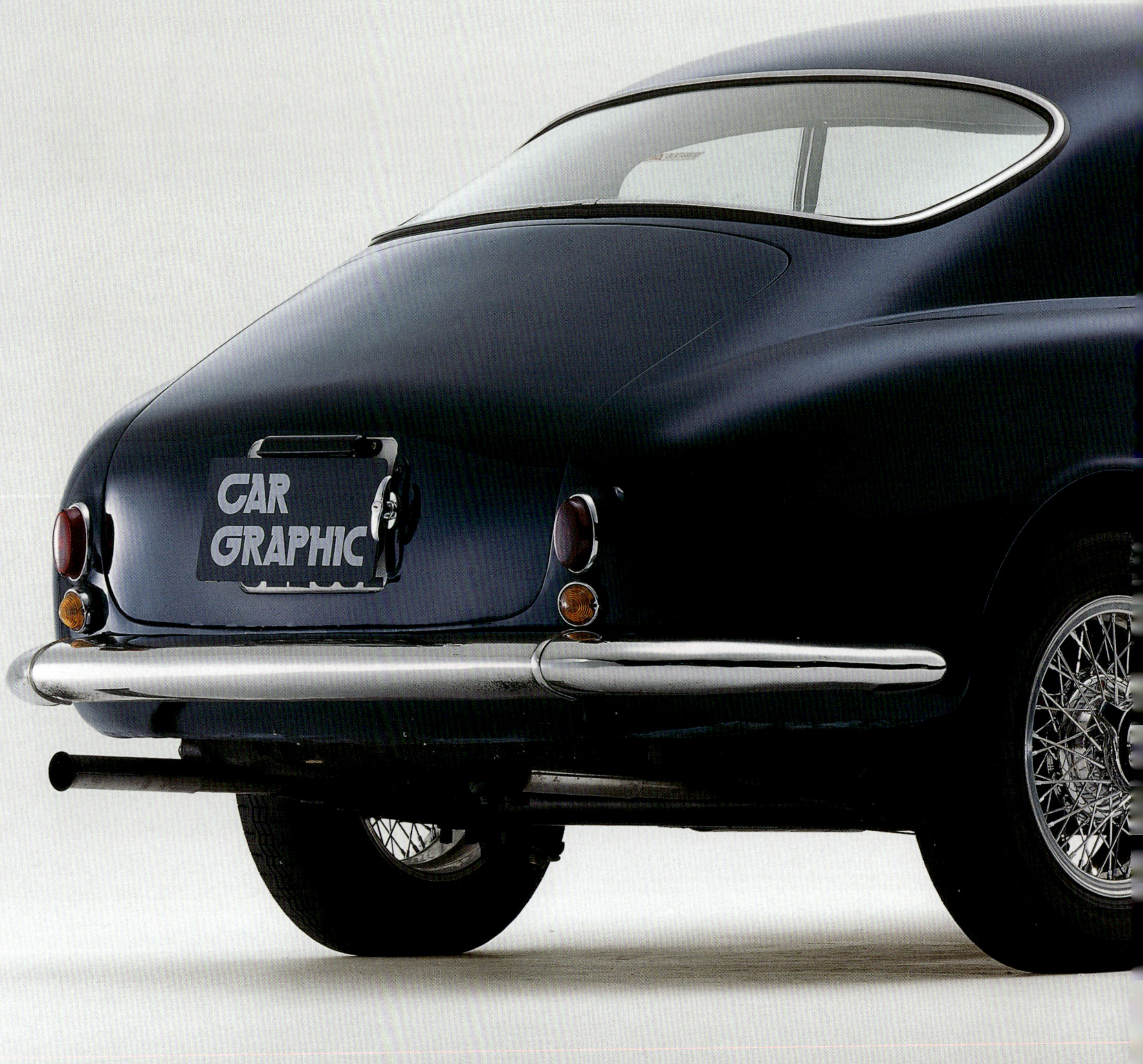
CAR
GRAPHIC

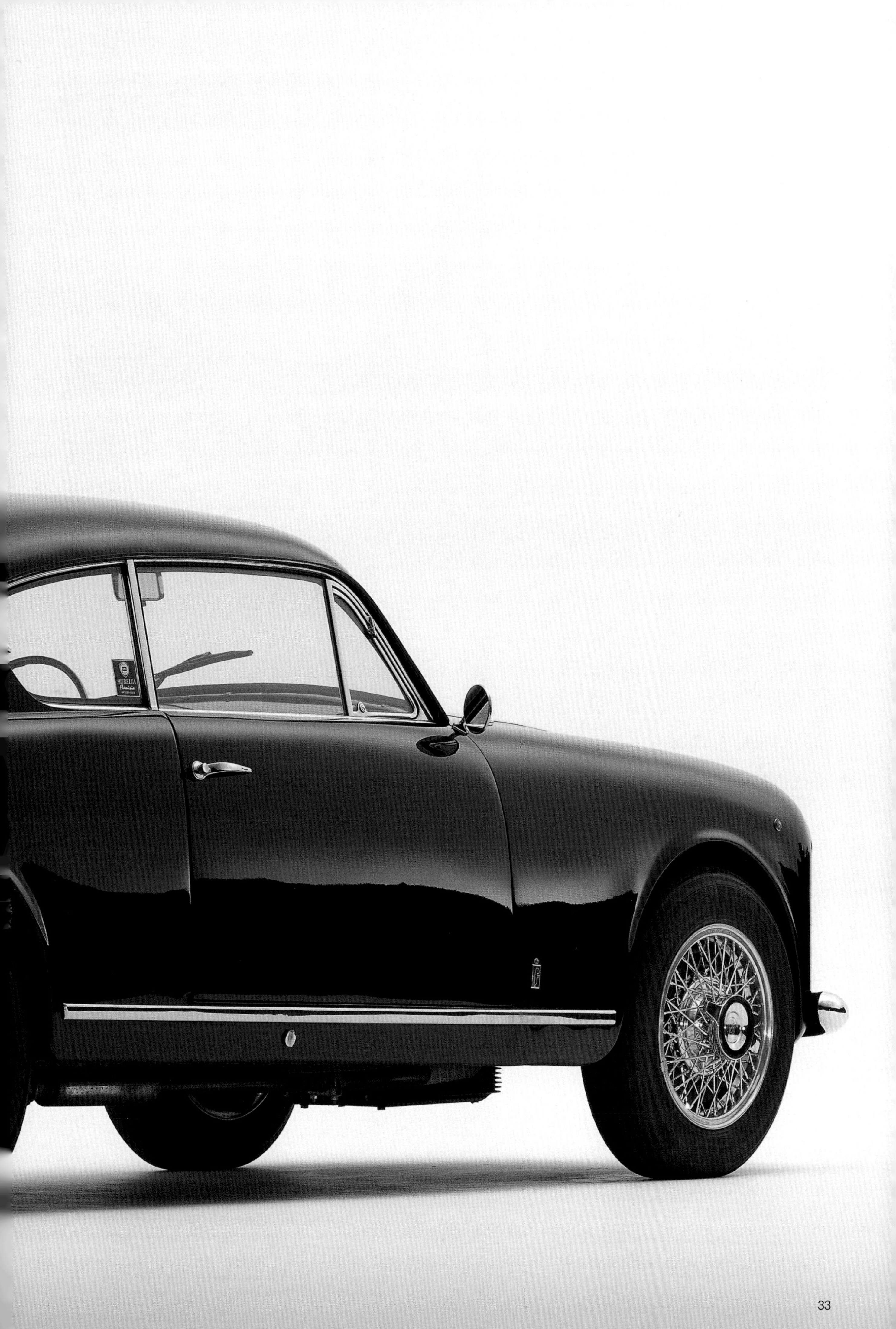

■イタリアン板金工場の歴史

　デューセンバーグ・トウェンティ・グランドという車をご存知だろうか。大戦前のアメリカの高級高性能車セグメントを代表する特別ブランドのひとつデューセンバーグが、ウデによりかけて高価な部品、高価な仕上げを思うさまブチこんで、かつ臆せず思いきりバブリーな価格をつけた超特製豪華自動車である。トウェンティ・グランドというネーミングは＄20,000というそのお値段をそのまま車の名前につけてしまったもの。アッケラカンというか、普通の大衆車なら数百ドルで買えた当時の話だから、こいつはひきたったに違いない。

　この他にもデューセンバーグにはいくつもの超特製モデルがあったが、同等にけしからぬ一例として、同社最強の機関車的デカさと絶大馬力を誇るモデル、SSJのシャシーをウルトラ・ショートに縮めた弾丸のようなロードスターが、特別注文によって2台だけ製作されたことが知られている。2台のうち1台はシルバーにブルーメタリックのサイドモチーフ、もう1台はブルーメタリックにシルバーのサイドモチーフに塗装され、注文主は1台はクラーク・ゲーブル、もう1台はゲイリー・クーパーだったんだそうな。

　と、ここで「真昼の決闘」のゲイリー・クーパーの話を少々する。この人は本当に車が好きだったようである。それで、この恐るべきデューセンバーグを注文したほぼ同時期に、彼は意外にもフォードのクーペなぞも持っていたのだという。まったくのヤスモノの大衆車なのに、彼はこちらも気に入って、超高価格車と同様に愛用していたという。たしかにそのころのフォードは安いながらチャールストン時代の雰囲気をよく反映したイイ車だった、と自分も気に入っているから言うわけじゃないが、クーパーという人は車についてはなかなかワカってた人だったように思える。

戦後、1950年代にクーパーはガルウィングのメルセデス300ＳＬを買いこむ。しかしそのすぐあとに同じくメルセデスのはるかにおとなしい、しかし造りのよいカブリオレも手に入れると、こちらの方が気に入ってこれにばかり乗っていたという。

　で、これと同じ時期であるが、違いのわかるクーパー氏の選択眼にかなったもう1台のシブい車がある。ランチア・アウレリアＢ24がそれであった。今回のお題、アウレリアＢ20とは兄弟にあたるカブリオレ版である。このことを僕は少し古いランチアの広報資料で知った。証拠写真ということか、長身のクーパーがランチアに寄りそうように立つ写真が添えられていた。少しあらぬ方を向いて、ポケットに手をつっこんでなかなかカッコいい。

　アウレリアＢ24はメルセデスよりははるかに安い車である。大スターにとって、価格的にはとるに足らぬ車だったに違いない。またランチアというのは、アメリカでは知名度の低い、マイナーな存在なのである。それをわざわざ選んだのは、よほどこの車、彼のお気に召したのに違いない。

　……と以上、タヨリない記憶を唯一の頼りに書いているので誤りがあるかもしれませんが、とりあえずプロローグということで……。

　さてあらためて、ランチア・アウレリアＢ20。たしかに実にイイ。ボディ・サイド下方、ドアの前方の小さなバッジが示すように、この車はトリノのカロッツェリア・ピニンファリーナによるデザインである。ピニンファリーナはイタリアのカロッツェリアの親分格であり、アウレリアＢ20はこの親分が戦後、脂がのって隆盛期にあった頃の代表作のひとつ、彼らの手がけた生産車の中では傑作のひとつと言ってもよかろう。かなりの高性能車で、レースやラリーにも活躍したらしい。

　ところで、このアウレリアの時代から四半世紀ほどもたったある年のある月ある日、カロッツェリア・ピニンファリーナに1枚の手紙がまいこんだという。日本人がひとり、就職したいとコンタクトしてきたのである。なぜそれを知っているかって、その手紙を出したのは僕自身だったからだ。中学生時代から学校を了えるころまで、僕はピニンファリーナに入りたいと本気で思っていた。作品を送ったところオファーをもらったのだが、諸々のジジ

ョーにかんがみ結局就職することはなかった。今でもちょっとだけ惜しい気がしているが。

さて、日本の大手メーカーのナビゲーション・システムの名前に使われたこともあってか、「カロッツェリア」という言葉が知られるようになってきた。アウレリアB20みたいなイイ車がどうやって生まれたのか、その素性をハアクするためにも、ここではこのイタリア独特の「カロッツェリア」という世界について少々ふれてみよう。

そもそもカロッツェリアとは何のことだろうか？マァこういう事は僕より余程くわしい方も多いに違いなく余計なことかもしれないが、その歴史的側面なぞをかけ足に説明すると、まず、カロッツェリアとは「カロッツァ」を造る会社・工房のこと。カロッツァとは馬車や自動車のボディのこと。つまりカロッツェリアとは馬車や自動車のボディを造る会社のことである。

ところがイタリアでは普通の町の板金屋、車のボディを叩いて直す店も同じくカロッツェリアであり、つまりこの両者はそもそもは一緒のものなのである。即ち昔は板金工場のオジサンがへこんだクルマを直すと同時に新たにボディを製作したりもしていた、ということだ。鉄板を自転車のサドルのような金具にあてて、上からハンマーで叩いてクルマの形をつくりだし、それを自動車のフレームの上に取りつける。自動車の初期から1930年代ぐらいまで車の構造はごく単純だったからこんなもので充分用が足りた。

やがてこうした板金工場の中には何十人もの職人を雇い、ついでに意匠家とも契約して（これが自動車デザイナーなる職業の発祥となる。メデタヤ）、独自のスタイルのボディを次々と送りだすイッパシの企業に成長するものも増える。ヨーロッパ、アメリカの各国にはこんな職人的な自動車ボディ屋、コーチ・ビルダーがかつて数多く存在したのはご存知のとおり。しかしよい時代は長く続かず、こうした仕事は大メーカーの大量生産品にうち負かされ、また自動車のボディ構造自体も高度に複雑化し、1950年代のおわりまでにこのビジネスは急速に終焉をむかえることとなる。

その後今日まで、板金技術で自動車を手造りするということ自体、ちょっと考えも及ばぬ常識外れと見られるようになった。世界でただ1ヵ国の例外をのぞいては。世界でたった1ヵ国、現在に至るまで鉄板手叩きで自動車をつくりだす職人技術を大切に温存し、それをビジネスとして成立させている国、それがイタリア共和国というわけである。今日我々がカロッツェリアと呼ぶのは、こうしてイタリアにのみからくも生き残った自動車の車体ビルダー達のことを言うのである。

ただし現在ではその板金技術よりも、彼らにとっては本来そえものだったデザイン開発能力の方がはるかに重要視され、今日カロッツェリアと言えば事実上、世界中の自動車会社に独自のデザインを売りこむ、自動車専門のデザイン会社のようにとらえられている。またピニンファリーナを含めいくつかのメジャーなカロッツェリアは、さらに大きく成長して立派な組み立てラインを持ち、また自動車会社から開発を請け負う最新設備とテクノロジーを備えたエンジニアリング企業としての一面も持つ。こうなるともはや板金工場の面影はない。

■オジサン達の神業

かくてハイテク大企業と呼んで差し支えない今日の「カロッツェリア」であるが、前述のように、実は内部では今でもちゃーんと手離さずに温存しているのである。あの鉄板を叩いて車のボディを造ってしまうオジサン達と、レンメンと受け継がれてきたその技術を。

現代ではオジサン達は主に自動車ショー出品用のコンセプトカーやデザイン売りこみのためのプロトタイプを、1台ないし数台手造りするためにハンマーをふるっている。即ちイタリアから生まれる目をむくような最新未来派カーデザインも、その具体化はこうした前々世紀的な馬車時代以来の伝統的メソッドによってなされているということだ。

サテ、実は僕は就職はしなかったが、今までにこのイタリア式「クルマ手づくり」の現場に立ち合う機会が何度かあった。役得と申しましょうか、さいわいにも昔ながらの手叩きで車を造るプロセスを見るチャンスがあったので、以下はその実見印象記。

カロッツェリアの金属工房にはトンテンカンペチペチという鋭い金属音が終日ひびいている。これが不思議と澄んだいい音なのだが、自動車デザインの場で怒鳴り合わないと話が通じないところはここをおいて他にはない。この工房で働く人々は全員が板金技術の持ち主だ。ただ、そのウデによってうけもつ部位は異なる。つまり、1台の車を板金で造るということは、外から見える外皮だけを造るわけではないのですね。ベースのシャシーは既存の車種を用いるとしても、例えばトランクリッドを開ければ、荷物室の四方のカベ、ドアを開ければドアの開口部、カロッツェリアではこうした部分も必要とあらばすべて鉄板をたたいて造る。

もちろんトランクもドアも、閉めたときにガタなど出てはならず、また開閉機構やロックだって組みこまなくてはならず、雨水が入らぬようラバーを取りつけるフランジも必要だ。こんなかなり複雑なダンメン形状なぞ成す部分だって、すべてオジサン達は真っ平らの金属板を叩いて造ってゆく。

しかしそのシゴト状況を見て僕がキョーガクしたのは、オジサン達がこれらすべてを何らテクニカルな図面も資料もなしに、ただくわえタバコで現物合わせだけでトンテン

とハンマーをふるって造ってしまうことだ。かなりのエンジニア的知識なしにはできないはずの自動車の外皮の下、そうした教育をうけたとは思えない彼ら。「勘と経験で」と言うのは簡単だが、ホントにそれで車ってできるんですね。

これだけでも驚くべき技術だが、しかし前述のように、ここで働く人々の中には異なるスキルの段階がある。その中で上記のような車の内側を受け持つのは、実を言うと最も普通の人達なのである。スモウで言えば前頭サンマイメといったところか。一般人から見れば超人的な人々だが、その世界にはまだ上がいる。

ボディをうけもつ人、大関・横綱たるは即ちこの人達である。彼らはまさに黄金の腕の持ち主である。横綱の目の前にはデザイナー共があらかじめ仕上げた原寸大のモデルが据えられる。この原寸オリジナル・モデルは伝統的には木製だが、現代ではクレイ・モデルであることが多い。ヨコヅナはこれを見ながらそれとまったく同じ大きさ・形に金属板をたたいてゆく。

先程のマエガシラの諸氏よりもずっと厳しい精度が要求されるこの仕事、だが彼ら板金横綱もやっぱり図面なんて見向きもしないし、寸法すらちゃんとは測らない。要所要所を巻き尺でざっと測るとあとはまったくの目分量。それでどんな複雑な曲面も微妙なカーブも、デザインした本人にしかわかってないようなわずかなニュアンスも絶対に見逃すことなく、ポラロイドカメラのように目に焼きつけて鉄板をたたいてゆく。で、終わってみるとなぜか寸法も原形とピッタリでシェイプも完璧な生きうつし、もちろんどこにもシワやハンマーの跡など痕跡も見出せぬ溶けかけの氷のようなスムーズな仕上がり、まさに神業である。こうして彼らは同じものを何枚でも、必要とあらば何十枚だって狂いなしにピタリと叩き出せるというのだから恐るべし。そして、これらのパーツをシャシーの上に溶接・ネジどめで組みあげて塗装すれば、クレイ・モデルはいまやそのまま走りだすことのできる立派な自動車として生まれ変わるというわけだ。

イタリアに残されたこの高度板金技術、自動車に関係するあらゆる職能の中でも僕の知る限り最もおどろくべきもののひとつだが……、しかし実は、将来安泰とは言えないらしい。この先もこの職人技術、途絶えずに受け継がれていくや否や、イタリアでも後継者を育てることはやはり容易ではないらしい。他の多くの伝統職人芸と同じく、馬車時代以来のこのワザも徒弟制度の消滅と共に、結局は忘れ去られる運命にあるのだろうか。

さてアウレリアB20からだいぶ離れてしまったが、ここからわずかながら話は本題につながってゆく。何年か前のこと、仕事で出向いたトリノの自動車関連のある会社で、僕はR氏という職工に会った。どう見ても70歳は超えた至極人の良さそうなこの老職工は、実はこの国でも有数の横綱級の板金技術の持ち主で、もうとっくにリタイア宣言はしているのに、そのウデを必要とする顧客によっていまだにしばしばひっぱり出される。

で、興味深いことに話すうちこのR氏こそは、今から半世紀も昔にカロッツェリア・ピニンファリーナでアウレリアB20やB24を手がけた職工のひとりであったことが判明したのだ。まだまだハイテクどころか大いに前近代的であったはずの昔のピニンファリーナで、R氏は14～5歳の時からハンマーを握ったという。もちろんアウレリアは生産車であって手叩きの一品製作ではない。この車にどのようにR氏が関わったのか、くわしくは聞かなかったが、プロトタイプ製作に加わったということかもしれない。

R氏に2度目にお会いした時、僕はピニンファリーナの作品集をたずさえてゆきそれを見せた。すると50年代の白黒の自動車写真を彼はひとつひとつ目を輝やかせて指さしながら、アアこれも、こっちも、ここに出ている車は全部よく知ってますよ。全部私があの時代に手がけたものですから！、そうなつかしさと嬉しさで大きな声をだし我々二人は仕事場の一隅で大いに盛りあがった。やがてめくったページにアウレリアが現われると「アッ、これ、この車！」と彼の興奮は最高潮に達したので、僕はその写真の上にサインをしてもらうことにした。

……西洋人の中にはたまにものすごく大儀そうに字を書く人がいるがR氏は格別だった。彫刻刃で何かに彫りこむかのような慎重な手つきで、信じられないユックリさで一所懸命自分の名前を書いてくれた。それは至極無器用な、正直かなりマズい字ではあったが、同時に「こういう人にはかなわない！」即座にこちらにそう思わせる一種の威厳のようなものをただよわせるふしぎな悪筆なのであった。R氏が一生のあいだ自動車だけをつくり続けてきた人間であることがよくわかる。こういう人は自動車のカタチを知りつくしている人である。面も線も体で知っている人である。現代サラリーマン・デザイナーのコチトラ如きがかなうわけがない。

さて将来、もしかしたら近い将来、自動車界からこうしたオジサン達が皆いなくなったら、サラリーマン・ジェネレーションにもかつてのようなイイ車、ホントに人を惹きつけるパワーをもった車を生みだすことはできるのだろうか。どうお祓いしても、写真をとるとどうしてもゲイリー・クーパーの幽霊が寄りそうように写ってしまうぐらいの車、「この方はよほどこのオクルマがお気に入りなんですね」とかたわらの霊能者が感嘆し、オーツキ教授が憤死するぐらいの車、つくってみたいんだがな。アウレリアB20の写真見ながら、しょうもないこと考えている。

ISUZU PIAZZA XE

後輪駆動ジェミニをベースにしたいすゞ製スペシャルティ・カー。ベースとなったコンセプトカー、"アッソ・ディ・フィオーリ"は1979年ジュネーヴ・ショーデビュー。生産型の日本発売は1981年5月。全長：4310mm、全幅：1655mm、全高：1300mm、ホイールベース：2440mm。水冷直列4気筒DOHC2バルブ。1949cc、130ps／6200rpm、17.0mkg／5000rpm。縦置きフロントエンジン-リアドライブ。サスペンション：独立 ダブルウィッシュボーン（前）／固定 3リンク＋トルクチューブ式リジッドアクスル（後）。

39

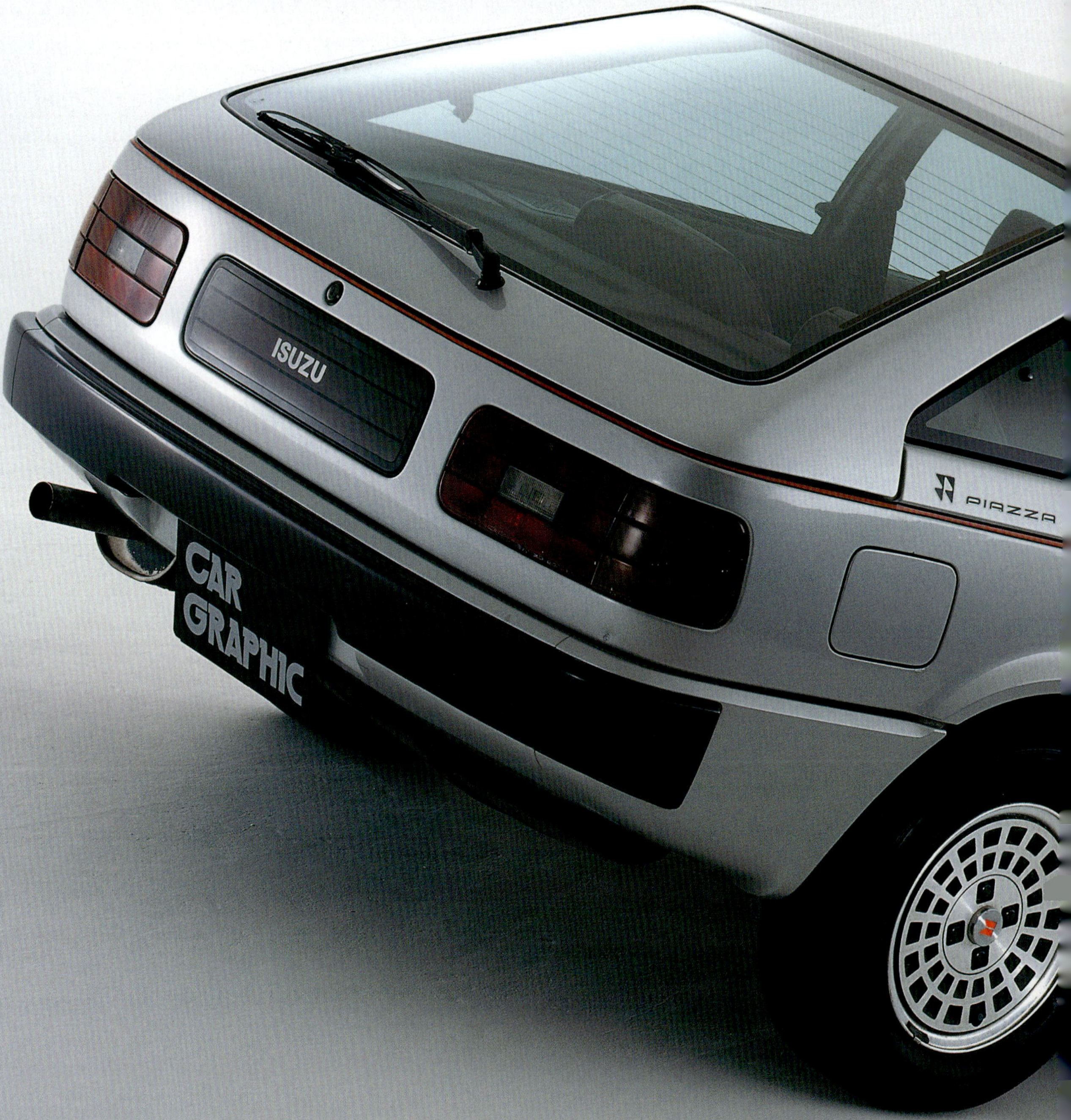
ISUZU
PIAZZA
CAR
GRAPHIC

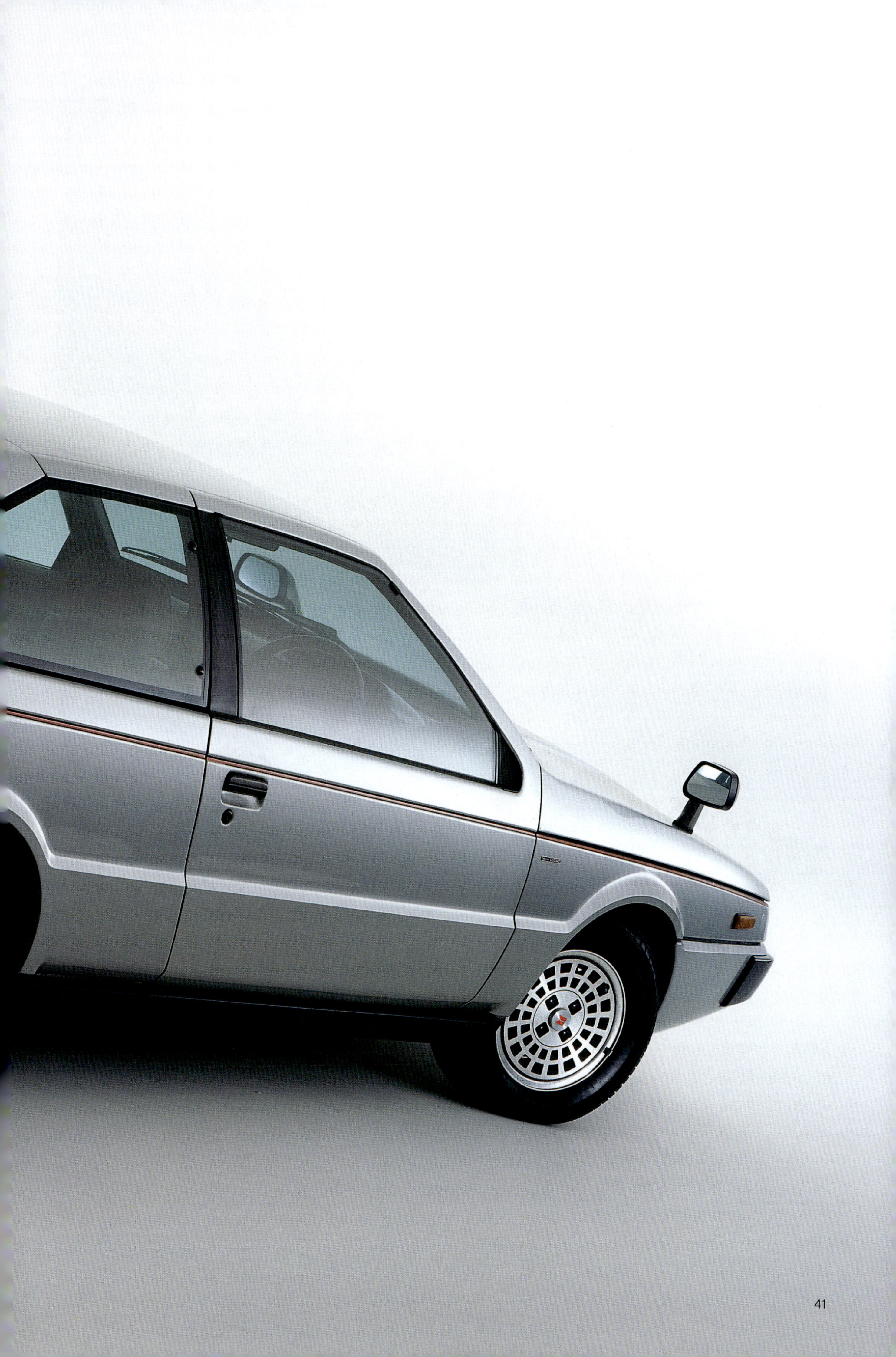

■まずは特別キカクから始める

　お題は「いすゞ ピアッツァ」である。この車について、いつものようにこれからとりとめもないコメントをしたためようというわけだが、実はその前に、今回ワタクシはトクベツキカクを用意しているのである。それは自分自身のナリワイの周辺、つまり「自動車デザインの現場、ソノ実態！」といったあたりを少々紹介してみたいと思っているのである。これにはピアッツァの話のプロローグという意味あいも多少はある。

　ある調査によれば、自動車のデザインというのはクルマのファンならずとも世の非常に多くの人々が興味を抱く事柄らしい……、本当だろうか。でも考えりゃそりゃそうかもしれない。今日、たいがいの人間は一歩家から出ればいやでも自動車に出会わざるを得ない。別に興味はなくとも、4mも5mもある車が目の前を通りすぎれば「あ、ヘンな車」とか「あっちは許せる」とか、無意識にせよヒトは自然と車のカタチについて何か思わざるを得なくなっても不思議はない。なんだかインガな世の中である。

　ま、何にせよ多くの人々が興味を抱くらしい自動車のデザイン、ほんとのところ、企業の内部でいったいどのようにして行なわれているのだろうか。その実態はあまり知られていない。

　勿論、自動車会社の開発関係はどこだってそりゃもうヒミツのベールに包まれている。そんな「カイハツ」の中でもデザイン部はそれこそ奥まった謎のKGB地帯、実態が世に知られないのはあたりまえである。調子よくすべり出したわりには、実は当方とていくら「紹介したい」とはいってもホンの差し障りのないところ、ごく一般的な部分しか

紹介することはできないことを、あらかじめお断わりしなくてはならない。このごろ日本のTVでは「マジックのネタばらし」というのがひとつのジャンルとして確立しているようだが、あれだって見りゃわかるようにやっぱり肝心な部分は絶対に教えてくれない。あれと同じことである、と前もって言っておく。

さて小生、今までに自分で実際に就職したいくつかの会社、またゲストとして訪れたことのあるヨソの会社も含めて、世界で十指にあまる「自動車デザインの現場」を経験している。いかにデザイン周辺のセキュリティが特別にきびしいか、それは多くの企業でデザイナーは開発に関わるどの部署でもフリーパス、なのに、逆にデザイン・エリアには所属スタッフ以外は、社内のどんな人間といえども特別な許可なしには立ち入ることまかりならぬという事実でもわかる。

ところが実際には、このKGB本部に足を踏み入れてみると、その警戒態勢の割に内部はむしろアッケラカンとしており、またエンジンやサスペンションや車体構造をうけもつ開発の他の部署より空気が軽いような、独特の雰囲気が感じられるものだ。仕事の性質もあるだろうが、ひとつにはここだけが他部署よりも圧倒的にインターナショナルな、雑多な国籍・人種のあつまりであることもおおいに関係していると思う。なぜこうなったのかはガイジン・デザイナーのひとりである僕自身にもよくわからないが、今日のヨーロッパの車会社ならどこもデザイナーの半分以上が外国人というのはごく当たり前のことなのである。

もっとも数から言えば、デザイン部門とはいえ全体の人員の中で「デザイナー」はほんのひとにぎり、他にもKGB本部には多くのモデラーやエンジニア、マーケティングやセールスあるいは広報に関係する人々などなど、とにかく色んな人がいる。

43

たとえばエンジンの開発部が基本的にエンジン技術者の集まりであるのに対して、デザイン部門は実に多くの異なる職種の人間の集まりである。これもこのエリアの醸し出すオープンな雰囲気と無関係ではないだろう。

サテ、自動車のデザイン・スタジオといえばたいてい数多くのクレイ・モデルがそこここに置かれている。デザイン検討用のモデルのことだが、ここで言う「クレイ」というのはある特殊な工業デザイン用粘土のことで、あたためると柔らかく、常温では硬くなる性質をもつかなり高価な素材である。自動車のモデルは通常これを用いてつくられる。

こうしたクレイ・モデルはプロジェクトの段階によって実物大につくられる場合も縮尺寸法でつくられる場合もあるが、縮尺の場合のスケールは1/5、1/3などこれまたさまざま、変わったところではフィート・インチ時代のアメリカ・デトロイトのビッグスリーでは3/8というヘンテコな縮尺のモデルがよくつくられたものだ。これはアメリカ人が特別に算数に強いからではなく、また弱いからでもなく、インチ・スケールが通常8進法で用いられるためだ。ただしフィート・インチ法の牙城アメリカも80年代以降は、自動車開発の場に限ってはメートル法が一般的となった。

クレイ・モデルの作業はデザイナーが図面を描き、モデラーがそれに従ってモデリングする、これが基本である。デザイナーの図面は日本では正確なものが求められるようだが、欧米ではそうでもないので僕は助かっている。モデリングの最中はたいていのデザイナーは心配症だからつきっきりでアアだコウだと指示を加える。しかしアーだコーだ言う割にはデザイナーが自分でクレイを削ることはまずない。面倒くさいからではない。モデリングは極めて高度な専門職で、専門のモデラー以外が手を出すと必ず不正確に形がゆがむのがわかっているからなのだ。

さてクレイのモデリングにはさまざまな道具が使われるが、いかにプロ専用を銘うつモデリング・ツールとて、実際のプロは市販されているものをそのまま使うことはほとんどない。たいていのモデラーは自分専用に工具に手を加えて使っている。こうした超プロ仕様のツールを用い、専用のプレートの上に固定されたクレイ・モデルを、熟練したモデラーなら1mmの何分の1という精度で美しくモデリングすることができる。無器用かつルーズな僕は彼等を尊敬してやまない。

こうして完成した実物大クレイ・モデルにこれまた専用の塗装されたフォイルを張って、ディテールを加えて4つのホイールを取りつければ、もうフツーの人にはどう目をこすっても本物の自動車としか見えないモノができあがるのだ。こうしたモデルをいくつもつくり、デザインを検討して煮つめていくのがこの部門の仕事である。

■ 2台のピアッツァの謎

いささかけ足、かつ断片的でもあったが、自動車デザインというシゴトとシゴト場、少しでもイメージが伝わったでありましょうか。また次の機会にさらに紹介していきたいが、ただこの分野、あまりにも世に知られていないため、またあまりにも言ってはいけないことが多いため、他人が理解できるように説明するのはなかなか難しい。

さて、ここからようやく今回の本題が始まる。いすゞピアッツァの巻である。

あれは、考えるともう20年以上前になる。オペルに就職して1年ほどたった頃、つまりまだまだ新米デザイナーだった頃の話だが、2週間ほどの休みをとって日本に休暇で帰ったことがある。その休暇中の1日、僕は藤沢のいすゞ自動車のデザイン部門を訪ねた。仕事がらみではなかったが、ご承知のようにいすゞとGMは浅からぬ関係にあり、オペル-GM-いすゞのつながりでそんな表敬訪問が可能だったのである。そのとき、案内してくれた人がスタジオの一隅にディスプレイされていた当時発表間もない、いすゞピアッツァを見せてくれた。ずいぶんと話題にはなっていたが実車を見るのは初めてだったので、僕は内心大いに盛りあがった。

ピアッツァは2台並べてディスプレイされておりどちらもシルバー塗装、しかし近づいてみると、実はそれは「2台のピアッツァ」ではなかったのである。1台はたしかにピアッツァだが、もう1台はイタルデザインのアッソ・ディ・フィオーリだったのである。

少し古い自動車ファンならよくご存知だろうが、ピアッツァの生いたちを少々説明すると、この車は1979年のジュネーヴ自動車ショーにイタリアの自動車デザイン専門（当時）のコンサルタント、イタルデザインから出品されたアッソ・ディ・フィオーリというイカした名前のコンセプト・カーをそのデザイン上のベースとしている。イタルデザインのトップ、責任者はかのジョルジェット・ジウジアーロ、この世界の巨匠中の巨匠である。

この巨匠作のアッソ・ディ・フィオーリの見た目をなるべく変えないよう、インテリアもエクステリアもできる限りそっくりにし、しかし当時いすゞの手持ちのコンポーネンツをなるべく流用して生産化したのがピアッツァというわけなのである。

イタリアのデザイン・コンサルタントと契約し、そのデザインを採用する自動車会社は世界にいくらもあり、日本もまたその例外ではない。ただそうしたデザイン・プロポーザルは社内に囲われて直接世の目にはふれることはないのに対して、ピアッツァの場合はまずイタリアのデザイン会社が自分たちの名前でショーに発表展示したショー・カーを、いすゞがなるべくそのまま変えないように生産化し

たという図式。これはかなり特殊ケースと言ってよい。何にせよ、いすゞのスタジオに並べられた2台の車を最初同じものと思ったのも無理はない。

そこで僕はさらに近寄り、耳の横にあるスイッチで目の精度を3クリックほど上げてじっくりと両者を見比べた。前横ウシロとよく点検し、その末に本当に感心せざるを得なかった。イヤー、よくここまでやったもんだ……。

じっくりと見れば、イタルのオリジナルはさすがによい。やはりこちらの方がカッコイイ、とそれを言うのは簡単である。しかしこちらは、たとえばウィンド・シールドがそれこそ極端に寝ていたり、デザイナーの思い描く理想形そのものと言ってよいのだから、見た目がよいのは当然なのである。ミケランジェロ並みの才能をもつ巨匠が思うさま腕をふるって傑作をものした。しかしこれはあくまで一品限りの「作品」である。

しかるにピアッツァが目指したのはそれをベースとはしても、何万台と生産される「商品」である。商品である限り、人間がちゃんと乗って走れるよう、すべての法規をゴマかさずに満足させるよう、そして世の常識の範囲内の価格で市場に出し、しかも利益があげられるように必要な変更をほどこさなくてはならない。

そう言えばホンモノのミケランジェロだってかのシスティーナ礼拝堂のフレスコ画を描くとき、予算をあまりに無視してお目玉を喰らったというではないか。しかしいすゞの人たちはエラかった。巨匠にはお目玉喰らわせずに存分に仕事をさせ、その後に自分たちの智恵と工夫でなんとか「作品」を「商品」として完成させる道を選んだのである。オリジナルが先に発表されて高い評価をうけているだけに余計ツラかったろう。何をやってもそれと比較されてしまうからだ。かくて際限のない作業は始まった。全体形にはじまり、ラップ・ラウンドしたボンネット、ドアフレーム、テールゲート。とにかく車のすべて、インテリアのダッシュボードの皮のたるみ具合からサテライト・スイッチのひとつひとつに至るまで、ピアッツァにはアッソ・ディ・フィオーリを現実化するための丹念至極な作業が見てとれる。これを限られたコストで実現するにはどれほどの工夫が重ねられたか。いすゞの人たち、超過勤務分のお金はちゃんともらいましたか？

かかる作業を通し、ピアッツァはイタルデザインのオリジナルを隅から隅まで吸収し、それに接近し、おそらく歴史上でも最も秀逸にイタリアン・デザインを顕現する生産車のひとつとなったのである。イタリアンであればあるほど、この車は日本人ならではの智恵と技術と勤勉さの結晶なのだとも言える。

ここでちょっと話はかわる。

少し前だがイギリスの車雑誌で可笑しい記事を読んだ。これが偶然ながらいすゞと関係があり、しかもなんとなくピアッツァの出現を暗示するかのような記事なのであった。

昔、自前で乗用車を開発、生産できるようになる前のいすゞ自動車が、イギリスのヒルマンを組み立て販売していたことはご存知だろう。その英誌の記事とはその当時、1960年代初めごろにヒルマンからいすゞに技術指導に派遣されたイギリス人エンジニア（名前は忘れた）の書いたものだったのである。

その英国人エンジニア氏、社命をうけ極東の国で習慣の違う人々と仕事にうちこむ。いすゞの人々の吸収力、習得の速さには驚愕しつつも、日本でさまざまな苦労をする彼は、休日になると少しでも故郷西洋のかおりを求めて横浜に出て散策したという。ところがある日、横浜である洋風レストランに入った彼はおかしなものを注文してしまう。出てきたのは見たこともない食べもの、いったいこれが洋食なのか。おそるおそる食べてみると、しかし味はたしかに西洋っぽい。

やがて任期を了えて帰国したこのエンジニア氏、はるか後年になって故国英国でこの時の「洋食」と出会うことになる。それはピザだったのである。英国人の彼はピザを知らなかったのである。で、思えば「あの時横浜で食べたあれが、私の生涯初めてのピザであった」という、そこまで読んで僕は噴き出した。同じヨーロッパ人だろ、ピザぐらい知らなかったのかよ。

いや、でも実はそんなものなのだ。今だって平均すれば、イタリアの食いものなんてイギリス人より我々の方がよほど身近によく知っているだろう。別にイタリアのことだけじゃない、ワガ民族の外国のモノを吸収し、それを自前にとりこんで工夫を重ねて器用に再現までしてしまう能力、世界標準で見ればこちらの方がフツーじゃあないのだ。このフツーじゃない能力あればこそピザもつくれたしピアッツァもつくれた（少しオヤジ入ってます）。この正真イタリアン・デザインの自動車が、他でもないあのいすゞの人たちがつくった車だと聞いたら、ピザぐらいで驚いていた件の英国人エンジニア氏はそれこそ腰を抜かすのではないか。

それにしても、巨匠のオリジナルと比較されることを承知で困難に挑んだいすゞの人たちの努力、この文章前半のもの足りない説明よりも、こちらの方がはるかにわかりやすく雄弁に「自動車デザインの実態」を語っているように思うのであります（予定外のマジメ風シメ。ピアッツァってなんでヨーロッパに輸出しなかったのかね。惜しいねェ、映えたと思うよ。これだけが残念でならない。以上余談）。

LAMBORGHINI COUNTACH LP400

1975年に発表された"スーパーカー"の代表格。ベルトーネの手によるオリジナルデザインは1971年のジュネーヴ・ショーにおいてデビュー。チューブラー・スペースフレーム製ボディのリアミッドに4ℓV12を搭載。最高速300km/hを標榜した。全長：4140mm、全幅：1890mm、全高：1070mm、ホイールベース：2450mm。水冷V型12気筒DOHC2バルブ。3929cc、375ps／8000rpm、36.8mkg／5500rpm。縦置きミドシップ。サスペンション：独立 ダブルウィッシュボーン（前／後）。

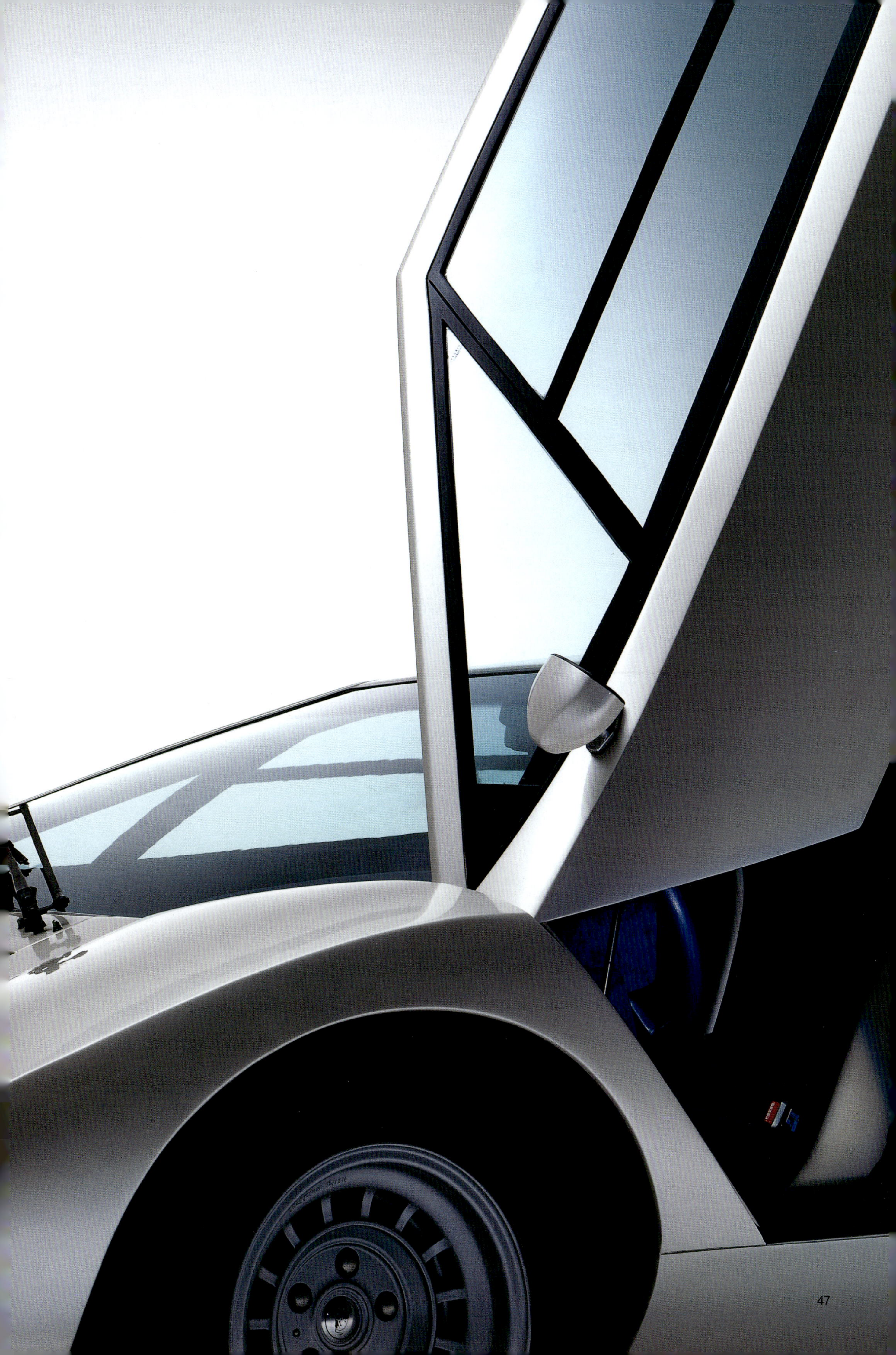

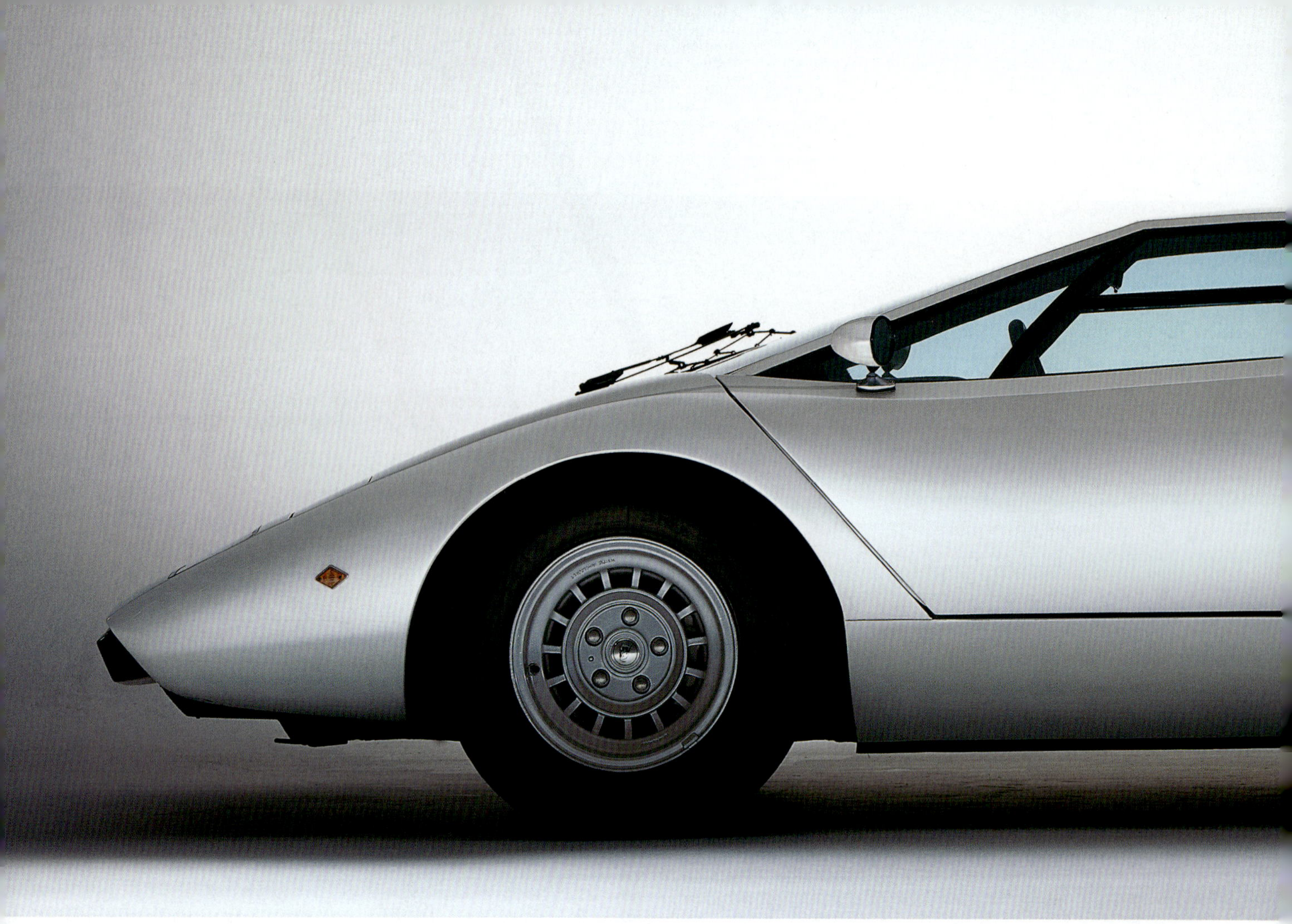

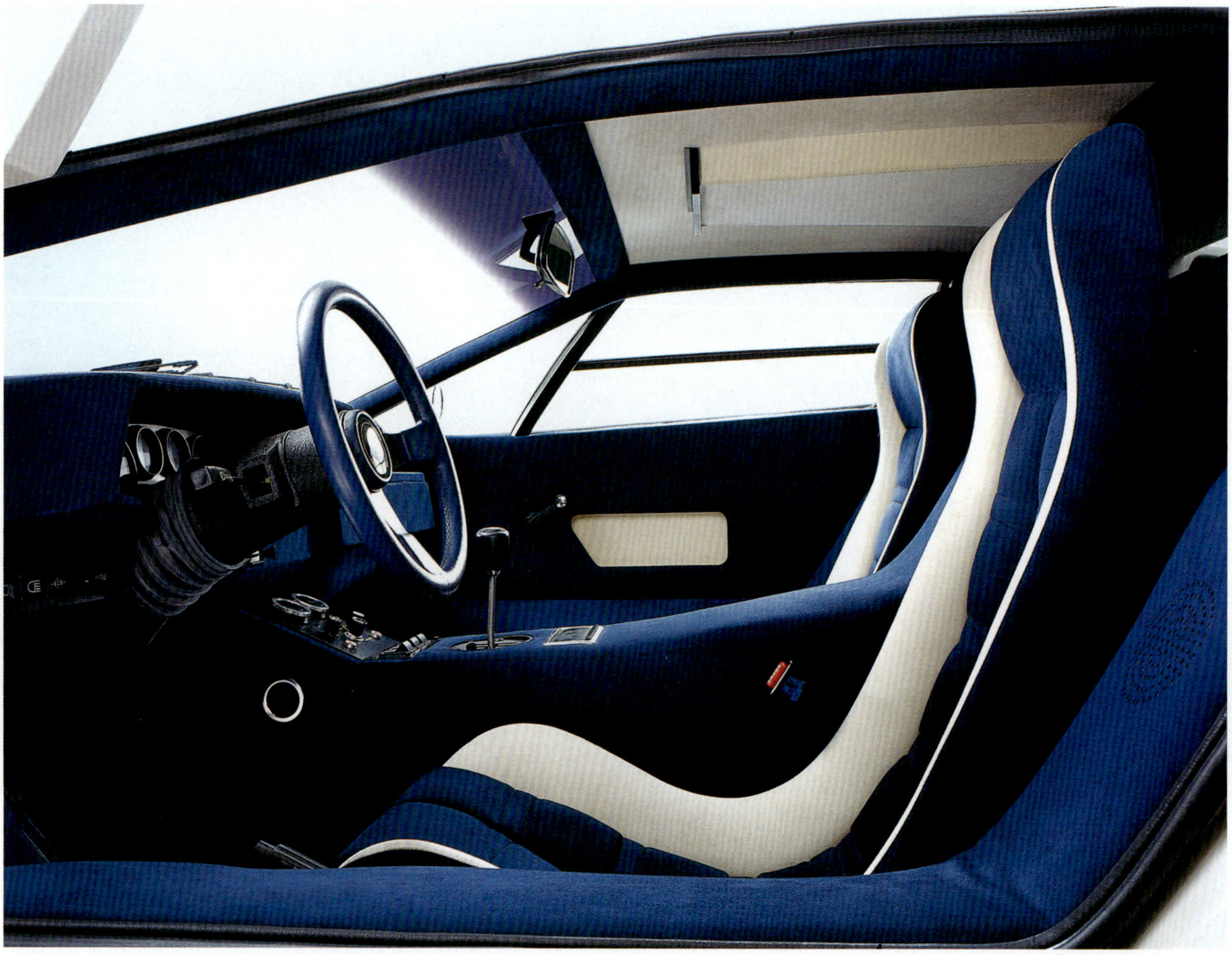

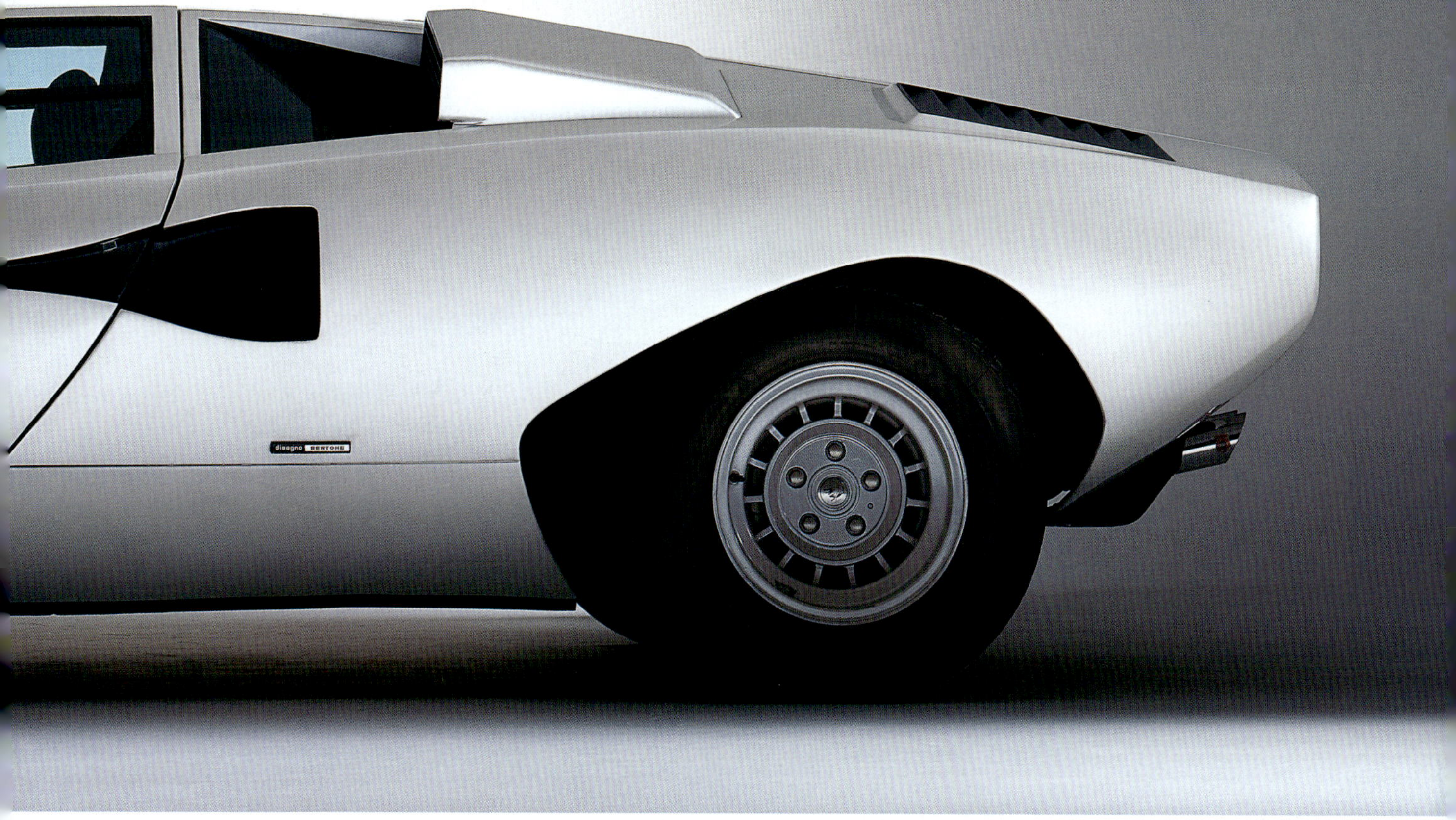
disegno BERTONE

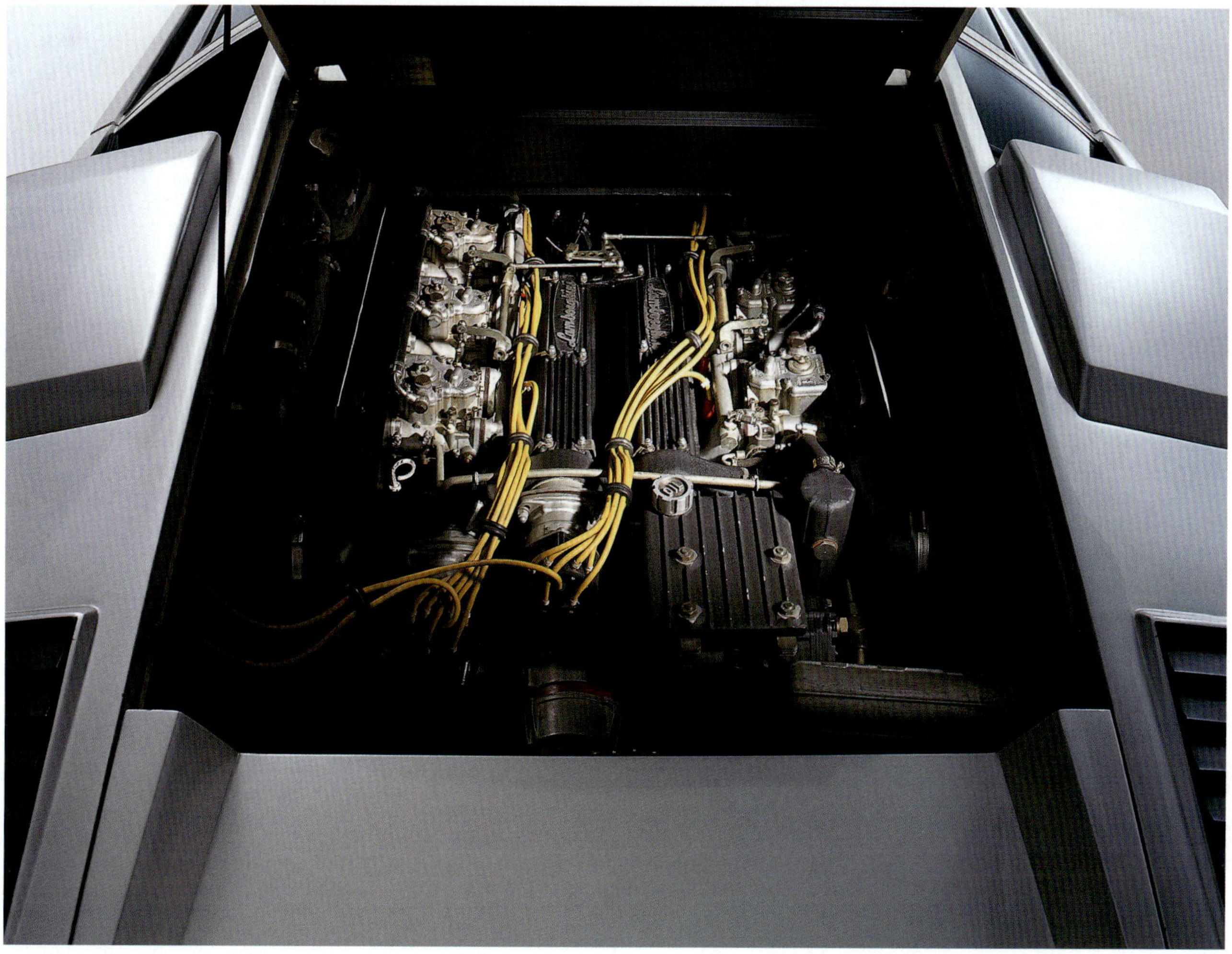

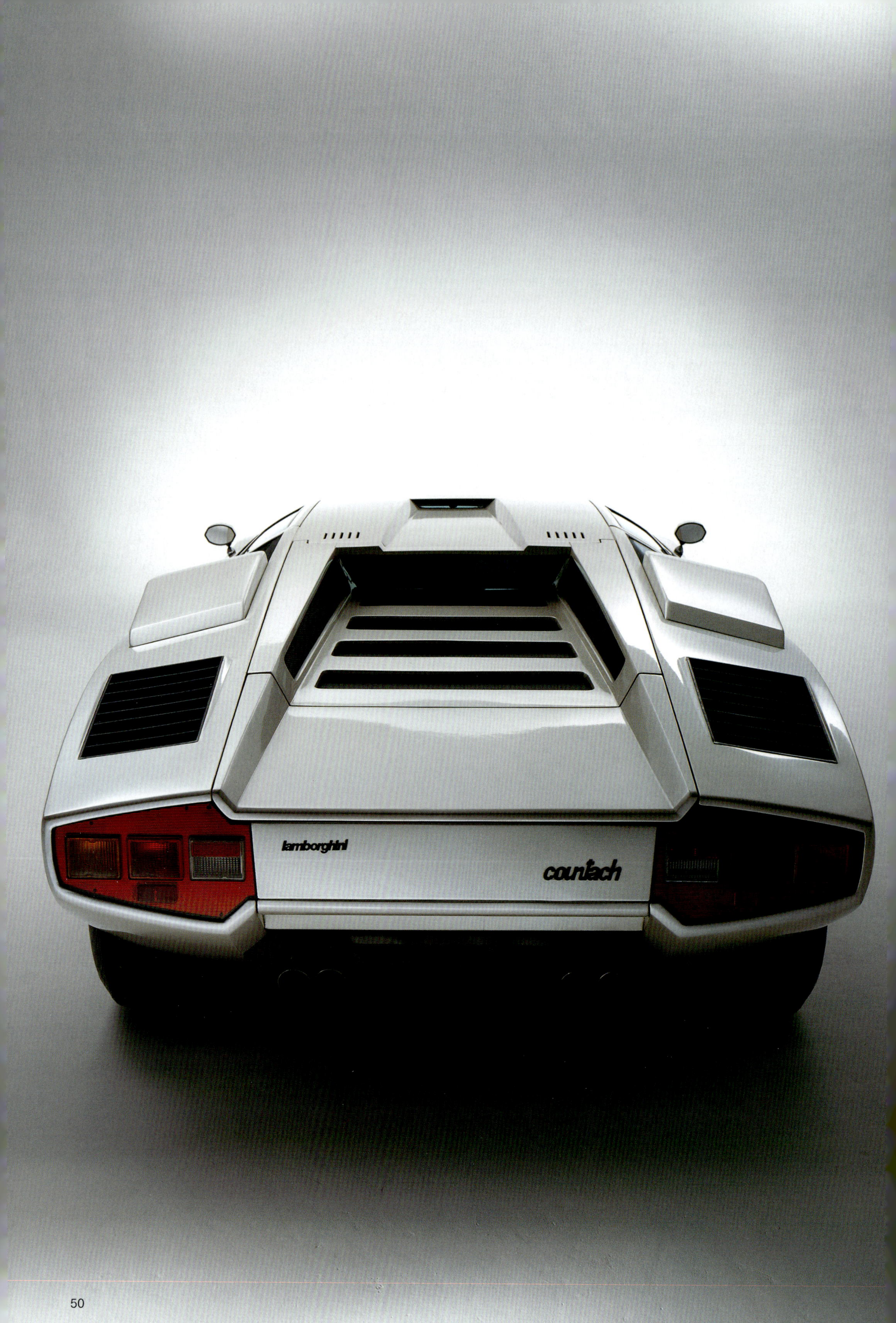
lamborghini
countach

■美大受験指南

　まだ学生だったころのこと。ワタクシは胸中にひとつの疑問を抱いていた。学校の成績に関する疑問である。算数だの、理科・社会だのの成績がテストの点数によってつけられる。これはまあわかる。しかし書道とか美術といった授業科目が学校にはある。国語の時間には作文、ワガ校ではたまに詩なんか書かされることだってあったが、こうしたモノの点数、教師はどれほどの確信をもってつけているものなのだろう。

　即ち、評価が主観的とならざるを得ない分野というのは当然あるので、いくら熟練した先生だってそうした科目では、評価の際に多かれ少なかれ「好み」の要素が介入するのは避けがたいのではないかと思うのである。

　こうしたいわくいい難い科目の中でも「美術」というのはムズカシイ方の代表者ではないか。「ナンデ私のスバラシイ絵が70点でナニ子ちゃんのヘンテコな絵が80点なんですか？」、みたいな質問されたら万人に明解に納得できる答えを返すことはムズカシイ。だから美術の先生は、いっそ点数をつけたらカッコして「個人的好みも入ってます」とタダシ書きを加えてしまえば文句も出ないのじゃないか。文句のかわりに生徒や親に石投げられるか。

　……といった疑問の心、得心ゆかぬ胸中にもかかわらず、やがて僕は美術系のアヤフヤな「好み・主観的評価」の海に、それまでのように足だけピチャピチャするのでなく、全身でザンブととびこむこととなった。将来は自動車のデザインをとココロにきめていた僕は、高校も後半となるとその方面に進むべく受験の準備を始めたからである。クルマも含めた工業デザイナー志望のヒトはどういう学校に行けばよいのか。一般的に言えば美術大学の工業デザイン科に進むのがセイフな道であろう。僕も、それで美術大学受験を決意した。しかし、絵が描けなくては美大には入れない。ノホホンとしているわけにもいかず、集中して絵の勉強をすることとなった。

　——ひょっとして誰かの何かの参考にならないでもないので、ここから日本の「美術大学受験」という世界のハナシを少々する——

　前述のようにワガ国のたいていの美術大学には絵画や彫刻とならんでデザイン関係の諸科が用意されている。しかしなにぶんにも美大であるから、そういういくぶんカタ目のフィールドではあっても受験科目には学科に加えて実技試験がある。学科と実技の比重はちょうど半々、どちらかを頑張ってどちらかを捨てるなんてことはできない。それで僕の受験当時(今も？)、だいたいどこの大学もデザイン諸学科はデッサンと平面構成が実技の試験科目となっていた。

　さていかがでしょう。デッサンはともかく、平面構成とは何のことかおわかりだろうか？ ケント紙の上にワクを描いて、その中に与えられた課題にそってポスター・カラーやガッシュで色面を構成するのがこの試験なのでアル、ってやっぱり何のことか判然としないでありましょう。イヤ、私もそれが言いたい。つまり実のところ今日の日本の美術大学の入学試験というのは高度に専門化して、というか、かなり受験用の特殊な知識と技能が要求されるもので、どんなに素晴らしい才能の持ち主でも普通の高校の授業をうけただけで受験したら、まず絶対にうかるわけのないシロモノなのである。

　ではどうすればよいか、というと、世には美術大学専門の予備校ともいうべきモノが数多く存在している。そうしたところで受験用の特殊訓練をうけなくては、まず合格はおぼつかない。美大専門の予備校にはよくナニナニ美術研究所という名がつけられているが、僕も高校3年生となると同時にそうした「研究所」のひとつに入り、毎日高校の授業がすむと夕方からこの第2の学校に通い始めることとなった。

　ああそれにしても思い出しますね、初めて「研究所」のアトリエに足を踏み入れた時のショック。その広い部屋には何ヵ所かの台の上に置かれた石膏像、それをとり巻いて部屋全体にまで立錐の余地もなく立てられたイーゼル。皆、木炭デッサンの真最中であった。ちなみに木炭デッサンと言っても木炭をデッサンするわけではありませんで、細い木炭のスティックを用いて専用の紙に石膏像などをデッサンする、デッサンの基本であります。

　で、ショックだったのは他でもない、そこにいる人達のデッサンのあまりの上手さ、たくみさである。ホント、ビックリした。もうそりゃ17年とか18年しか生きていない人間の描く絵じゃぁない。僕の目指した学科は当時競争率およそ10倍と言われていたので、僕は気が遠くなる思いがした。こんな奴等に混じって9人もブチ抜かないとビダイって入れないわけか。キミタチ、そこまで上手けりゃもう大学行く必要ないぞ！、ひとりひとりにそう説得してまわりたいとか、クダらないこと考えてる場合じゃない。

51

ともかく僕はその日から必死チマナコでガンバる以外なかったのである。

1日3時間、月曜から土曜まで描きに描いて1週間でデッサンを仕上げる。これを2ヵ月も続けるとイヤでもメキメキと腕は上達した。フフフ見よ、どん底の馬鹿力。ただしここでニンマリするのはまだ早い。この時点では1日3時間を6日間、つまり18時間かけて1枚描くわけだが、これはまだ大甘なのである。年度のはじめはこの大甘ペースで始まる。ところが、実は多くの美大の実技試験はたったの3時間で行なわれるものなのだ。だから入試の時期に向けて研究所でも段々とデッサン所要時間は短かくされていき、そしてついには初めのなんと6倍のスピード、即ち3時間でちゃんとデキのいいものが描けるようにと訓練される。少なくとも僕の行った研究所ではそういうプログラムとなっていた。

もうひとつの実技科目、先述の「平面構成」の方もはじめは1週間で1枚仕上げる。最初の2日間で構成や色を念入りに計画し、次の3日間ぐらいで仕上げる感じか。しかし本番の試験となるとなんとこちらもたった3時間でオシマイ。だからこちらもどんどん速く、そしてもちろんどんどんヨイものを仕上げられるように訓練される。「平面構成」を3時間でといったらモー、開始と同時にパレットに色を溶きはじめる。自分の絵具のすべての色のニュアンスと自分の得意な色の組み合わせを、とうにアタマにもウデにもたたきこんでなくちゃできるもんじゃない。色を溶きながら課題を読む。読みながら構成を考える。塗りながら次をどうするか考える。「こうして喋りながら次は何言おうか考えてんスから」というのが林家三平の得意のギャグだったが、こっちだってほとんどギャグなんスからモウ。

さてともかくもこの研究所時代、ワタクシはそれまでの悪いタイドを改めて、そりゃもう講師の言うこと、スナオに聞いたもんです。なんたって近々キビシイ9人抜きしないといけない身だから必死である。ところがこちらがいかにスナオになってもそこはムズカシイ性格の「美術」であるから、ふたり講師がいれば講評の際にまるきり相反するコメントが出るワ、評価が真っぷたつに分かれるワ、何を信じてよいのかわからぬままに、とにかくコチラはそのことごとくを丸のみして消化吸収につとめるしかミチはなかった。つまりアイマイモコとした「主観的評価」の大海にザンブととびこむしかなかったのである……。

■「主観」の海をゆく

このあたりでいい加減本題にうつらないとサギで訴えられるナ。ウム。今回はランボルギーニ・カウンタックですねェ。ハイそれではこれからこの車のデザインを解説・批評いたします。珍しく真正面から宣言した自分にワレながら感心する。ここに掲載される美的にして高級感あふれる写真は文句なく素晴らしい。が、そのキャプション係にクルマ・デザイナーの小生がご指名をうけたのは、おそらく毎回の「名車」のデザイン的側面の解説を多少なりとも期待されてのことではないかと思うのである。しかるにこちらは知らんぷりして今までほとんどデザインそのものに触れることがなかったのはナゼか。

……ダカラ今書いてきたのがその言い訳なのである。デザインの批評テナものは美術の先生の評価と同様、する方はそれなりの考えに基づいているつもりでも主観・好みに偏ることは避け難い。したがってヒトに理解・納得しやすいデザイン批評なんてのはもうシナンのワザなのでありまして……。ト、これだけ予防セン張っとけばいいか。以上の注意書きをよくご承知のうえ先をお読みください。

では前言どおり、ランボルギーニ・カウンタックのデザイン解説・批評を試みます(結局やってみたかったんじゃないか)。まずはじめに、私メ、実を言うとケイサイされる写真は見ないで、車名だけ知らされてソラで書いているのであります。車の手配や撮影の関係で、前もって写真はできてこない。したがって撮影されるカウンタックがどういう状態のものかわからないが、もしもホイール・フレアやリア・ウィングやらが付いていたら、それはオリジナル・デザインにはなかったものなので、ご苦労だがエイと取り除いて考えてほしい。あと、サイド・グラス後方その他のいかにもとってつけたようなクーリング・インテーク、ついでに前後のバンパーも同じ理由からホイと外したところを想像していただきたい。いかがでしょう。1971年のジュネーヴ自動車ショーにカロッツェリア・ベルトーネが出品したオリジナルのカウンタックの姿とはほぼそういうもの。実にピュアなものだったのであります。

さてこのピュアなオリジナルのショー・カーは黄色に塗装されていた。ナゼかおわかりか？ソンナコト勿論僕にもわからない。でも想像することはできる。実はカウンタックという車、ある別の車の強い影響をうけてデザインされたもの、マネというのでは決してないが、そのプロポーションも面処理も大いにお手本とした車があったハズなのである。それは1969年にライバルのピニンファリーナが製作したショー・カー、フェラーリ512Sスペシャル・ベルリネッタである。とそう言って「アアあの車ね」と即座に思い浮かぶ人はそうそういないかもしれない、マ、そんな車があったんだと思っていただきたい。

で、このピニンファリーナのフェラーリ512Sのショー・カー、コイツがなんとも鮮烈なタマゴ色で、もうその色が似合うのなんのって。で、ベルトーネの方もコレしかないとヒザを打って、いや敬意を表してのことか知らないが、カウンタック初登場の際に思わず黄色を選んでしまったの

だろう、と僕は思っている。

さてカウンタックのボディ、全体に強いエッジと平らに近い面の組み合わせで構成されている。特に前から後ろまで、平面的で凸凹なく続くボディ・サイド（前述のごとく、ホイール・フレアがあったらそれは無視する）は、筋肉質系の多かった30年前のあの当時のスポーツカーには珍しい。当時のルマンなどを走ってたスポーツ・レーシングカーを見ても、総じてもう少し丸みの強いカタチが主流だったが、ではこの平面的ボディ・サイド、いったいどこからヒントを得たかと言うと、元をただせば、おそらく当時の北米のカンナム・シリーズのレースカーからの影響ではないか。

そう考える根拠は余りにクダクダしていて省略するが、古いレースファンなら憶えておられるだろう。ある時期からカンナムの車のボディ・サイドは申し合わせたようにタイアとツライチの真っ平らになった。空力的にはこれは正しく、やがてヨーロッパのレースカーも、今日に至るまでレーシング・スポーツカーのサイド面といえば前から後ろまでタイアとツライチの真っ平らが基本となっている。そうした今日的なレースカーが登場した際に世に与えた異様ではあるが新鮮な印象、その時の人々の驚きをカウンタックの平面的なサイドが無言のうちに伝えている、ということではないか。

カウンタックの造形上なかなかイイと思うのは後端部、スパッとスライスされて変形六角形のテール・ランプ部を形づくるボディの終わり方、特にサイド・グラスの延長面がテール・ランプ部の上面に至るまでねじれていく、そのネジれ方は秀逸である。テール・ランプ部を形づくるための「もっていき方」がうまいのだ、とも言える。

「もっていき方」という言葉が日本のデザイン批評の現場ではよく使われる。一編の物語や映画のようにデザインにもヤマ場・見せ場がある。ヤマ場がワザとらしいと見ている方はシラケてしまう。なるべく自然に、しかもじょじょに盛りあげてゆく、これがつまり「もっていき方」であるが、カウンタックのデザイン上、変形六角形のテール・ランプ部はひとつの見せ場になっている。見せ場そのものも悪くないが、そこまでの「もっていき方」がちょっとイイんだよな。

サーテ、まだまだ食い足りない気もするが、枚数の関係でこのあたりでソーカツ的感想を述べることにするが……。世の中にはただ人の目を驚かすだけのハデなデザイン、あっと驚く未来的なデザインは多い。カウンタックも、どう見ても充分にハデで未来的な車のひとつには違いない。しかしこの車がバットマン・カーのような、あるいは幾多の現われては消えていったデザインスタディのような幼稚な印象、デカくしたオモチャのような印象を免れているのはなぜか。むしろ発表30年を経て、30年間根を張り続けてきた樹木のような存在感を漂わせているのはなぜか。

それは「文法」のせいだと僕は思う。この車、ラテン系天才の気まぐれから生まれたようにも見え、ひょっとしたら本当にそうなのかもしれない。しかし仮にそうであったとしても、これはどこをとっても間違いなくクルマの文法にキビしいまでにのっとったデザイン、違う言い方をするなら、どの線からもどの面からもデザイナーの自動車に対する理解の深さがうかがえるクルマだと思いますね。その「理解」「文法」が品格を生み出し存在感につながってるのではないか……って最後にきて、うすめる前のカルピスのように話が急に濃くなってしまいましたが、やはりコイツは一朝一夕にしてできる車じゃないねェ（しつこいようだが、すべては後付けのウィングやフェンダー・フレアやエアインテークを取っぱらった状態での話）。当時のベルトーネとしては間違いなく傑作のひとつだと思う。

デザインの批評は「美術」と同じ「主観」の世界である。かつて「研究所」時代にこの海にザブンととびこんで以来、次に運よく大学に入ったはいいが、僕と「そのサクヒン」は今度は助手から教授に至る1ダースもの人々のしばしば相反する「評価」に遭遇し、その後職業デザイナーとなると、上役、マーケティング、セールスの人々、プレス関係やもちろん一般の人々のひとりひとりも含めて「ああした方がいい」「ソノママでよい」「イヤこうしろ」「何で変えたんだ」etc.の決してひとつにはまとまることのない幾百千万の主観的なる声にさらされることとなったのである。ザブンととびこんだ海は実は先に行くほどデカくなり、勿論いまだに泳ぎ中であります。

つまるところ、キューキョク的にはワガ職業とは単なる人々のスキキライ、理由やリクツでない「好きだ」「嫌いだ」を扱うそれだけのことなのだ、とようやく当たり前のことを心底悟ったのは、かの研究所に入ってから20年あまりの歳月を経た後のことなのであった……。

（余談）トリノ郊外、フィアットの工場の先にあるカロッツェリア・ベルトーネで完成されたこの車のプロトタイプがテスト走行にのりだしたときのこと。畑仕事中の付近のお百姓さん、走り来るその平ったい宇宙船のような姿を指さし「クンターッチ？！」、ピエモンテの田舎言葉で「何だコリャ？！」という意味である。デ、このひと言がそのまま車名となったんだ、とこれは当時ベルトーネにいた人から聞いたお話。クンターッチというのが正しい発音らしい。もっともその話を聞いた僕が彼の発音をカタカナに直したんだからコレも主観的判断ではありますが。

FERRARI 365GT4／BB

1971年のトリノ・ショーにおいてプロトタイプ・カーとしてデビューした、70年代フェラーリの旗艦。デザインはピニンファリーナが担当。鋼管スペースフレームシャシーの後部に180度バンク角の4カムV12を搭載する。全長：4360mm、全幅：1800mm、全高：1120mm、ホイールベース：2500mm。水冷V型12気筒DOHC2バルブ。4390cc、380ps／7500rpm、44.0mkg／3900rpm。縦置きミドシップ。サスペンション：独立 ダブルウィッシュボーン（前／後）。

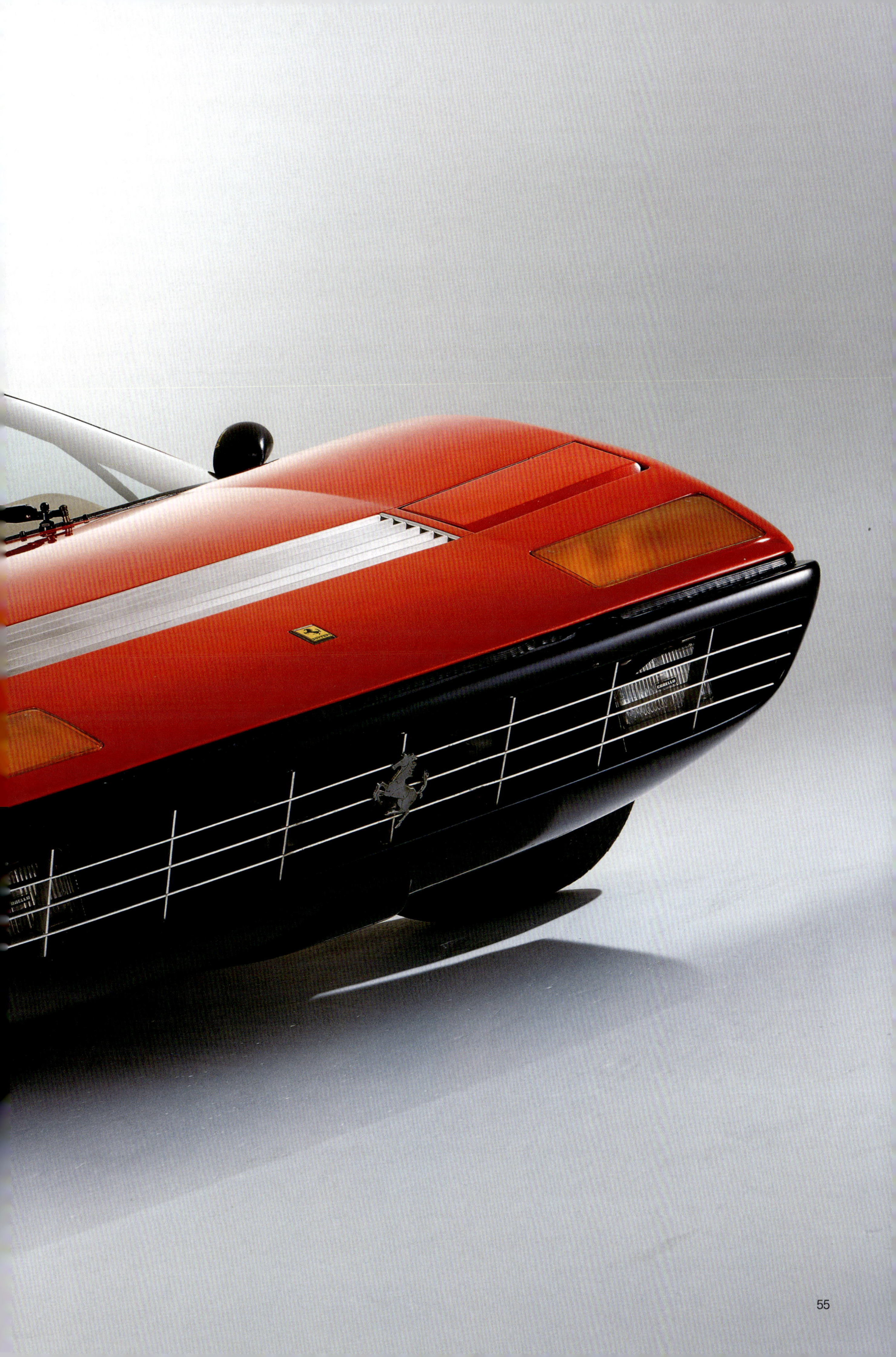

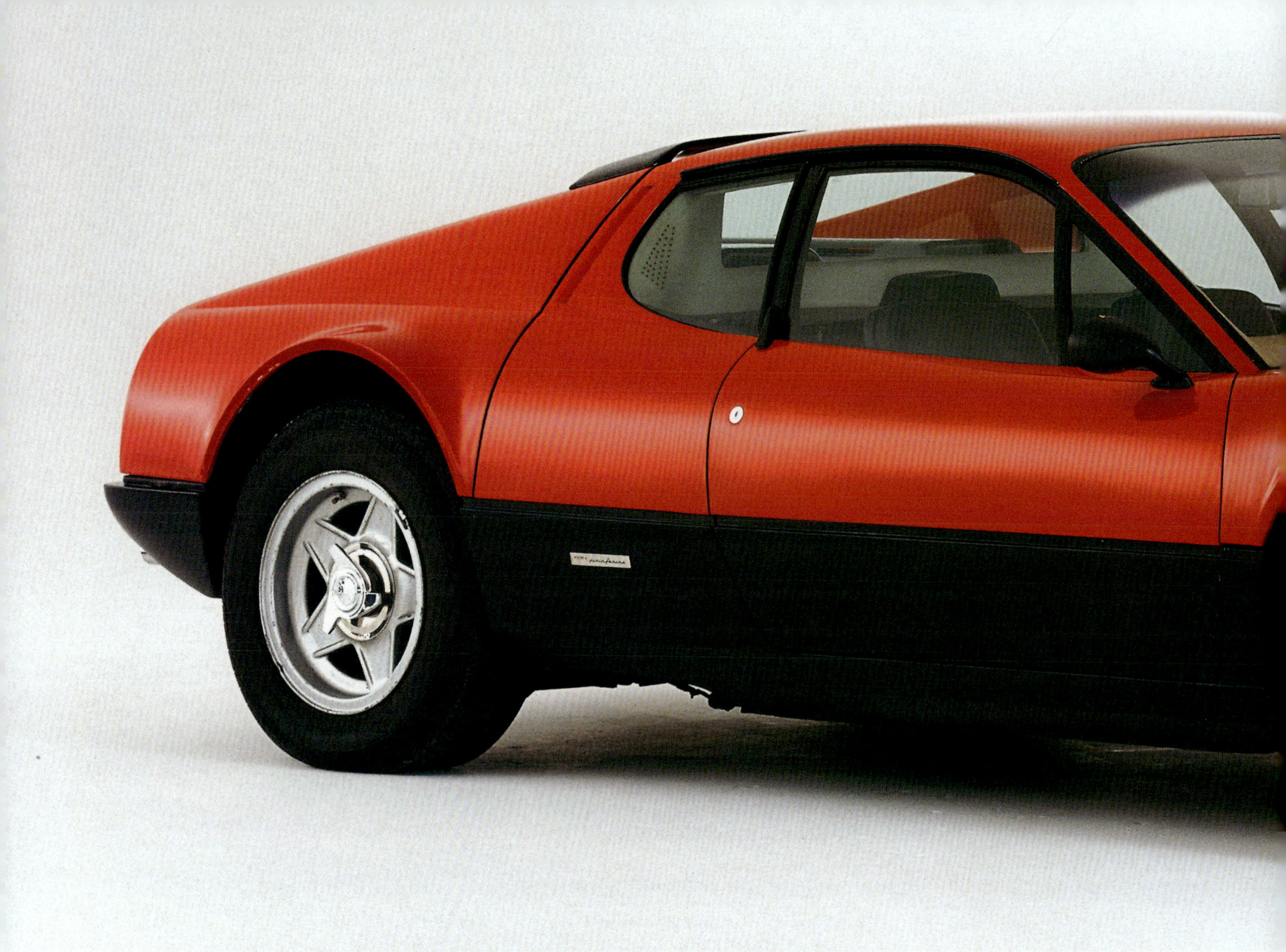

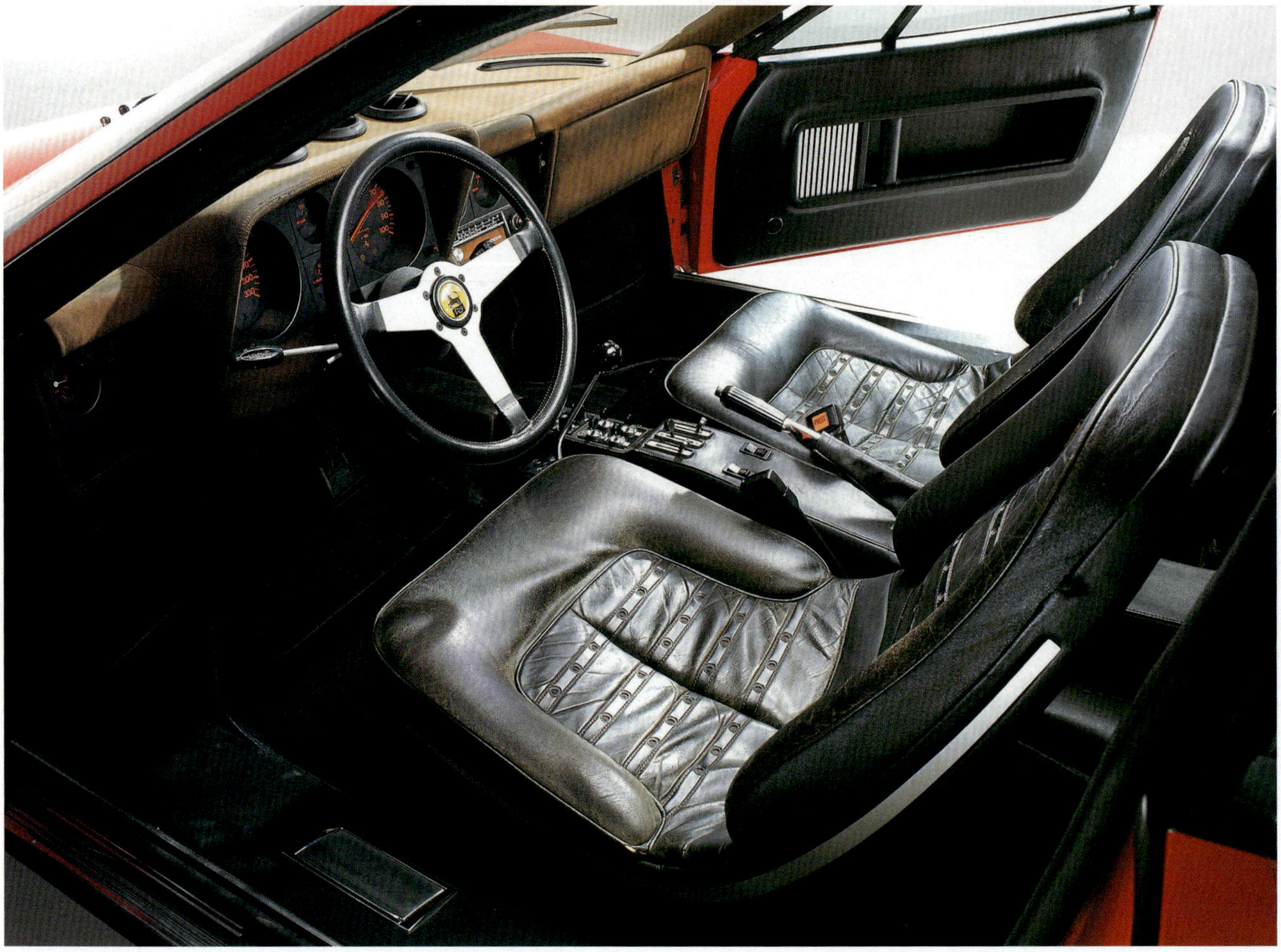

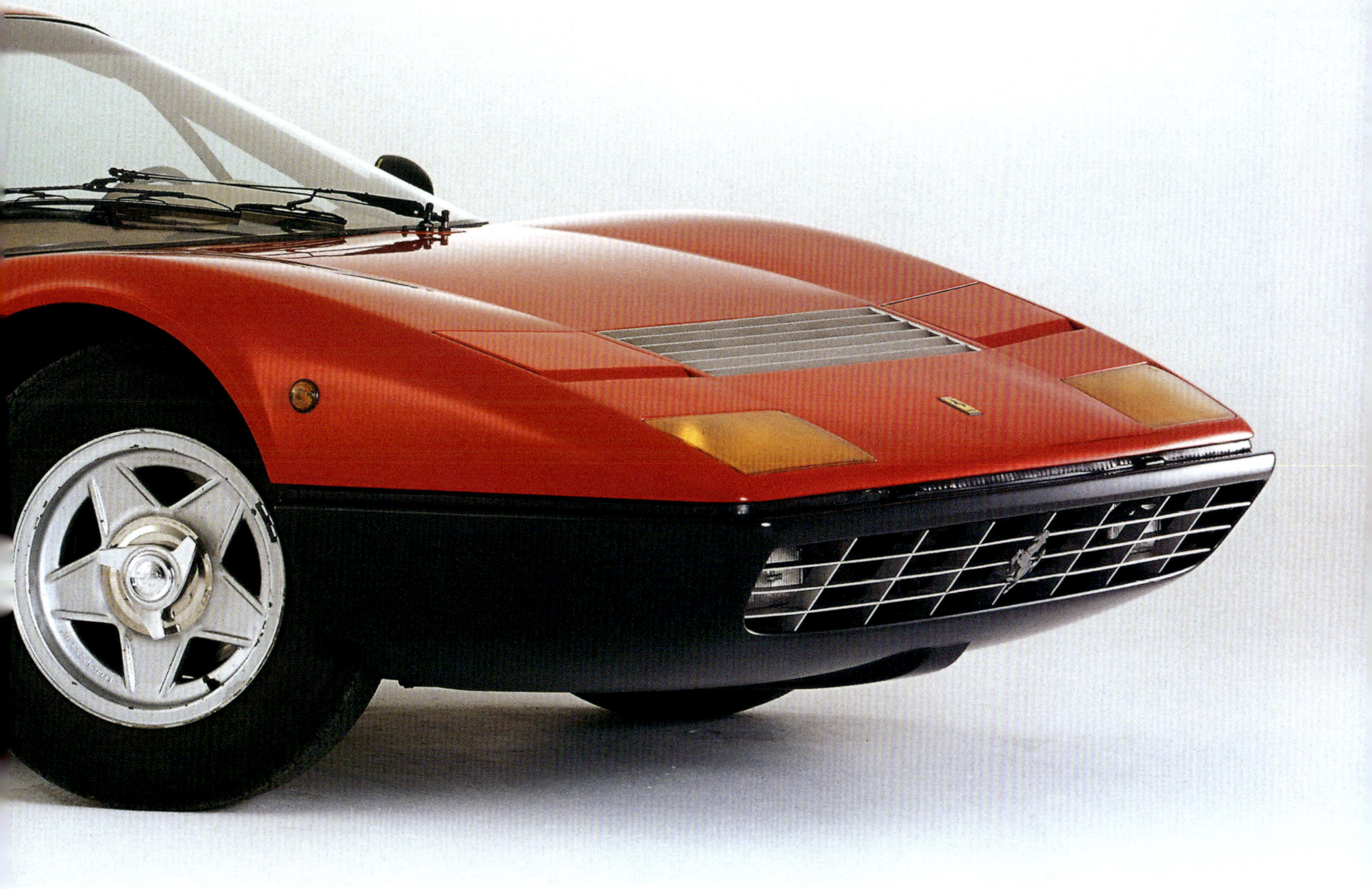

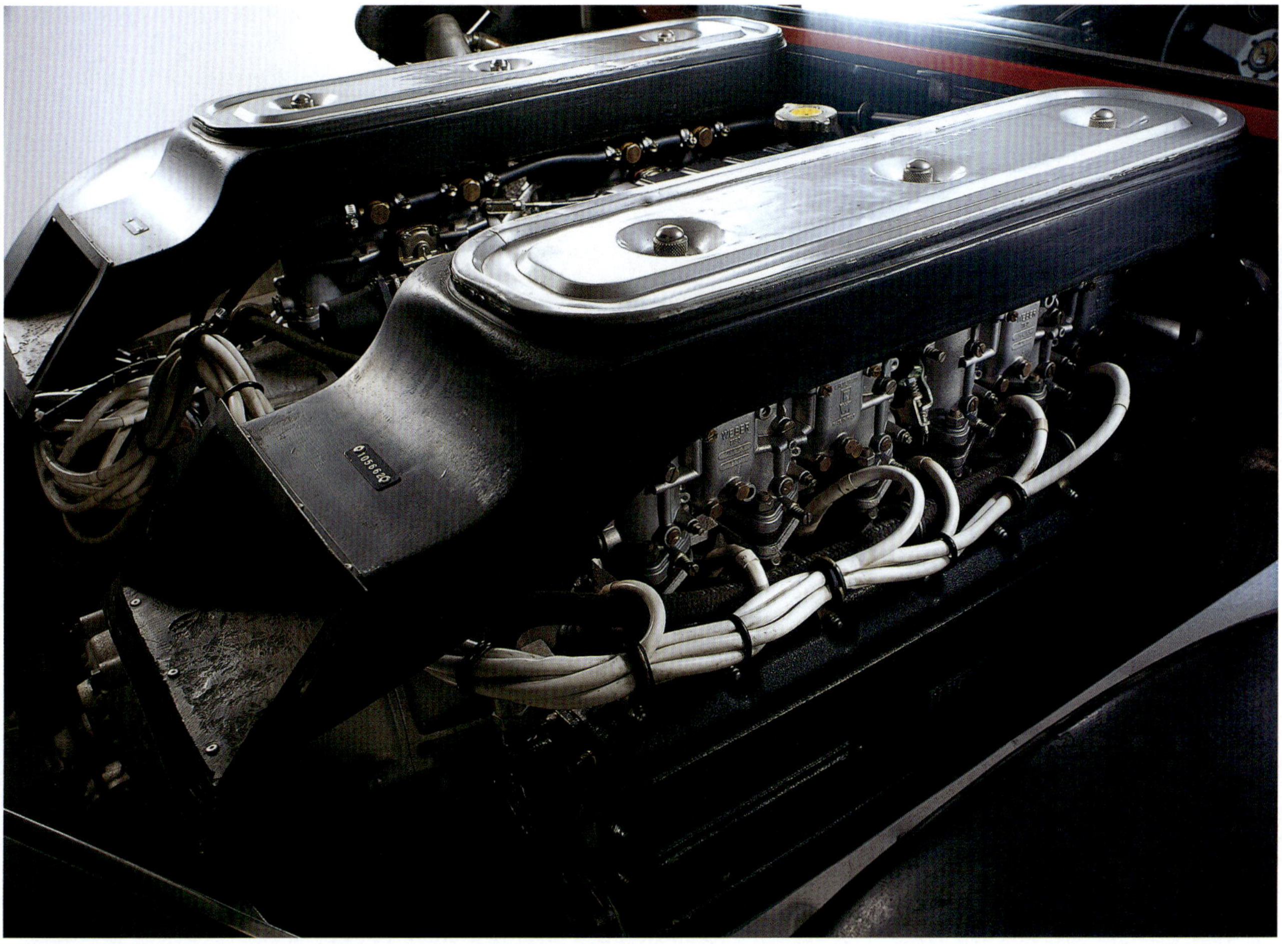

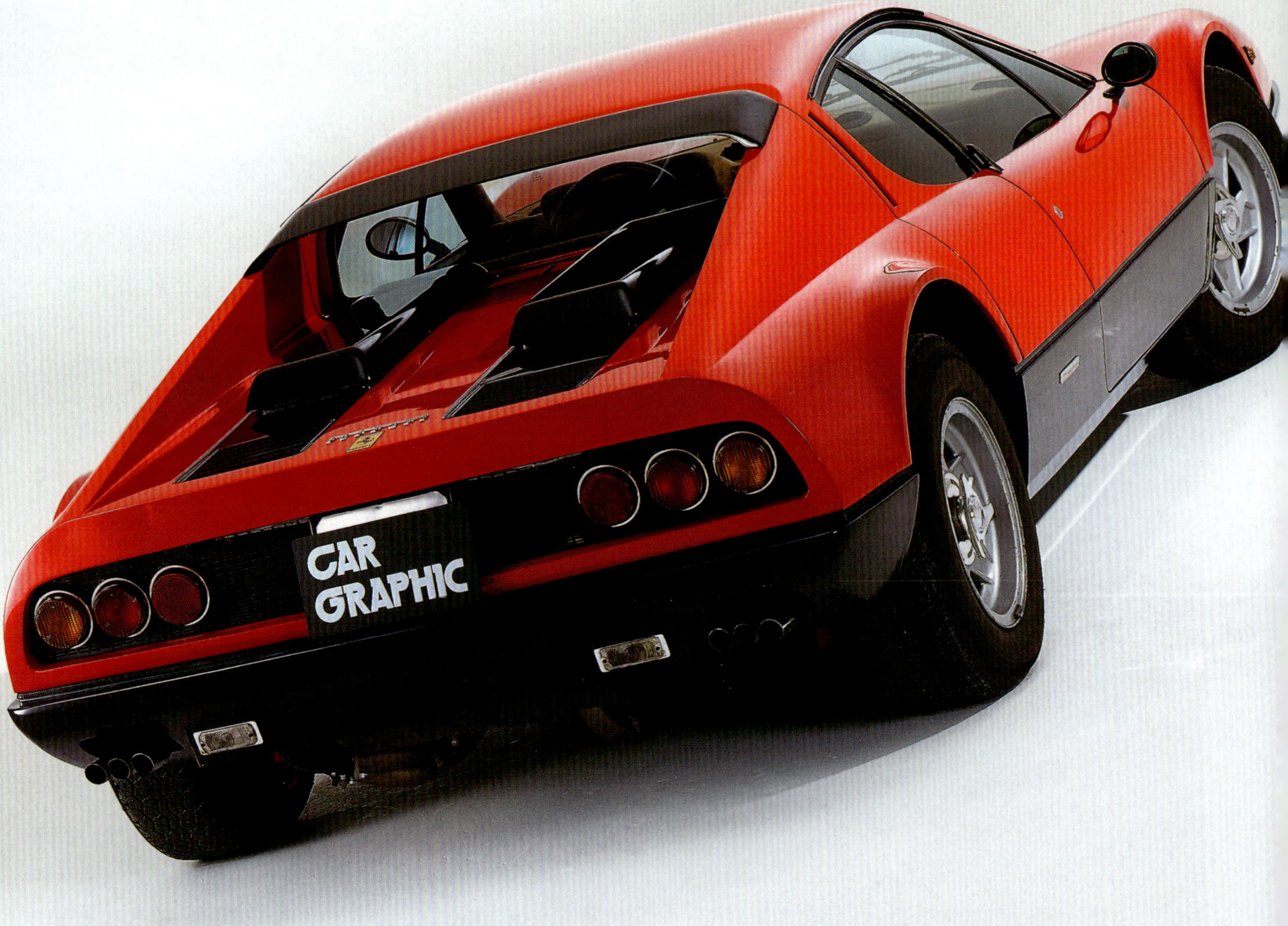
CAR
GRAPHIC

■西洋方面就職事情

　さて今回はフェラーリBBであるが、この車のイントロとして僕は「就職」の話から入りたいと考えている。詳しくは後述するが、フェラーリBBと聞くとかつての就職活動の頃のことを思い出すからである。ただ、いかがだろう。「就職の話」、残念ながら不景気の昨今あまりよいイメージはない。まったく、日本の不景気が長いこと続いている。ワタクシごときが何をホザいてもセンナキことながら、いい加減なんとかならんものなのか。実は僕の周囲の若い知り合いにもいよいよ学校を了えて就職という人がいるが、やはり不況の影響で情勢キビシイようである。

　僕自身は運よく、それほどは景気の悪くない時代に卒業して就職、その後も会社をかわること2回。いずれもヨーロッパでの話であるが。おかげで小生、セイヨウ社会における就職についてはちょいと詳しくなってしまった。

　トコロ変わればシナ変わるで、就職活動も洋の東西で様相が異なる。日本で一般的な、毎年きまった時期に企業が学校に連絡して卒業予定者から新規採用の募集を行なうといったあの方式、実はああいった求人・雇用の方式は欧米には存在していない。西洋社会には一定の就職シーズンといったものもなければ、入社試験といったものも、一般企業では僕は聞いたことがない。一部の例外をのぞけば企業の側から人を探しに学校へ出向いてくるということもあまりない。

　それではオウベイの人達、いったいどうやって就職口をさがすのか。実は彼等の就職活動とは自分の希望する時に希望する会社に手紙を出し電話をかけ、そして自分で自分を売りこみに訪ねてゆく。要するにアルバイト探し感覚の原始的とも言える方法だが、企業の正社員となるにもこれが西洋方面ではいまだに基本形・王道である。

　逆に企業が人を探す際には新聞や雑誌に「人求ム」と広告を出したり、ご存知ヘッド・ハンティングが行なわれることもある。しかし日本のようなシステム化した毎年の求人・就職というカタチがないだけに、たいていの企業は「本年度は何人」と計画的に人を採用しているわけでもなく、いつポストの空きがでるのかは予測もできない場合が多い。

　また適当な人材が面接に来て、企業の側でも雇う意志はあっても、受け入れ態勢がオーガナイズされていないためにやたら時間ばかり喰うといったことも珍しくない。ひとりのデザイナーの採用は決定しているのに、社内調整にガタガタと手間どり、本人が実際にオフィスで働きだしたのは1年も後だったというケースだって僕はいくつも知っている。

　こんな「入れればマグレ当たり」みたいな西洋式に較べれば、システム化した日本の毎年の求人・就職は雇う側雇われる側相方にとって効率的である。サスガはジャパンである。ただこんなスムーズを旨とする日本の就職も、ご存知のようにここ最近にきて話は少々違ってきた。サスガのジャパンも不況で、企業の雇用キャパシティも限られてきているのが今日の現実である。憂うべき現状である。

　……やはりこの話、パッとしないトコロに戻ってきてしまう。しかしご安心あれ。当方ここでこの暗い話題に少々アカルイ要素をブチ込む用意があるのだ。即ち、憂うべき現状を承知したうえで、それでもあえて言いたいのだが、ミナサマはこういうことを考えてみたことがおありだろうか。たとえば自動車のデザインを志望するベルギーやスイスの青年はどこの会社を訪ねて行けばよいのか。カメラ他、光学機器方面を専門にしたいイギリス人やフランス人はどこに面接に行くべきなのか？ ケータイ電話やコピー・マシーンに関心があり、卒業制作にもそれを選んでしまったドイツやイタリアのデザイン学生は？

　もうおわかりのように、これらの人々は景気が良かろうと悪かろうと、自国にとどまる限り自分の目指す分野のメーカーで働くことは難しい。自分の国にこれらのモノをつくる会社がないか、あってもごく小規模な形でしか存在しないからだ。

　どこかのデザイン事務所に入るかフリーランスになるなら別だが、やはり現実には彼等の多くは就職口を求めて国外へ出てゆく、出てゆかざるを得ないこととなる。別にデザイナーに限らないが、事実ヨーロッパではこうして就職を求めてクニを離れてゆく人の割合は、我々から見れば驚くほど多い。

　こうした視点に立つと日本という国は別格であることがわかる。日本には重工業から精密機器まで、交通機関、電気・電子機器、光学関係、こまかいところでは筆記具やヘルメットやジッパーに至るまでの膨大な幅をモウラする工業が顔をそろえ、しかも各分野で世界有数という規模の会社だっていくらでもある。他の国々から見れば満漢全席という感じなのである。

　もちろんセイゾウ業以外のあらゆる分野を見わたしてもジャパンには星の数ほどの多くのビジネスがズラリとそろって、現実に国内の労働人口のほとんどはうまいこと国内だけで吸収されてゆく。今は落ちこんでいるからとはいえやはりすごいと思わざるを得ない。実際にガイコクを見てそして日本を見ると、率直なところもう少し我々は自信を持ってもいいような気もするのだが。

■エッジの立った話

　で、フェラーリBBである。唐突である。絶対に話がつながるわけがないとたいていの人なら思う。ところが前述のごとく、個人的には「就職」の話とこの車、オモヒデの中でシッカリ関連している。

　それは僕が学生を終える頃、正に今さっき書いた西洋式の原始的就職活動をしていた頃の話。トリノのカロッツェリア・ピニンファリーナに手紙を送り就職の可能性を打診

した。何度かのやりとりののち「作品送レ」ということとなり、その通り作品を送ったところ有難いことにオファーをいただくこととなった。結局諸条件がおりあわず僕はこのイタリアの老舗に就職することはなかったが、長年あこがれの会社だっただけに、そのやりとりの際の相手からの手紙は今でもすべて記念にとってある。

それらの手紙はどれもが最後は同じサインで結ばれている。レオナード・フィオラヴァンティ、当時のピニンファリーナのディレクターであり、また今回のこの車、ベルリネッタ・ボクサーを実際にデザインしたと言われる人物である。即ち僕としてはこの車を見ると今でもフィオラヴァンティ氏のことを、続けてあの就職活動の頃のことを思い出さずにはいられない。BBと就職、僕にとっての個人的つながりとはこんなことである。

さてそれでは早速、かつて僕の雇い主になるかもしれなかったその人の手がけたこのクルマ、遠慮なくマナ板にのせましてこの車を例にとってデザイン解説、今回は「シャープ・エッジ」についてのお話をいたしましょう。シャープ・エッジ？、そう自動車のボディのことである。とは言え勿論BBはかつて流行ったようなパキパキと平面的なカド張ったデザインではない。鋭いエッジと言ってもどこにあるのか？ いやーそれがよく見ると結構あるのだ。

たとえば、第一に目につくはルーフからつらなるヒレ状のセイル・パネル、その上端のエッジがシャープである。このセイル・パネル下端の線、ベルト・ラインの延長となる折れ線もシャープである。次にボディ後端、リア・エンドがスパッと切れておわるところ。スパッと切れて見えるということは、コーナーのエッジが余程シャープだからそう見えるわけである。まだある。前後のホイール・オープニングのヘリと言うのか、オープニング・ラインと平行に走る1cm半ほどのフランジの角、よく見るとここもかなり鋭いエッジが立っている。

他にもまだあるが省略する。どうも文章でクルマの部位を説明するのは難しい。現物を指さしながら説明すれば楽なのだが（そりゃそうだ）。ま、何にせよだ。今挙げたいくつかの例、実はどれもかなり特殊なシャープ・エッジであり、職業的クルマデザイナーならひと目見てそれだけで、この車が非常に高価な車であることがわかるはずである。仮に何の車か知らされずに、前に挙げたエッジの部分写真だけを見せられても、それだけでこの車が特殊な車、タダモノではない車であることが察知できなくては、ワレワレの商売つとまらないはずである。

つまり今挙げたどのエッジも量産車では容易に実現できないものばかり。何が違うのかというと、やはりシャープさが違うのである。曲率を測ったわけじゃないが明らかにフツーの鋼板プレスでは不可能なスルドさなのである。それは他に登場するであろういかなる量産車の写真とも見比べていただければわかるはずだ。たとえば、ボディ後端がBBほどスパッと切れたように終わっている量産車なんて1台だってないはずである。

ではこのフェラーリBBのヤツはひとりだけどうやってこんなシャープなエッジを実現したのか。造るところを見なきゃそれはシカとは言えないが、おそらく各ボディパーツは比較的小さな部分部分を溶接でつなぎ合わせ、パッチワーク的手法でできているのだろうと僕は想像する。たとえばエンジン・カウルなどはザッと見たところ、塗装前には10ヵ所やそこらの溶接ツナギ目が確認できたはずだと僕は推察する。こういうテを使えば、どんなエッジもどんな形も思いのままに実現できる。

ただし溶接のつなぎ目はあとでひとつひとつ手仕事でグラインドしヤスリをかけ、あるいはハンダを盛りハンマーで叩いて磨き、修正する必要があるだろう。大きな一枚鋼板をロッカーからリア・パネル全体、ルーフのはじまりまで一瞬でプレスしてしまう現代の量産車とは大違い。つまりこんな熟練のいる面倒な手間ヒマはよほど高価な車、生産台数のごく限られた車でなくてはかけられるはずがない。逆に言えばBBのシャープなエッジひとつが、この自動車がいかに特別のつくりであるか、いかに庶民向きでないお値段の乗り物であるかを雄弁に物語っているとも言えるのである。

もちろん普通に考えればエッジが少々鋭いからって「ソレガドーシタノ？」別に有難いも何もないようなものではある。でもこんなディテールでも注意を払えばそこにもまたハンドメイドならではの味わいがあり、フェラーリのような趣味的な高価格車ではこんなことこそが結構重要な価値なのではないかとも思うのであります。

■マスターピースの泣きどころ

話は変わるが、BBと言えば昔から多くのウルサガタ方面からしばしば批判をうけてきた、デザイン上のひとつの問題点があるのをご存知だろうか。フロント・フェンダー上部があまりに薄いために視覚的にほとんど折れそうに見える、というのがその批判なのである。たしかにこの車、フロント・ホイールの上部にいやに肉薄の部分があるのが写真から（おそらく）おわかりになるかと思う。

実はこの問題点にはチと複雑な背景がひそんでいる。実はBBも含め、この時代までのピニンファリーナのミドエンジンのフェラーリはどれもちょっと不思議なフェンダーラインを持っていたのである。少々専門的な話となるが、BBもディーノもレース用のプロトタイプでも、当時ピニンファリーナはこうした車の場合ほぼ必ずフェンダーの最も高くなる部分を、ホイール・センターよりも多少前方にずらした位置にもってきていた。つまり真横からよく見る

とホイール・オープニングの半円とフェンダーの丸い盛りあがりは頂点の位置がそろわず、後者は多少前方にずれていたのである（くり返すが、ホントに実車を指さしながら説明したいゾ。今度はCG TVにすっか）。

　なぜこういうことをしたのか、その理由は省略するが、こうしたデザイン処理がフェンダー上部の肉薄感、あの折れそうに見える視覚的弱さをさらに強調し、それがたまたまBBでは少々極端であるために、前記のごときウルサ方の批判を招くこととなったようである。

　さてこの点につきまして、ワタクシ、ピニンファリーナを弁護しなくてはならない。たしかにウルサ方のヒハンの声、よく理解できるのだが、この「批判」、思うに主に印刷物・写真からの印象によるものではありますかいか？ 実はこの肉薄感、実車を見るとたいていの場合まったく気にならないのである。ナゼか。それは視点・目線の高さの問題である。

　ルーフが大人の腰の高さまでしかない車高の低いBBのような車、実際に路上で遭遇するとき、人間はまず例外なく多少なりとも上から車を見おろすかたちとなる。すると件のフェンダーの薄さというのは実はほとんど目に入らず、そこに見えるのはちゃーんとバランスのよいBBなのである。しかし写真では見おろすアングルばかりではつまらないから、フォトグラファーとしてはたいてい中腰位置・しゃがんだ位置ぐらいの、目線の低いところからも撮る。目線をそこまで低くするとこの弱点はたしかに目立つようになる。

　ただ僕はこの車だけでなく、ピニンファリーナが優れているのは、彼等が人間の自然な視点というものをよく知っているからだと考えている。抽象的な三面図の組み合せでなく、実際の人間の目から見た印象を相手にできるからこそ高い次元の造形と言えるのではないかと考えるのであります。……ト、これでかつて就職のチャンスを与えてくれた恩は返したナ、ウム。ひとり納得いたします。

　さて前半の就職のハナシだが、シメを加えるなら僕はこうも考えるのだ。最近の不景気をきっかけに、いっそのこと日本からもどんどん就職さがしに人が国外に出て行ったらどうなのだろう。だって日本のレベルが世界に通じるのはなにも野球だけじゃないのだ。それにいつまでも「世界の別格」じゃあ逆にとり残されちまいますぜ。なんて、最後にきて急に重いことを言う。僕はその後、フィオラヴァンティ氏に実際にお目にかかり話をする機会があった。ラテン系の有名デザイナーによくあるアクの強いタイプではなく、驚くほどさっぱりした実にいい人であった。

JAGUAR MkII 3.8

ジャガーの歴史上で最高の傑作車ともいわれる小型スポーツサルーン。1959年10月にデビューし、8万台以上が生産された実績を持つ。フルモノコックボディの前部に2.4ℓから3.8ℓまで3種類の直列6気筒ユニットを搭載。全長：4590mm、全幅：1695mm、全高：1460mm、ホイールベース：2727mm。水冷直列6気筒DOHC2バルブ。3781cc、220ps／5500rpm、33.3mkg／3000rpm。縦置きフロントエンジン-リアドライブ。サスペンション：独立 ダブルウィッシュボーン（前）／固定 リーフリジッド（後）。

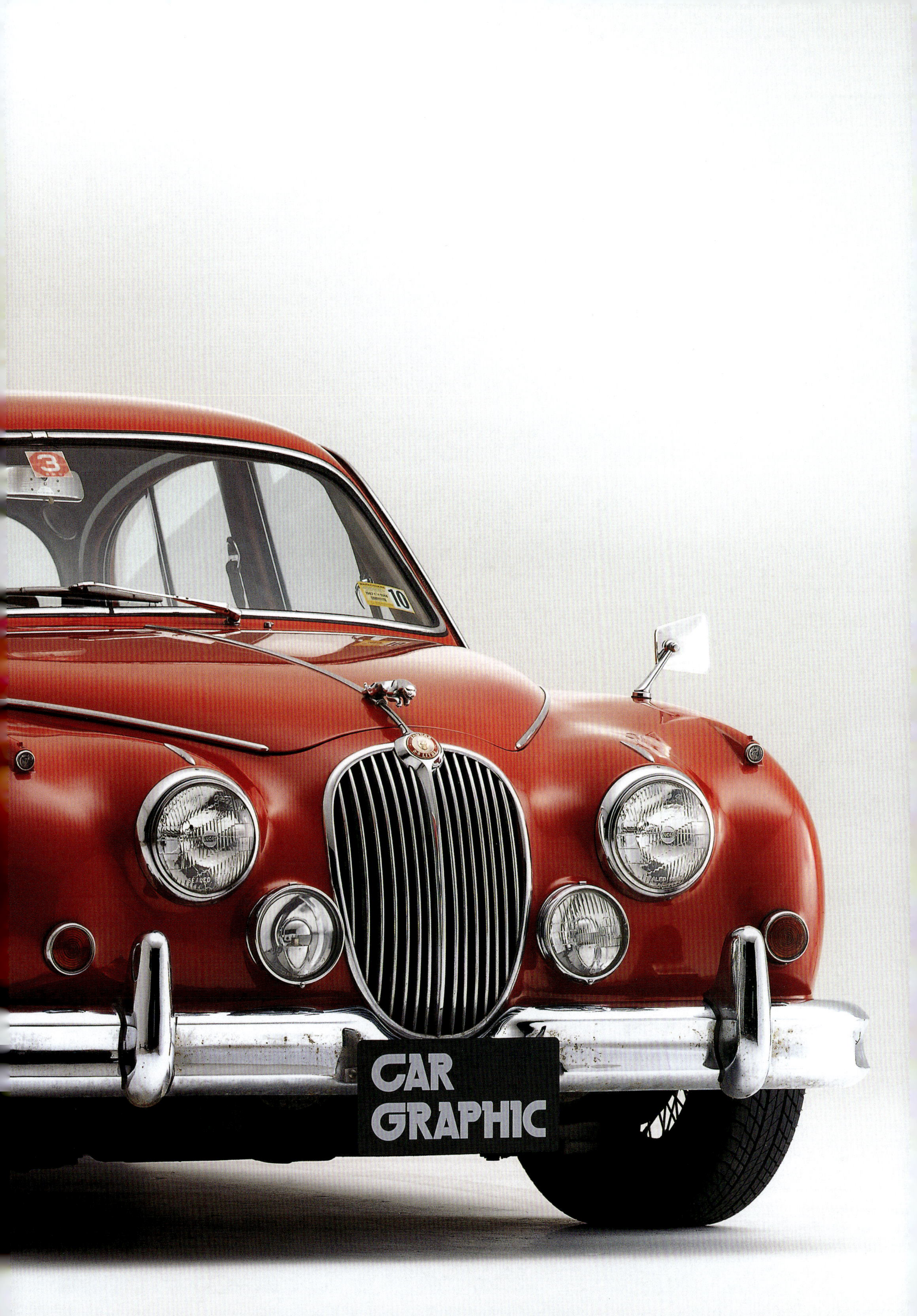
CAR
GRAPHIC

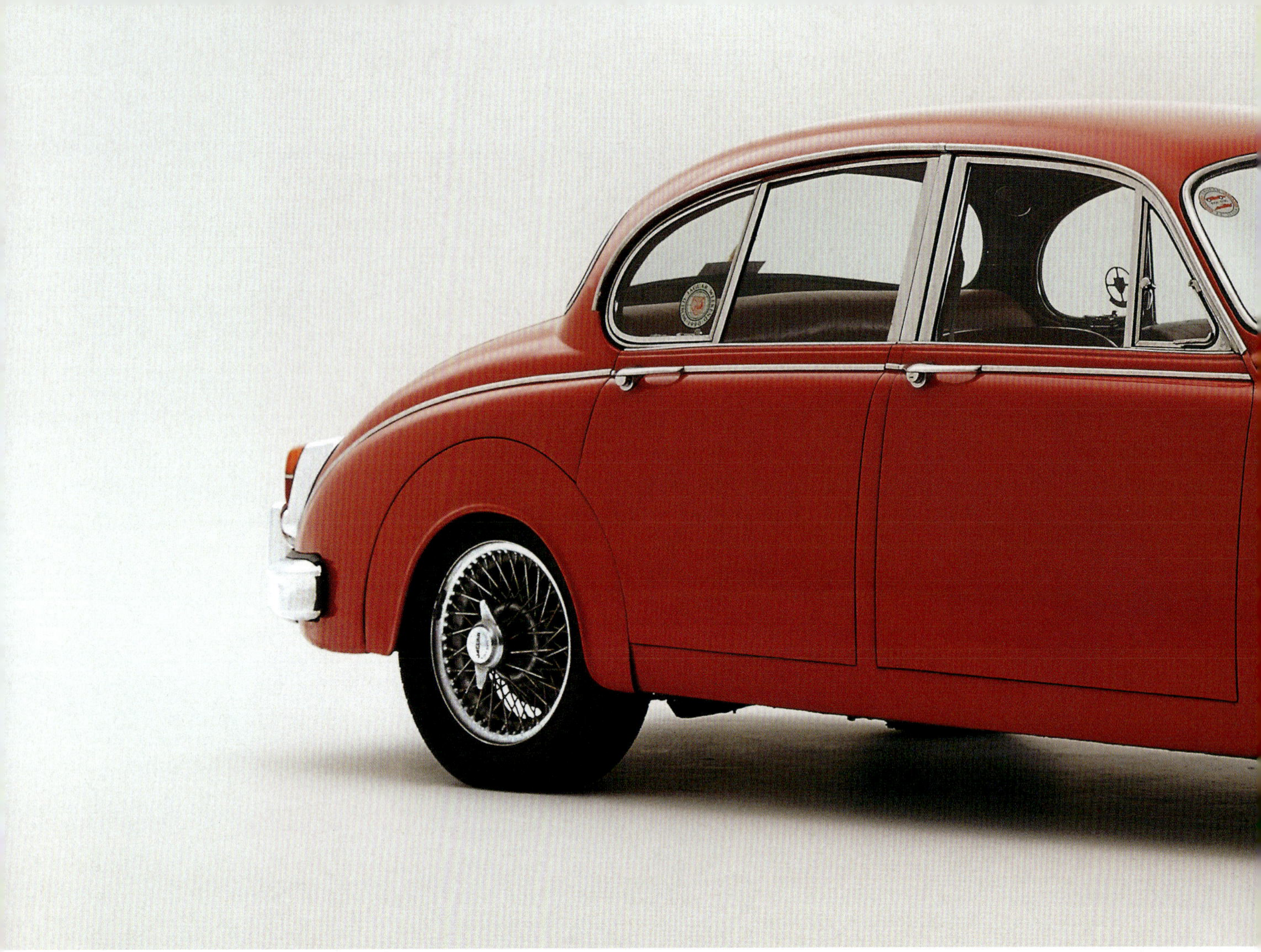

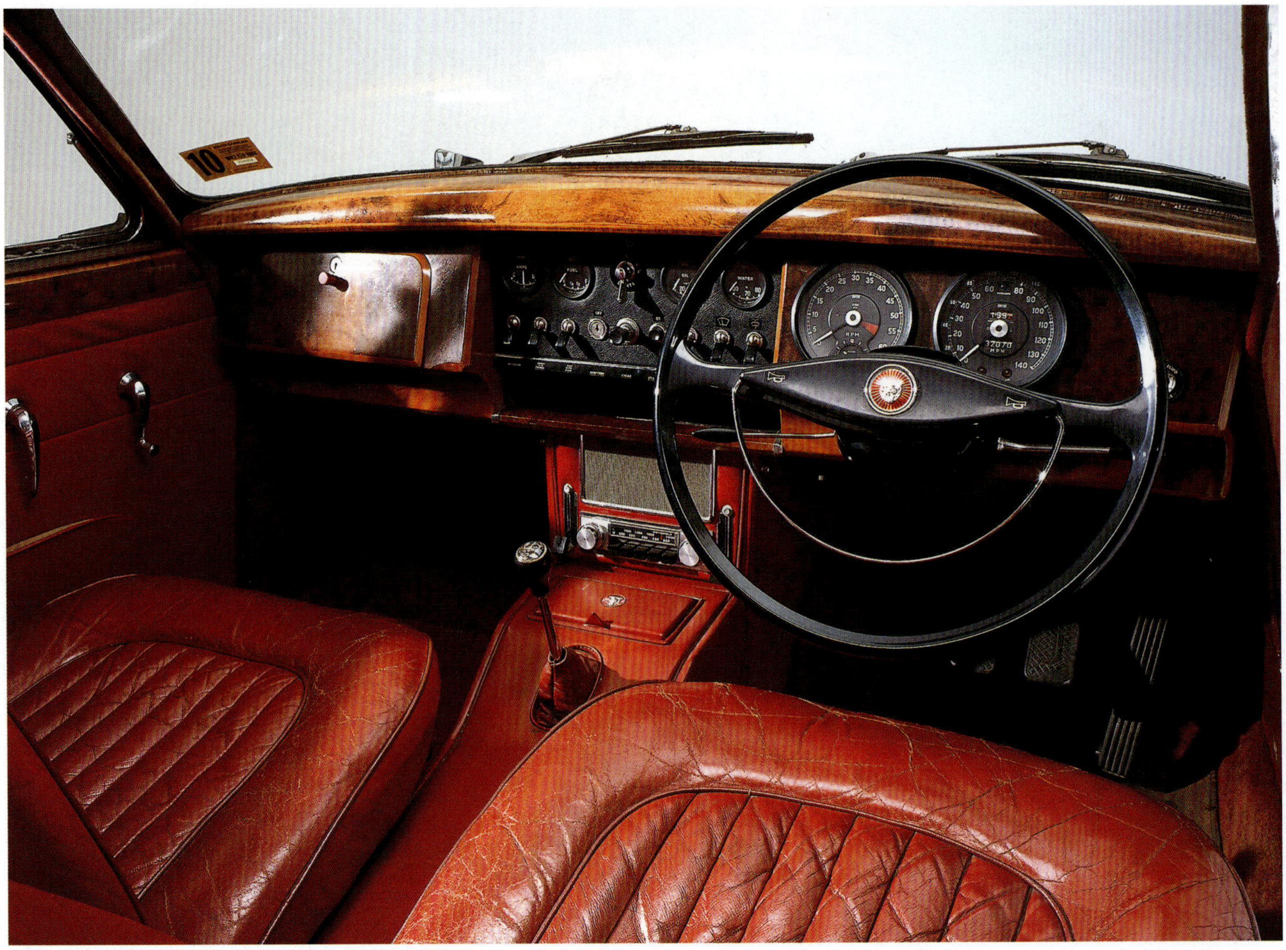

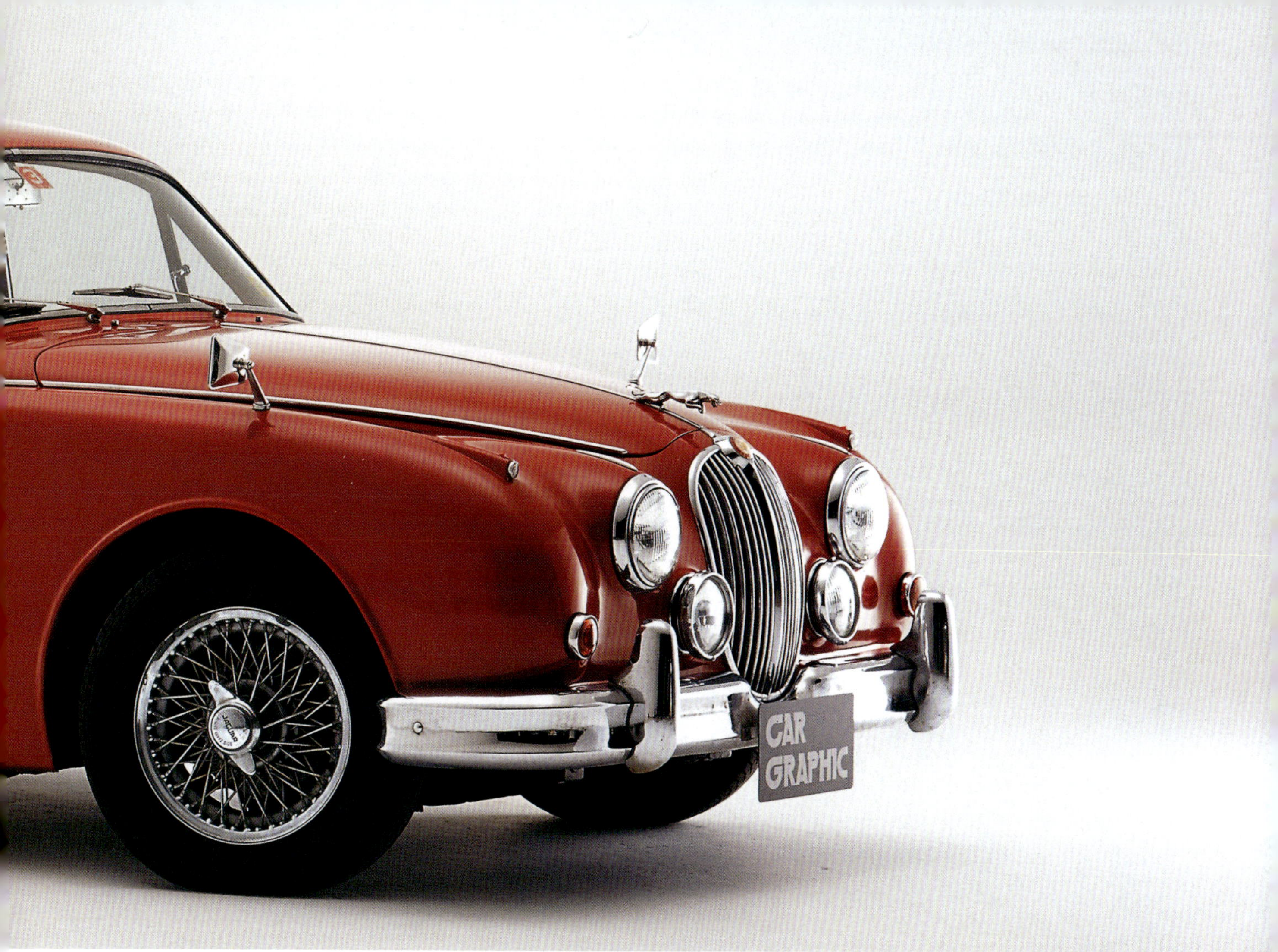
CAR
GRAPHIC

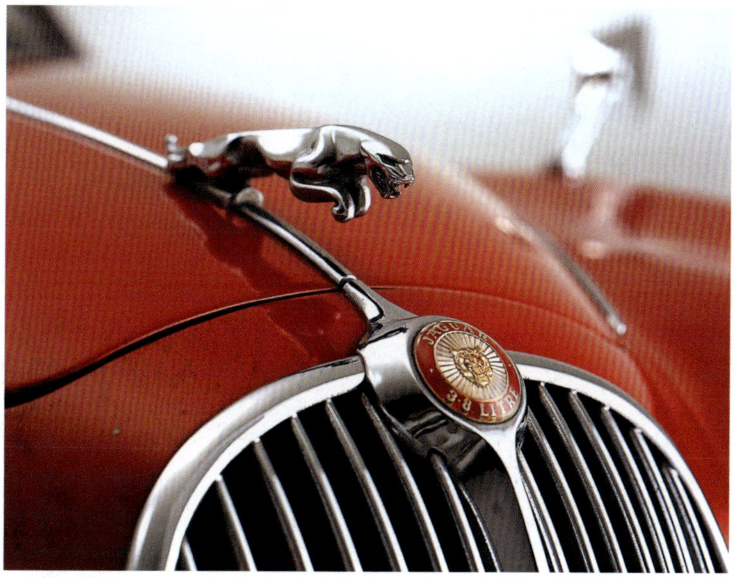

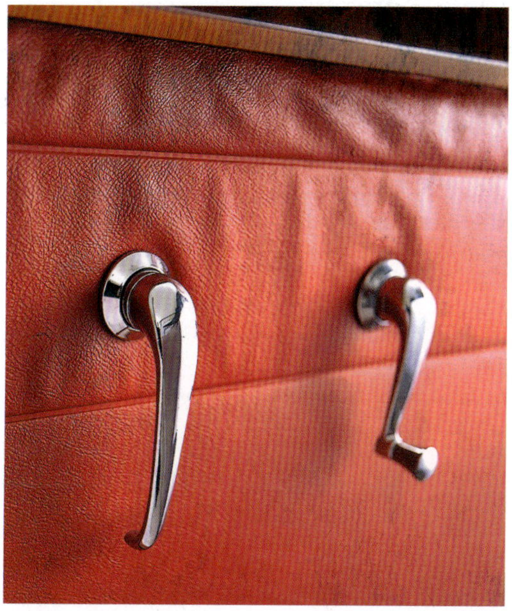

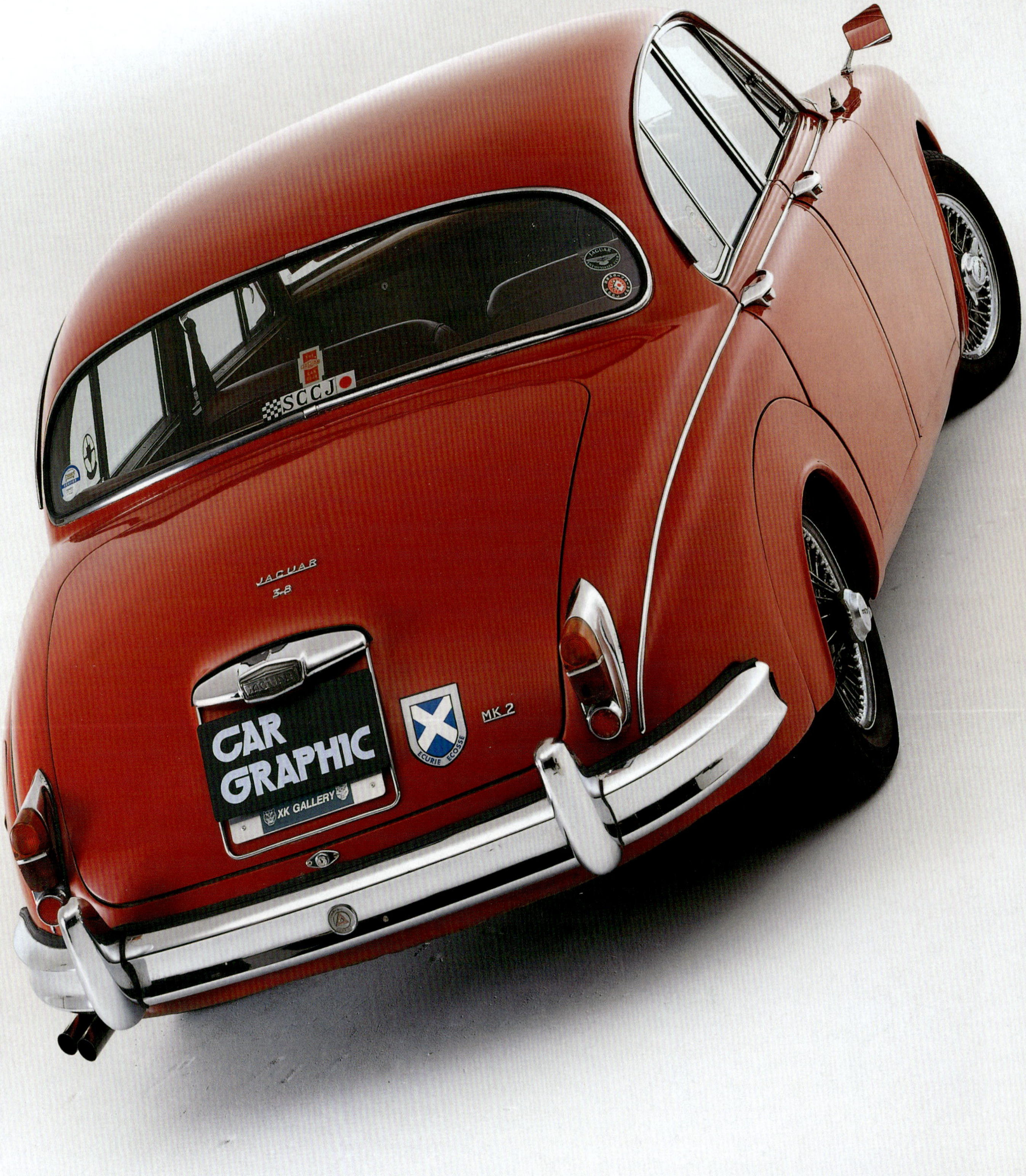
SCCJ
JAGUAR
3.8
CAR GRAPHIC
XK GALLERY
ECURIE ECOSSE
MK 2

■3D立体自動車の話

　書店の美術コーナーの棚に「絵画鑑賞のポイント」とか「名画の見方」といった本をよく見かける。時々買って読んでみるがなかなか面白いものもある。たいていは、この作品は○○時代の××派に属するからこういった特徴がありといった解説、さらには画家のプロフィール、これを描いた誰々には重大な出生の秘密がありなんのかんのといった、作家の個人的背景にアプローチするもの、あるいはもう少しテクニカルに、この作品の構図のとり方はこうこうで、と解析したり、さらには色の配置や筆の動かし方に言及するものなどもある。

　少々変わったところでは、「鑑賞のポイント」と旅行ガイドが組み合わさったもの。「イタリアのナニナニ地方のフレスコ画は△△スタイルだがさらに南下すると様式は変化し……」といったタイプ。ヨーロッパではこの旅行ガイドのタイプが非常に発達しており、なかには旅行にだけは絶対持っていきたくないような大部の専門書まであるが、いずれにせよこうした書物の結論は「よってもって心して鑑賞すべし」といったところにおちつく。

　絵なんて漫然と眺めるだけで充分結構とも思うが、こうしてある程度センに沿った「見方」を聞かされると、ヘーそんなもんかねェと、あらためて周知の作品を見直したりすることもないではない。

　さて車の話であるが、僕は毎月、日米欧のいくつかの自動車雑誌をパラパラとめくってみるが、多岐にわたる情報の中で自動車の「見た目」についての記事というのは意外なほど少ない。車の見た目「比較テスト」なんて聞いたことないし、ロード・インプレッションと言えば走行テストの一種であって、車の路上の見た目の印象記のことではない。やはり「見た目」の話題ではあまりにつかみどころがないからであろうか。単なる好きだ嫌いだの話になってしまって、読みものにはなりにくいということなのだろうか。

　そこでワタクシも考えた。あの美術系の「鑑賞のしかた」というやつを真似してみてはどうか。お題はご覧のとおりジャガー・マークⅡである。ではこの車を例にとって、まったく自分なりではあるが、デザイナー的フレームを通しての「見方」、「鑑賞のしかた」をいくつか挙げるとしたらどんなものになるだろうか。

　毎度書いていることではあるが、小生は現在のところ自動車のデザインをナリワイとしている人間である。いったい職業的クルマ・デザイナーってのはどんな風に自動車を見ているものなのだろう。何か特別な目のつけどころや評価基準でもあるのだろうか。実は自分でもあまり具体的には考えたことがなかったので、あらためてどうだったかナと思っているところなのだが……、たとえばこんなのはどうだろうか。

　自動車の形、デザインを云々する場合、まず一番に注目すべき重要点は車のどこだと思われるか。子供に車の絵を描かせると自然と真横から描きはじめるように、やはりサイドビューには絶対的な重要性があるのだろうか。それとも自動車の「顔」、フロント・エンドこそブランドイメージを伝える最も重きを置かれるべき部分であろうか。いーや、運転中に人は周囲の車のお尻ばかりを眺めているものだ。ならばリアをものすごくカッコよくすれば宣伝にもなるし、リア・エンドこそ一番大切なポイントと言ってもいいのではないか。カンカンガクガク。

　エー、どちらさまにもそれぞれ一理あり。勿論重要でない部分などどこにもないにきまっているし、またデザイナーの中にも色々な考えの人がいるのは言うまでもないが、しかし小生思うには、自動車のデザインで最重視されるべきは「どの部分」といういうのでなく、まずは全体の量塊そのものなのである。3D的とらえ方である。先程のようなフロントがリアがというのは考え方自体が（自分で書いただけだが）一面的、2D的なとらえ方と言える。

　即ち自動車のボディはかなりでかいものだけど、全体を窓もライトもなにもないひとかたまりの粘土の塊ととらえ、このカタマリを手の平にのるサイズに縮めたつもりになって、全体の形をどこから見てもバランスよく、魅力ある立体に削ってゆく。立体造形のココロとはそういったもので、この基本的な立体感が貧弱では、後でどんなワンダフルなフロントやリアやサイドのラインを思いついても生きてこない、と言うかそれはちょっとマズった整形手術のように、そこだけ浮いて見えるようになってしまうものなのだ。

　またこうして全体をひとつの塊として大きく見ると、たとえば普段人のあまり注意を払わぬ自動車を真上から見たビューというのが意外や意外、実は全体形に大きな影響を与えていることがわかる。また、サイド・ビューも大切だが、それよりもサイドの断面、つまりドア・セクションこそが自動車デザインの最大の主役のひとりであることがわかってくる。

　さてジャガー・マークⅡだが、こうして3D的に大きくとらえるとどうだろう。僕思うに全体のマスとその配分はなかなか秀逸、特にこの車（とその原形のマークⅠ）はリアから見たときにもちゃんと立体としてのバランスがとれた最初のジャガーと言ってよいのではあるまいか。言いかえれば、これ以前のジャガーはラインは流麗だが、車の周辺をぐるりとまわると造形上のシワ寄せがちょいとリアビューに集中していた感がある。

　しかし悲観するには及ばない。当時の自動車ってたいていリアが造形的にはあまりていねいに扱われなかったものだし、またマークⅡ以降、ジャガーはなんだか急に目ざめ

たようにのちのXJ6に至るキューキョクのリア・ビュー美を開発してゆくのだから。

■この車の大きな財産

さて、まずはこうして立体をなるべく大きくつかんでゆくのが造形者風のひとつの見方であるわけだが、実はこれと並行して車のカタチに決定的なもうひとつの基本的要素にも目を向けてよくよくチェックしなくては車デザインの話は始まらない。それは何かツート、実は直接、表（おもて）から見えるものではないのであります。ボディの下にあるもの、つまり乗員の着座位置やトランク容積も含めた意味でのシャシーのレイアウト、即ちパッケージングを目をレントゲンにしてじっくりと観察することがとても大切である。

なぜこれがそれほど大切かというと、一般に「自動車のプロポーション」と呼ばれているものの実体は車体そのものというよりその下にかくれたシャシー・パッケージのプロポーションのことだからのなのである。これが悪ければどんなデザインをしてもカッコいい車なんができるはずがない。またこれを観察することは、1台の車の基本的性格というか、設計者が目指したものを理解することにもつながる。

で、ジャガー・マークⅡであるが、デザイナーの立場から言うなら、この車のシャシー・パッケージングは文句なく素晴らしい。乗員の着座位置はあくまで低く、エンジン位置はあくまで後退して長く、前後のオーバーハングは反対に長すぎず、室内や荷室の広さを欲張らないから全身がひきしまっている。なんたる美的なパッケージングであるか。

これがいかにこの車のデザイン全体に大きく影響しているか、次のように考えればよく理解されよう。このマークⅡという車は当時としてはかなりの高性能車、レースでも活躍したスポーティな性格の乗用車である。その外観にもパワー感というか、ある種の動感がうまく表現されていると思うが、しかし同時にこの車、明らかに思い切りクラシカルな高級路線を狙ったエレガント派のデザインでもある。

スポーティかつエレガント。口で言うのは簡単だが、この双方を視覚的に同時に表現するのは実に至難の技なのである。ダークスーツはスポーティには見えない。サッカー・ユニフォームはエレガントには見えない。二者をうまく両立させることは、水と油をミックスするぐらい難しい。

ところがこのマークⅡという車はそのトムとジェリーのような（違うか）相反する両者を、どちらも非常に高い水準で1台のボディの中に盛りこむことに成功しているようである。では何がその困難を可能ならしめたか。つまりそれこそがその素晴らしいシャシーのプロポーションの功績なのだ、とそう言って間違いあるまい。低く長くダボつかない、こんなオイシイ基礎があればこそ、これほど大きくエレガント方向にデザインを振っても、同時に充分にスポーティなパワー感を醸造させることができる。

ジャガーという車の見た目のよさはこうした美形のパッケージングに大きく依存している。これはマークⅡだけでなく、過去多くの同社の製品一般に共通して言えることでありましょう。

■サバイバルの方法

さて画家の個人的背景にもせまる美術系「鑑賞のポイント」にならえば、ここらでこの車のデザイナー個人の出生の秘密にも迫ってみたいものだ。しかし残念ながら僕はこの車をデザインしたのが誰であるか、正確には知らない。一般的にはジャガーの社長のウィリアム・ライオンズがやったことになっているが、どうであろうか。僕はたいていの場合こうした公式発表を信じないし、特に社長が自分でデザインしたという話は限りなく眉ツバに聞こえる。

しかしジャガーに限っては例外かもしれない。ライオンズ社長自らがデザインにかなりのこだわりをもっていたのはまず間違いないし、またある程度実際に造形にも関わっていたという話もまんざらウソでもなかったのかもしれない、と疑い深い僕自身も推察しているのだ。

そのように考えるには根拠がある。まず、今書いたようにジャガーのナイス・ルッキングのイノチはシャシーのプロポーションにこそある。しかし実際問題として、見た目が素晴らしい分パッケージはそれ相応の妥協を強いられるし、コストだって余計にかかっているのである。つまり通常ならなかなか実現できないこれほどデザイン寄りの設計が承認・決定されたのには、トップの強い意向が働いていたと考えるのが自然だろう。即ちライオンズ社長個人の「見た目」への強いこだわりは否定できないと考えられる。

またシャチョー自らが本当に造形にタッチしていたのではと考えるのは、マークⅡをはじめとするジャガー・デザインの傾向、そのテイストゆえである。

ライオンズ時代のジャガーはどれもひと言で言うならかゆいところに手が届くデザインと言うか、英国伝統の高級スポーティカーはこうあるべきというキーポイントを的確につかんで、それを細部に至るまで反映してみせたような自動車だったと思うのだ。しかし一方で挑戦的な創造性や新鮮さといった面は弱い。よく言えば奇をてらわない、よく言わなきゃ少々趣味性への依存が強いデザインである。

こうしたことを踏まえ、またこの他にもいくつか気づく点があるのだが、昔のジャガーからは総じてバリバリのプロのデザイナーというよりも自動車愛好家の作品といった風情が僕には感じられる。即ち車のことはヨークわかっているし、高度の美意識を備えてはいるがプロの工業デザイナーではない社長サンがやはり自ら造形に関わっていたの

ではと僕は推理するのだが、どうだろう、あまりに想像力たくましすぎるだろうか。

ただし、この少しばかり趣味性の勝ったデザイン・ディレクションが間違っていたというつもりは僕には毛頭ない。むしろこの会社があまり創造性豊かに新しさを追いかけて、そしてその代償として「古きよき大英帝国」みたいな、「パイプのケムリがラウンジに香ります」みたいなテイストを失っていたら、確実に今日の同社の名声はなかっただろうし、今このページに登場することもなかったに違いない。いやそれどころかもしかしたらジャガーの名はすでに自動車界から消滅していたかもしれないとすら思う。

このマークⅡにしても、60年代のおわりに最終的に生産を終了する頃にはあまりのコンサバに半分クラシック・カーのように見えたものだが、デザインというのはどこに「正解」がころがっているかわからないものだ。ウィリアム・ライオンズのメガネにかなった美的なプロポーションのシャシー、それに少し趣味性に流れたやや時代に遅れたデザインというのはやはりこの会社にとっては最善の手だったのだと思う。といったあたりで「よってもって心して鑑賞すべし」

美術系「鑑賞のポイント」のまねごとのつもりの「自動車鑑賞のポイント」であったが、やってみるとあまりに断片的・一面的・表面的なものにすぎず、第一、意気ごみのわりにはいつもとそれほど違う何かが書けたとも思えない。我ながらいい加減なものだ。したがって、こんなもので「ホウ、自動車のデザイナーというのはこんな風に車を見ているのか」などと思われては同業者の皆サンに笑われてしまう。あまり本気ではとらないでほしい。

ちょっとここで関係のない話をする。

イギリスの、というかロンドンのファッションと言ったらどういうものを思い出されるだろうか。パンク・ルックか、それともちょっと古いがカーナビー・ルックか。どうもこの国で発生するファッションには奇天烈な趣きがありビックリさせられることも多い。

しかしロンドンのオフィス街などを実際に歩いてみると、まったく反対の意味で驚かされる。この界隈を行き来するいかにもビジネスマン然とした幾千の人々、来る人来る人これが制服なんじゃないかと思われるぐらい、大半の男性がほとんど同じ服装をしている。それがあまりにも常識的なダークグレーのスーツ、それに無地の白ワイシャツと濃い目のタイという姿。これ以上できないような「当たり前さ」の限界に挑戦してるようなスタイルなので逆に驚いてしまう。

ところが意外や、この当たり前さがカッコ良い。この街の雰囲気のゆえか、常識的なスーツ姿、実に悪くないのである。しかしそれはこの地が地味さ一本槍のただのくすんだ街だという意味ではない。ロンドンの地下鉄などに、たまにスーツ姿ではあるが胸に花（造花ではない）を挿している人がいる。これが不思議と周囲とマッチして少しも可笑しくない。金チェーンのついた懐中時計の時間を見ている人がいる。これも不自然には見えない。

ダークグレーのスーツの街と言えば、日本ならさしずめ東京・丸の内だろうが、しかし丸の内でできますか？　胸に花挿して懐中時計……。いやそんなこと、あのパリやミラノだってちょっとする人はいない。いい歳こいたオッサンの胸のバラが自然に見えるのは、ヨーロッパでもロンドン以外にはあるまい。つまり本当は彼等ってすごいオシャレなのだと思う。ラテン系のオシャレも我々にはむずかしいが、英国風のそれも、真似できそうでいて実は我々の感覚からははるかに隔たったものなのかもしれない。

こうした彼等一流のオシャレを見ていると、あのウィリアム・ライオンズが目指したものが理解できるような気がする。基本的にはライオンズの狙いは典型的な渋い英国調にあったのだろう。ただ、ジャガーは並の英国車とは少しだけ違っていた。それは胸の花である。ジャガーというのは胸に花をつけた英国車という感じがする。渋いのにすごく目立つ、ひきたつ。でも他国の車が真似ようとしてもまずうまくはいかない。

ジャガーが自動車界の中で独自性を確立してそしてまがりなりにも生き残ったのは、シャレ者のライオンズが家を出るときに胸に挿す花を忘れなかったから。そんな気がいたします。

DODGE CHALLENGER R/T CONVERTIBLE

1964年にデビューしたフォード・マスタングの商業的成功により、1960年代後半から70年代末まで続いた"スペシャルティカー・ブーマー"のダッジ・バージョン。基本的に同じモノコックを使用するプリマス・バラクーダの兄弟車。パワーユニットは直列6気筒3.7ℓからV8 7ℓまで9つのバリエーションが用意され、ここに登場する383マグナムには6.3ℓ V8が搭載される。全長：4851mm、全幅：1905mm、全高：1293mm、ホイールベース：2794mm。水冷V型8気筒OHV2バルブ。6289cc、335ps／5200rpm、57.0mkg／3400rpm。縦置きフロントエンジン-リアドライブ。サスペンション：独立 ダブルウィッシュボーン／縦置きトーションバー（前）／固定 半楕円リーフリジッド（後）。

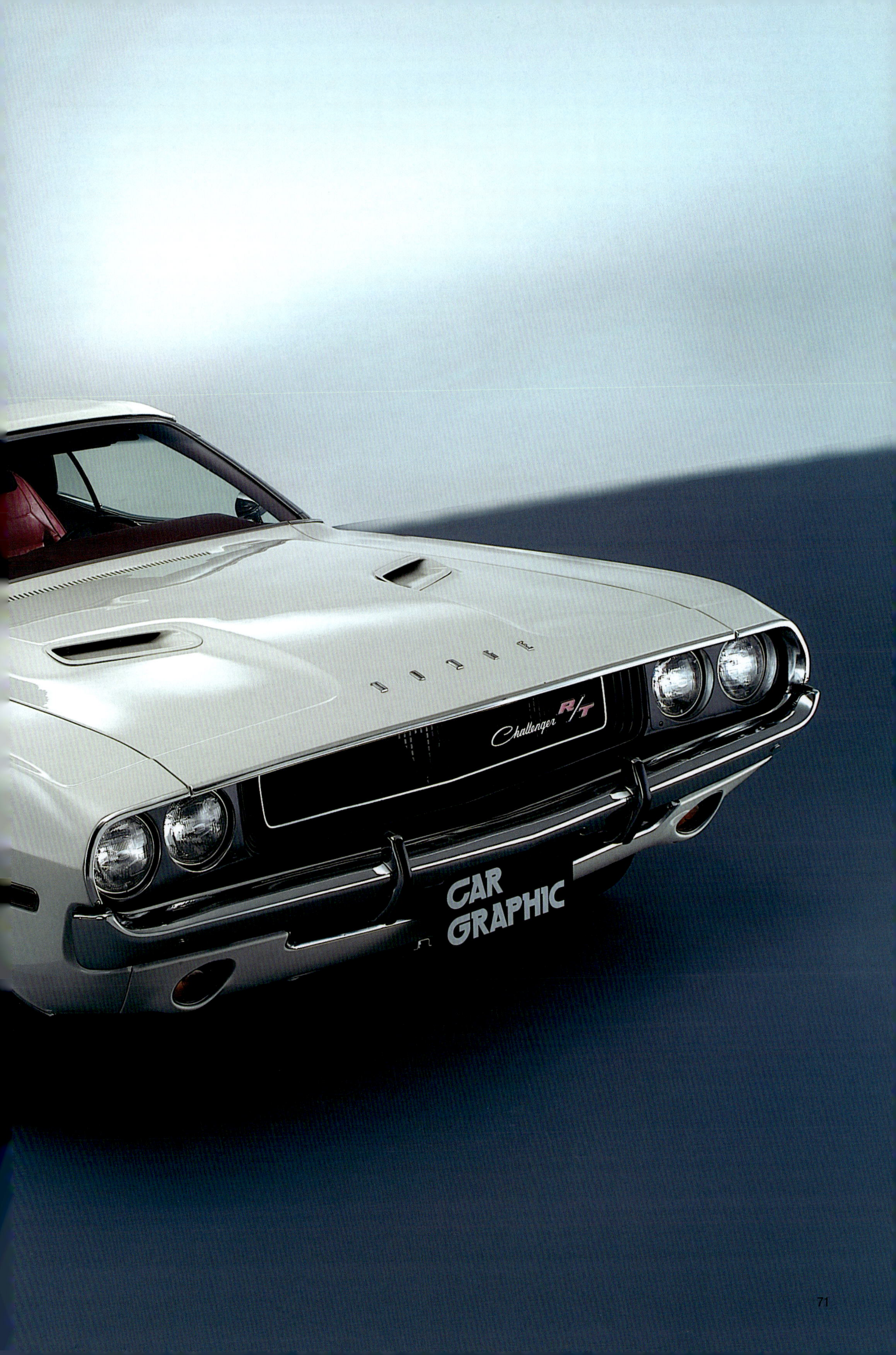
Challenger R/T
CAR
GRAPHIC

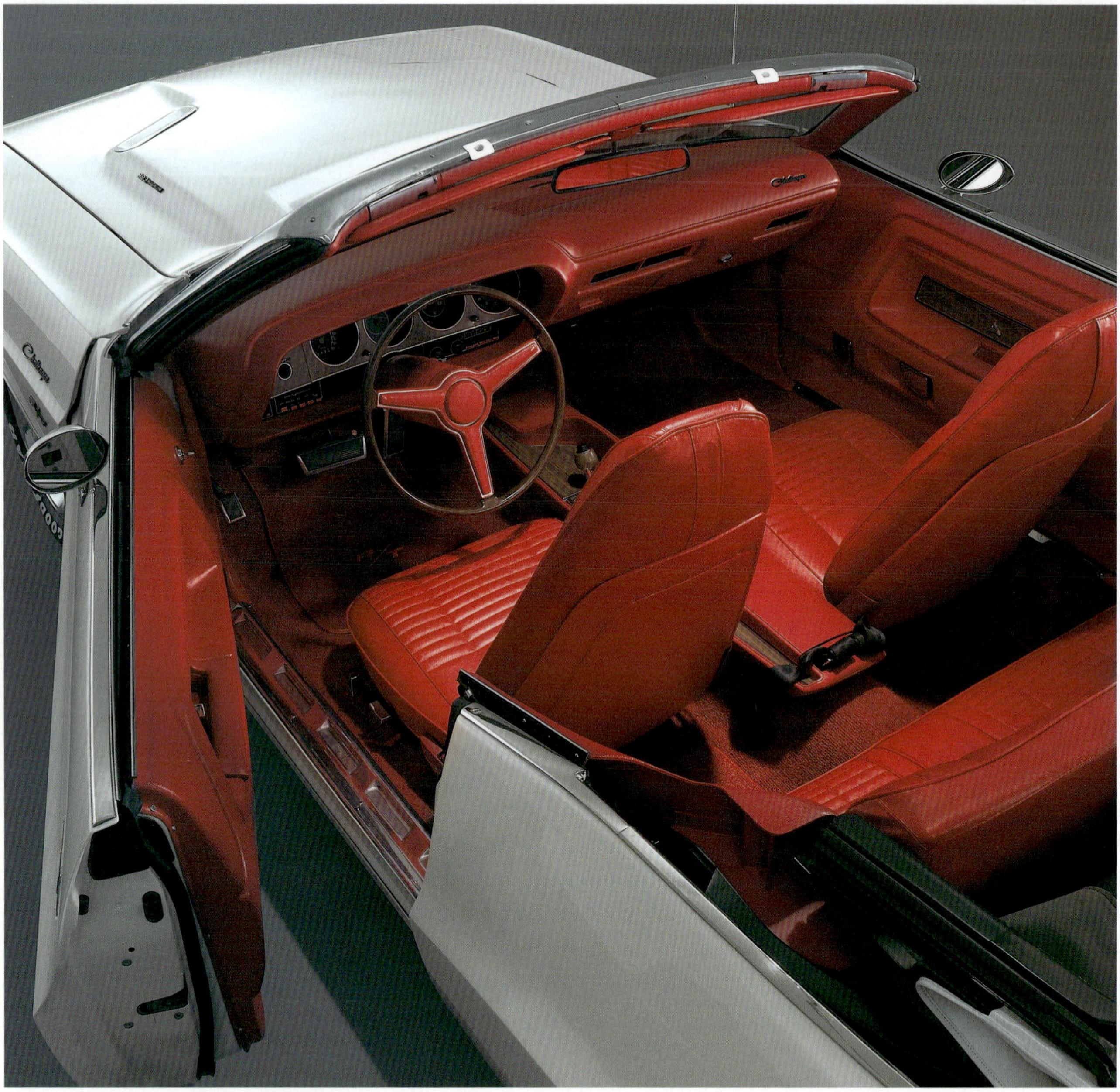

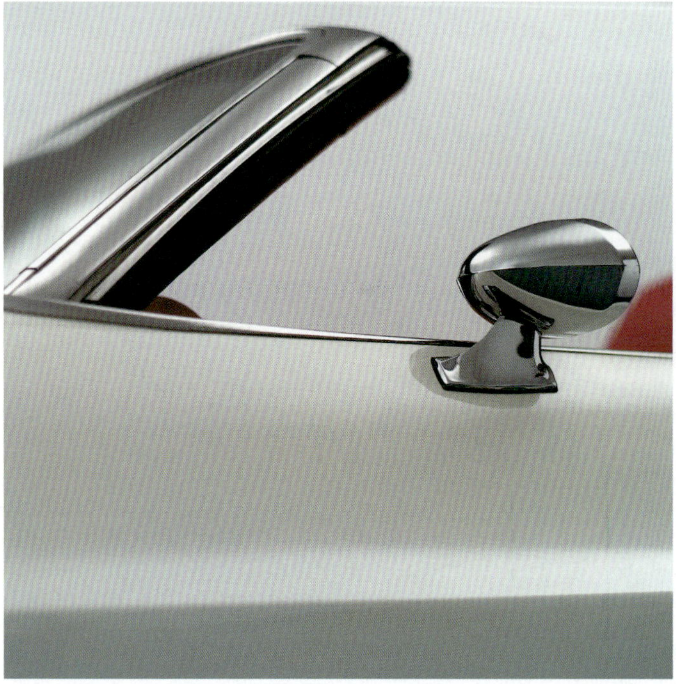

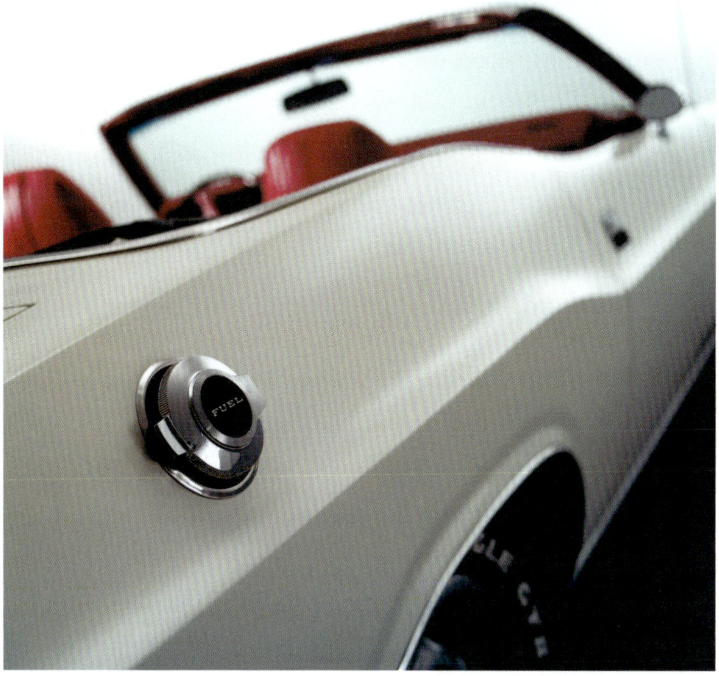
FUEL

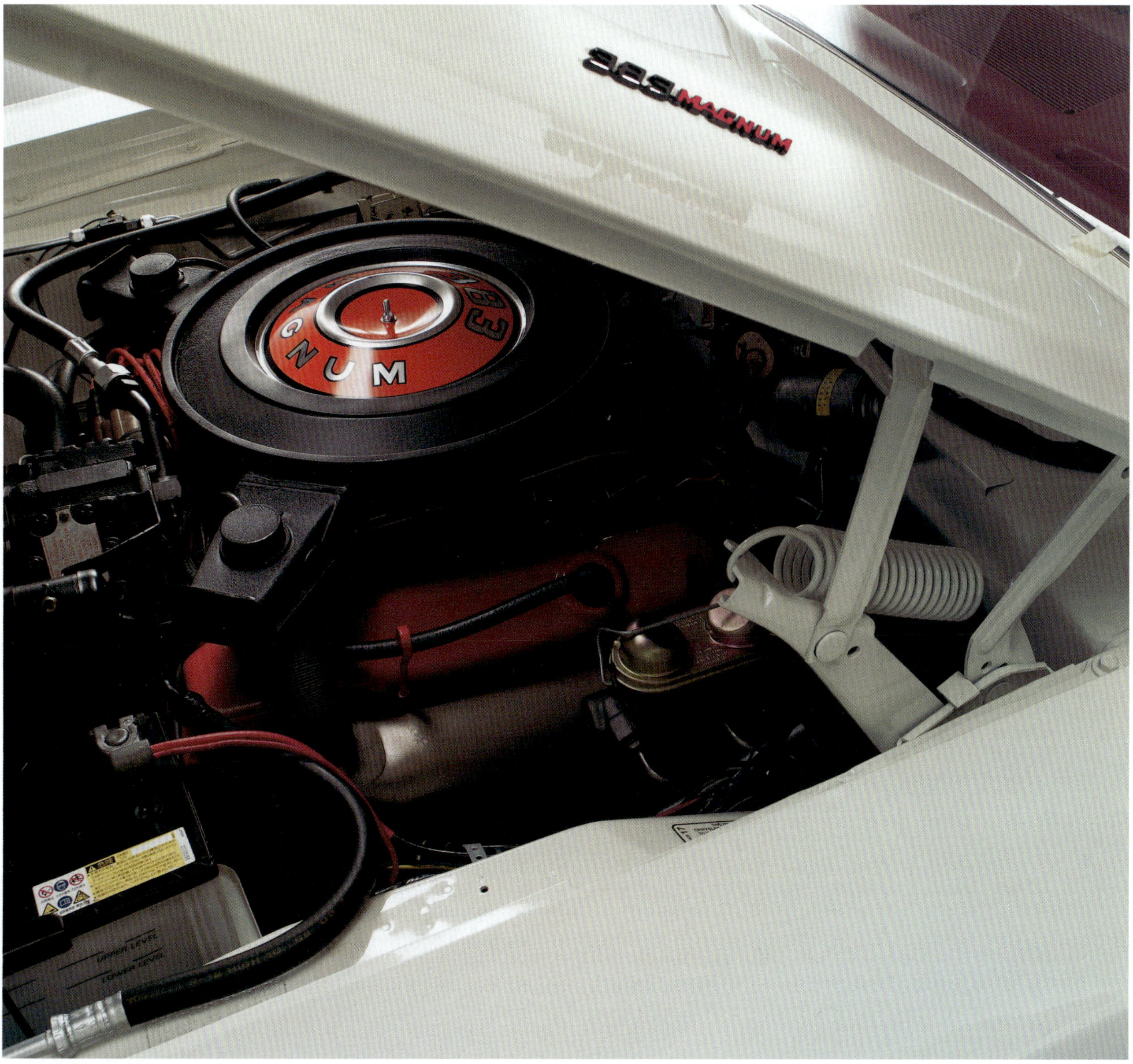
383 MAGNUM
383 MAGNUM
UPPER LEVEL
LOWER LEVEL

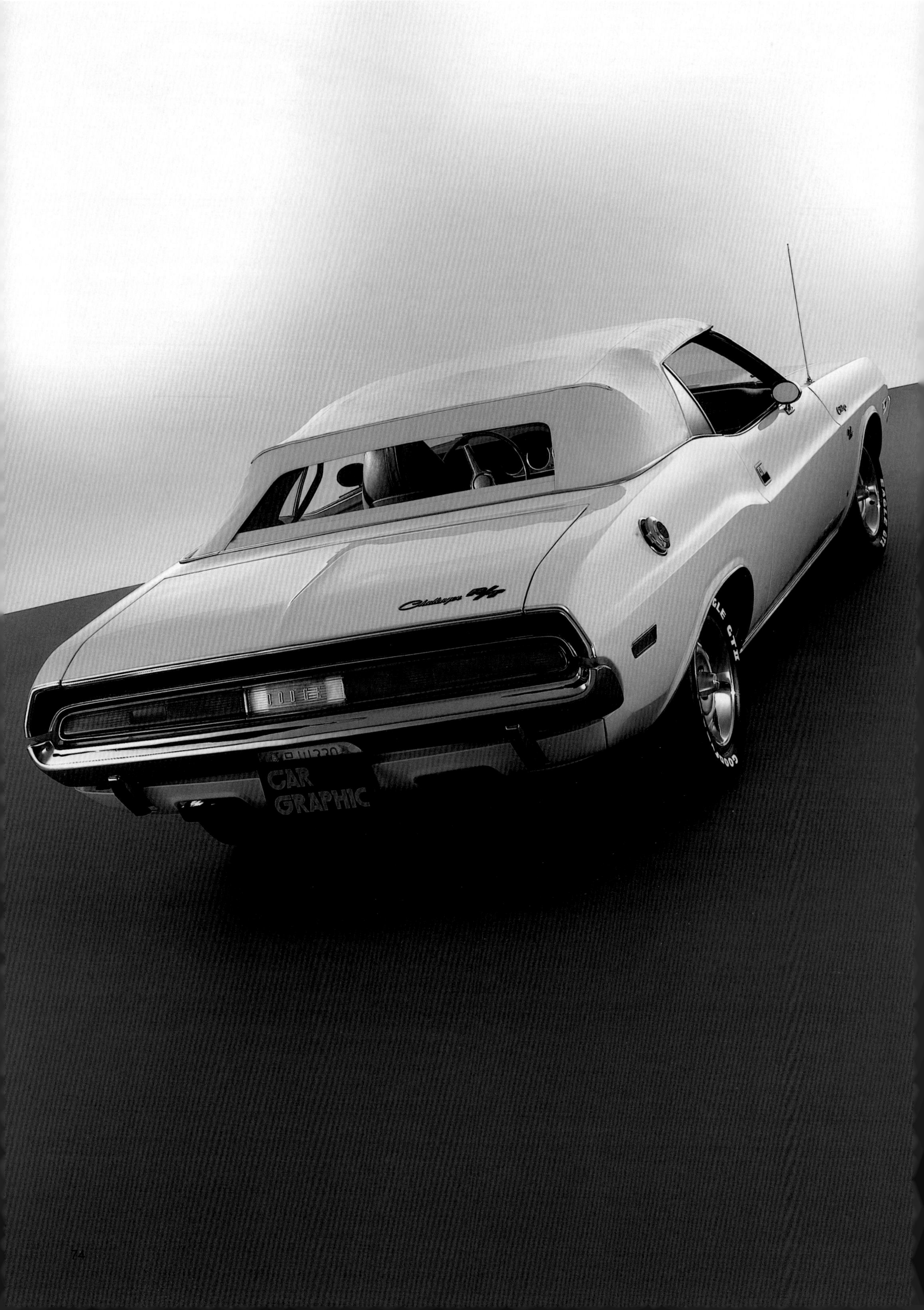
CAR
GRAPHIC

■クルマ・メーカーのフトコロ具合について

　どんな商売にもいい時と悪い時があるように、自動車業界にもそれはある。最近の日本で一部の自動車会社が記録的な利益をあげていることはヨーロッパでもニュースとなり、不景気のおりこんなのはまことにご同慶の至りであるが、だからと言ってそんな絶好調がいつまでも続くという保証はなし、反対に今、少々調子が悪いところでも何かのきっかけで大ヒットをとばさぬとも限らず、つまり商売である以上は常にこうした波の上下がついてまわるのは致し方のないところだ。

　僕自身、今までにいくつかの自動車会社に就職し、またそこから関連した他のメーカーを覗きに行ったりと、合計すればかなりの数の自動車デザインの現場を経験してきているが、やはりその中には調子のよいところ、逆にあまりよろしくないところと、経済面でもずいぶん状況の異なる色々な仕事場があったようである。

　1980年代の後半に、僕はルノーに入った。それは同社が膨大な赤字をかかえて大量のレイオフを断行する真っただ中の頃のことであった。当時のルノーはまだ完全な国営企業で、親方三色旗によりかかりなんとか成り立ってはいたものの、当然のムクイとして納税者から、そしてライバル社から叩かれる叩かれる、なんとも自慢にだけはならぬ状況にあった。

　そもそも僕の就職の件も、あちら側からヘッドハンティング専門のエージェンシーを通じてこちらにアプローチしてきたものだったが、面接に出向いてゆくと人事課の人が「なんであなたはウチみたいな赤字会社に興味があるのか？」、半分いぶかし気に逆に聞いてくる始末。

　しかしこちらにはわかっているのである。ここまで調子の悪い会社がヘッドハンターまで使って新しいデザイナーをさがしている。その背後にあるメッセージとは何か。それは「ウチはこのままじゃまずい。デザインだって全取っ換えしてリセットしなきゃどもならんてェことがよーく解った」そこで「誰か何とかしてくれ！」とマ、そういう意味に違いないのである。つまり僕の側から言えば、今この会社にいわゆるよい条件を要求するのはムリとしても、デザイン上にはおそらく大きな自由度あり、何か新しいことを試すチャンスあり、ということに他ならない。色々な意味で制約厳しい自動車デザインの世界、日頃欲求不満が昂じていたためか、僕はそのときそう判断し、結局入ってみるとそのポジティブめの判断は決して間違ってはいなかった。

　もっともこれはあくまでクリエイティビティ面を中心としての話であって、それ以外の日常一般の諸々について言えば、勿論僕だってお金のない会社よりはお金のある会社の方がよいにきまってる。自慢じゃないが、実は小生これまでにルノー以外にもあまり金まわりが良いとは言えぬ職場をいくつか経験している。

　たとえば、ある時期助っ人に出向いていた某メーカーで驚いたのはその節約精神。とにかく仕事に使うエンピツ1本ケシゴム1個でもヒゲを生やした責任者のところへゆき、鍵をあけてもらって使用目的などを記帳してからやっと最低限のものを貸与つかまつる方式。あれで仕事になるのかな。他の職種のオフィスについては無知だが、自動車会社のデザイン室としてはこういうのはごく稀である。

　またやはり経済状態きびしい某社に行ったときは、昼に何となく活気のない社員食堂へ行くと、サラダ・バーの大きな容器の中に親指の先ほどのジャガイモがあるのでとろうとしたところ、かたわらの人から、ソレはちゃんと数を数えて、3つでいくらと値段がきまっているから、と教えられた。サラダのイモを数えるのも、レジのところで「イモ何個です」と申請するのも生まれてから考えてみたこともなかったこと。よく言えば「新鮮な経験」ではありましたが。

　ここで反対に金まわりのいい方の話もしよう。自動車業界で経済的に豊かと言えば、先に書いたように現在の日本には他国から見ればヨダレものの大利益をあげるメーカーも存在するが、しかしクルマの全歴史を見わたせば、今日までにこのビジネスで最も栄華を極めたのは、かつての、黄金時代のデトロイトのビッグスリーをおいて他にはあるまい。

　戦後かなりしてヨーロッパでもモータリゼーションが大衆化するまでは、世界中の自動車の10台中8台はアメリカ車だったとどこかで読んだおぼえがあるが、別にそれほど大昔にさかのぼらなくても、大体70年代半ばまでのビッグスリーにはそれこそ金がウナリをたてていたようだ。

　僕は年齢的にもそんな黄金時代を自ら経験することはできなかったが、ルノーにヘッドハントされる前、オペルに在籍していた頃には、そんなローマ大帝国時代のGMをはじめとするビッグスリーを知る多くの人々から、他とは一線を画するデトロイトの「流儀」についてずいぶん聞かされたものだ。

　その流儀とは、たとえばデザイナーがデスクに向かって何かを書いて（描いて）いるとする。書き損じの紙はどうすべきか。足元のクズかごに入れたりしてはいけない。クシャッと丸めて床に放りだすのがビッグスリーの正しいやり方だと言うのである。こうして皆で床にものを捨てる。広いオフィスはどんどん汚くなる。コレデイイノダ。なぜならそこには掃除の人々が来る。その時に部屋が汚れていないということは掃除の人たちの仕事があまりないことを意味し、充分な仕事がないと彼らは職を失うかもしれない。だから部屋を汚すのは雇用確保のために必要な行為である、という、これが典型的デトロイト流の考え方なのである。

　この「流儀」はあらゆる面に適用される。たとえば新しい

エンピツが要るときには（勿論ここでは誰かに鍵をあけてもらう必要などない）、箱単位でごっそり持ってくる。1本出して使い、ほんの3〜4回も削って少しだけ短くなるともう床に放りなげる、即ち捨ててまた新しいのを出して使うのだ。新しい紙、新しいマーカー、いやもっともっとはるかに高価なものでもちょっとだけ使ってはどんどん捨てる。会社中で大変な浪費が展開されるが、この行為も「そうしなくてはエンピツ会社も紙会社も、多くの人々の仕事がなくなる」という例の理屈に支えられている。

どんどん物を消費し、わざわざ仕事をつくりだしてはどんどん人を雇う。そのツケを誰が払うかって、勿論すべては会社が払うことになるが、それでいいのである。つまり、あまりに豊かなビッグスリーはその富を人々・社会に還元するのが当然と社内でも考えられていたし、それにはこうした「流儀」をつらぬくことが一番なのだと、高度資本主義の申し子たるデトロイターたちは信じていたようである。どちらにしてもこの鷹揚さ、このお大尽さ、よほどフトコロに余裕がなければしようったってできる芸当ではない。資源保護という概念が一般化した現代、彼等の流儀がどう変化したのか、よくは知らないが。

■この彫りの深さを見よ

モータウンの話になったところで車の話に入る。エー今回はダッジ・チャレンジャー1970年型でよろしいですね？　どうもこのページに登場する「名車」たち、撮影に使える車ってのはそうそう簡単には見つからないものらしい。当方はそんなもんかと思い、「アメ車でも何かないでしょうかね」と無責任な思いつきを口走ったところ、30分ほどして折り返しの電話が来、「ダッジ・チャレンジャーが見つかりました」……なんと素晴らしい！　ドイツならこんな場合、答えが返ってくるのに最低2〜3日はかかるだろうテ。いや、勿論車も素晴らしいものだ。チャレンジャーっていや、バニシング・ポイント―思い出の映画にも出てきた車ですしな。

もっともこの典型的なアメ車の名を耳にしたとき、僕は「1970年型ダッジ・チャレンジャーですね？」、しつこく念をおさざるを得なかった。ご存知のとおり、かつてのアメリカ車は毎年どこかしらデザインを変えていたから、ちょっと年式を間違っただけで全然違う車の話になってしまう。たとえばテール・フィンにジェット噴射口のようなテールランプのついたプレスリーの時代のシンボルのような"フィフティ・ナイン・キャディ"はよく知られた車であるが、これはあくまで「1959年型」キャディラックのことであって、同じキャディラックでも58年型や60年型はまったく別の車、共通するボディ・スタンピングはおそらくひとつとしてない車である。当時のアメリカでは毎年のモデルチェンジは普通のこと、食堂の壁に貼った銀行のカレンダーが毎年変わるのと同じぐらい、当たり前のこととされていた。

ところがいつの頃からか、こうした頻繁なビッグチェンジは影をひそめるようになった。現在の世界の生産車の一般的モデルチェンジ・サイクルは日本車が4〜5年、ヨーロッパ車で7〜8年、アメリカ車は車種によって大きな開きがあるが、平均すれば日本よりは長いだろう。毎年のビッグチェンジを恒例行事としていた彼等に何が起きたのか。シンキョーの変化ってやつか。

その答えだが、実は生産車のモデルチェンジ・サイクルを決定しているのは流行の変化や技術の進歩も勿論あるが、まず第一には経済的要因である。企業としては1台の車に要した大きな投資を回収する前に次々と新車を出すわけにはいかない。モデルチェンジするためには順調にモノが売れてお金が動いていることが必要である。だから現代のデトロイトのメーカーのモデルチェンジが減ったのは、さすがの彼等も金まわりが昔ほどはよくなくなったから、と考えるのは基本的に間違ってはいない。というか、毎年ほぼ全車種がビッグチェンジをくり返していたヤツラの昔の異常な財力こそ推して知るべしなのであるが。しかし実は問題はお金のこと以外に、理由は他にもある。

たとえば、現代の自動車がかつてに比べてずっと複雑にして厳密な、開発に圧倒的な時間と労力がかかるものとなったということ。エンジニアリング全般にわたる要求も勿論高くなったが、昔はあまり気にしなかったマーケティングや人件費のこと、また安全面や環境面の認定規準の厳しさだってかつてとはまったく別物だ。たとえマイナーチェンジでも変更をうけたひとつひとつの部品がこの高規準をクリアすることを証明しなくてはならず、その手間だけでも今や大変な時間を喰う。時間がかかれば開発費はさらにかさむ。こうしたことも重なって、毎年のフルチェンジなどもはや、事実上不可能な大事業となったのである。それだけに現代の車、「何千人ものヒトのチエの集積」という意味では昔の車よりも濃い内容をもっている、という言い方もできなくはないのかもしれないが……。

さてダッジ・チャレンジャーというこの車、そのデザインをひと目見て我々ニホンのクルマ好きにとってちょいと興味をそそられるあることに気付かされる。即ちこれとかなり似た外観をもつ日本の車が存在する。その車とは初代のトヨタ・セリカだ。少なくとも僕はそう思っている。全体の形も似ているし、フロント・バンパーを全体形に一体化しようとしているところ、ボディ・サイドを走るプレスラインがベルトラインと平行するようにホップアップしているところなど、デザイナーの思考の跡を辿ると両者が非常に近いあたりのことを考えていたことがわかる（撮影の

車はコンバーティブルだからご面倒でも金属ヤネがついた姿を想像していただきたい)。

　もちろんまったくの偶然にすぎない。両者は同じ1970年の発表だからどちらも真似は不可能である。と、そう言いつつ今インターネットで初代セリカをさがし出してよく見てみるテェと……ウーム、セリカの方がフロントなんかさらにモダンだし(1966年のギア450／SSに似ているが)、後半の立体感も大したものですな。これは縄文土器から発見されたモミ殻ではないが、自動車デザインの世界を大きくリードしていたはずの当時のアメリカに日本が早くも追いついていたひとつの重要な証拠ではないか。ただ昔の日本車の通例だが、シャシーの縦・横比があまりに幅狭いぶん、やはり縦にも横にも好きなだけ伸びたチャレンジャーの方が地面の上に座りがよく、全体に自然な印象はあるが。

　何はともあれ、サイズに余裕のあるアメ車はやっぱりよろしいものですな。ただ、あまり中身がつまった形というのではない。たとえばこのチャレンジャー、フロント・エンドの尋常でない彫りの深さを見よ。グリルがぐーんと奥まっている。当たり前だが鼻先に中身がないからこんな奥までひっこめることができるわけだ。で、実際にボンネットを開けるとラジエターはこの尋常でないグリルよりもさらにだいぶ後方に位置している。僕は昔、同ファミリー従弟のダッジ・チャージャー71年型のポンコツを持っていたのでこのあたり結構詳しいのである。

　1974年の米・新安全基準発効まではバンパーだってショック・アブソーバー付きではないし、つまりこの車の鼻先、優に40～50cmというものは事実上空っぽ。この部分は主に見た目をよくするため、ノーズを長く、そして彫りを深く見せるためだけに存在していると言ってよいのだ。

　とはいえ40～50cm！現代の小型ハッチバック車が全長約4m、それに50cm足して4m50cmあれば立派な中級セダンだって成り立ってしまう。メーカーによってはこの小型ハッチバックと中級セダンの間にクーペ、ワゴン、オフロード等々、目のまわるぐらい多くのモデルをそろえているのはご存知のとおり。つまりデザイナー共は全長40～50cmの差をなんとかやりくりして、それだけ多くの形のバリエーションをしぼり出している、とも言える。

　その貴重な40～50cmがこのチャレンジャーにあっては見た目のちょっとした鼻の長さ、ツラの彫りの深さを得るために費されている。まったく身のよじれるぐらいもったいない寸法の使い方、これはいかにもあのデトロイト・メンタリティの産物、つまりあの2～3回エンピツを削っては平気で床に捨てていた、なんとも大ざっぱなヤツラの作風ではないか。

　……でも、しかしですよと、ここからオモムロに話は始まるのだが、それではこんな中身のないハナ面はやらない方がよかったのか、単なるナンセンスかと言われれば、僕は断じてそうではないと考える。勿論今や許される話ではない。先述のごとく今日のクルマの設計はかつてよりもはるかに頭も労力も使う緻密なものとなった。現代のシャシー設計なんてそれに直接関わりのないたいていの人々が想像するよりずっとシビアなもの、全長にギッシリとレイアウトされたどんな要素だって5mmも動かしたら基本コンセプトを揺るがすことになりかねない、そんな敏感な代物なのである。しかもこれはF1の話などではなく生産車の話だ。IQで言ったら今の車は昔の5倍ぐらいに達しているのではないか。50cmものガランドウなんてとんでもありません。言葉をかえれば、いまやそのぐらい自動車技術というのは高度なものとなったのだ。

　ところが高度になったからヨシという簡単なものではないと僕は考える。即ち「形」というのは不思議なもので、ではそれほど複雑にして高度な中身ギッシリ詰まった現代の自動車、見た目の印象はどう変わっただろうか。反対に昔よりも存在感が希薄に、軽い存在になりつつあると感じるのはワタクシだけでしょうか。今、試しにヤフーで"dodge challenger 1970"とサーチしてみたら1万8600件も出てきたが、はたして現代の車が30年も経ってこれだけ人々に関心を持たれ続けるものなのか？

　思うに「デトロイトの流儀」ってやつは単なるムダづかいではなかったのではないか。意識的かどうかはともかくあのすごい浪費、あれはあれでひとつのすぐれた智恵だったような気がするのだ。でももしお大尽の浪費癖の方がチミツ・高度な技術の進歩より効果的な"イイクルマ"をつくる術だったとしたら、お利口になってしまった現代の自動車人はどうしたらいいのでしょう。

　IQが高くなったことでたしかに現代の車は何かが弱くなった。「見た目の印象」係のデザイナーの仕事は楽にはならない。まったく誰かがわざと床にゴミを投げ捨てるかつてのデトロイターのように我々の仕事がなくならないようにわざとムズかしくしてくれてるのではないか！と、疑心アンキにおちいりそうになるところで、今回はオシマイ。

ALFA ROMEO ALFASUD TI

1971年にデビューしたアルファ・ロメオ初のFWD小型車、"アルファスッド"の高性能バージョン。ノーズ部分に縦置きされたパワーユニットは鋳鉄ブロック＋アルミヘッドの水平対向4気筒で、TIにはツインチョーク式ウェバー・キャブレターが採用された。ギアボックスは前進5段。808kgという軽量を武器に、当時のFWDとしては画期的なハンドリングを実現していた。最高速は160km/h。全長：3930mm、全幅：1590mm、全高：1370mm、ホイールベース：2455mm。水冷水平対向4気筒SOHC2バルブ。1186cc、68ps／6000rpm、9.2mkg／3200rpm。縦置きフロントエンジン-フロントドライブ。サスペンション：独立マクファーソン・ストラット（前）／固定 ワッツリンク＋パナールロッド（後）。

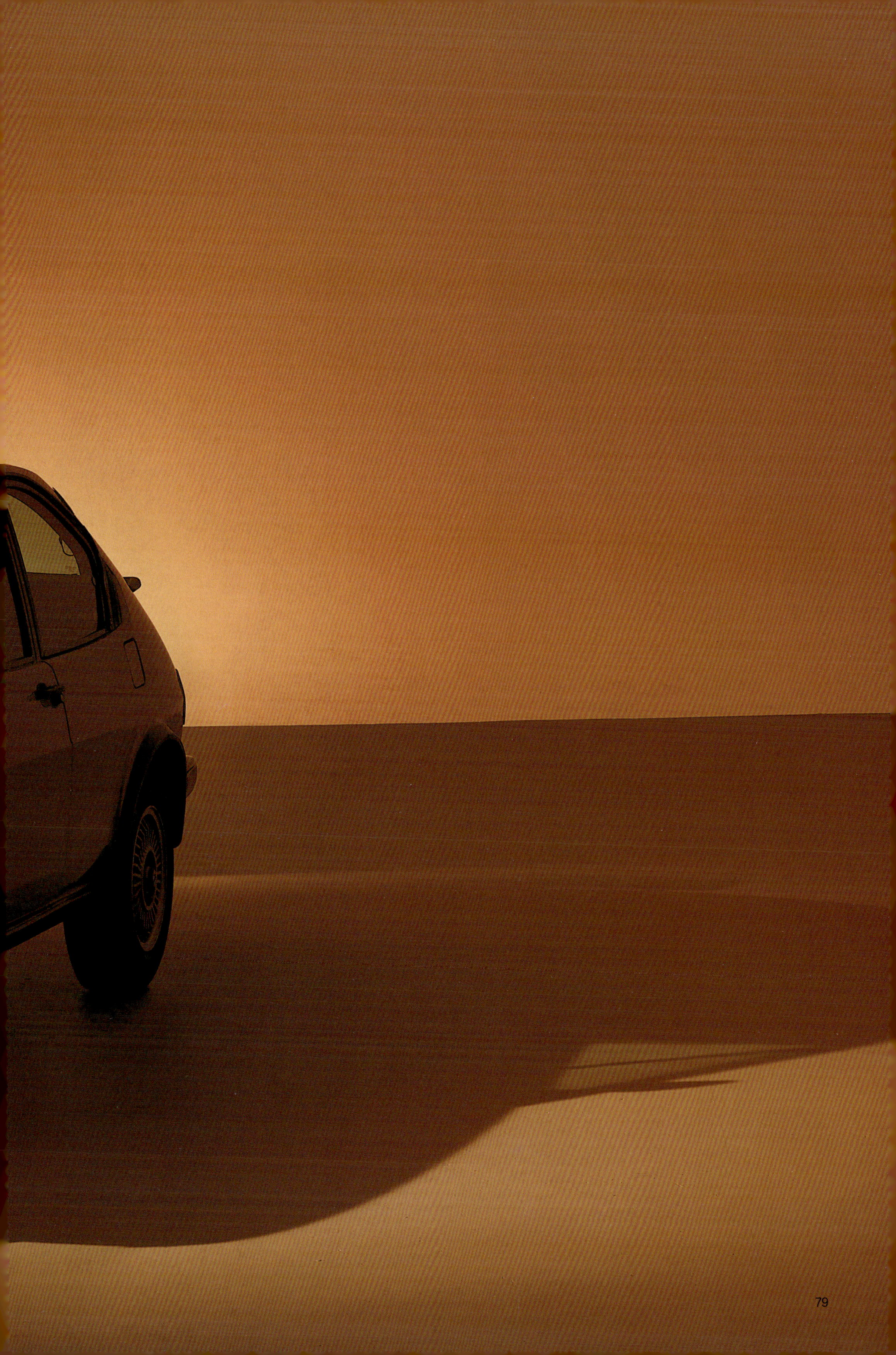

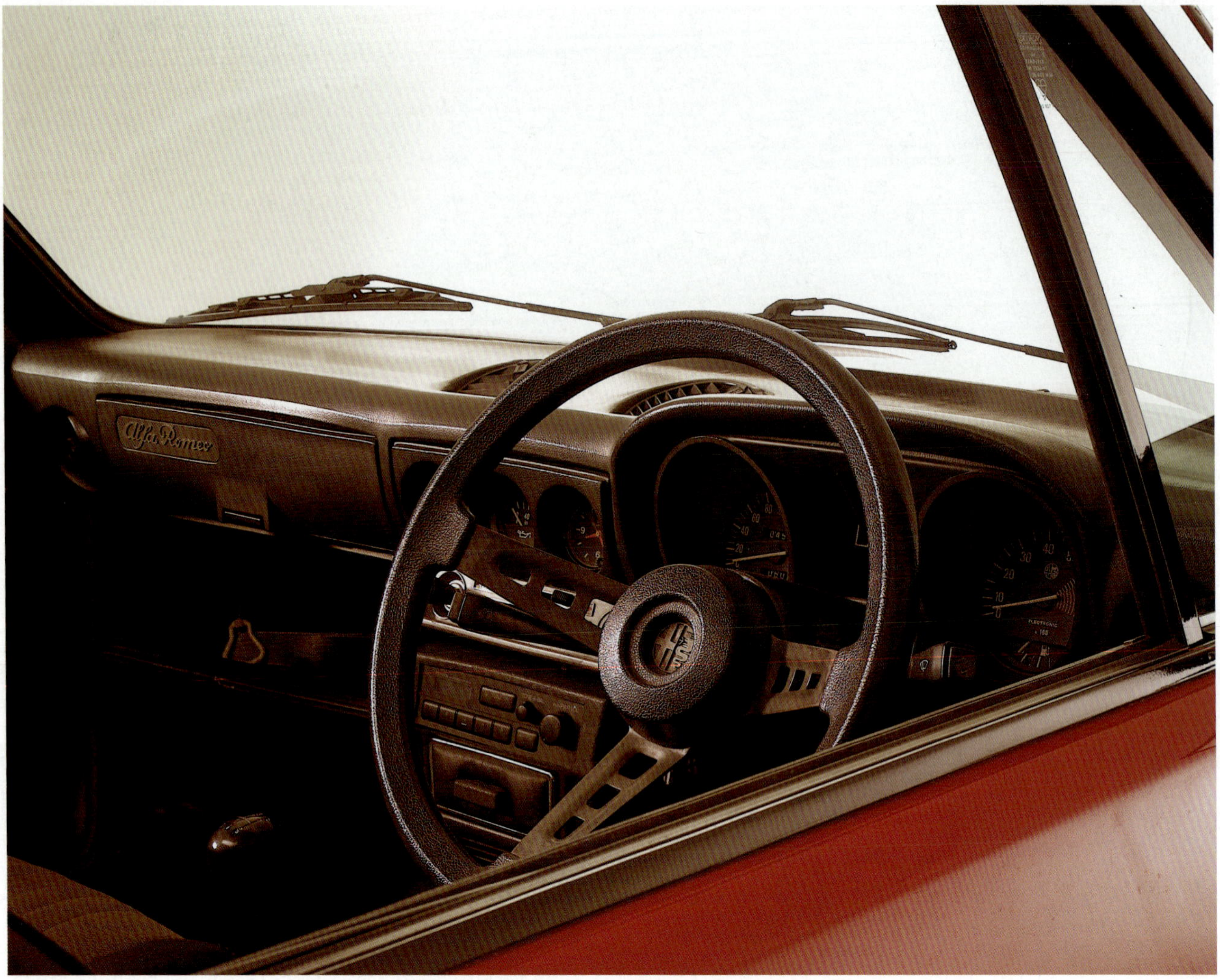

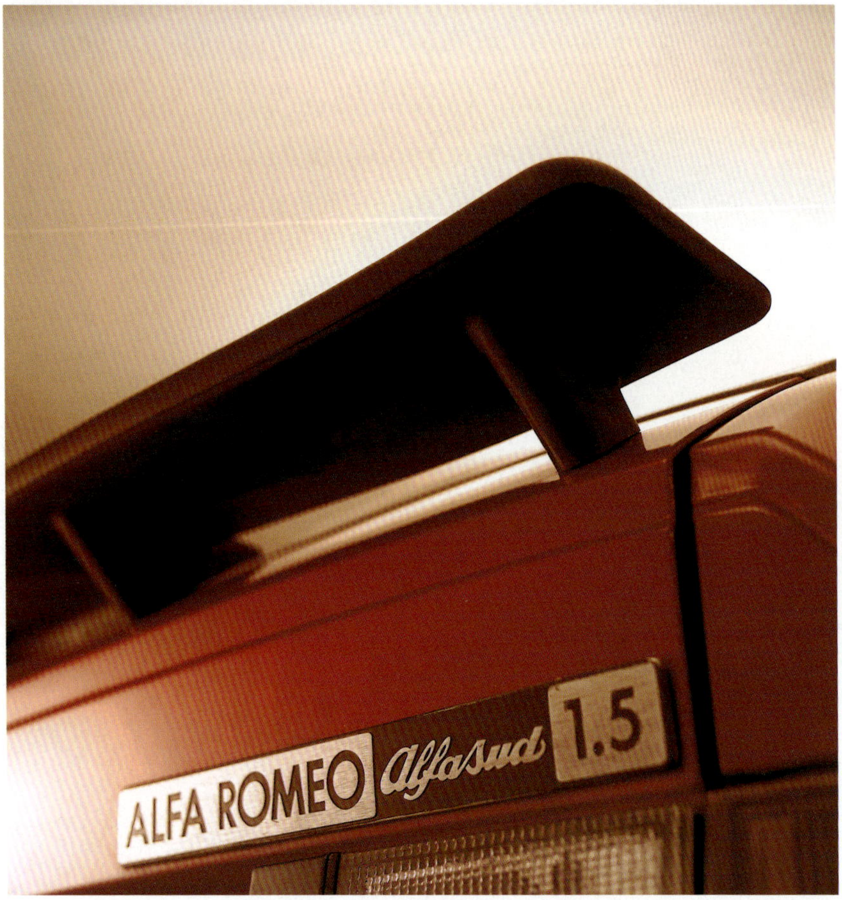
ALFA ROMEO
Alfasud
1.5

81

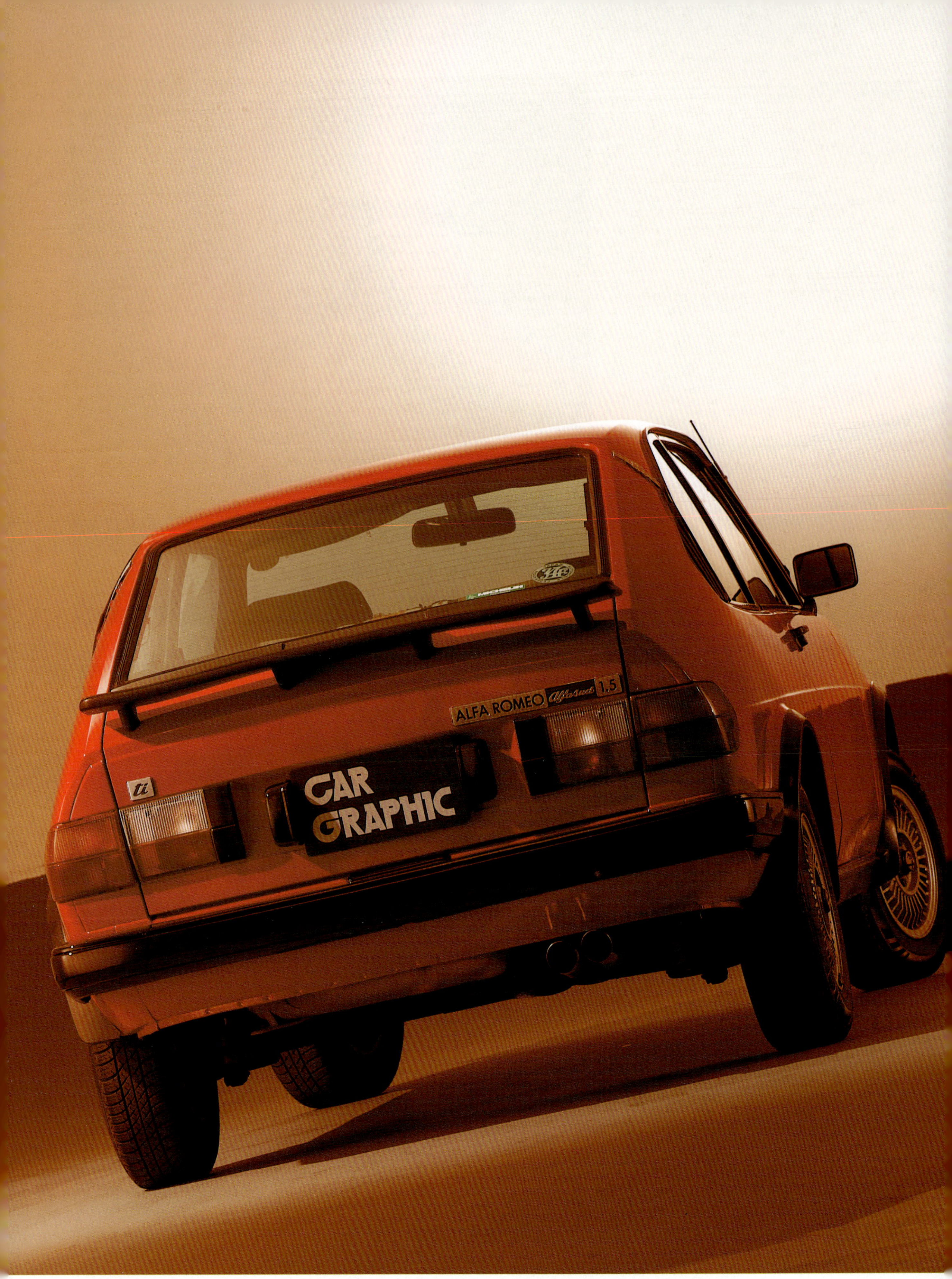
ALFA ROMEO
1.5
ti
CAR
GRAPHIC

■アルファ専売公社

　イタリアのパトカーは白とうす青の2トーンである。この国の高速道路で出会うこのパトカーにはいつも感心させられる。その走り方は実に文化を感じさせるものがある。

　イタリアの高速道路の制限速度は130km/hである。しかしどこの国でも同じように、実際の交通はそれを少しオーバーした140〜150km/hで流れている。そうした流れの中にパトカーが1台入ってきたら、普通ならどうなるか？ 警察の車はたいてい制限速度でピタリと走るものだから、周囲の車はこれを抜くわけにもいかず、たちまちにしてこの車を先頭にして金魚のウンコのような行列が形成されるのはご存知のとおり。うしろから来た車も前方にパトカーをみとめては列に加わらざるを得ないから、この行列、どんどん長くなる。どうにも不自然で運転しにくい。が、もうにっちもさっちもいかない。

　さてイタリアの場合、パトカーの警官もこんな行列走行はあまり意味のないことだと思うのだろう。どうするかと言うと、たいていの場合、彼らは130km/h制限の道をわざと110km/hぐらいで流す。周囲の車が制限速度まで軽く減速すれば合法的に追い越してゆけるようにするのである。これなら行列などせずに済む。

　こうして誰もがパトカーを抜かして先にゆき、その青白2トーンの影がバックミラーから消えたころ、交通の流れは再び加速して140〜150km/hの速さにもどる。もちろんそんなことは警官だって百も承知に違いないが、別にそれで構わないと思ってるのだろうし、現実にそれで本当に構わないのだからこれでよいということになる。

　だいたいこの国はいつもこんな具合で、基本的に他人に迷惑さえかけず自然体で運転している限りお節介やかれることもまずない。大人である。都会的である。僕思うに、これぞひとつの文化というものではないか。それにヤツラはきっと車が好きなのだ。さすがは元ローマ帝国だけある。

　さて、イタリアを走るこのパトカー、じつはその多くがアルファ・ロメオである。古いイタリア映画を見ると、ずいぶん昔からこの国ではポリスカーといえばアルファが多く使われていたようだ。ついでに言うなら、古いイギリス映画に出てくるポリスカーはたいていウーズレイ、フランスのそれは今も昔もルノーが多い。ウーズレイなんてケーサツ用車になるために生まれてきたようなイメージ＋カタチの車、あまりのそれらしさに噴きだしたくなるが、しかしアルファ・ロメオというのはいかがなものか。雰囲気的に少々ズレが感じられやしないか。第一、この会社の車は一般的大衆車に比べてかなり割高である。

　そんなアルファのポリスカーが多いのは、やはり同社が国営企業であったことと無関係ではないのだろう。そう、今やなにか遠いことのようにも思えるが、アルファ・ロメオと言えばイタリアの国営自動車会社だったのであり、フィアットの傘下に入り完全に民営化されたのはついこの前、1988年のことである。

　ではそもそもこの会社はいつ、そしてなぜ国営化なんかされたのかと、今インターネットで調査をいれてみたところ、要するに昔々レース活動と世界恐慌のあおりで経営困難に陥ったのが原因で、国の運営する産業団体に組みこまれたのが1933年とのこと。そう言えば察しはつくが、アルファ国営化の決定を下したのは当時のファシスト党総裁ムッソリーニであったという。経営は傾いてもアルファ・ロメオは当時のレース界の頂点に立つ存在だったから、その国営化に際し総裁、「わが国の誇る国家的財産たるこの会社をつぶすわけにはいかぬ！」となにやら熱血感動の演説をぶったとする資料もある。つまりそこには人気とりという意味あいも含まれていたのだろう。

　さてムッソリーニ／アルファ・ロメオと言えば僕はある博物館で見た1台の車のことを思い出す。それは同社の1930年代末ごろの6気筒2500ccモデルで、大型だが空力的な2ドア・クーペで、ムッソリーニの公用車として使われていたと説明書きに記されてあった。赤の塗装はオリジナル色かどうかわからないが、なんにせよ政治家の公用車としてはずいぶんシャレた車ではないか。6C2500と言えば当時のレースカー並みの性能をもつ車だ。やっぱりこの国の連中はどいつも車好きらしいな。ムッソリーニのアルファ・ロメオと言えば他にも黒い6C1750の4ドアその他、いくつも知られているが、どれもが現在では格好のミュージアム・ピースとなっている。

　ここで話はちょいとそれる。ミラノ市の北東寄り、中央駅から遠くないところにロレット広場という場所がある。広場と言っても5〜6本もの大通りが集合する大交差点のことで、ドイツ方面からの車が高速をおりてミラノの中心街に向かうときもたいていここを通るので、僕にとってなじみの場所である。デパートや食料市場が付近にあり、車を駐めてブラブラすることもよくあったのだが、この広場がムッソリーニゆかりの地であることを最近になって知った。

　戦争末期に国民の支持を失ったムッソリーニは、最後スイスに逃がれようとして国境付近で見つかり捕らえられる。すでに処刑命令が出されていた独裁者は数日後に銃殺されたが、その遺体はミラノにもち帰られ、上下逆さに吊るしあげられて民衆の怒号と投石にさらされる。この有名な場面はフォト・ジャーナリズムの本などで時々見ることがあるが、実はその宙吊りにされたのがこのロレット広場だったというのだ。

　そう知ってあらためて見わたすと新たな感慨あり。広場にぶつかる大通りの1本がスイス方面からの国道であるところに、すごいリアリティがある。死体が吊るされたのは、

この広場に面したエッソのガソリン・スタンドだったと言われ、そのスタンドはもう見あたらないが、それでも当時の写真をよく見ると周囲の建物、商店やデパートなど、今とほとんど変わっていない。ヨーロッパの街は50年や60年ぐらいでそうそう変わりはしないのだ。

思えばムッソリーニの人気とりに貢献したらしいアルファ・ロメオの国営化だってついこの前までそのまま生きていたわけだし、特に「風化」を防ぐ努力などせずともヨーロッパにあっては戦争の記憶、色々な意味でまだまだ充分に生々しいものがあると言ってよい。

■火の鳥の血

で、なにはともあれアルファ・南(スッド)である。みなみ・ロメオでございます。発表は1971年。僕はつねづね思うのだが、アルファスッドという車はデザイン的に稀に見る近代感覚をもつ車ではないだろうか。もう30年以上も昔の大衆車としてはじつに近代的な感覚の自動車に見てとれる。ところが、それではこの車が「未来的」デザインかと言うとそれは違う。近代的デザインではあるが、発表時から特に未来指向のデザインというわけではなかったと思う。

このあたりを少々説明すると、一般的に1970年代の車を今日的状況で見たらどんな風に見えるものか。あの当時は毎日あたりまえに見慣れていた車、たとえば初代シビックでも直感サバンナでもイーグル・マスクのマークⅡでも何でもよいから、現在の新宿駅南口あたりの街並にでも置いて眺めてみたらどうだろう。たいていの車は、「アレ、こんな車だったかな?」と意外な感を与えるものがあるはずだ。

それは、あるいは太いシマもようのベル・ボトムを見せられて、「あのころは本当にこういうもの穿いてたのか!」と驚かされるあの感覚でもあり、また昔の車はやけに幅がせまいとか、車輪がボディの奥にひっこんでるとか、さらには屋根が厚ぼったいとか窓面積がいやに小さいといった、そうしたことごとからくる視覚的な違和感でもあるだろう。そこには生産技術の差からくる必然的なものもあるが、大きく言えば30年も前の車と接するとき、人は当時の人間と今の人間との考え方の違い、感じ方の違いを見せつけられ、それで一種のとまどいを感じる、ということではないかと思う。

さてアルファスッドを近代的な車と僕が思うわけはここにある。前述のごとく、デビューの頃から僕はこの車が未来的デザインとか特別に斬新なデザインと思ったことはない。ファストバック風シルエットのセダンというのもいくつか前例があったし、どちらかと言えば手堅くまとめられたフツーの車のカタチに思えたのだ。

ところがこの「フツーな印象」が30年経った今になってもほとんど変わらない。時おり路上で実物に出会うことがあるが、やはり昔と同じように、当たり前のように周囲の車たちにまざって特に目立つでもない。即ちあの昔の車特有の違和感がほとんど感じられないのだ。あたかも現代の人間が30年前の技術を用いつつ今風フツーの車をデザインしたかのようだ。だからこれはどう考えてもフツーでない車なのではないか、という少々トウィスティな結論であるが、スッドが「近代感覚」の車と僕が思うのはそんな意味なのである。

そこでいったいなぜスッドが古くさくならないのかであるが、フツーに見える割にはこのかたち、どこに若さを保つ秘訣があったというのか。単なるまぐれかな?ワシ、商売柄ちょいと気になるんですワ、というわけで少し考えてみた。もちろんこんな問いは「この車のデザイナーが新しい造形感覚の人だったから」と言ってしまえば、それはそうに決まっているのだが、もう一歩踏み込んですこし分析的にその答えをさぐるなら……そこにはシャシーやパッケージをはじめ色々な複合的な理由があるとは思うが、ひとつだけ挙げるなら空力、つまり空気力学こそがこの車の最大の若さの秘訣、火の鳥の血ではないかと僕は観察している。すなわちスッドというのはかなり「まとも」に空力実験を経てきたらしいことがうかがわれる車なのである。

空気力学は車デザインの歴史上つねに重要な一側面とされてはきたが、少数の例外を除けば実のところ、単なる見た目の「空力ファッション」の材料とされる場合ばかりが多く、本当に世の大勢がその重要さに目を開き、真っ当に空力実験を重ねて、実際に生産車の多くが空力特性をメキメキと向上させてきたのはわりと最近になってからのこと、ガソリン代がどこまであがるやら人々が不安を覚えた1980年代半ば以降のことなのである。空気抵抗を減らせば燃費が確実に向上することから、やっとこさ誰もが本気をだしてきたわけだ。

アルファスッドは発表が71年、ということはその開発は60年代の後半ということになる。ずいぶん昔であるが、ところがこの車、結構しっかりと風洞実験をやったとおぼしい。しかも、その空気力学へのアプローチ、取り組み方がまたシブい。すなわちアルファスッドはシトロエンをはじめとする一部の車のように空力を前面におしだすことはせず、また勿論見た目だけの空力風ファッションなどには目もくれず、なるべく目立たぬよう、人目にわからぬように空力性能を煮つめていく、ケンキョとも言える道をとったことが見てとれる。

実はこうしたアプローチは大変イマっぽい。見るからに風洞から生まれましたという形の車、そして空気抵抗係数値をデカデカと宣伝材料に使えた時代は去り、今日の自動

車はどれも空力など良くてあたりまえ、それ自体を売りものにするというよりはむしろなるべく人にはわからないように、見慣れた形を保ったままで空力特性を向上させるのがこの世界の王道となってきているのである。

即ちこうした今日と近いアプローチで空力的に造形されたアルファスッドであれば、現代の車にまざって違和感が少ないのは当然。やはりなるべくしてなったこと、単なるまぐれではないようだ。

ここで具体的にこの車の空力的フィーチャーをいくつかあげるなら、たとえばあまりカド張らずに多少丸みをおびたCピラーの断面。たいしたことではないが当時の車としてはこれが珍しいのだ。それから、この時代の2ボックス・タイプの車としては高めのトランクリッドの上端部。TI仕様ならトランク上にさらにスポイラーがついてるだろうが、この場合のスポイラーはちっとも空気の流れをスポイルするものではなく、揚力をおさえると同時に空気抵抗も減らしているはずである。

さらに、これもTIではかくれてしまうかもしれないが、鋭くスパッと終わるリア・エンドのヘリ。どうもプレスではなく別ピース後づけの手間とコストをわざわざかけているようである。このシャープなリア・コーナーが有効である。テール部分が丸々してるのは流線型を思わせ空力的に見えるが、実は車のお尻はスパッと切れてる方が空気抵抗は少ないのである、などなど。詳しくは専門の本もあるが、勿論たいていの人は僕と一緒でそんなもの読みたいとは思わないでしょう。ともかくもスッドの場合「見た目の空力ファッション」を極力避けたエアロ・フィーチャー、ずいぶん散りばめられているようである。

ちなみにイタリアの古い専門誌によるとアルファスッドの空気抵抗係数は実車で0.41とのこと。たいしたことないように思われるかもしれないが、空力は全長の長い車ほど有利なもの。それでも70年代と言えば4.7m級のセダンでも0.45もいけば立派な方で、それを思えばスッドは優秀なものだ。ただしアルファスッドの全体形から察するに、現代のノウハウを用いればこの形のまま、あまり見た目を変えぬままさらに煮つめて0.32〜0.33ぐらいまでは充分もっていけそうに思える。やはり基本形がちゃんと空力に適すようできてるからポテンシャルも高い。ますますこれがほとんど「今日の車」であることがわかる。

ト、話はだいたい以上であるが、例によってオシマイになってちょっとだけつけ足す。

空力が自動車形状の近代化にそんなに寄与するというなら、風洞実験をどんどん増やしてもうレースカーや飛行機のように100％空力のみでつくってしまえば、遠い未来まで通じるすごいクルマができてしまいそうにも思える。が、これがじつは全然そう簡単にはいかないから世の中は面白いのだ。

まず、空力のみの一本槍で自動車として魅力のあるモノができるとも思えないし、それに考えてみると本当にこの先将来にわたって、さらに空力が求められるものかどうか、そこには何の保証もないのである。将来は空力よりも居住性を求めてどの車もワンボックスに近づいてゆくのかもしれないし、意外やまるで関係なくバロック調とかアール・ヌーボー調の車を人々は要求するかもしれない。未来は気まぐれである。アルファスッドにしても、この車が今日の路上で古びて見えないことは理由のないことではないが、しかしそれは世の中の要求がたまたまスッドの目指した方向と近いところに推移したから結果的にそうなっただけで、別にスッドのデザイナーや開発陣に超人的な先見の明があったわけではない。

この車について僕が本当に感心するのは、だからそれとはちょっと違うところにある。前述のように、この車のデザイナーは空気力学のデザインへの影響をなるべく目立たなく処理しようとしたようである。が、なぜそうしたのだろうか。それはおそらく風洞実験を経て得られた空力に有効な諸々の形を、デザイナーが見た目によいものとは思わなかったからなのだ。たしかに空気力学的によい形というのは奇異な印象を与えることがある。ところがだからといって彼らは空力の結果を無視することはせず、形のよさと空力とのおりあいをさぐり、両者をうまく手なづけてひとつの形にまとめあげた。このミクスチャーの具合がとてもよい。

僕が感心するのはこのバランス感覚、現実に対応するよい意味での常識感覚である。これはなにもスッドだけの話ではなく、イタリアの車デザインがすぐれているのは、ひとつには彼らのバランス感覚のよさがあるからだと、僕はつねづね考えております。

このバランス感覚は冒頭のこの国ならではのパトカー、警官の大人っぽい常識感覚とも通じ合うものがあるのかもしれない。イタリア人といえば感情的な血眼の熱っぽさみたいなことばかりがクローズ・アップされるようであるが、そしてかのムッソリーニの台頭とその末路はたしかにその一例ではあろうが、一方では実は世界でも珍しいほどの冷静なる沈着さをヤツらがそなえているようにも僕には思えるのだ。

……ただ、このふたつの顔がいかにして同じ人間の中に同居・共存しているのか、それは僕にはよくわかりません。今度インターネットで調べときます。

RENAULT CINQ

1972年1月に発売されたルノーのFWDセダン。ボディ形式は当初3ドアハッチバックのみだったが、79年には5ドアも追加された。パワーユニットはルノー4と基本的に共通する鋳鉄ブロックの直列4気筒OHVで（956〜1397cc）、フロントに縦置きされ、ギアボックスがその前方に搭載されている。全長：3506mm、全幅：1525mm、全高：1400mm、ホイールベース：2404〜2434mm。直列4気筒OHV2バルブ。1289cc、57ps／6000rpm、9.4mkg／3500rpm。縦置きフロントエンジン-フロントドライブ。サスペンション：独立 ダブルウィッシュボーン／縦置きトーションバー・スプリング（前）／独立 トレーリングアーム／横置きトーションバー・スプリング（後）。

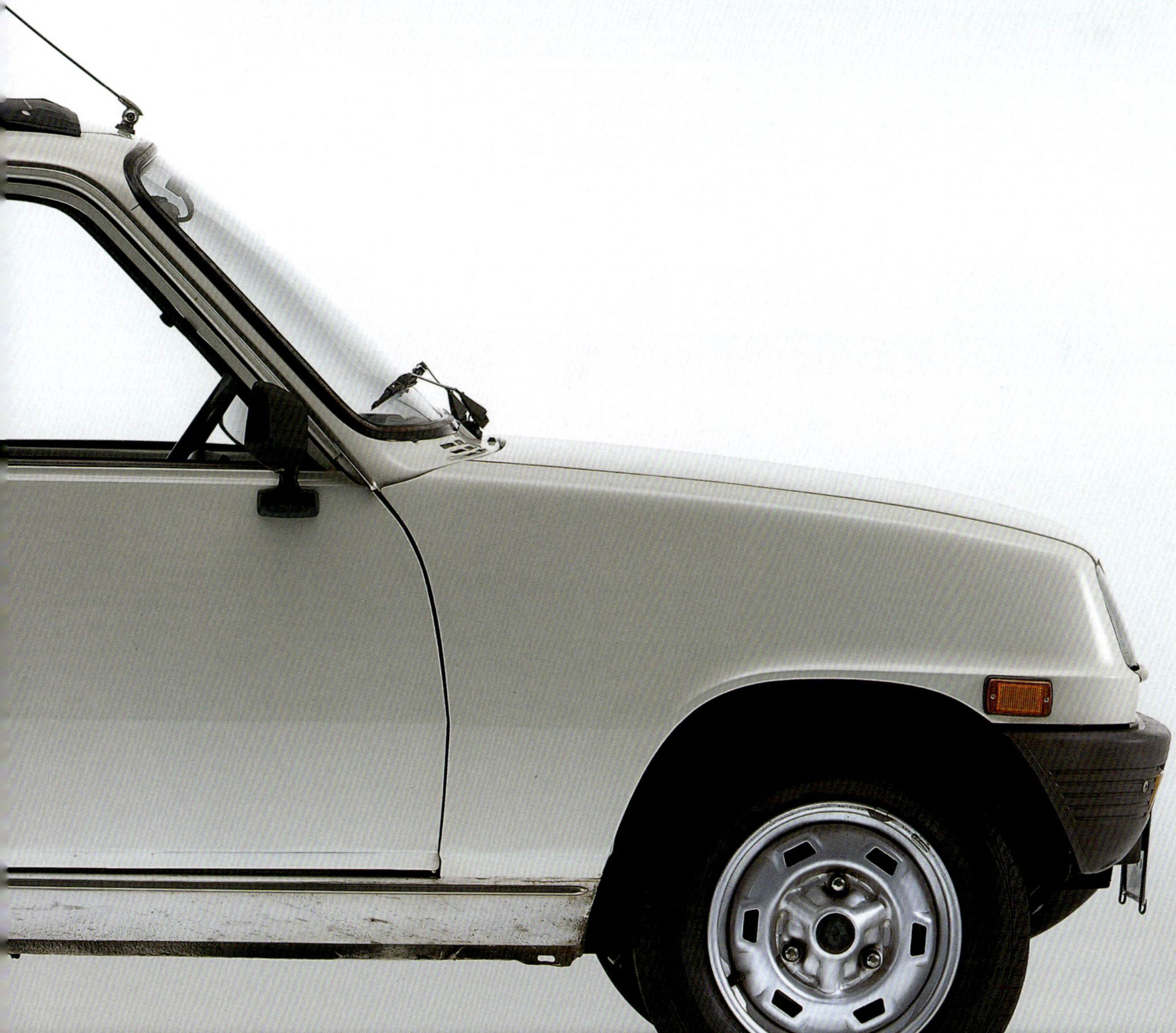

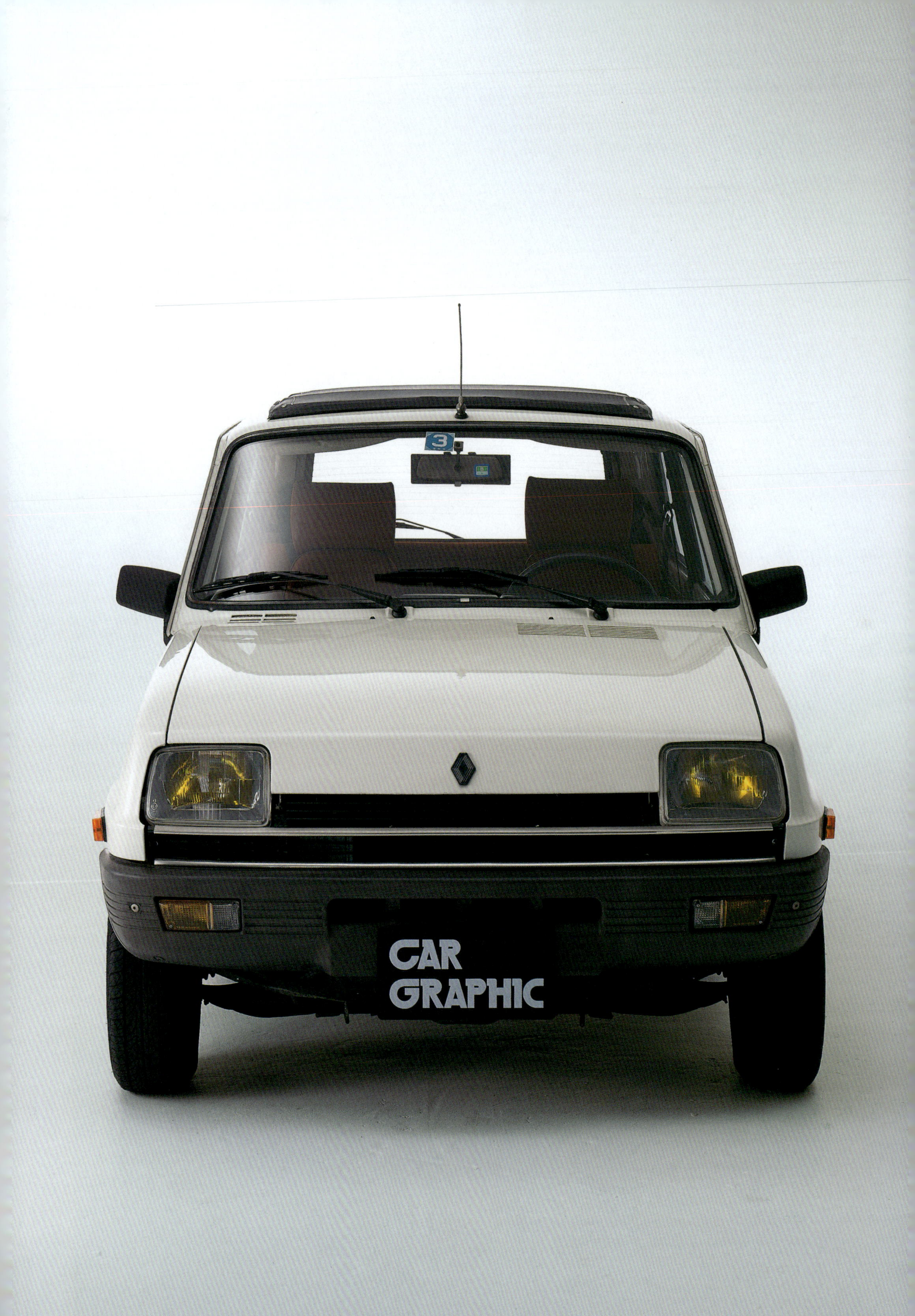
CAR
GRAPHIC

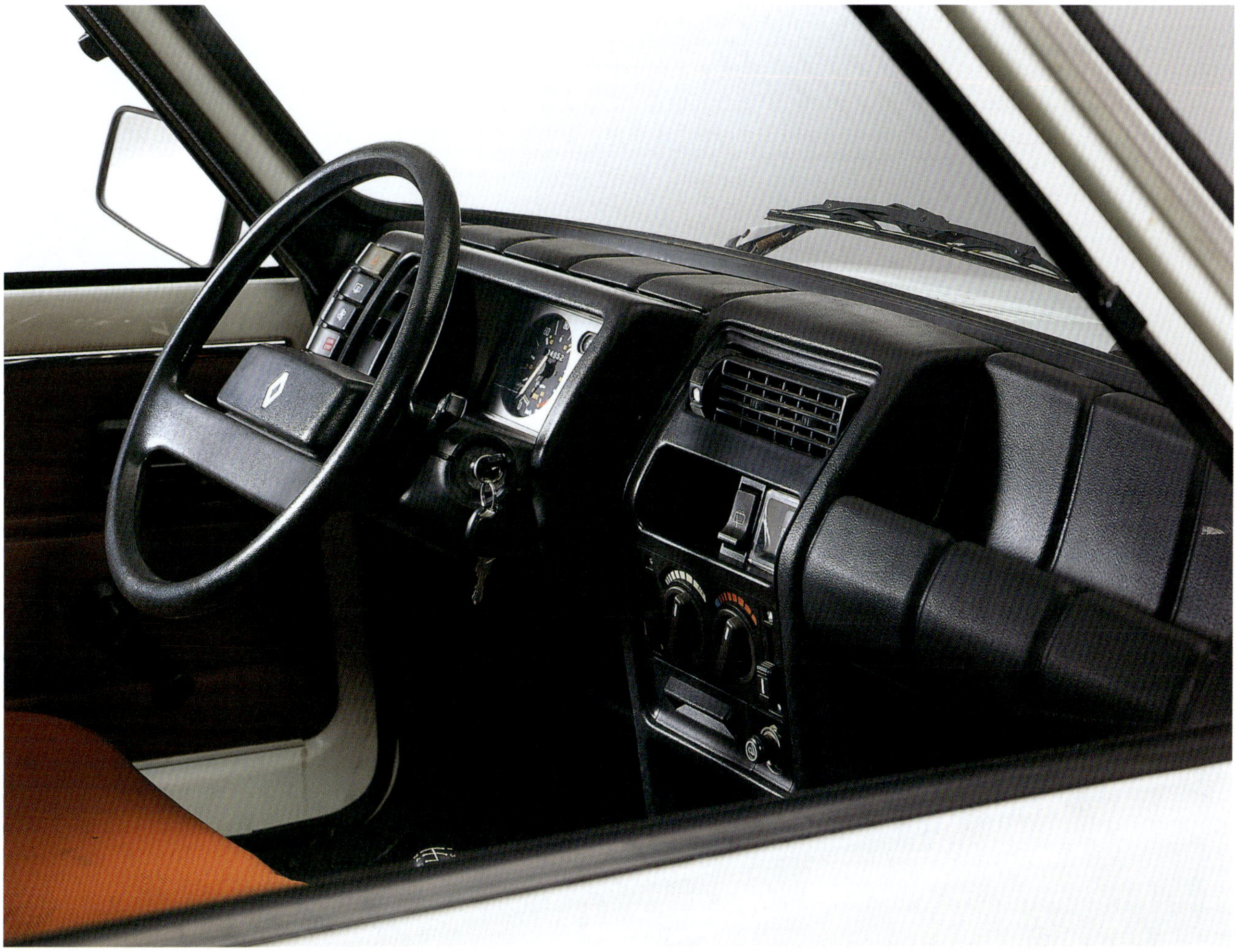

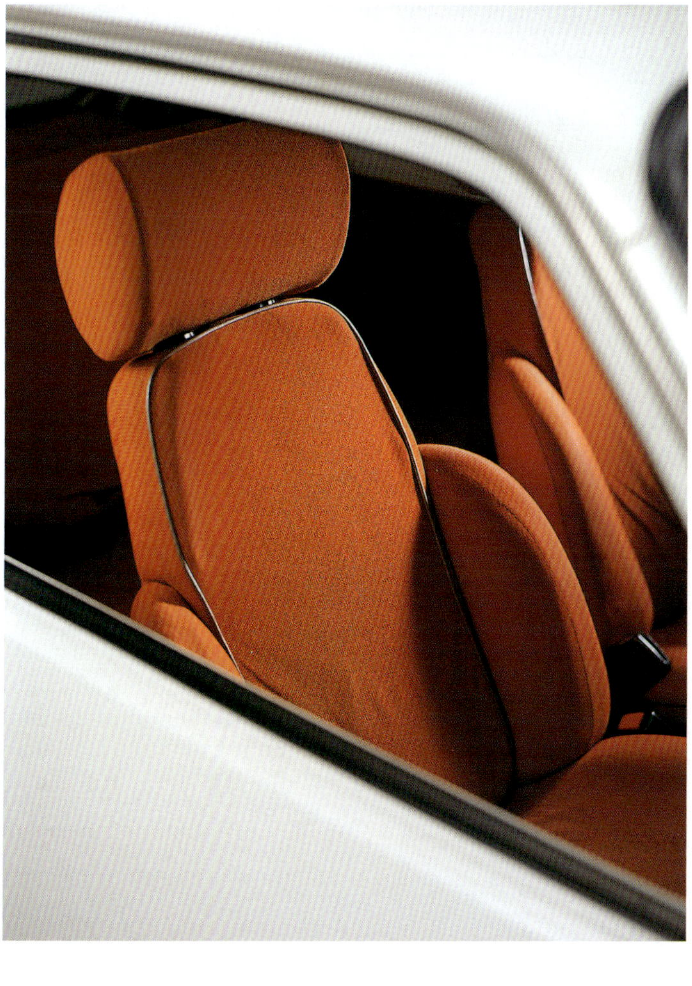

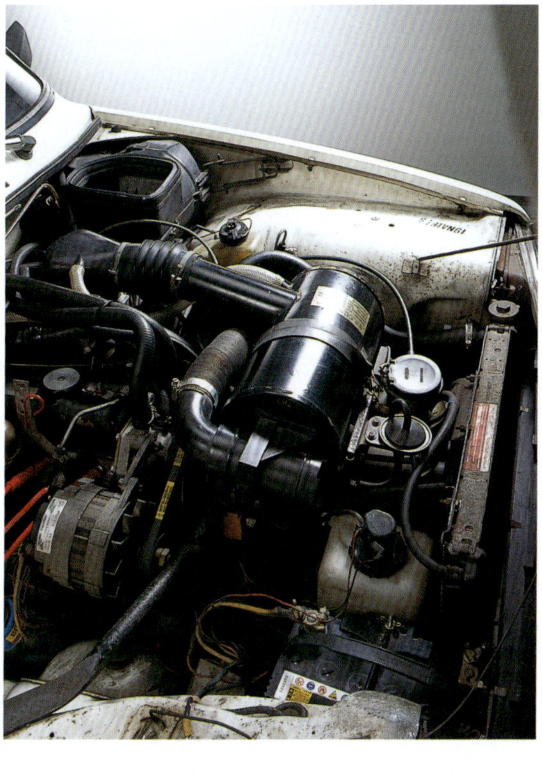

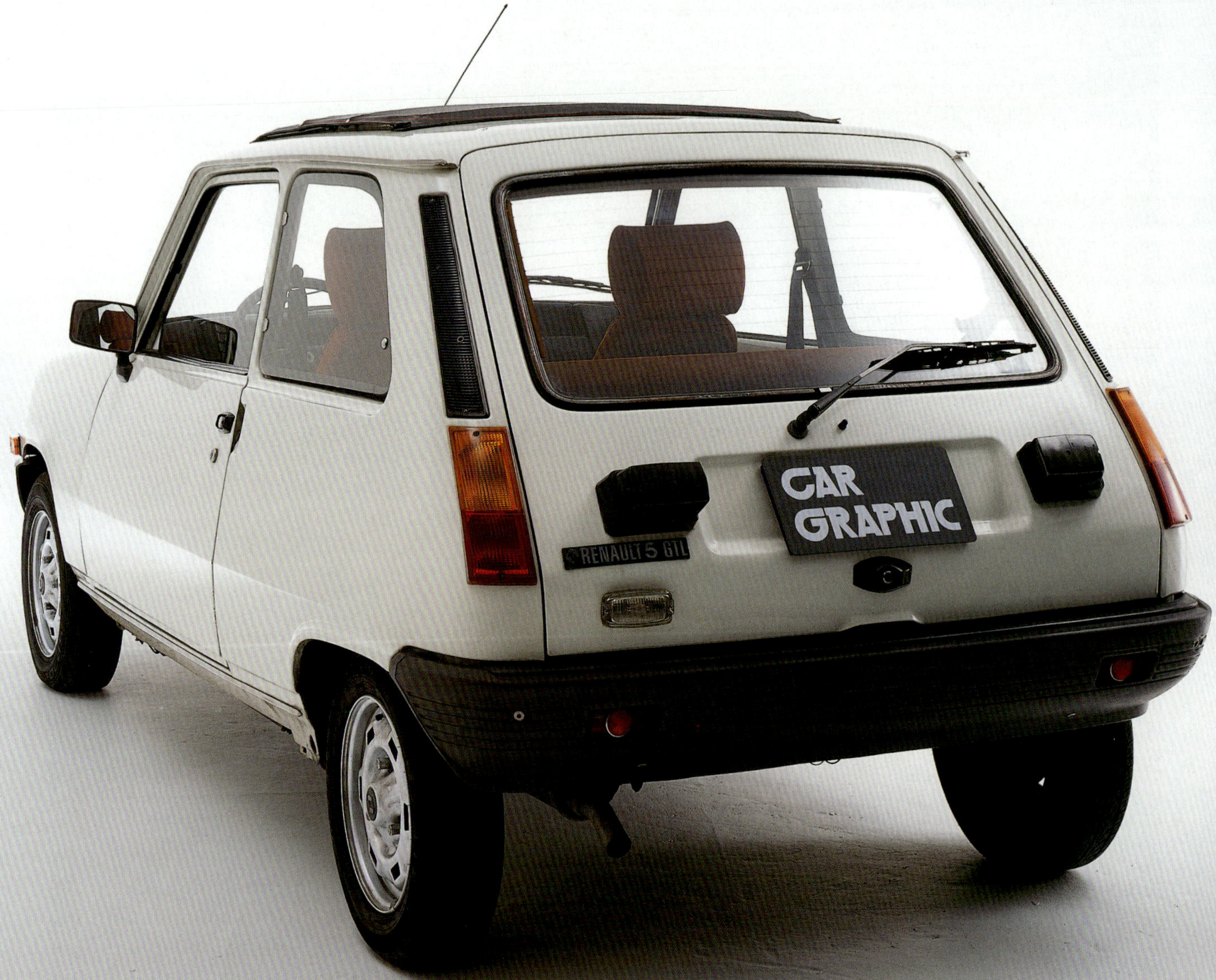
CAR
GRAPHIC
RENAULT 5 GTL

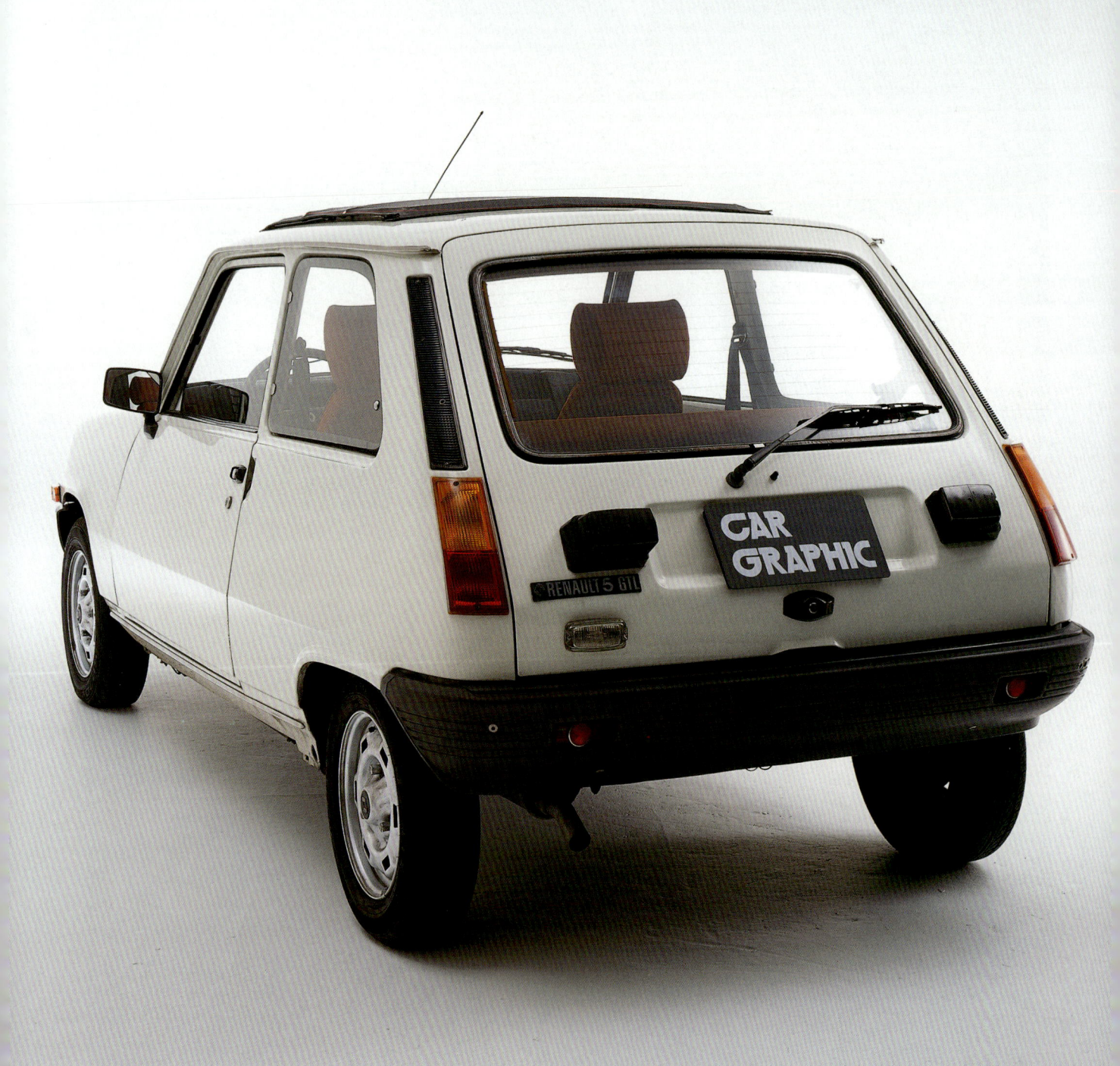

■容易にはなびかない人達

　工業デザイン専用のクレイ(粘土)というものがある。油性で、普通の粘土よりもはるかにキメの細かいかなり高価な造形材料で、手に持つとズシリとした重量がある。以前も一度ふれたことがあるが、温めるとやわらかく常温では石鹸ぐらいの硬さになる性質をもつ。いったいどういう智恵者の発明であろうか、現在世界中で多くの工業デザイナーがこの専用クレイを使ってモデルを製作している。

　自動車デザインの世界でもこの素材を用いてさかんにモデルが作られ、プロポーザルの開発・検討が行なわれる。すこし詳しく言うなら、原寸大の自動車のモデルは中身まですべてソリッドにクレイでできているわけではなく、本物の車のそれとよく似た4輪のついたはしごフレームの上にベニヤ板で大まかな箱状の形が組まれ、その上にさらに発泡スチロールに類する材質が貼られて、その上からこのクレイが盛られる。クレイ自体の厚みはそれほどはないが、もちろんこうしたモデルはすべてクレイ・モデルと呼ばれる。

　今日の自動車メーカーでは、実際にクレイを削りモデルを製作するのはデザイナーではなく専門のクレイ・モデラーがその任にあたる。デザイナーはデザインを考えそれを形にしてゆく商売ではあるが、たいていの場合自らモデリングする技術はないもので、これはいくら作曲家や指揮者がいても演奏者がいなければ一音たりとも音が鳴らないのと同じことだ。

　プロのモデラーというのは実際たいへんなもので、彼等は人間ばなれした正確さで形を削りだしていくことができる。それがどのぐらい正確かというと、現代ではひとたびデザインが決定し生産に向けての次なるステップへ進むときにクレイ・モデルは精密に計測され、すべてはデジタル化されてコンピューターによる面のゆがみ修正というプロセスを踏むが、その際必要な修正の幅は自動車の全表面積のどの一点をとっても、まずせいぜい1mmの何分の1といった程度のもの。しかもこうした修正を加えたデータを元に今度は機械を使ってもう一度モデルを削りだすと、数学的にはより正確な形に仕上がるのだろうが、まず必ずなにか微妙な立体的ニュアンスは失われているもので、熟練したモデラーの仕事を機械が越えることは現代の技術をもってしても難しい、というかそこにはテクノロジーではいかんともしがたい何かがあるのに違いない、というぐらいのタクミの世界である。また一方こうしたことからクレイという素材も、プロの腕にかかれば極めて正確微妙な造形を可能とするスグレもの。多くのデザイナーがこれを好んで使用するのも無理からぬこととあらためて言うことができる。

　さてこうしたクレイ・モデリングによる自動車デザイン開発であるが、そもそもいつごろ始められたものなのだろう。そうした方面に詳しいある人にうかがったところ、1920年代半ばにはすでにアメリカの大手自動車メーカーでクレイ・モデルがさかんに作られ、今日のそれに近い組織的なデザイン開発がすすめられていたとのこと。これを聞いて僕はちょっと驚いた。自分の常識に照らすとあまりにも時流に先んじているように思われる。しかし当時の写真などもあるからこれは本当である。

　1920年代と言えば、ヨーロッパではまだまだ金持ちの趣味人の注文に応じて馬車時代そのままに、親方直伝の鉄板手叩き芸で板金工がちょいとボディをモディファイしたりすることがクルマ「意匠」の最先端であったような、そんな時代である。そんな昔にアメリカ方面ではデザイン活動が組織化され、さらには走る金属製のハコである自動車の形を「粘土」を用いて造形しようとは誰が言いだしたことやら、おどろくべき進歩的なドタマの持ち主がいたものだ。ちょっと感心する。

　しかしこの当初突飛とも思えたに違いないアイデアは、その後まもなく1930年代にはヨーロッパにも伝わり大きな影響を与えていく。旧世界でも自動車工業が近代的大工業へと膨張していくにしたがい、アメリカ流のデザイン開発とクレイ・モデリングがはやくも多くのメーカーによって模倣されることとなったのである。

　先程の歴史に詳しい人の話によると、その際に最大の影響をもたらしたのは、規模は小型ながらいち早く本国と同様のデザイン開発を進めていたアメリカ資本のオペルと独／英フォード、そしてこの2社で経験をつみ、のちに辞めて他社へ移っていった人々であったという。U.S.の一歩ススンだメソッドを習いおぼえた人たちが世界に散ってじわりじわりと影響を与えるという図式は、実はその後もずっと、つい最近になるまで車デザイン界の内幕では延々と続いていたこと、つまりかつてのアメリカがこの分野ではとびぬけた先進国だったことは否定できぬ事実である。おおアメリカ・ザ・ビューチフル。そして粘土ばんざい。

　……ところがである。話はこれだけでは終わらないからこの世は面白い。実はかかる圧倒的なデトロイトの軍勢に容易にはなびかぬ、マツロハヌ者たちがいる。自動車モデリングの世界には野党の一派が控えているのだ。それが「クレイ勢力」に対抗する少数派、「石膏勢力」なのである。そう、自動車のデザイン・モデルをあの結構な専用のクレイを使わずに、かわりに石膏で行なおうという会社がヨーロッパには存在する。

　実は石膏モデリングのことは今までに専門誌などでもあまり紹介されたことがなく、その実際は車デザイン業界内でも世界的によくは知られていないと思われる。そこでせっかくであるから当方もクレイの場合と同様、そのルーツ

をさぐる努力などすこーしだけしてはみたのだが、なにせすこーしであるためか実のところよくはわからない。要するにヨーロッパの中でもたまたまデトロイト勢の影響から遠かったいくつかの自動車メーカーが、本格的なデザイン開発に着手するにあたり近代的な造形素材についてのノウハウがなく、それでとりあえず手近にあった石膏でモデリングしてみるとこれが意外と使える。これが淘汰されずに、ついに今日まで受け継がれてきた、ということらしい。

しかしどうなのだろう。石膏というのは、その白い粉を水に溶くと固まる前はミルクのように流動的で、そのうちトロロぐらいの重さになってきたかなと思うとみるみる数分の内に日本間の壁ぐらいの硬さに固まってしまう、そんな材料である。型をとったり流しこんだりというのには適しており、ご存知のように歯医者サンへ行くと歯型などにも使われているわけだが、自動車のモデリングとなるとちょっと想像がつかない。まさか巨大なブロックをでんと作ってあとはノミとハンマーで彫りだしてくわけじゃないだろうな。それじゃあ馬車時代どころかミケランジェロの中世に逆戻りだ。いったいヨーロッパの奴等は何を考えてやがるのか？

■ブラウン・シェイバーのつくり方

ここで話はとぶ。それも思いきりとぶが、フランス人はブラック・コーヒーというものを好まない。砂糖とミルクの両方か、すくなくとも砂糖だけはいれるようである。角砂糖をコーヒーにちょっとひたしてはそのままポリポリと食べてコーヒーをひと口、という変わった飲み方があることも僕はフランスへ行って初めて知った。でもいくらなんでもあれでは甘すぎないのだろうか。だいたいあの国には、梅園の粟ゼンザイを好物とする当方の頭でさえぐらぐらするぐらいのおそろしく甘い菓子類がよくあって閉口させられるが、ともかく朝、仕事にかかる前に皆のたまり場で僕がブラックのままコーヒーを飲んでいると、周囲の人たちは「苦そう、ウエー」と顔をしかめたものだ。

さて気分よくコーヒーが済むと下のアトリエへ、つまりモデルを製作する巨大な部屋へおりてゆく。しかしここでもすぐに仕事にかかるわけではなく、その前にひとつの儀式がある。フランスには毎日顔をあわせるひとりひとりと残らず握手してあいさつしてまわる伝統的習慣を残す会社が多いが、ここもそうだった。皆にまとめて「オハヨー」では済まない。毎朝毎朝50回ぐらい握手することになる。部門全員の握手時間をのべ計算したら1日に何時間か費されていることになろうか。ま、別にいいが。

……ルノーにおける1日とは、すなわちいつもほぼ以上のようにしてスタートしたものでした。僕がルノーのデザイン部門に引っぱられたのは1980年代の後半、それまではオペルにいたから、インターナショナルなアメリカン・マネジメントの職場からいきなりディープなフレンチ民族資本の仕事場に鞍替えしたことになる。

それにしてもルノー就職初日に人が部門を案内してくれた際、件のモデル製作室を初めて見せられたときにはちょいとビビったな。なぜかってこの会社では作業中のモデルがどれもこれもまっ白けだったからだッ！ つまり、もうおわかりだろう。歴史上およそデトロイトの影響から程遠かったルノーでは、原寸大のデザイン・モデリングは当時すべて石膏を用いて行なわれていたのである。

実はそのことを僕は予備知識として知ってはいたのだが、初めて見るとその現場は予想していたのとはやはりだいぶ様子がちがう。その時の印象をひと言で言えば、オペルで慣れていたクレイが粘着質の「土」であるのに対して、作業中の石膏モデルの周囲には硬く乾いた白い岩石のようなかけらが散らばっている。あっ、これは「石」なんだと思った。この会社では石の一種を使って車をデザインしている、このことをあらためて認識することとなった。

さて石膏によるモデリング方法であるが、実地を見るとやはりミケランジェロ式にかたまりからノミで削りだすわけではなかった。ではどうするのか、という話をここから少々する。このページにはルノー5が登場しているはずである（やっとその話になった）。1972年の発表時「ブラウン・シェイバーのよう」と形容されたこの車だが、かつてこのデザインがプロポーザル段階にあったときどのようにモデリングされたのか、想像しつつ追ってみよう。

自動車のフルサイズ・モデリングに際しては、まず4つの車輪を設計どおりに位置ぎめしたラダー・フレームが、厚み30cmもある専用の鉄製プレートの上に固定され、次にこのフレーム上にベニヤ板で大まかなシルエットが組まれて、その上から発泡スチロール材が貼られる。ここまではクレイも石膏も変わりはない。さていよいよその上から石膏の層が作られていくが、最初からなるべく正確な「面」を成形していくクレイ・モデルのやり方に対して石膏モデルは言ってみれば「ヘリ」から先に作っていくのである。

ルノー5の場合、まずはデザイナーの描いた原寸大の三面図に従ってモデラーはボディ下部、前後のホイール・オープニングを結ぶロッカーから車輪の高さにある浅い折れ線までをテンプレートを使って成形したはずである。そしておそらく次には、中間はすっとばしてベルト・ラインに沿った数センチ幅の帯状面が正確に築かれたのに違いない。こうしてまず水平な上下2本のレールのようなベルト地帯をつくる。さーどーする。次にモデラー氏はこの2本のレールの間のスペースにホイップ・クリーム状の石膏をビチャビチャと盛りあげると1m以上もある大きなカーブ定規を持って、上下に築いたレールをガイドとしてズイーッと

一気にスライドさせてその表面をきれいにならした……はずである。これがドアやフェンダーの面となるわけで、その際のカーブの曲率(と言ってもこの車ではほとんど平面に近いが)はあらかじめデザイナーが指定している。

容易に想像されるように、口で言うのは簡単だがこうした大きな面をゆがみなく作るのは至難のワザだ。なぜボディ・サイドという大切な部分に時間を使わずこの時一気にズイーッと成形してしまうのかというと、それは水に溶いた石膏がホイップ・クリーム状のちょうどよい状態でいるのがごく短時間、ほんの2～3分の間だけだからなのである。ぐずぐずしてたらすぐにガチガチに固まってしまう。もちろんちょっとでも形がゆがんだらまた表面をこわしてやり直す以外にない。モデラーさん、緊張するでしょうね。ルノー5のときも、この作業を行なったのは当時の同社のエース級のモデラーだったに違いない。

バンパーなどはまず上端のみをやはり帯状に正確につくり、それをガイドとして断面形状にカットしたテンプレートで、やはり柔らかい石膏をドラッグする。ボンネットや屋根はセンターと端に帯状面をつくってから同様にホイップ・クリームを盛りあげて、スイープで成形する……なんだかいかにも調子よくスイスイできるみたいだが、実際にはここまでプロのモデラー数人がかりで数週間は要する大変な仕事である。

こうして基本的な面ができあがると、そこからは様々な形状・粗さのやすりやカンナを使っての作業となる。ここでも言うまでもなく恐るべき正確さが要求されるが、やがてすべての成形が終わるとガラス面やヘッド・ライトなどは型どりされて透明なアクリル板で作り直される。そのころにはモデルはつや消し白一色の本物の車のように見えるが、これをさらに乾燥させて塗装して仕上げれば、もはや「これは石でできているのだ」と言ってもまず誰も信じてくれない、自動車そのもののリアリティをもつモデルの完成となるわけである。

……とまあ、以上、言葉で説明してもとてもよくはわからなかったかもしれませぬが、石膏による自動車のモデリング、その大まかな原理を紹介すればこうしたもの。実際には完成までに数ヵ月という大仕事である。

ルノー5は同社のミシェル・ブエというデザイナーによりデザインされた。当時としては斬新なフチなしの角形ヘッド・ライトと全プラスチックの前後バンパーをそなえたこの車、近代ルノーの礎を築いた大傑作デザインだと僕は思っている。1960年代の終わり頃にまさに今述べた方法で製作されたと思われるこの車のプロポーザル用モデルをリュエイル・マルメゾンにあった旧いルノーの技術センターの地下で僕は見たことがある。

最終決定に至る前のそのモデルからは、デザイナーの「思考の軌跡」のようなものが明確にくみとられ、なかなか興味深いものがあったが、のちに日産2000台に達する大ベスト・セラーとなるこの提案を具体化した当時のモデラーの名はわからない。しかし実際今こうして写真に写って目にすることのできるこの車の面も線も、すべては人の手によってモデルされたものだと思えば、モデラーという仕事人の重要さ、その高度な技術はもっと広く世に知られてもよいような気がする。ただ、ブエ氏自身もこの車の大成功を見ることなく若くして亡くなってしまい、気の毒なことではあったが。

それにしても石膏という一見中世的な素材、実際に仕事してみれば思ったよりはるかに有用な使える材質であることがよくわかった。長く受け継がれてきたのもうなずける。ところがクレイに比べると正確さに若干劣るのと、成形にあまりにもモデラーの勘と経験に頼らざるを得ない度合いが大きいためか、最近聞いたところによるとついにルノーでも石膏は捨てられ、モデリングはすべて近代的なクレイに替えられたらしい。やっぱりトータされてしまった。かくて石膏派の領土はさらに縮小し、現在ではイタリア方面にいくつかの小島を残すのみではないかと思われる。

実のところ、モデリングに使う素材の違いは、モデラーにとってのみでなくデザイナーの着想やアイデア展開にも微妙な影響を与えるもので、グローバルに平均化したクレイによるデザイン開発が将来ゆき詰まりを見せたときには打開案としての「石」によるメソッド、カムバックを果たしてくるのかもしれない。どうも世界石膏連盟がそのために謀略をめぐらしている、ような気もします。

NISSAN LEOPARD

1980年9月に発売された日産のパーソナルセダン。ブルーバードのシャシーをベースに、4ドアと2ドアの2種類のボディが用意された。パワーユニットはZ型直列4気筒(1.8ℓ)とL型6気筒(2ℓ/2.8ℓ)がデビュー時点で搭載されており、後にL20ETやVG30ET型V6ユニットも追加された。写真は最初のマイナーチェンジを受けた直後の1982年型で、2ドアハードトップにL20ETを搭載した"2000ターボSGX"。全長:4630mm、全幅:1690mm、全高:1345mm、ホイールベース:2625mm。直列6気筒SOHC2バルブ。1998cc、145ps/5600rpm、21.0mkg/3200rpm。縦置きフロントエンジン-リアドライブ。サスペンション:独立 マクファーソン・ストラット(前)/独立 セミトレーリングアーム(後)

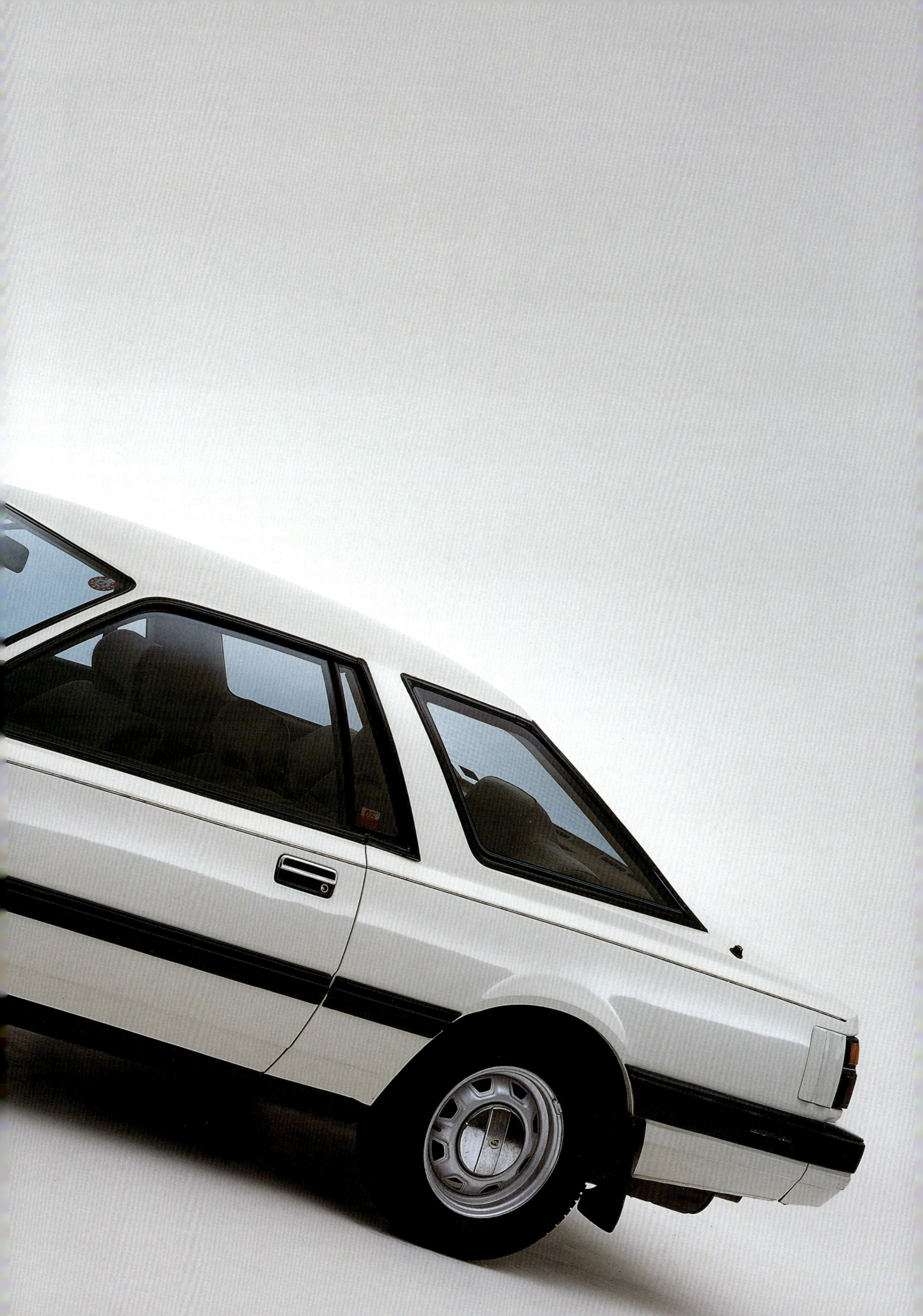

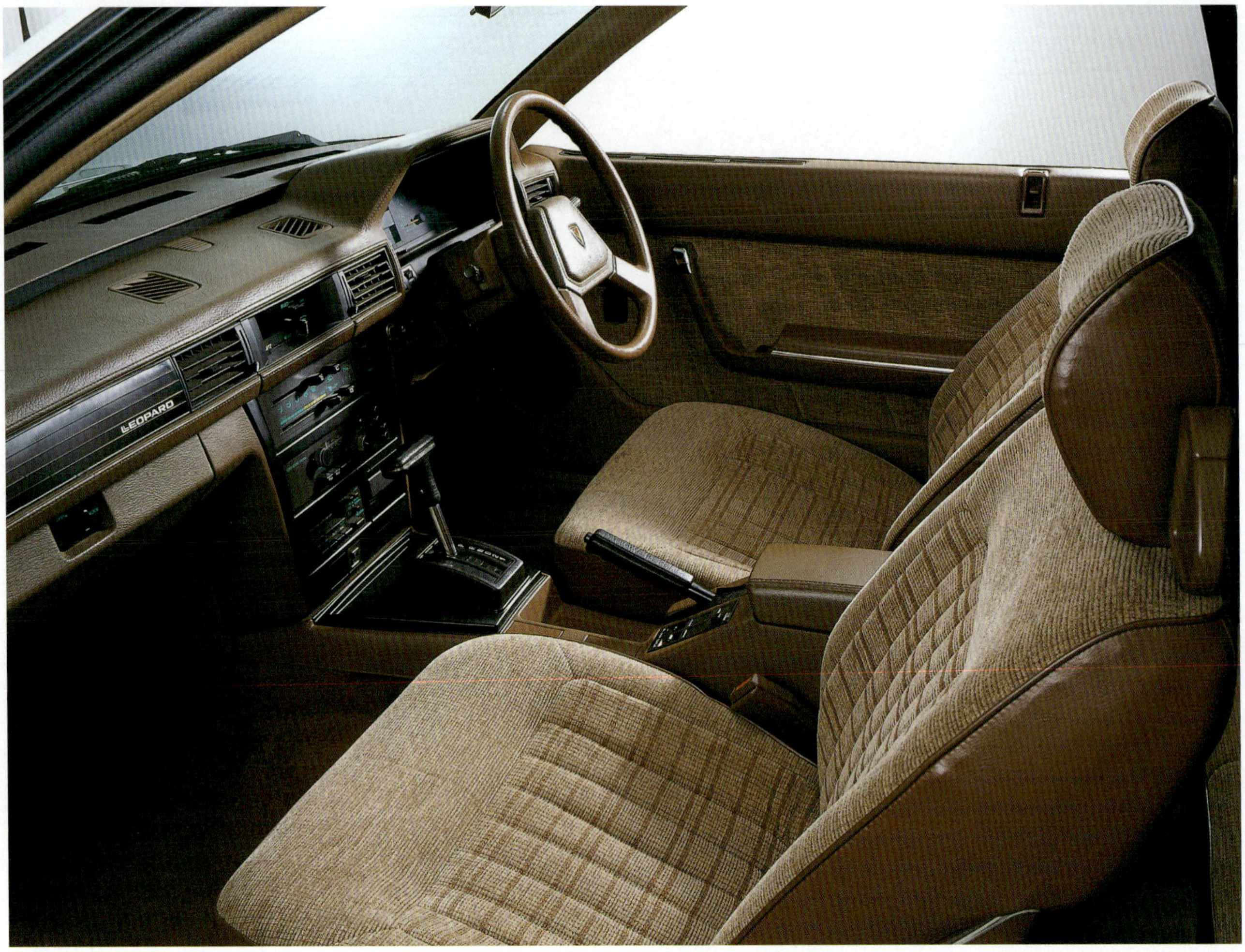
LEOPARD

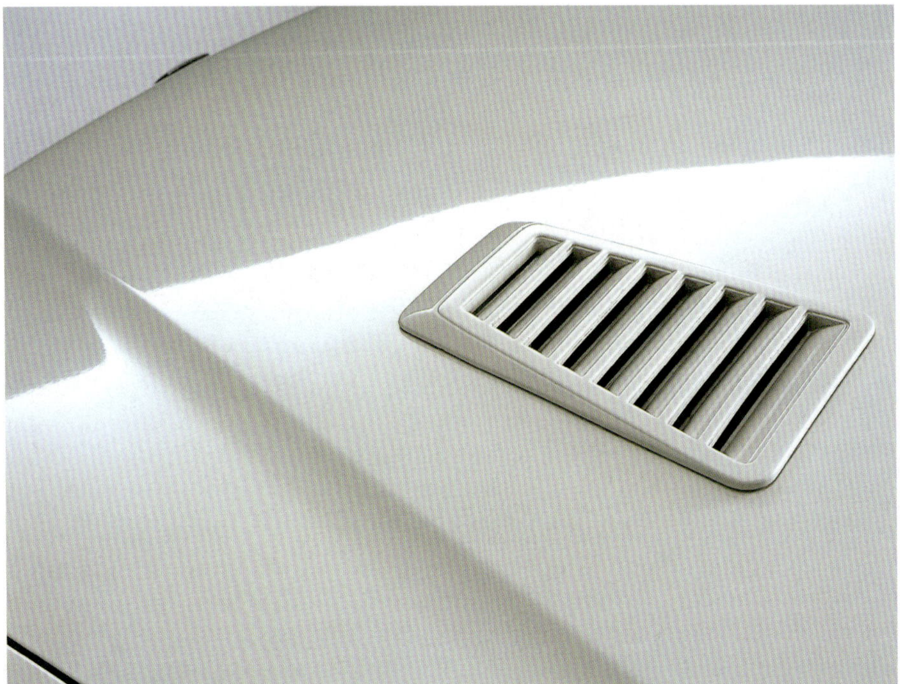

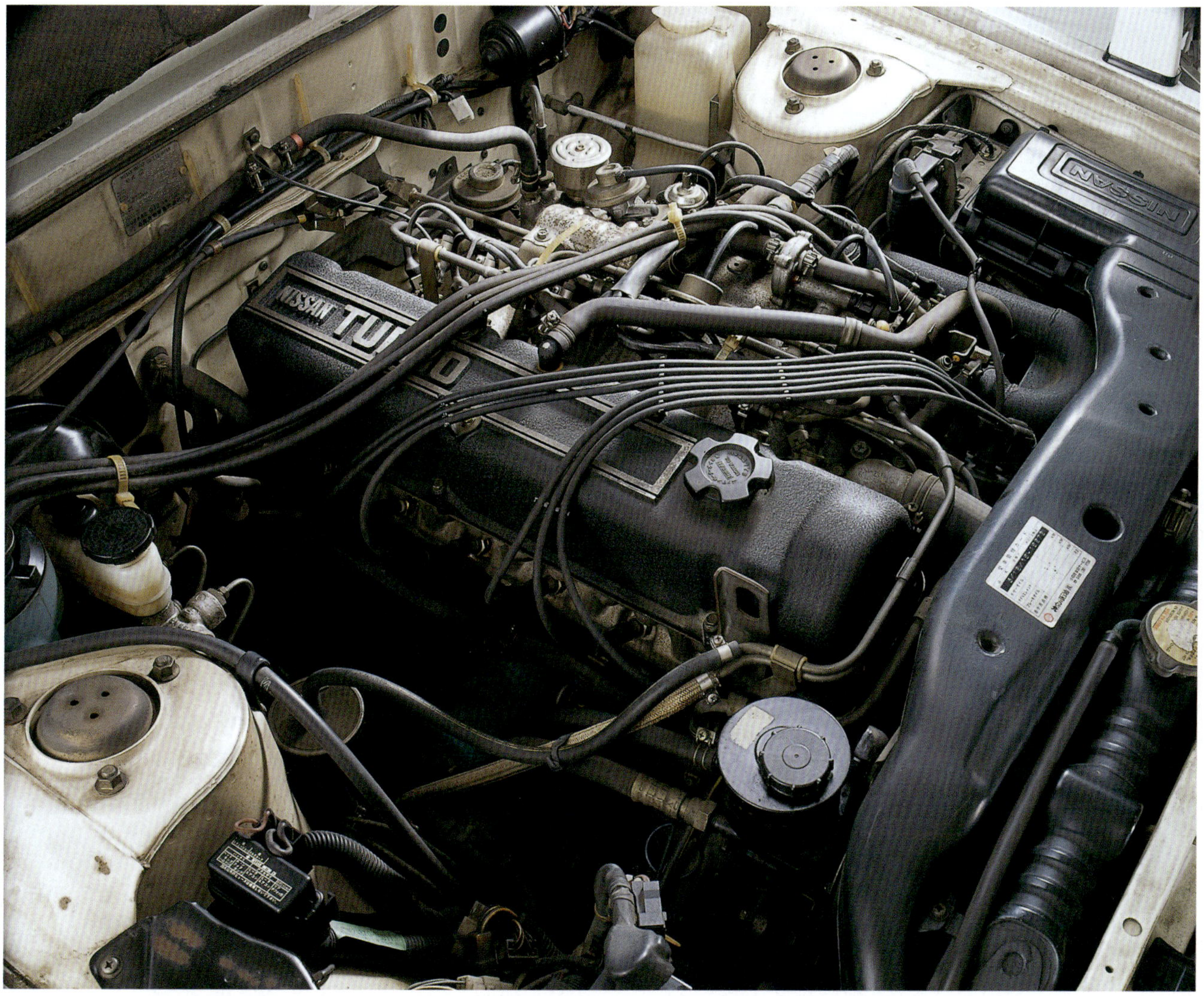
NISSAN
NISSAN

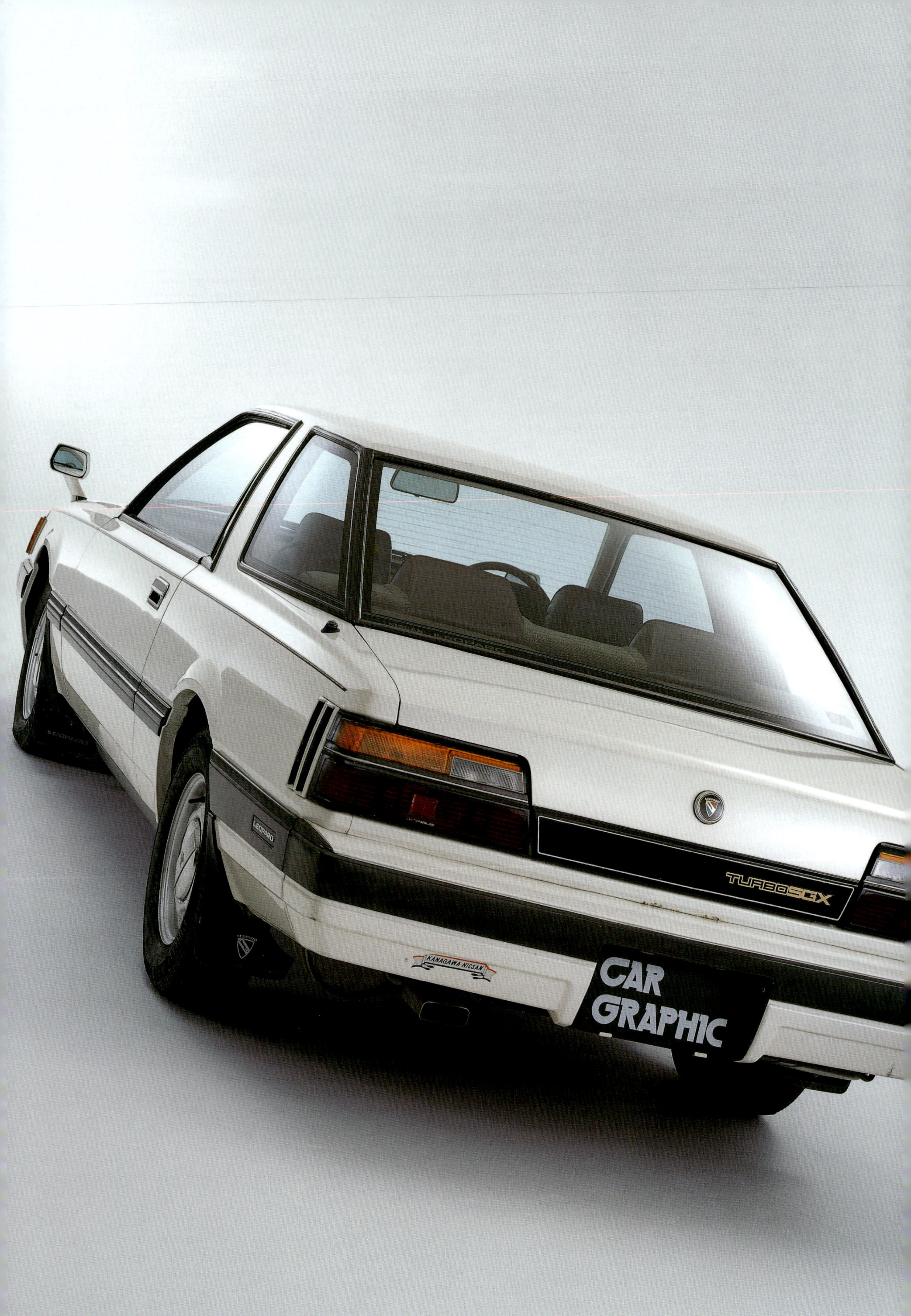
TURBO SGX
KANAGAWA NISSAN
CAR
GRAPHIC

■不思議の国

　たとえばベトナムといった国の「工業」について考えてみる。ベトナムの工業についての僕の知識はゼロに近い。しかし日常身のまわりで使う電機製品なんかはたいてい東南アジアや中国で製造されている、といったことをよく聞く。とするとベトナムにも工場の数は多いのに違いない。でもそれらは外国企業の有する単なる組み立て工場にすぎない。ベトナム自国資本の電機メーカーというのはいったい存在しているのだろうか。もしなかったとしたらベトナムで自国ブランドを立ちあげ、相応の資本を投下してみたらどうなるだろう。単なる製造工場ではなく、技術者を大量に育ててバリバリ新製品を開発してゆけるような。何といっても世界の大手メーカーはどこも高価な人件費、ことに高騰する開発費に苦しんでいるから、すべてが現地の人間で運営されるベトナム・ブランドにはチャンスがあるのでは、いやうまくすればこいつは世界的企業に成長しないとも限らない。

　しかしこんなアイデアもそう一朝一夕にはいくまい、という気がすぐにしてくる。ただ部品を組み立てるだけならともかく、開発とかマーケティングとかセールスとくるとひと筋縄にはいくまい。そこにはソフトな要素が複雑にからんでくるからだ。つまり仮に技術面はなんとか吸収できてもそれだけで新商品が開発できるわけではない。新しいものを開発するには、ましてや世界に市場を拡げてゆくには他国の人々の嗜好を理解しマーケットを調査し、そしてそうした裏づけに基づいてのクリエイティビティが求められ、と、つまりこんな大事がそうそう簡単にうまくいくとも思えない。

　さらにはPRのノウハウや、企業イメージの問題だってもちろん大きいし、やっぱり物は安けりゃ売れるといった単純なものではないのだ。いくら工場があっても、色々考えるとそれだけでは企業の総合的な発展は難しい。

　したがって、逆に言うなら、ワガ日本にとってベトナムの工業力が本当の意味で脅威となる日はまだまだ当分は来まい。……しかし、再び言うが、本当は僕はベトナムについて何も知りはしないのだ。知らぬゆえに、あるいは過少評価しているのかもしれない。

　……ト、さて以上のような話なのですが、で、それがどうしたということなのだが、実は小生ここで言いたかったのは、本当はベトナムのことではないのだ。もっと別の国のこと、何をかくさん他ならぬニッポン国のことだったのだ。もう今から20年以上も前、小生がヨーロッパ暮らしを始めた頃までの一般的欧州人の「日本の工場」を見る目と言ったらおおむねこんなものだった、ということを言いたかったのである。つまり前掲の一文中「ベトナム」というところを「ジパング」と代えてしまえば、そして「日本」というところを「ヨオロツパ」と代えてしまえば、これはほぼ全域にわたってあの当時の状況、われながらよく言い当ててるような気がしてくる。

　海外と言ってもアメリカなどはともかく、わりと最近までヨーロッパで一般フツーの人々が思い描く「日本の工業」のイメージと言ったら、とにかく低賃金で女子工員が一列に座ってチクタクと何やら組み立てている、ジャパニーズは機械よりもサボらぬ勤勉至極な人たちではあるが、でもそれはそれだけのことで、ハードな部分は伸びてもソフトな部分で日本製品が世界的存在になるなんてことはまだまだあるまい、といったあたりにあったと思う。

　つまりかなりテキトーな思いこみなのだが、それも無理もないと言えば無理もない。まず基本的に、たいていの西洋人は日本のことを、我々が西洋のことを知っているようには知りはしない。僕のベトナム知識とどっこい、いやひょっとするとそれ以下らしいという方々とて小生はずいぶんお会いしたことがある。

　これは、やはり80年代の頃の話であるが、フランクフルトのあるビルの中でエレベーターに乗っているとき、かたわらのドイツ人が「日本にはエレベーターがあるのか？」と聞いてきたことがある。たまたまそのエレベーターがHITACHIのロゴがはいった一品だったので、「だって我々が今乗っているこのエレベーターだって日本製ではないか」とその製造元のプレートを指さすと、相手は「このエレベーターは日本製か！　しかしここはドイツだ。こういうものが日本でも使われているということか？」と真顔で聞いてくる。

　少し注意すればこの人だってエレベーターのみならず、おそらくは自分の使っているカメラや電子機器、もしかしたら自動車だって日本製であることは充分理解できるはずなのだ。しかしわかっていながらも彼がイメージする日本とこうした製品がどうしても共存し難い、結びつかないらしい。ついでに言うなら、日本人はコーヒーを飲むのか、ハンバーガーを食べるのか、日本にもディスコはあるのかぐらいのことなら、21世紀となった今日だって僕はちょくちょくヨーロッパで尋ねられることがあるのであります。

■おっかない人たちが背後からくる

　で、唐突ながらニッサン・レパードの巻である。1980年代初頭、僕はドイツのアダム・オペルのデザイン部門に就職した。ま、でもさすがに本職のヒトタチは違ったな。どうも西洋人というのは自分に直接関わりがないと思えばまったく関心を向けないくせに、自分の領域となると集中して急にやけに詳しくなる傾向があるようで、この会社も入ってみると職業的デザイナーたちはどの程度その製造国の実状を知っていたかは別として、とりあえずは日本自動

車産業への注目度は非常に高く、ちゃんと正確な知識も持っており、日本のクルマに対してはある種の敬意と、そして警戒感の両方を深めていた。

事実この時代、大西洋対岸のオペル自身が属するGMを筆頭とするデトロイト大帝国は、日本車の攻勢によっていくつか大穴を空けられてスイス・チーズみたいな状態になっていたのだから、そして今や生産量世界一となった日本くるま産業は次にヨーロッパ方面へ輸出のホコ先を向けつつあったのだから、本職の人たちぐらいは少々マトモな認識と警戒感をもってもらわなくてはもちろん困る。

で、ニッサン・レパードという車だが、この車は僕にとってこうした時代を、即ち自分がようやく学校を了えて職業人となった頃、そして知られると知られざるとにかかわらず日本の車が量的にもそして質的にも世界的にのしあがってきたあの時代のことを象徴するような自動車なのである。

レパードを見てオペルのデザイナーたちはたしかに驚いていた。誰がどこで手に入れたのやら、発表間もないこの車の日本語オリジナルのカタログが1部、オペルのデザイン室に舞いこんできたときの皆の「アッ」という感じ、「ここまで来たッ！」という感じを僕は鮮明に思い出すことができる。おそらくオペル以外の欧州のクルマ・メーカーのデザイナーの間にも、多かれ少なかれ同様のショック・ウェーブが発生していたのではないか。

レパードという車、ご存知のように技術的には驚くほどの新機軸は見当たらないのだが、そのスタイル（特に4ドア・セダンの方）には当時の日本車のカラを破ったような新鮮さがあり、またそれはどちらかと言うとアメリカン指向だった日本の2ℓ級セダンが「ほんとはヨーロッパの奴等が何考えてるのかもちゃーんと知ってるもんね」、ニヤリ、意外な隠し球を披露したような趣もあった。

しかしなによりもデザイナーの面々をうならせ、そして恐れさせたのはこの車に代表されるような当時の日本クルマ・デザインのレベルの上昇の速さ。それまでデザイン面ではヨーロッパであまり話題にのぼることもなかった日本の自動車が、今やこの分野でも背後からヒタヒタと足音が聞こえるまでに迫ってきた、その歩みの非常なる速さに対して皆はうなったのであった。

それは、こうも言えるのかもしれない。当時すでに、日本の車がただ安いから売れているわけではないことは、車業界の人間の目には明らかだった。ジャパンは多くの人々が信じてきたような単なる製造工場の高効率版ではない。ではないどころか、欧米のメーカーよりも余程ちゃんとしたマーケティングとお金の計算に基づいて効果的に次々と新車をくりだす戦略家ではないか。

しかしそれをよく承知したうえでも、デザインというのはまた少し別物のはずなのである。数値とか性能曲線みたいには絶対に表わすことのできない象徴的なデザインのバリュー、視覚的なキモチヨサ、創造性、個性といったつかみどころはないが大切なあやふやは、およそ「工業」に関わる諸々の分野の中でも最も空気に近いソフトさゆえに、他から吸収することの最も難しい領域のひとつには違いないのだ。すでに量的には日本の車は他を圧倒している。ハードな技術面でも遅れているところなど最早ありようもない。もしもここでデザイン面でも日本に先に行かれるようなことになったらもう教えることは何もないどころかヨーロッパ車にとっては完全にお手あげ、それはトラの子のスペードのエースを出してもかなわないに等しいヤバい事態ではないか。

しかるにジャパン・クルマ・デザインは構わず大股で近づいてくる。数年後にはヨーロッパをほんとに追い越してゆくかもしれない。いやこのペース、このテンポで行けばすぐにも追い越してゆくに違いない……。皆の関心を集めに集めて、部内を引っぱりまわされてヨレヨレになるまで眺め倒されたレパードのカタログが、そんな彼らの不安を物語っているようにも思えた。

■スリップ・ストリーム

……あれから20年経った。岸壁の母みたいだが、その後、世の中はどう展開したのか。欧米の自動車会社はとりあえずまだちゃんと存在しており、世界クルマ業界はオートバイやカメラや他のもろもろの前例のように日本製品がワッと押し寄せてきてあとはもうほとんどゲーム・オーバーみたいな事態に至る気配は、少なくとも今のところはない。

さて今日冷静に再びニッサン・レパードをふりかえる。どうであろう、この車をはじめとするあの時代トレンド・セッターを担ったいくつかの日本の自動車たち、本当にヨーロッパにそれほどの脅威を与えるようなデザインだったのだろうか。彼らのオビエは正当なものだったろうか。

ここで手短かながら解説を兼ねての話となるが、造形的に見ればひとつ言えることがあると思う。まず、レパードという車は結局ヨーロッパに輸出されることはなかった。つまりその地ではカタログその他の印刷物でしか知られることのなかった自動車だ。で、これはもちろん個人的な見解であるが、この車ってなかなか印刷栄えのよいカタチをしていると思うのだがどうだろう。複雑すぎぬデザイン・テーマをしっかり掴んでそれを明確にうちだせば、そしてそれを強調するような写真をうまく撮れば、たしかに印刷栄えのする被写体となり得る。

つまりごく大ざっぱな言い方をすれば、およそ20年前のあの当時、デザインの「主題」といったものを見出すことにかけては日本の自動車はすでに高いレベルに達していた

と思う。レパードもそんな典型的な一例であり、そうした意味でヨーロッパの奴等が焦ったのも当然で、またそうあるべきだったと思うのだ。

　ただ、本物の自動車とは言うまでもなく平面上の印刷物ではなく立体のブツなのである。これはどの車と特定するのではないが、あの当時の日本車のデザインに多少欠けていたのは立体としての説得力といったもの、面と量塊によってヒトを感動させる方法論のようなものだったのではないか、という気が僕にはしてならない。それは紙に描いた図面を組み合わせて結果的に立体を組みあげるのではなく、はじめから彫刻家のように立体を造形して、無数にある角度のうちたまたま真横から見たときの姿を側面図として描く、といったモノのとらえ方とでも言えましょうか。

　しかし次にもう一点、これは直接造形的にどうのということではないのだがもっと根本にかかわる点だと思う。80年代のあの当時、たしかにヨーロッパ的視点においても日本の自動車のデザイン・クォリティは歩みを速めて、その進歩の速さはまさにこの土俵でも自動車発祥の地の先人たちを今にも抜き去っていきそうに思えた。しかし実は今日、ヨーロッパの自動車デザイナーの多くは現代日本のクルマ・デザインに対して当時とまったく同じ不安を抱いている。レパードの時と同様の脅威を感じているようだ。ああこの調子でいくともうすぐ追い越されてしまう、というあのオビエだ。

　でもこれってちょっと変だと思われないか。20年も前にあの勢いで背後まで迫ってきたのだから、もうとっくにヨーロッパなんぞ追い越されてホコリまみれになっていてもよいはずなのだ。ライバルにならないほどに引き離されてもよいはずなのだ。とするとこれはいったい何を意味するのだろう。で、ここで少々見方を変えるとこういうことではないかと僕は思うのだ。即ちごく真近まで、背中の皮一枚まで迫って相手を脅かすことと実際に抜き去ってトットと先に行ってしまうこととは別のこと、おそらくこのふたつは次元の違うぐらい別のことなのではないか。前者に比べて後者はおそらくとんでもなく難しいことに違いない。

　今や日本の車デザインは色々な意味でヨーロッパのそれにピタリとくっつき、バンパー同士が触れたままのスリップ・ストリーム状態にある。もうデイトナ500である。でも日本の車が直前を走る車の横に出て、そのままアクセルを踏んづけてずっと先に行ってしまった、手の届かないところまで行ってしまったという実感はまだないように僕は思う。いったいもういくつ寝るとその日は来るのでしょう？

　と、ここらであまり関係のないシメに入るが、ま、しかし何ですな、話は前半部分に戻るが、あの日本にもエレベーターはあるのかと聞いてくるような外国人、ご存知のとおりああしたガイジンの認識不足が、しばしばわが国では社会問題のように扱われることがある。もっと正しい日本の姿を海外にアピールせねばということなのだろうが、まあそう言われればそれもごもっともなわけだが、でも彼らの知らぬがゆえの異国情緒あふれるファンタジーというのも大事にしてあげた方がいいのではないかという気も僕にはする。

　勿論、その後ヨーロッパでも日本のことが多少は正確に知られるようになった。これについては「工業」よりポケモンとかピカチュウの功績の方が大であるかもしれぬが、ともかくこのまま実際にはそれほど奇想天外でもなきゃミステリアスとも言えない現実の日本の姿が知れわたってしまうよりも、少々のイリュージョンが残っている方が楽しいのではないか。

　パリだってロンドンだって、本当は大多数の一般人の生活は平凡だし何てこともない。その意味で東京と大同小異と言ってもよかろう。しかし彼らは我々ガイジンが期待するような「らしさ」、つまりイリュージョンを演出するために大変な努力をしていることがわかる。それでモンマルトルの丘の広場には一所懸命素人絵描きも集めるし、女王の宮殿前には「衛兵」を立たせたりしてくれる。「衛兵」なんて夏のさかりにクマの毛の帽子をかぶせられてずっと立たされてるのだから、これにならえば東京だって街の随所にチョンマゲの侍とオイラン・ガールズ、主要タクシーのりばにはカゴとキセルをくゆらすカゴカキなど配置して雰囲気を高めて外人をよろこばせてはどうか。

　車のデザインに限らないが、前を走る車のスリップ・ストリームから何らかのキッカケで脱出して明らかに相手を抜き去ることができたときには、日本もあのドイツのエレベーター男のチョンマゲ・ファンタジーを一緒になって楽しめるぐらいの悠々たる何かを持てるのかもしれない。問題はどうやってスリップ・ストリームから抜け出せるかだが、ま、とりあえずは今からせいぜいキセルでも練習しときましょうか。

PORSCHE 911 CARRERA RS

1963年に発表され、翌年から生産が開始された世界のスポーツカーの代名詞。細部の手直しこそされてはいたが、基本的に同じ形態のまま1990年まで25年以上も生産された。空冷水平対向6気筒エンジンをリアに搭載し、後輪を駆動する。写真はいわずとしれた73年モデルのカレラRS 2.7。全長：4147mm、全幅：1652mm、全高：1320mm、ホイールベース：2271mm。水平対向6気筒SOHC 2バルブ。2687cc、210ps／6300rpm、26.0mkg／5100rpm。縦置きリアエンジン-リアドライブ。サスペンション：独立 マクファーソン・ストラット（前）／独立 セミトレーリングアーム（後）。

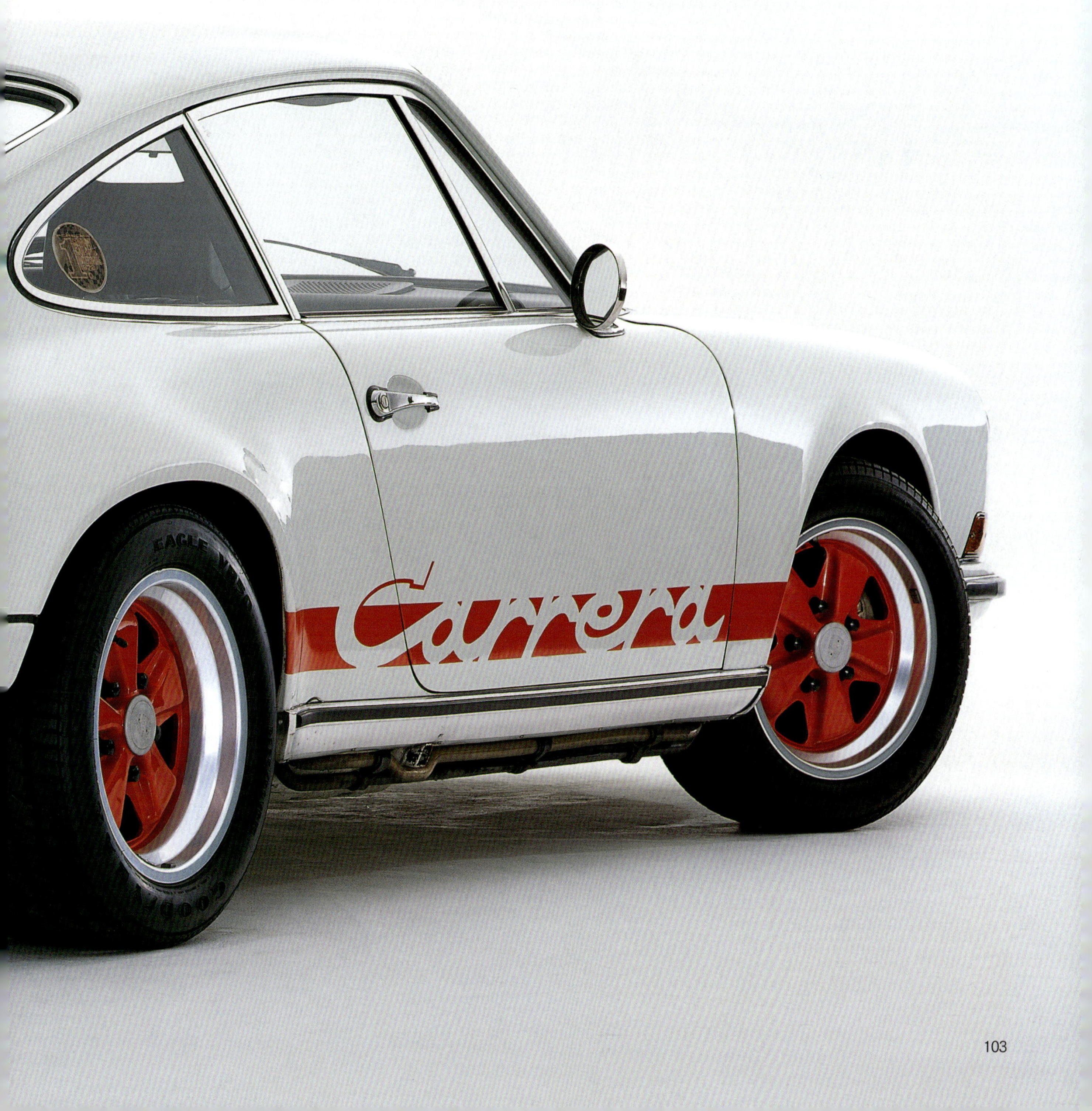
Carrera

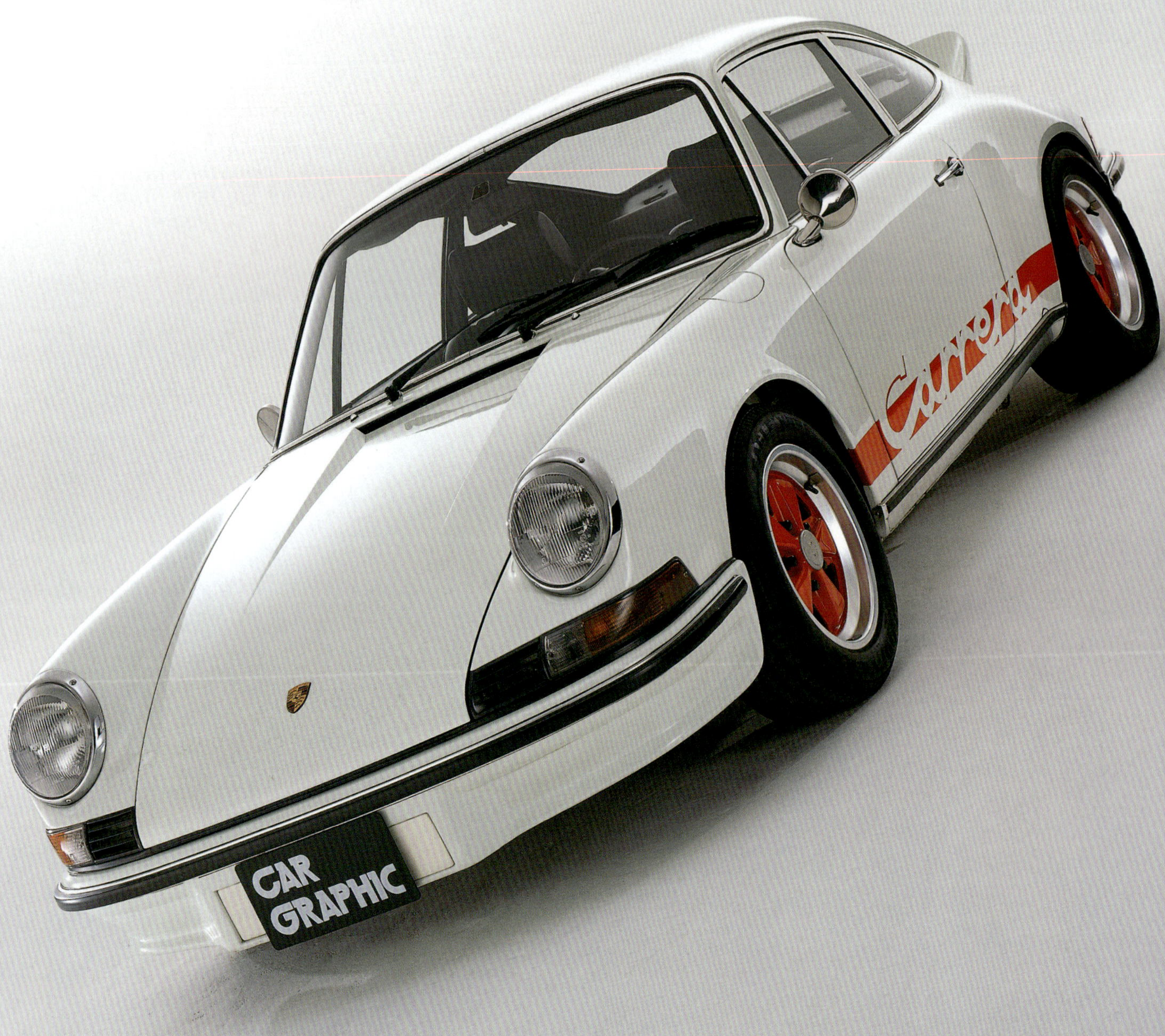
Carrera
CAR GRAPHIC

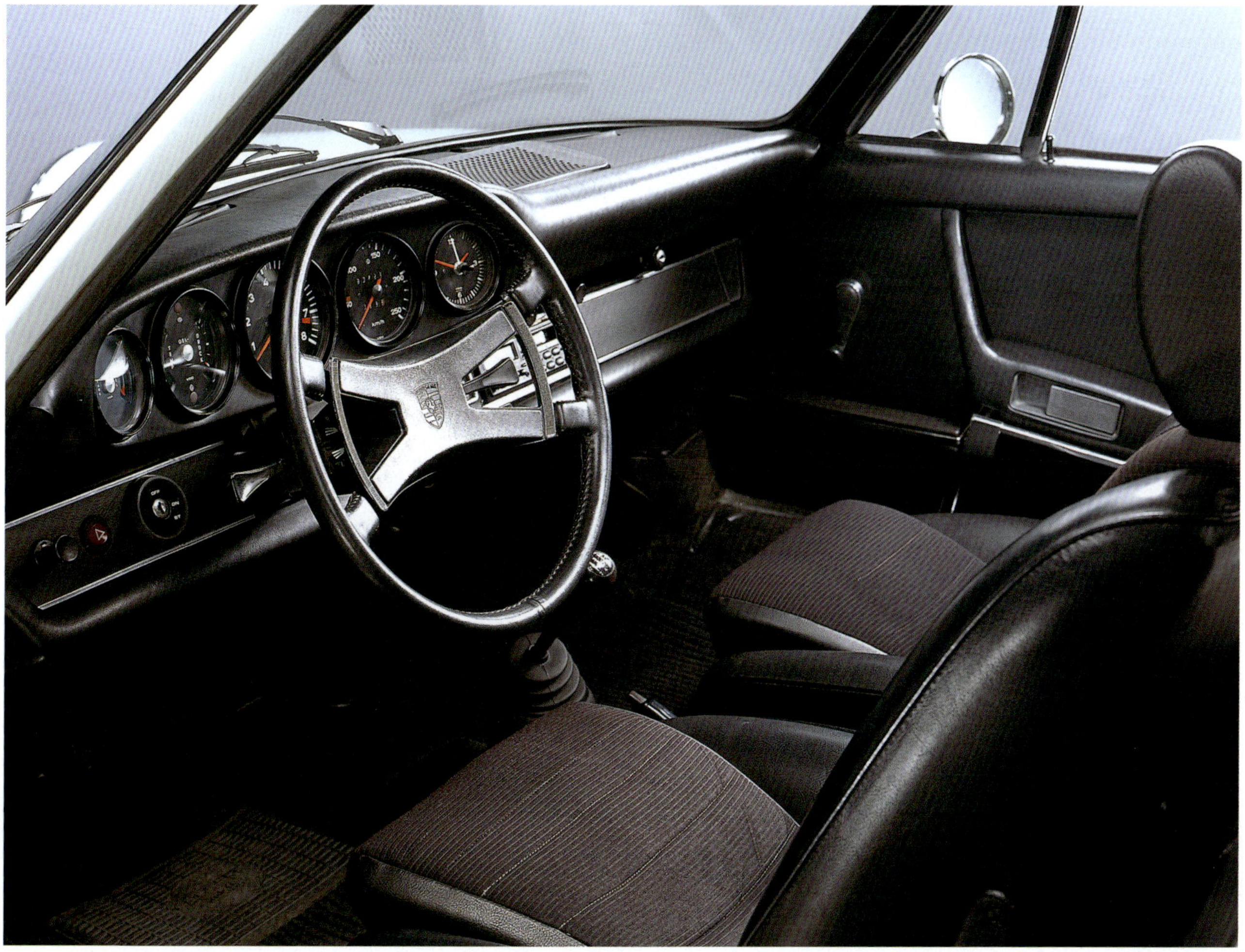

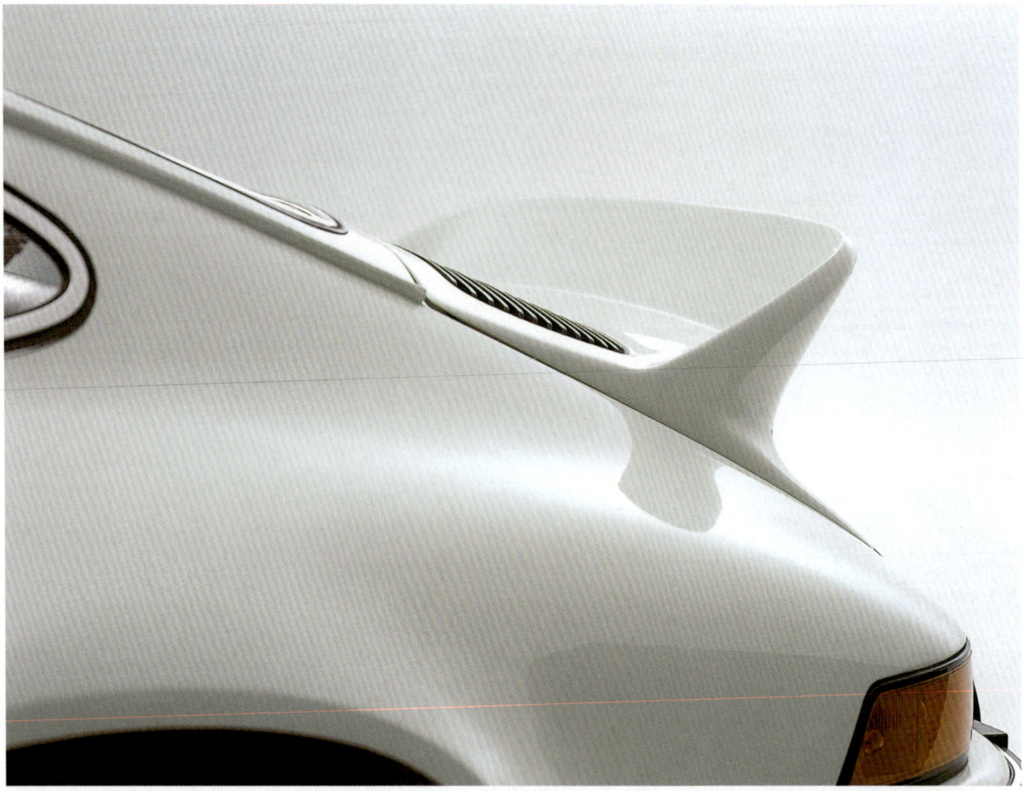

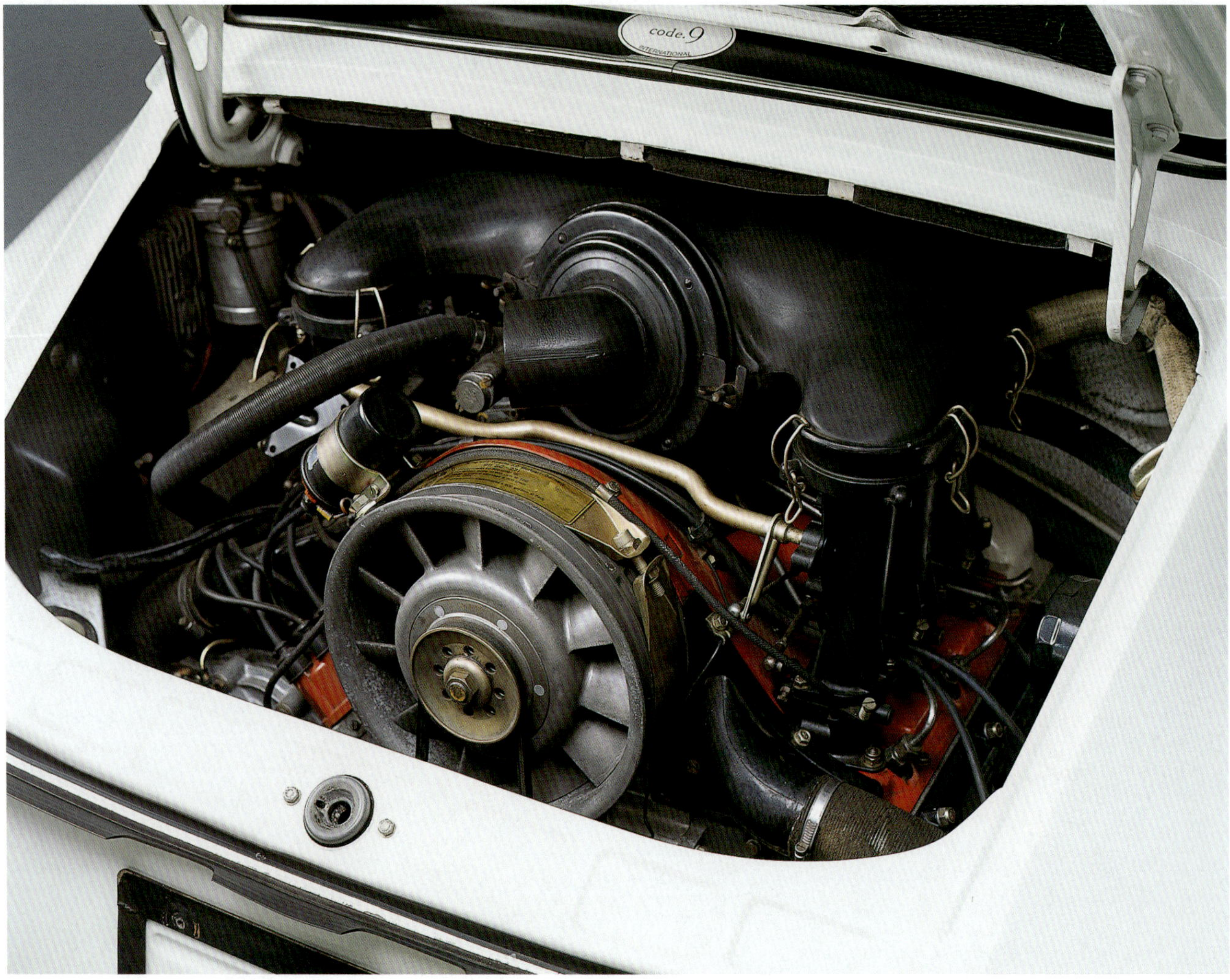
code.9
INTERNATIONAL

■色で苦労する

　日本の美術大学の、たしか一年生のときのことだったと思うが「検色」という授業があり、その中でグレイ・スケールというものを作る時間があった。グレイ・スケールという言葉は僕もその時までは聞いたこともなかったのだが、薄灰色から濃灰色までのものさしのようなもののことを言う。この時我々が作らされたのも1番目が真っ白、10番目が真っ黒、そしてその間にくる2番から9番までのグレイを白・黒のポスター・カラーを混合してつくり、それをケント紙に塗り、それぞれを2cm程の角に切りとって順番に台紙の上に貼る、といったものだった。

　簡単に聞こえるがこれがやってみるとなかなか大変だ。というのも10段階の灰色はどこも隣り合う同士の明度差が正しく等間隔になっていなくてはならない。つまり5番目のグレイは正確に真っ白と真っ黒の中間の50%の明るさになっているか、3番目や9番目もしかるべき明度に調整されているかどうか、それを見極めなくてはならないというのだ。

　いったいどうやって判断しろというのか？　と、そこでセンセイが重箱の中からおもむろに取り出したのが日本色彩ナントカ規格みたいなところが認定する「標準グレイ・スケール」なるものである。こいつと見比べながら自分のつくったグレイをひとつひとつ修正しなさいというわけである。ああ、面倒臭いのう。灰色の人生である。

　そこでこの話もさらに面倒臭いディテールに入り込んでゆくのだが、実はいくら正確無比の標準グレイ・スケールを見せられても、それと自分のつくるグレイの明るさをピタリ一致させるというのは、やってみると頭にくるぐらい難しいことなのだ。もちろんパッと見て同じに見えるぐらいにはすぐできる。いや、100人中98人はまったく同じグレイと信じて疑うまいというぐらいまで接近させることはできるのだが、ここでさらに正確を期すため自らの目の精度ダイヤルをカチカチとあげてシャープにしていくと、ほんの僅かな明度の差異は必ず見てとれてしまう。

　また、こうして目の精度をあげた状態であるともうひとつ困った問題に気がついてしまうものだ。つまり市販されている絵具の白・黒というのは赤青黄いずれの色彩も混ざらぬ無彩色に見えるが、実はそうではないことがわかってしまう。当時の日本のたいていのポスター・カラーは特に黒が、ごくわずかであるが暖色側に寄っていた。つまり赤味を帯びていたのである。もちろん普通に使う限りこのクロはマックロ以外の何物でもないのだが、精確無比を期待されるグレイ・スケール製造授業の時ばかりはこれが困った問題となった。かの日本ナントカ規格お墨付きの標準見本の方はさすがにまったく片寄りのない純粋無垢なグレイばかりが並んでいる。そこにわずかでも赤味を帯びた市販絵具からつくるグレイをつき合わせても厳密な比較は成り立ち難いことになるのだ。

　そこで我々学生共はどうしたか。灰色製造はいったん置いて、今度は黒絵具にごくごく注意深く、それこそなんとかppmというぐらいの微量ずつ青絵具を投入し、それによって赤味を中和して市販の黒を片寄りのないホントの無彩色に近づけようと執拗な努力を開始したのである。なんかストーカーの心理に近い。

　誰もがヘア・ドライヤーを片手に作業しておりました。絵具は塗っても乾くと少しだけだがこれまた色が変わってしまう。何十遍も塗り直すから水分が自然に乾燥するまで待ちながらやってたら関東大震災にやられてしまう（もうすぐ東京に大地震がくるという噂が、その当時根強く流布していた）。校舎がまっすぐ建ってるうちにこいつを終わらせるにはドライヤーは必須の道具だ。皆の目の精度ダイヤルはMAX.まで上がりっぱなし。ついには耳からケムリを吹き出す奴まで出てくる。

　こうした苦労の果てにできあがったグレイ・スケール、別にこれをその後何かに使ったという記憶とてないのだが、あの授業はただ目の精度を鍛える訓練だったのかな？　もっとも色彩なしの灰色10段階であの騒ぎだとしたら、これがたとえば黄緑から紺色までとか、うす紫からエビ茶までを20段階なんてことになったらその大変さ微妙さはいかばかりであろうかと、イロケの世界もあまり首をつっこむとおっかない世界であるらしいことが少しでも察知できたのが、僕が検色なる授業から得た成果と言えば成果ではあったのだが。

　さてポルシェ911の登場です。小さん師匠登場と言うか、世の中これほどよく知られた車も多くはないだろう。それだけに911については今まで様々な方面から語り尽された感もあり、これからこの車について何か書こうという人は、新しい視点とか知られざる話題をさがすのに苦労するのに違いない。

　ところがその点、小生はちっとも困っていない。余裕のヨッちゃんである。なぜなら一台の車の性能や歴史についてならともかく、「見た目について」というのは、誰もが結構気にしている割には書かれることが少ない話題であり、この車とてその例外ではない。で、これが専門のデザイン本でもあれば、「911は空冷リア・エンジンだからそれ特有のプロポーションを備え、それはフォルクスワーゲンのカブト虫から356を経て血統的に受け継がれたもので云々……」といった話から入るのが順当なのだろう。しかしあまりマトモな展開では面白みがないし、それにそういう話は実際のデザイナーでなくてもデザインの理屈に通じている人なら誰でもできそうな気もする。

そこでもっとデザイナーっぽい角度から、この車ならではの「見た目特性」を明確にすくい取って解説につなげる、といったあざやかな切り口はないものか、と調子のよいこと考えながら流感の鼻をかんでたら、なぜか思い出したのがあの検色の授業のことである。じゃあま、911もカラーの話からでも入るか。こうした当てずっぽうな思いつきこそまことデザイナー的発想、とも言えますし。

■ 一種の化学変化か？

　一台の車に接して、まず最初に人が認識するもの、それはその車の色なのではないだろうか。何という車かはわからなくても、車輪の数すらわからなくても、何色の車かはわかる。遠くを走っててもわかる。一瞬にしてわかる。誰にでもわかる。この前までハイハイしてた幼児だって、「あの赤いブーブが」とかすぐ言い始めるではないか。つまり自動車のアイデンティティにとってボディの色というのは実は非常に大事な要素なのだと僕はつねづね考えている。

　そんな大切なボディ・カラーだが、では今日路上を走る車たちをざっと眺めまわして、どの車の色がいいと思うかと問われれば、「朽ち果てる寸前の古いプジョーのかすれたベージュがよい」とか、そういったワビサビの次元には立ち入らずに単純に考えるなら、ポルシェなんかは昔から色のよろしい車のひとつだったと言ってよいのではないか。

　この会社は複雑な中間色や普通にはないビックリ意外な色なども豊富に用意しているのだが、しかしその極く単純な白とか赤とか黒とかも実に捨て難い、得難いものだと僕は思う。もっともそのあたり前の良さを説明しようとしても難しいもので、ここはかの海原雄山のセリフを真似て、「ぬうう……、（重々しく）このメーカーの基本色の雑味のなさはどうだ。発色鮮やかですっきりしてるのに深みがある……」とでもしておこうか。

　まこと、ポルシェの白はあくまで白く赤はあくまで赤い、そういう良さだと思う。が、これは簡単なようで全然簡単なことではないのだ。それはあのグレイ・スケールの色調整に四苦八苦した経験からもワタクシは言いたいが、もちろん生産車の塗色を決定する仕事はポスター・カラーを混ぜるように簡単にはいかないもので、いずこの自動車メーカーでも専門のカラリストを相当人数雇い入れて、一色一色時間をかけて開発している。

　またそこには複雑な問題もからんでくる。たとえば例によってコストの問題がある。発色のよい、美しい色の塗色は値段も高いものだ。そう気易く誰でも使えるものではないから、ポルシェの色がよろしいのも単なるセンスの問題ではなく、やはりこの車のオネダンと無関係ではないものと知るべし。

　また塗装の問題。いくら色がよくても塗装がマズければ何にもならない。塗装クォリティというのは天候のちょっとした変化にも敏感に影響をうける。何万台もの車を何年間にもわたって満足いく状態に仕上げなくてはならないメーカー工場の塗装ラインこそは、各社が最も苦心を重ね秘術をつくす部分であることは知る人ぞ知るところだ。ポルシェの場合も詳細は知る由もないが、生産量からいっても価格からいっても、量産車よりはおそらくずっと人手も時間もかけて仕上げられるのに違いない。それがこの車の色クォリティに大きく寄与しているのは間違いない。

　さて話の方向を変えるが、ここで911のカタチについて少々書く。911の造形面で気づくこと、そりゃフロントからリアまで色々あろうが、僕がここで注目したいのはこの車の面の表情といったことである。911はひと目見て角張った印象の車ではない。全体的に丸みが目につく形と言ってよかろう。

　で、ここで面の丸みということについて考える。「面の丸い車」と言って思い出すのは、たとえば数年前まで流行った一連の車たちである。日本車を中心に、世界的にスポーツカーでもセダンでも曲面・曲線を多用したスタイルの車がとても多かった。しかし誰が見ても明らかなように、911のボディの曲面からうける印象はあれらとは大きく異なる。ではその印象の違いとは何だろうか。

　少々話を急ぐようだが、ひとつ言えるのは、この両者には視覚的な「面の硬さ」といった差が大きくあると思うのだがいかがだろうか。あの近年まで流行っていた車たちは丸みが強く、そしてその丸みのゆえに典型的なソフト・シェイプのデザイン、いわば自動車形の型から抜いた石鹸をさらに2～3回水で流したようなぬるりと柔らかい感じのするスタイルであったと僕は思う。しかしそれに対して911の方はどうか。こちらは丸みはあれど石鹸には見えない。そしてなんとなく硬そうに見える、こちらは丸みのゆえに視覚的によくしまった、あるいは張りのある印象を与えているように僕は観察するのだ。もちろんこれはどちらが良いとか悪いではない。ただ同じ曲面と言っても、使い方によって与える印象は大きく変化するという話である。

　デザイナーとしてはそうした見た目の印象、充分にコントロールしつつ造形にあたらなくてはいけないことは言うまでもないのだが、それでは911のデザイナーはどのような手法によって「曲面的な硬さ」なるものを演出しようと試みたのか。その「もっていき方」について少し触れてみよう。

　まず全体を見わたして気がつくのは、この車に使用されている曲面の種類である。911のボディを構成する面の曲率、それは部所によって大中小と様々あるわけだが、実はどれもがある規準にそって注意深く選ばれたものばかりなのだ。すなわち板のように見える平らな面、反対にポッコ

りふくらんだお腹のような丸さの面、モワッとした曖昧なコーナーや紙を折ったような鋭いエッジなども避けられており、それらのどれとも違う、簡単に言えばケッとばしてもへこみそうにも曲がりそうにも折れそうにも見えないような、そんな張りをもった曲率が吟味されて使われていることがわかる。この選ばれた曲面たちがまずはすべてのベース、カレーを作る時に最初にこがさずよーく炒める玉ネギみたいなものでしょう。

さて、このベースを元にどんな調理がなされるかであるが、まずドア断面でも見てみようか。おだやかな曲率の広いドア面は上部に向かって自然に丸みを増し光をうけるショルダーを形成する。このショルダーが前方に向かうのび方だが、これはかなり直線的でかつ曲率は一定を保つ。つまりドア上部からフェンダーにかけては円筒形の一部のような面構成を成すわけだが、このしっかりした円筒形が堅固にピンと張った視覚効果に大いに寄与している。のちに、90年代に入って現われたメイジャー・フェイスリフト版の"993"ではフロント・フェンダーはより低く流線化されたが、その時この部分の円筒形が失なわれると、それだけで途端にずい分とヌルリとした印象のソフト・シェイプ車に生まれ変わったことからも、その効果の強力さは理解されよう。ついでに言うなら、この円筒形フェンダー(オリジナルの)は前に向かってわずかに絞りこまれている。この絞りこみが強すぎるとアメみたいにグニャリと見えるし、逆にまったく絞りこまないと紙でも丸めたようで充実した感じを与えない。

次に、普通の車ならボンネットにあたるトランク・リッドの面について。実はこのトランク面は先程の「面の吟味選択」という話からは漏れるこの車唯一の例外部分と言えるかもしれない。つまりかなり板のような平面的な印象があり、また鋭いエッジによるエア・インテークもついている。しかしこのトランクも前方に向かい、バンパーに向かって加速度的に曲率が強められることによって、やはり充実感のある立体の仲間入りを果たしている、と思う。このハナ先の処理だけ見てもこの車のデザイナーの意図と力量がうかがえるような気が、僕にはするのだ。

ト、こんな風に話を始めるとまだまだ続きそうなのだが、またいつものとおり言葉で形を説明してもなかなか理解のいかないところもあるとは思うが、しかしコチラとしてはもういい加減話をシメの方向にもっていかなくてはならない。

さてポルシェ911について、色の話・形の話と進めてきたわけだが、結局この車ならではの「見た目特性」、この車だけが持つ外観上の特性とは何なのだろう。

で、これは少々個人的な答えかもしれないが、僕思うにおそらく911という車はこうしたカタチがああした塗色でおおわれること、その組み合わせに大きな意味があるのではないだろうか。この組み合わせの効果はコーヒーとクリープぐらいすごい。この車のボディとあのエナメルのような発色とツヤの雑味のない色、この両者が結びついた時にその張りと充実感は3〜4割ほどもアップしてひきたち、またなにか化学変化のようにそこからさらに車全体がソリッドな一体鋳物でもあるかのような不思議な質感・質量感すら醸し出されてくる……ように僕には見える。こうした視覚効果はまさにこの車ならではのもの、少なくとも僕にとってはそれこそが911の「見た目特性」と言ってよい。

……実際僕はずいぶん以前にこの「特性」に気づいたのだ。思えばあの飯倉の三和のショー・ルームには小学生の時からいったい何度足を運んだことか。滝 進太郎のカレラ6だって見たもんな(日本昔ばなし)。

で、高校生の頃のある日、例によってあの交差点カドのガラス張りの前に立つと、そこには白い911が飾られてあった。これはただの911ではなく、ドア下方にCarreraの太いストライプ風スクリプトが。そのストライプ文字はショッキングなまでに赤く、しかも驚いたのはホイールまでがリムを残して同じまっ赤に塗られていたことだ。前にまわればクリスタルのようなレンズの中にリフレクターが透けて見えるヘッド・ランプ、うしろにはアンバー・クリア・赤の順に色面の並んだテール・ランプ。こうしたモロモロがあくまで白いボディとおりなす上質な色・質感の対比に若き小生は感動せざるを得なかった。この時である。件のこの車独特の「見た目特性」に初めて気がついたのは！911にあっては形と色とが強い必然性をもって結びついている。

エー、今回はせっかく苦労してカレラRSをさがし出してくれたのでしょうに、ずっと完全無視して911のハナシとして書いてきたので最後に少しだけ登場してもらいました。カレラRSは最初ボディ・カラーは白のみの限定生産で始まり、その真っ白に組み合わせてマッカ・マッサオ・マミドリ・マックロのストライプとホイールが用意されていた、と記憶する。どれも、すごい。

JAGUAR E-TYPE

1961年3月のジュネーヴ・ショーでデビューし、リーズナブルな価格で高性能というジャガーのイメージを一般に広く植え付けたスポーツカー。ボディ形状はロードスターとフィクストヘッドクーペの2種類がある。パワーユニットはXKタイプと呼ばれる3.8ℓストレートシックスに始まり、64年には4.2ℓへと拡大。68年のシリーズ2を経て71年のシリーズ3では5.3ℓV12へと変化していった。写真は10年以上に及ぶEタイプの歴史の中でベストと言われるシリーズ1 4.2ロードスター。全長：4458mm、全幅：1657mm、全高：1219mm、ホイールベース：2438mm。直列6気筒DOHC2バルブ。4235cc、265ps／5400rpm、38.9mkg／4000rpm。縦置きフロントエンジン-リアドライブ。サスペンション：独立 ダブルウィッシュボーン（前／後）。

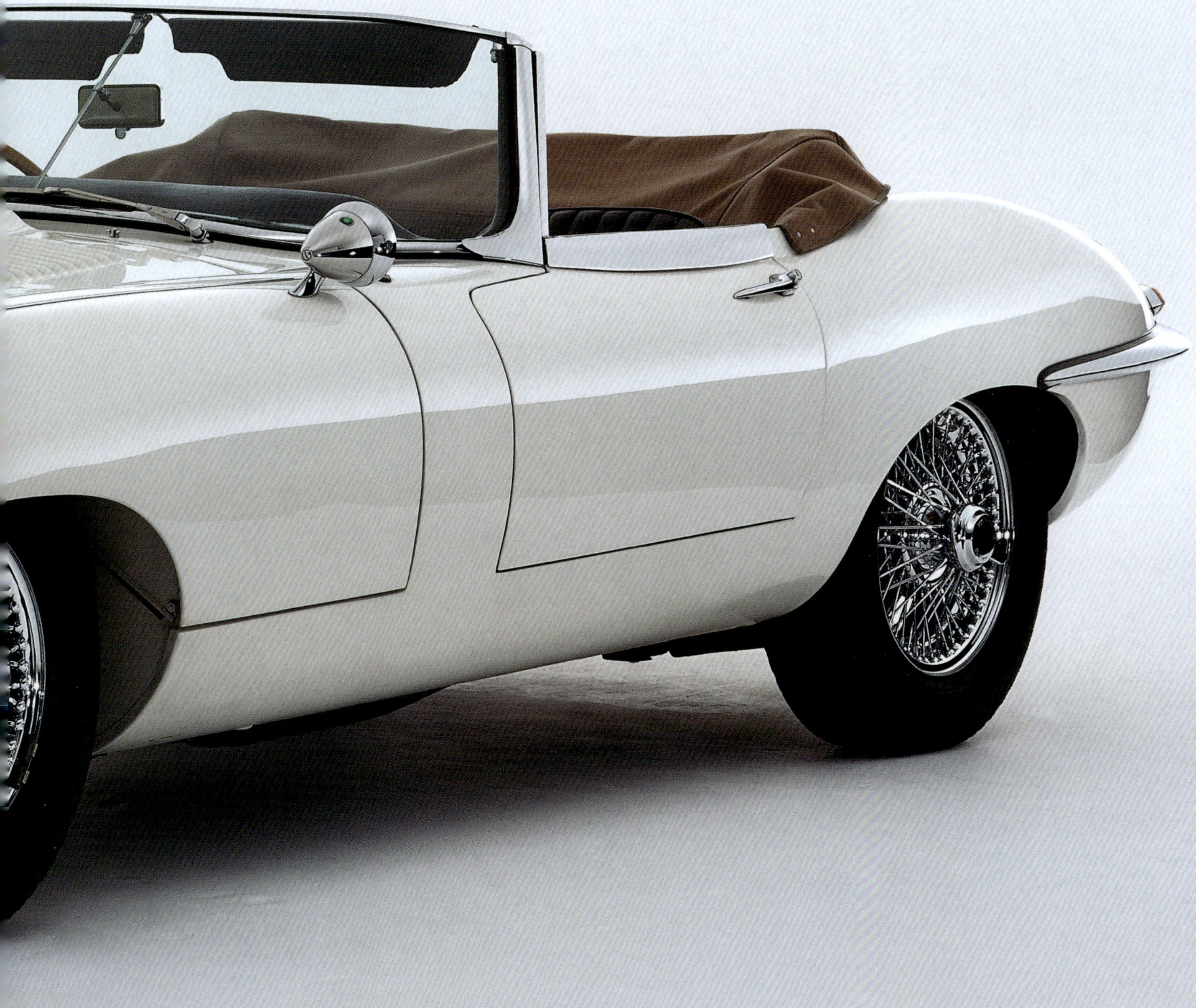

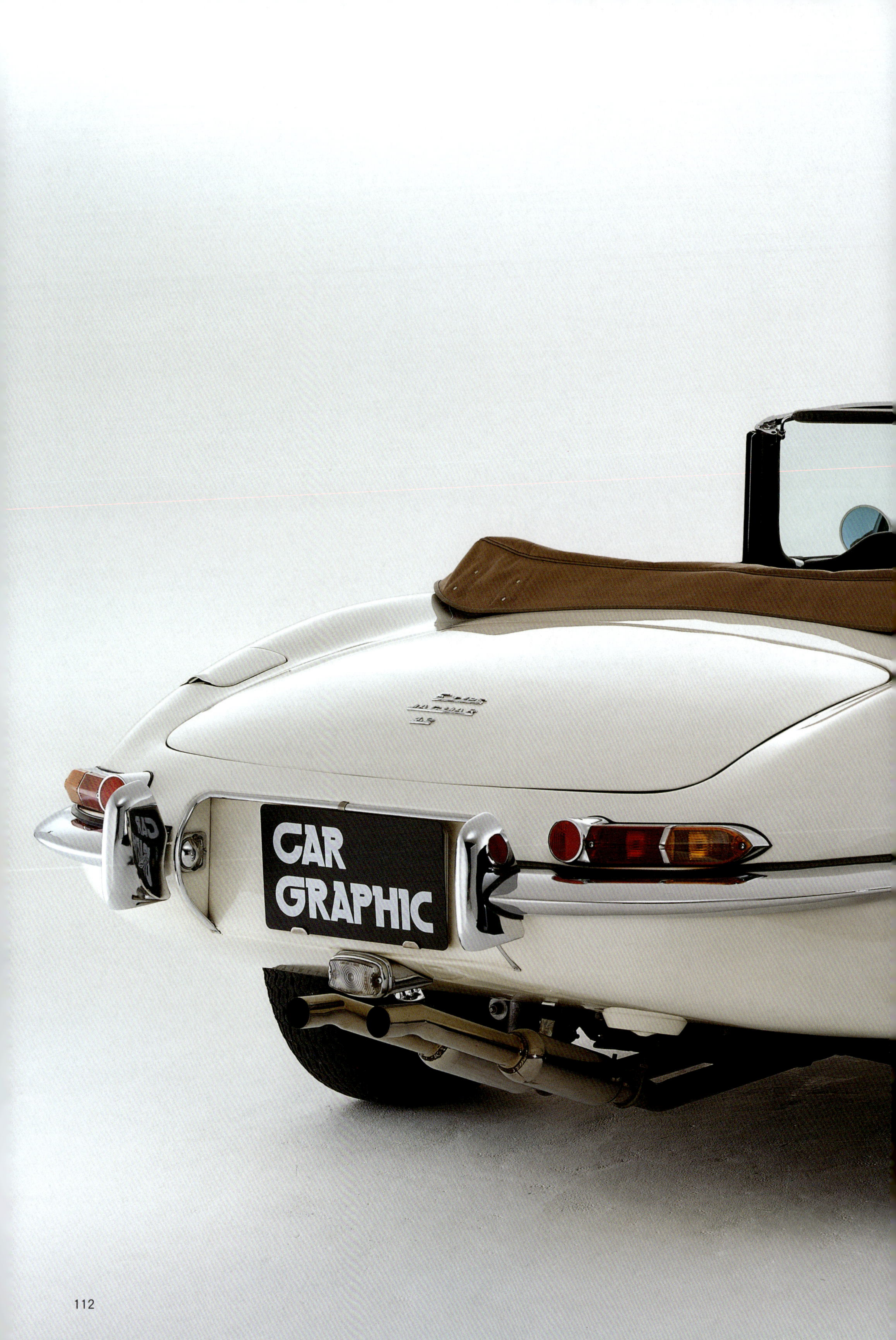
CAR
GRAPHIC

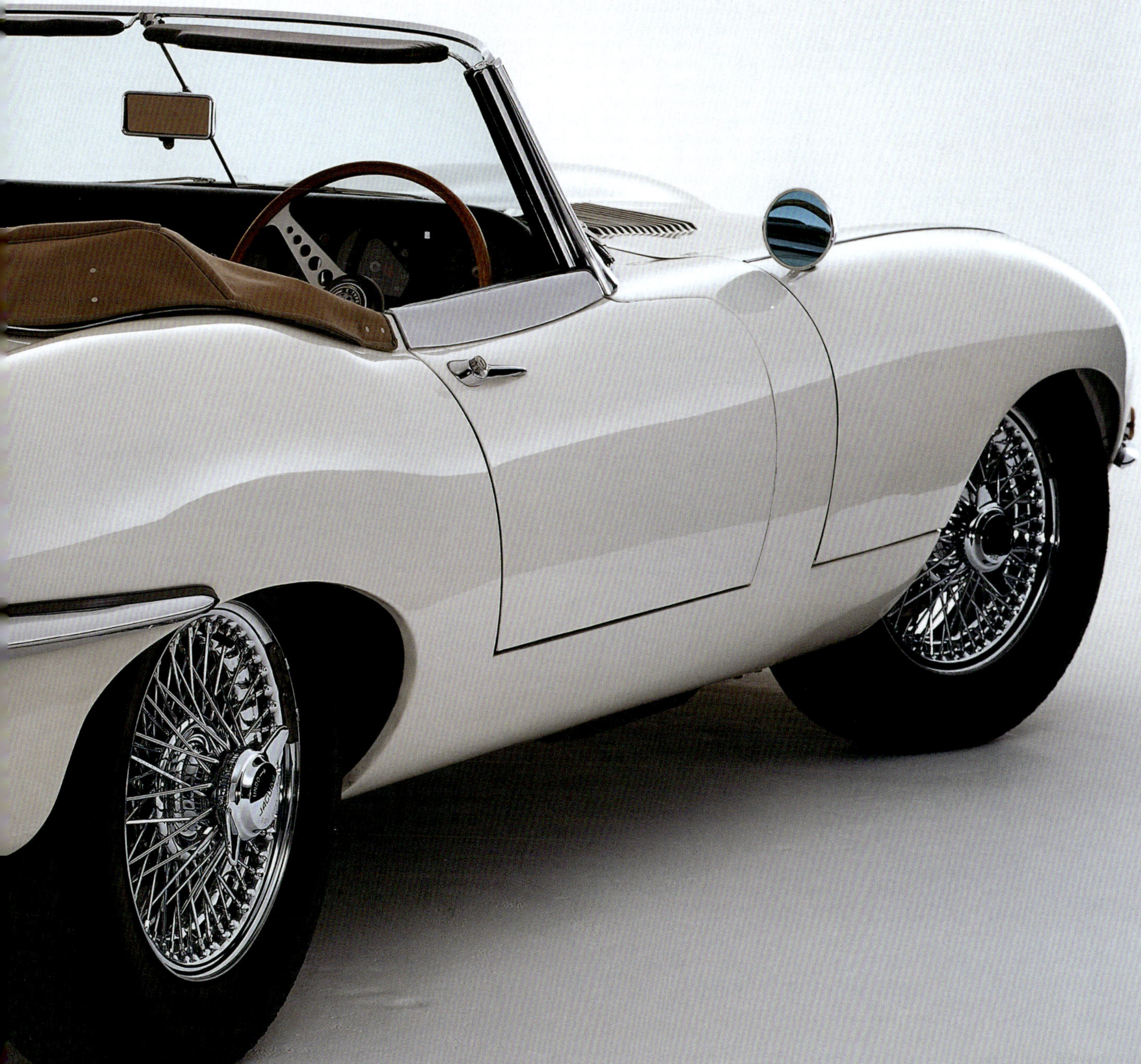

■後から考えるとよくわからない経験

　ここ何年か、日本の書店の店頭でイギリスに関する書物が多くなったような気がする。英国の生活様式、大人の社会、歴史うら話ものや食べ物についてなど、勿論この国について書かれた本は昔からいくらもあったわけだが、イギリスというのはたしかにちょっと不思議な国で、何冊本が出版されてもよくわかったようなわからないような、つまりある意味いつまでたっても書くことがいくらでも見つかるというライター・出版社にとってはなかなか有り難い国のひとつなのだと思う。

　僕自身、今までに仕事関係でこの王国へ行く機会は多く、滞在期間も合計すればすでに1年余りにもなっているのだが、その間にはたしかにこの国ならではのオカシナこともずいぶん経験してきたような気がする。ただ、あまりそうした話をしていると本題まで届かずに終わってしまうのがわかっているので、ここではひとつだけ、今回のお題「ジャガー」に関係するちょっとフシギな体験を披露することにしたい。

　イギリスは紳士の国、形式を重んじる国と言われ、階級社会の国とも言われる。またかなり国粋主義的な国だと言う人もおり、そのいずれもまったくの間違いではないと僕も思っている。が、どうも先述のごとくこの国はそう単純にひと筋縄ではいかないのだ。話は僕が同僚数人とロンドンで仕事をしていた一時期のこと、我々の秘書が市内のあるジャガーのディーラーに電話を入れたことから始まった。それはロンドン某所の某ディーラーで、この国の王室で使われるジャガー／デイムラーの多くを納車し、また王室が所有する新旧とりどりの同社製品のメインテナンスもひきうけるという、やんごとなきお店である。

　で、何のために電話をしたのかというと、仕事の参考に、というよりもヤジ馬的興味で我々はちょっとこの店をのぞいてみたかったのである。店の雰囲気にも興味があるし、ひょっとしたら家来の使い走り車ぐらい整備に入っているかもしれない。それで「お宅を訪問したいがいつが都合がよろしいか」と電話で問い合わせてみたのである。

　しかし数分後に話しおえた秘書が興奮ぎみに伝える言葉に我々は驚いた。あちらの店のオーナーが、今ちょうどエリザベス女王の私用車が点検に入ってるからすぐ見にきなさい、そう言っていると言うのである。それで結局、その時手の空いていた僕と同僚ひとりがソレッと車にとび乗り、20分後にはこの高貴のクルマ屋の主人と初対面のあいさつを交わすこととなった。

　高貴のクルマ屋？ いやそれは歴史だけはありそうだが、小さなオフィスの他には日本のたいていのそれとは比べものにならない、狭くコ汚ない整備工場を備えただけの小ディーラーであった。セーター姿の温厚そうな初老の主人は我々を迎えると、さっそくガレージの中を指し、「あれは

王家の車。ウチが納めたこのモデル最後の1台です」それは90年代初頭まで造られていたデイムラーの大型リムジンで、主人が自慢気にエンジンをかけるとなんだかかなりオイルが燃えてるようだ。まあどうでもいいが。

そして次に、「あちらがクイーンの車です」とおもむろに指さす方を見ると、当時最新型のデイムラーX300のダブルシックス。グレイ・メタリックで中は濃緑の革装といういかにも贅をつくした車であった。でも別にドアに王家の紋章がくっついているわけではない。これはクイーンが私的に運転する車で、エリザベス女王が自分で運転するのはテレビで見たこともあり知ってはいたが、外から特別に見えるものはなく、たいていの人はハンドルを握っているのがどこの誰だか気づかないのだという。

僕は車も店も物珍しげにながめて、そのあとは50年代のレース活動期の話を聞いたりしてディープさを楽しんだが、彼が、ソレだけはないだろうと思っていた超意外な言葉を口にしたのは、こちらがそろそろ帰ろうかなと思いはじめた頃のことである。

店主は私メの方を向いて「ところで」と、こうおっしゃったのである。「クイーンの車、よければ運転してみませんか？」エーッ！？、しかも続けて「実は返車はまだまだ先ですからしばらく乗ってみてください。1週間や10日なら構いません」エエーッ！？ こちらは相手から見れば素性もよくわからぬ初対面のガイジンだ。そして当たり前だがイギリスの女王と言ったら日本なら天皇にあたるヒトだ。「し、しかし傷でもつけたらコトですし……」さすがに遠慮すると、「いや、ひっくり返して全損にでもしなければ傷ぐらい気にしないでいいんです」（本当にそう言った）

で、すすめられるままにキーを受けとり、僕は本当にその車を運転することになってしまった。見慣れぬ灰色のデイムラーに乗って帰ってきた僕に、ドーシタノその車？

と尋ねるグループの面々。そこで事の次第を話すとやっぱり皆もエエーッ!?とのけぞった。フフフうんとのけぞりなさい。者どもズが高いぞ。

階級社会、形式主義、国粋主義。しかし同時にこんな一件のごときできごとも、イギリス以外ではちょっと起こり得ないのではないか。つまりこの国の人々は一面には恐ろしくあけっぴろげというか、大変なことをちっとも大変と思わぬような驚くべきイージーさも備えもっているように思える。イージー・ゴーイングと言えばアメリカ人が世界代表のように思われているが、それでも何のチェックもなく怪しい異邦人にいきなり大統領の私用車を運転させるなんてことはまず考えられない。その後もかのディーラーには何度かうかがったが、結局クイーンの車は2週間ほども我々の手元にあった。あれはいったいどういうことだったのだろう。

実はこれ以外にも英国特有のワンダー・ランド的イージーさはずいぶん経験したのだが、どうも英国と日本とは似ているところもあるがものすごく似ていないところもある。そんな親近感と意外感とのミクスチャーが英国関係書物の人気のモトになってるのかな、とも考える。

■珍しくちょっとテクニカルなことを書く

で、ジャガーEタイプ。水の流れるようななんというきれいな車であろうか。シャシーのプロポーション、造形テーマ、立体構成、近代性、ドラマ性、趣味性など、多くの点でこの時代のスポーツカーに求められたデザイン要素を高いレベルで備えた車である。走りを別としても、当時の自動車ファンは外見だけでもこの車が欲しくて欲しくてもう床にころがりたかったのに違いない。勿論今だってこの車のファンは多く、かく言う小生もそのひとりである。しかしカクイウ小生はただ感心するばかりではなく、じろじろと観察しては「おンやここはなんでこうなってるのかな?」などと頼まれもしないのに色々想像したり詮索したりして、自動車をひと粒で二度おいしく味わおうという魂胆ももっている。

で、ジャガーEタイプであるが、この車を二度味わうために、とりあえず僕はこういうことを考える。Eタイプの容姿端麗なることまことに前言のとおりではあるが、ここで少しだけ時代のことを忘れて今風・現代風のデザイン価値基準で観察し直したらどうだろう。この結構な車にもどこかに「今思えばあれはちょっと……」と指摘したくなる部分もありはしないか。

すると僕には、たとえばこの車の車輪が前後ともものすごく奥まっていることが目につく。ご存知のように、今日では4つの車輪がボディのギリギリまで張り出している、いや少々ハミ出して見えるぐらいが走りのシンボル、高性能の証しのようにも考えられているようだから、初期型Eタイプのこのタイアの奥まりはちょいと目につくわけだ。

でもそれもそのはずで、実を言うとこの奥まり方は1961年のこの車の発表当時としても異例のもの、一般的に今よりタイアとボディの間に寸法的余裕をもたせた当時でも、これほど車輪が引っ込んでいる車はそう多くはなかったのである。

ここで少しテクニカルな観点から車輪の張り出し量ということを考えてみる。車輪の張り出しは言うまでもなくトレッド幅とホイール・オフセットとタイアの幅によって決まるわけだが、市販乗用車の場合、それをどこまでボディギリギリまで広げられるかはホイール・オープニングの大きさと形状に密接に関連している。それはこう考えればわかる。即ち、通常の走行では問題なくても、スピードを出してハンドルを左右いずれかに大きく切ってバンプを越えた時などに前のタイアの一部がボディにこすれる、ということが経験されることがある(でしょう?)。

これは前輪の張り出しが過度であるために起こることだから少し細いタイアにでも履き替えればたいてい問題は解決する。でも細いタイアがどうしてもいやだという人にはここにもうひとつテがある。それは、ホイール・オープニング自体をタイアがあたらなくなるまで大きくしてしまえばよいのだ。つまり言い方を変えればホイール・オープニングが大きく、そして円に近ければ車輪を張り出すこともできるし、逆にオープニングが小さく、あるいは切り欠きの低いデザインなら車輪は必要なだけ奥に引っこめなくてはならないことになる。

市販車の多くは、前輪フルロックでサスペンションがボトムまで縮んだ時にもタイアの最幅広点とボディ・フランジの間に数ミリの隙間が残るようにデザインされる。後輪も原理は同じだが左右に曲がるわけではないから前輪よりもっとボディのギリギリまで張り出しを強くすることができる。たいていの自動車が、よく見ると前よりも後輪の方が踏んばって張り出しているのはこのためだ。

と、そうしたことを頭においてEタイプを再び見てみると、おやおや他車と比べるとよくわかるが、前後共にホイール・オープニングの12時位置がつぶした楕円のように低く、タイアの上部をかなり隠しています。これではホイールはかなり奥まで引っ込めざるを得ない、つまりこの車の異例な車輪の奥まりには上記のような技術的な理由があるのだ。

……しかしこの車のデザイナーはこれを計算違いとかミスとはおそらく思わなかったのではないか、むしろ狙いどおりだったのではないか。ジャガーのヒトビトは、4ドアの乗用車ではもっとホイールを張り出させてその存在を強調していたのに、逆に高性能スポーツ車のEタイプではあえてホイール・オープニングを低くして、わざと車輪を控

えめに見せようとしていたのだと僕は考える。でもそうだとすると、現代とは逆に思えるこうした発想、いったいどこに由来していたのだろうか。

■奥にある理由
　Eタイプの車輪がなぜここまで奥まっているのか。人類の未来にとってそれほど大事なテーマではないのだが、話はコダワリの第2部へと進む。Eタイプのデザイナーがあえてホイールを強調しなかったのには、僕はおそらく次のような背景があったのだと推理しているのだがどうだろう。
　Eタイプは1950年代の同社のレース専用車Cタイプ、Dタイプに続いて現われた。ネーミングをレース車から継承したのはこの車にホンモノのイメージを付与しようとしてのことだろうが、実際にEタイプの基本設計はDタイプに多くを負っている。これはボディの外観においてもしかりで、EタイプはDタイプの洗練型、発展型を目指した風で、両者は従兄弟同士という程度に似ている。
　さて戦前からジャガーと言えばそのスタイルのよさには定評があったが、実は彼らは他社の車から、それも英国よりももっと華やかでモードの先端をいくような国々の車からデザイン・テーマを借用することがよくあったのである。たとえば同社50年代初頭のXK12は戦前のフィゴニ・ボディのタルボ・ラーゴ他いくつかの車から着想を得たものであることが見てとれる。
　ではEタイプのオリジンたるDタイプ、これはどうだったのかということだが、やはりお手本はあった。それは何かと言うと、おそらくはアルファ・ロメオのレースカー風コンセプトカー、1952年のトゥーリング・ボディのディスコ・ヴォランテがその主たるミナモトだったのではないかと僕はにらんでいる。興味のある人はインターネットで両者を見比べていただきたい。
　さてディスコ・Vは人目を奪う鮮烈なデザインで話題をさらった車だが、興味深いのはこの車は当時、空力対策として車輪の上半分をスライスしたように覆ってしまうというデザイン処理を外観上の一大特徴としていたことだ。思うにジャガーのデザイナーの頭にはこの鮮烈なるイタリア車の印象が長く強く残り、それでDタイプにもそれに続くEタイプにも「車輪の上部を深めに覆う」というアイデアがものすごくスタイリッシュでクールなものとして、実用上可能な範囲で継承されることになったのではないか。ジャガーの中でも一番高性能で一番カッコイイ車があえて車輪を一番深く隠していたのにはこんな背景があったんじゃないでしょうか、と小生は考えている。

　……車輪の奥まりという、この世の役に立たない話でほぼ枚数が埋まってしまったが、シメとしてつけ加えるなら、ジャガーが行なったような形で他からデザイン・アイデアを借用してくることは責められるべきものではない。ああいうのはおそらく「触発」と言うのが正しいので、「コピー」とちゃんと区別しなくてはフェアではない。
　この両者の違いはひと言で言えばお手本の使い方の違いである。「コピー」ってのがただ他人のアイデアをなぞるように真似たり、時にはそれによってあわよくばオリジナルの人気や権威に乗じようとしたりとそんなことなのに対して、ジャガーの場合にはお手本をベースとしつつも完璧なまでにそれを消化してちゃんと独自の世界みたいなもの、誰が見てもジャガーはジャガーに見えるというひとつの「定形」を確立したのだ。
　これはデザイナーのココロザシの問題ではあるが、いくらココロが立派でも、それだけでできるというものでもない。即ちそこには相当に強力な造形力が必要だったはずで、当時のジャガーにはそれがあった。ジャガーの造形力がいかにすぐれていたかは、彼らがあれだけ大胆なラテン的お手本を用いつつ、結果的にそれを純英国調として成功裡につくり直すことができたことからもよくわかる。これはオリジナルとはまったく別物の美的価値を生み出したということに等しいので、こりゃあマァやってみればわかるがとにかく容易にできることではない。イギリスの場合は特にしかりで、1950年代、60年代、そして70年代を通じていったいどれだけの英国車がイタリア調やらアメリカ調をとり入れようとして失敗したことか。皆さんそりゃもう苦労していたのである。
　さてEタイプのその後であるが、発表から10年ほど経って12気筒のシリーズ3に発展したときに件のホイール・オープニングは変更を受けて切り欠きは円形に近くなり、しかもホイール・リップまで加えられて4輪は現代的にぐんと張り出されることとなった。これで視覚的安定感が増したのは間違いないのだが、しかし総合的な美しさから言えばこのフェイス・リフト版は初期型には遠く及ばない。勝手を言うようだが、初期型Eタイプのホイールの奥まりが目につくのはたしかだが、だからトレッドは広げた方がよいのかというと、それはそんな単純なものじゃあないのだ。
　デザインの「正解」というのは算数の答えみたいに出せるものではない。正解を見出すのは簡単なようで難しく、難しいようで何てこともなく、まぁそりゃひと筋縄ではいかないからその分アリガタヤ、デザイナーの仕事はいつまでもなくなりません。かのひと筋縄ではいかないイギリスに関する書物がいつまでも後から後から出てくるのと同じ理屈である。……とってつけたようなまとめ方に我ながら感心する。

TOYOTA 2000GT

1965年の東京モーターショーでデビューし、後にオープン・ボディが映画007シリーズのボンド・カーとして採用されるなど、当時の日本を代表したグランツーリスモ。生産型はクーペ・ボディのみ。写真は1970年にマイナーチェンジを受けた後のいわゆる後期型で、初期モデルよりわずかにボディサイズが拡大しているが、基本的なデザインに変更はない。1970年当時の価格は238.55万円で、カローラのベーシックモデルのほぼ5倍だった。
全長：4175mm、全幅：1600mm、全高：1170mm、ホイールベース：2330mm。直列6気筒DOHC2バルブ。1988cc、150ps／6600rpm、18.0mkg／5000rpm。縦置きフロントエンジン-リアドライブ。サスペンション：独立 ダブルウィッシュボーン（前／後）。

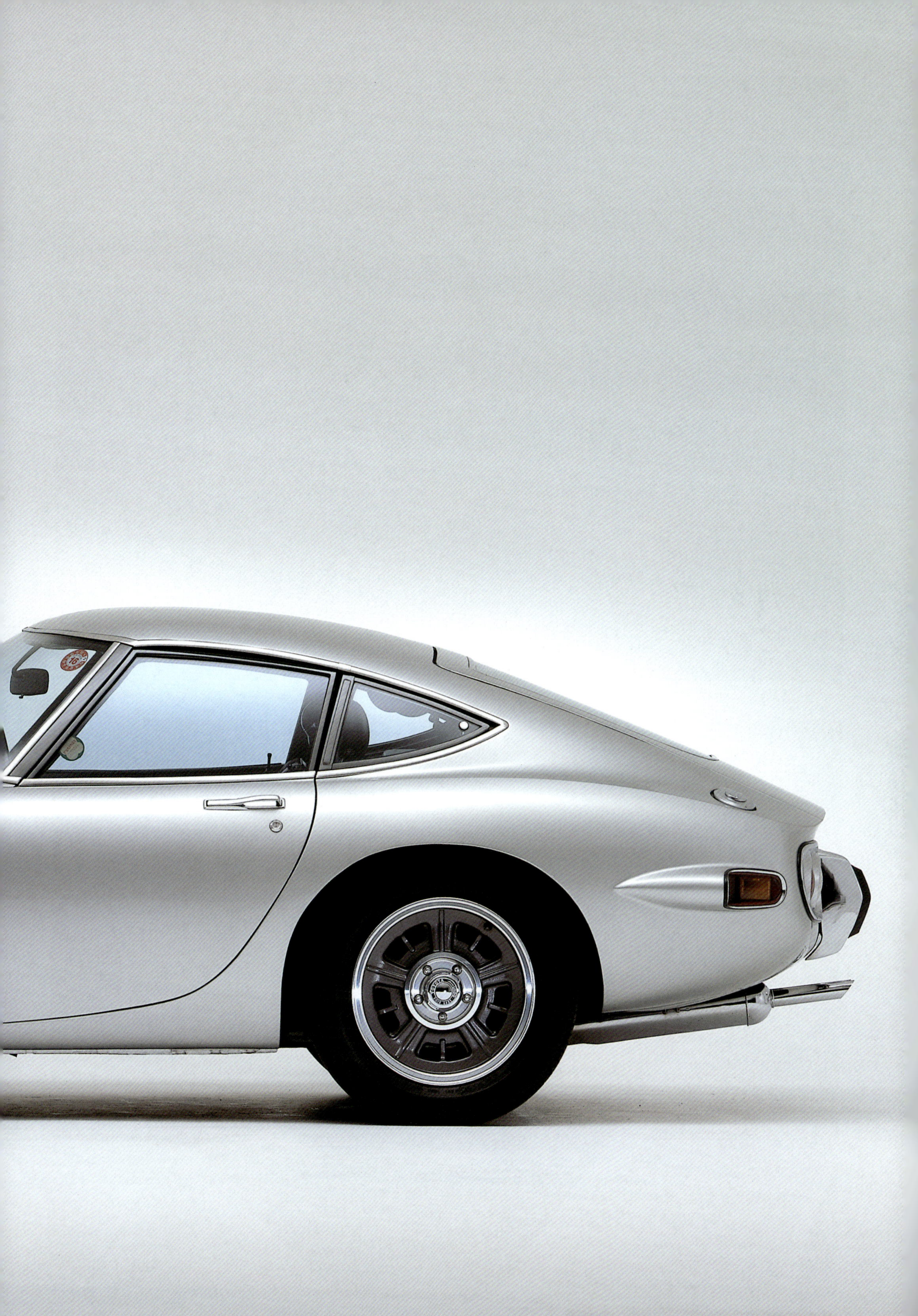

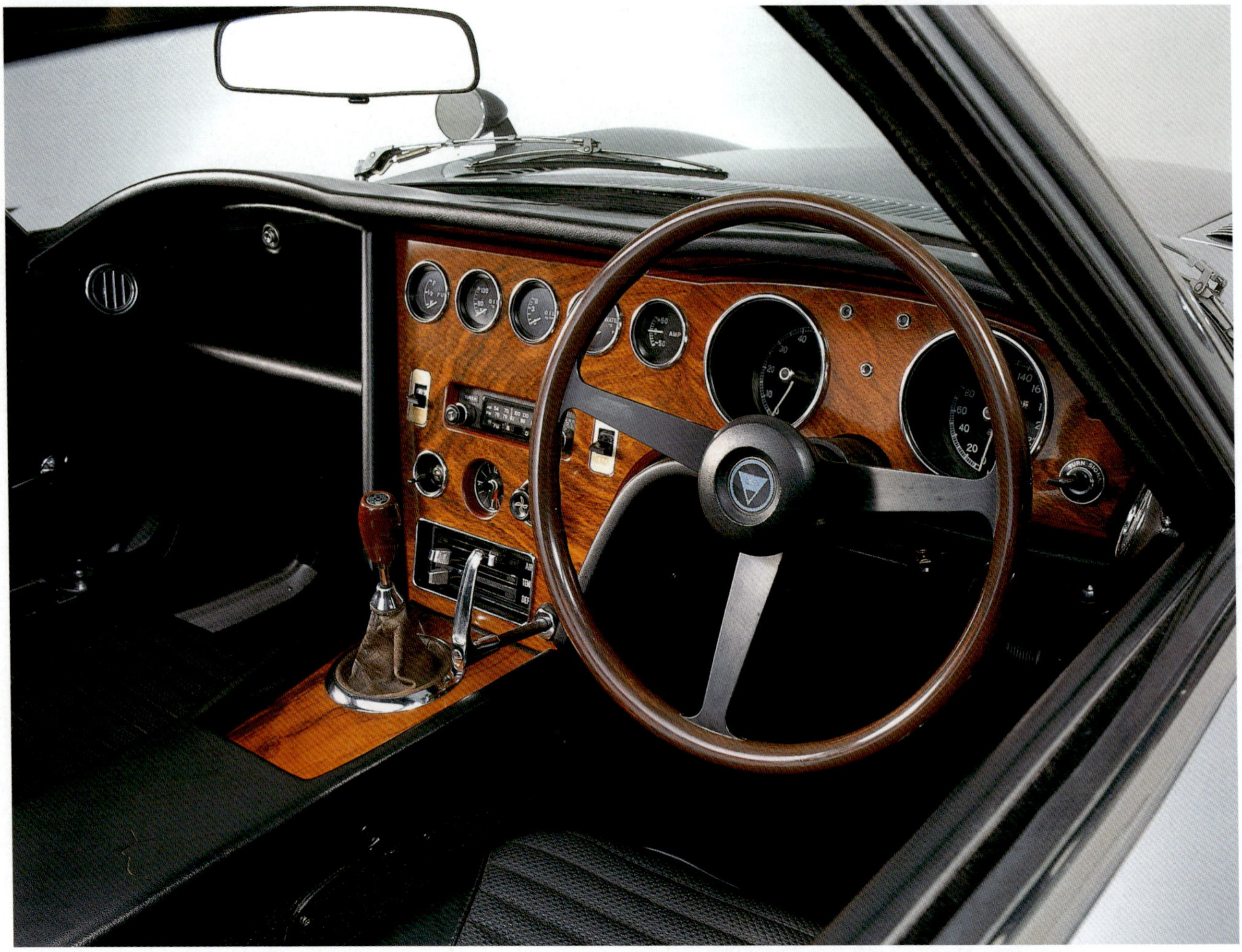

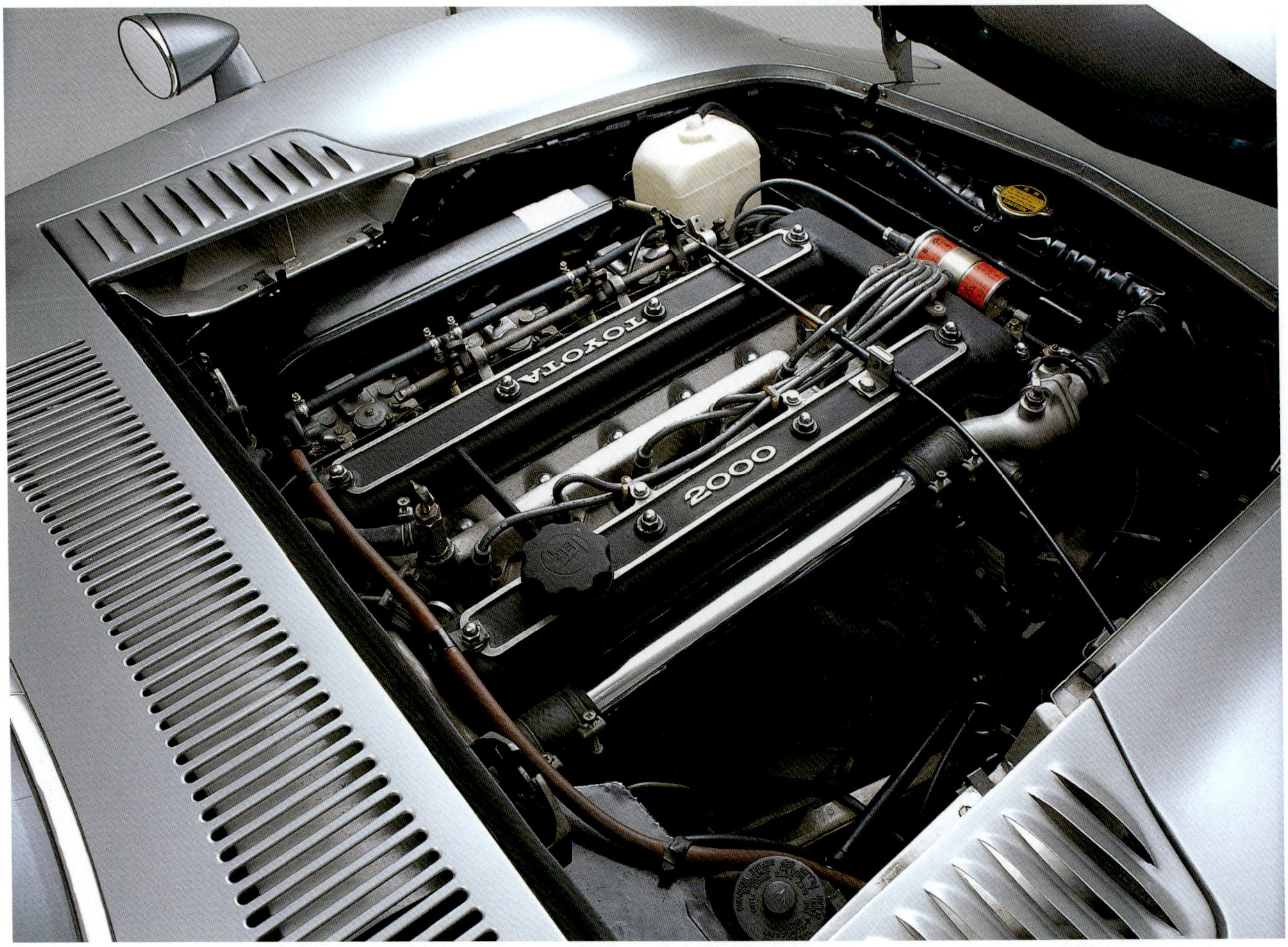
2000

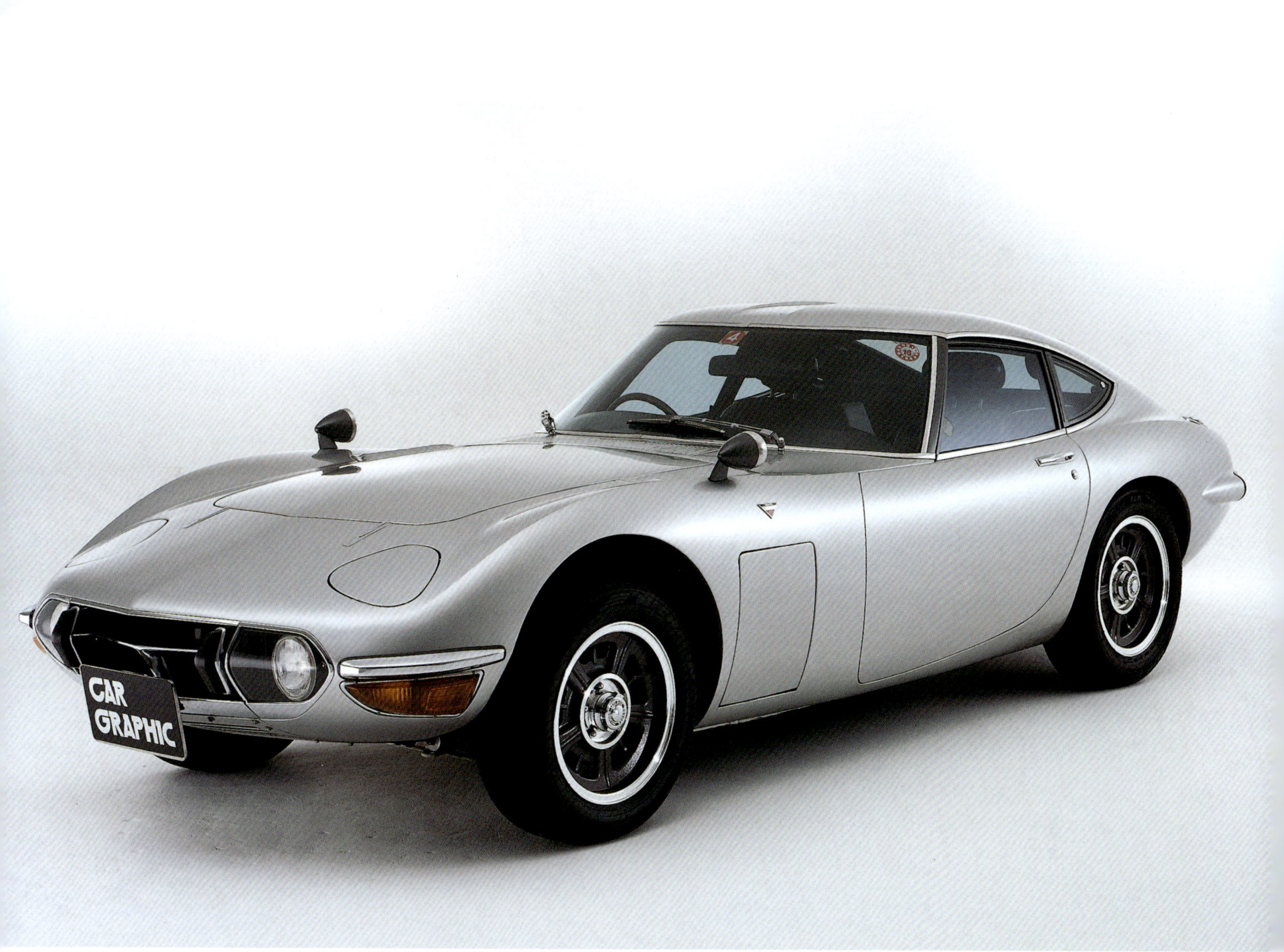
CAR
GRAPHIC

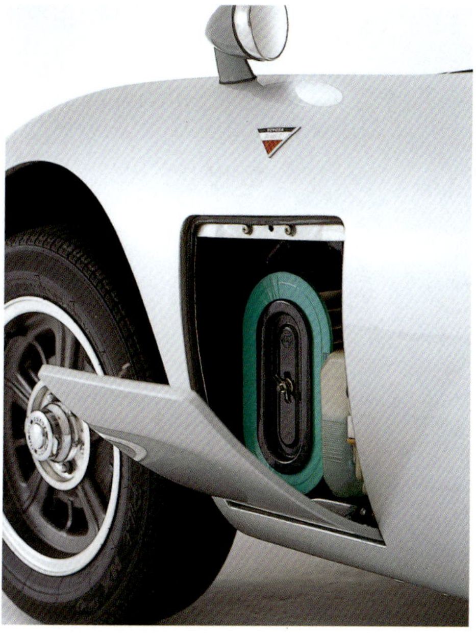

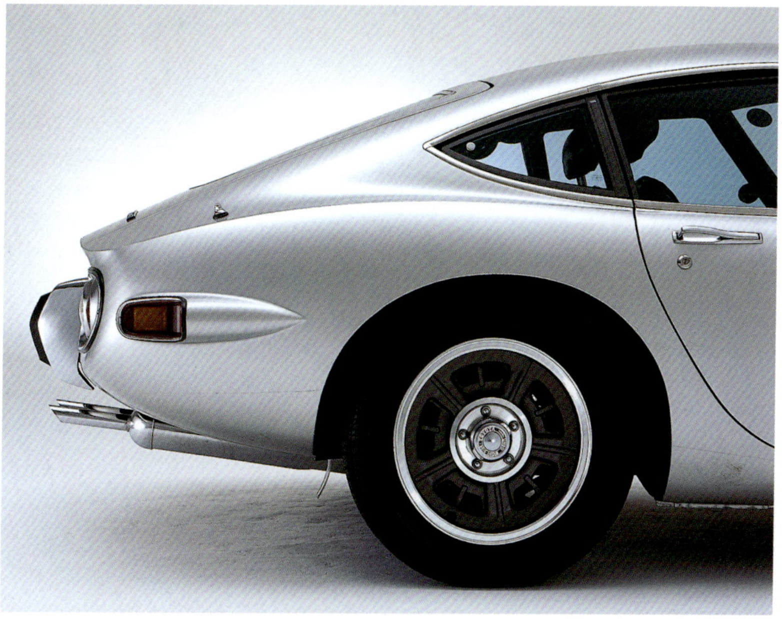

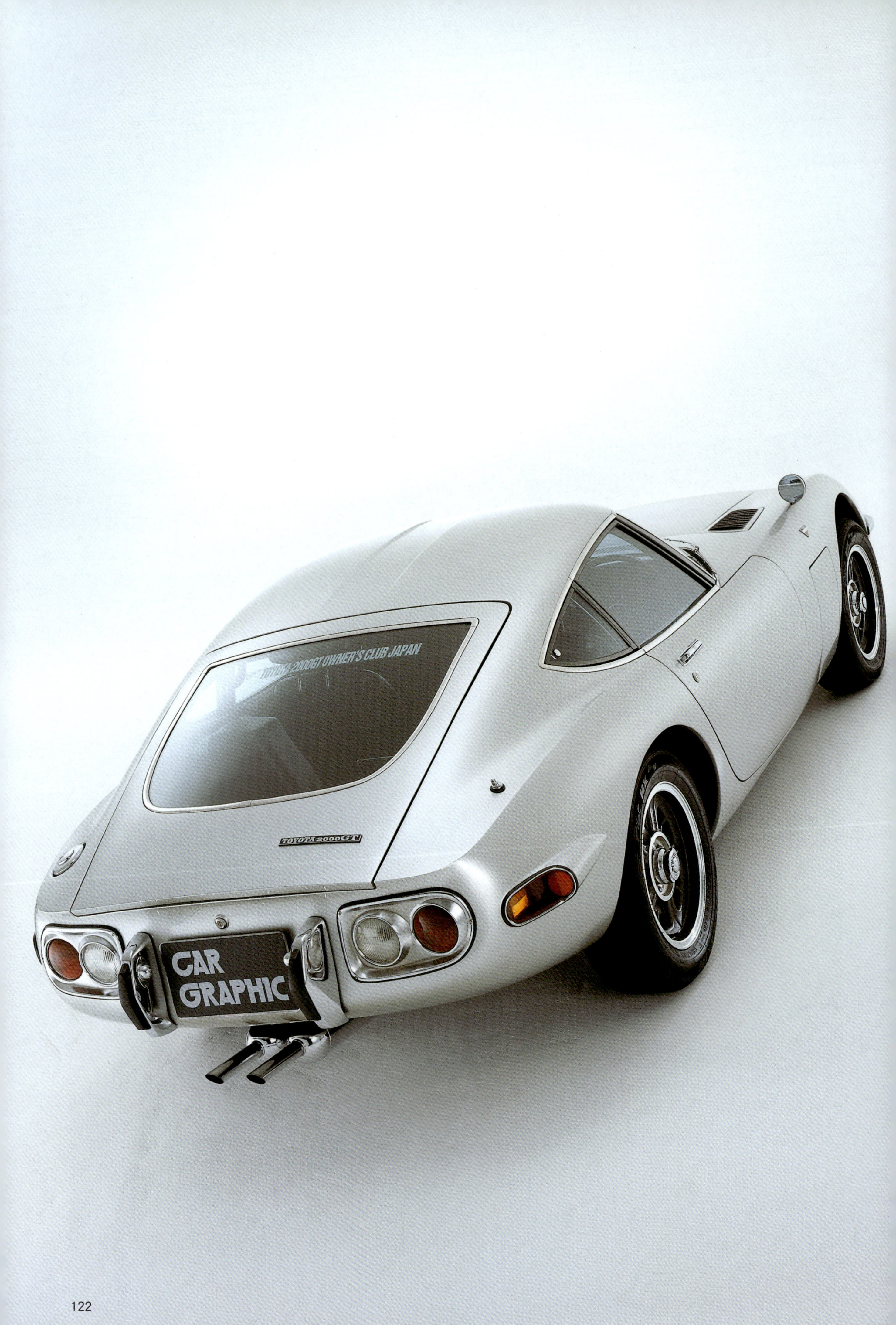
TOYOTA 2000GT OWNER'S CLUB JAPAN
TOYOTA 2000GT
CAR GRAPHIC

■残像となる車とは?

　いったい名車とは何であろうか。「名車の残像」と題するものをこうして書きつつそのことをちゃんとは考えたことがない。困ったことに、今まで登場してきた数々の車を「名車」とするなら、なおのことその定義はわからなくなる。仮にフェラーリ・ディーノ、メルセデス300SL、アストン・マーティンDB4、ポルシェ911カレラRS、ニッサン・レパードと並べて1台だけ関係のない車はどれ?と聞かれれば誰だってレパードと答えるだろう。しかしこの場合の正解はアストン・マーティンなのである。つまり以上5車のうちアストン・マーティンだけがまだこのページにとりあげられたことがない。いったいどういう観点から「名車」が選ばれているのか。何かちゃんとした基準でもあるのか、どーなんだ、ェッ?

　も、もちろん編集部としては歴史的にも何らかの意義があり人々の関心も高い車、でも毎回似かよったものばかり重複してもナンだからと頭を悩ませつつ一台一台選んできたのである。ただしチョイスに入り得る車種の幅は無限に広いわけではなくどうしても限られてくる。それは現実問題として撮影スケジュールのことや、また撮影に耐え得る状態の車がちゃんと見つかるかどうかといったことが結構な難問だからなのだ。

　これは僕も聞かされて「へー」と思ったのだが、実は相当に有名な車といえど無背景の本格スタジオ撮影に耐え得るコンディションの、そして改造もないオリジナル(に近い)状態の古い車というのは、ジャパン広しといえども見つけようたってそう簡単には見つかるものではないのだそうだ。ましてやそんなヨイ車を平均月1台のペースで掘り出してくるとなると、これは編集部のもつツテやコネを総動員しても片手間仕事ではなくなってくる。そのツテ・コネだって40年以上もクルマ専門誌をやってる人たちのそれであるから全国ツツ浦々に田中角栄なみのネットワークがあるのに違いなく、それをまぁそのぉ、ブルドーザーのようにバリバリと駆使して地中から1台の車を掘りおこしてくるのだろうが、でもあまりにもワケ判らんような珍しすぎる車、たとえば1919年型スコット・ソーシャブルなんて車はいくら面白かろうと笑えようと、最初からダメに決まっている。

　と、ここまでは版元側の諸事情を中心としての話であったが、ではワタクシの立場はどうなのか。書く人間としてはここにとりあげられる車種の決定に口をはさむことはないのかということであるが、実は口ははさんでいるのです。それもかなりの制限をはじめからお願いしてある。こちらの方が版元の事情より余程面倒臭いかもしれぬ。それは当方の書くもの毎回ご覧のとおり、別にたいしたことなど全然書きゃあしないのだが、それでも現在契約関係にある会社との、その契約内容に支し障りのでる恐れのある内容は避けねばならず、即ちそれがこの本に登場するクルマの選択にも影響を及ぼしている。まあウキヨのナライで仕方のないことだ。

　ただしそうした不都合に触れない限りは本当のところ、僕にはこの車がいいとかアチラの車は嫌でござんすといった注文は特にない。こっちは何だっていいのである。だって書く方にとっては高級車の方が大衆車より書きやすいとか、スポーツカーの方がセダンより面白いことが書けるなんてこともないではないか。またどんな無名の車、あるいは世に凡庸とされるような車でもどこかに必ず見どころはあるもので、つまりどんな車といえども必ず名車たる要素を持っている。人類一家、世に名車ならざる車はなしという考え方もできる。これは「名車とは何か」というショキの命題に対する逃げのようにも聞こえるが、実際の話、僕はそんな風に考えているのだ。またそう考えずにあまりシゴト人としての目を動員して厳しく見すぎると「名車と呼べる車など1台もナシ」と、また逆の極端まで行ってしまう恐れもあり、それでは何も書けなくなってしまうからこの辺はイージーに考えておいてよいのではないか。

　話を整理すると、当方と編集部の方々が会ったときには、いちおうはこれから残像となるべき名車の候補を出し合って話し合ってはいる。ただ、会うと言っても年に1～2度、それも短時間しか機会はなく、話すと言ってもNHKニュースに「つっこんだ話し合いはおこなわれませんでした」とすら言われない程度の茶のみ会話にすぎず、だからといって別にそれで困ることもない。

　さてそんなイージーな小春日和の先日、編集部のあるジンボー町から特別回線電話が鳴るので出たところ、「次回の車ですが、トヨタ2000GTではどうでしょう」とのお言葉。反射的に「おおイイですねー」と、力強くも肯定的な返事がこちらの口を突いて出てしまった。それで「じゃあそういうことで」と、スムーズに「お題」は決定したのではあったが、あとで自分の言った言葉を思い返すと「イイですねー」というのはデザイン的な意味で「2000GTはカッコよろしい!」ということを言ったまでで、この車ならよろしき文章が書けるなんて意味は含んでいなかったのだが、でもデザイナーとしては本当、トヨタ2000GTと聞けばどうしたって声も明るくなりまさぁな。

■よくやった

　前衛的とか革命的とかそういった方向にではないが、まことひとつのクルマ造形としてトヨタ2000GTは文句なく素晴らしいデザインだと思う。

　ただひとつここで、ちょっとこういうことを言うとカメ

ラの方にプレッシャーを与えるようだが、トヨタ2000GTという車はその実物があまりに素晴らしい。それでたいていの場合、写真で見るよりも実物の方が印象深いというタイプの自動車だと正直なところ僕は思う。プリントの媒体である写真はグラフィカルな表現力は言うまでもなくお手のものなわけだが、量塊からうける立体的印象となると必然的に実物を見るのとは意味あいが違ってくるし、また車の長さ高さ、寸法感を把握するということについても印刷物では実車を目のあたりにするような手ごたえが得られないのもこれまた仕方がない。

　実物のトヨタ2000GTの傍らに立ってみていつもアッと思うのは、その圧倒的な車高の低さである。実はこの車、ヤネが大人の腰の高さまでしかない、まさに地を這うような車なのである。いきおいその全体像を伝えるためにしゃがんだぐらいの低い視点から写真がとられることとなり、すると遠近法のやむなき都合でどうしたって大きく長い車のように見えてくる。

　しかし実際には2000GTは意外なほどコンパクトな車なのである。同じトヨタのスポーツカーで比べるなら全長は先代の丸みのあるMR2とちょうどほぼ同じ。ただし全高は2000GTの方が70mm以上も低い。でもこのコンパクトさこそがデザイン上とても重要なので、この車の実物が写真よりもカッコよく見える最大の理由もそこにあると僕は考えている。すなわち2000GTの引き締まった寸法がチャイナ・ドレス効果を発揮し、七難を隠してプロポーションをぐんとひき立てて見せている。

　2000GTの造形面について、もうちょっと突っ込んだことを言うなら、おそらくこの車にもお手本となるデザインはあったろう。そのお手本は複数車種あったはずで、たとえばサイド・ビューの構成はジャガーEタイプ・クーペの影響大か。これはテールの開口部が当時の通例に反してトランクリッドでなくハッチ式になっていることや、屋根のスロープに呼応してボディ下面がせり上がって全体が収束するように終わるリアのもっていき方、ついでに排気管がリアの中央に位置して下面のせり上がりを強調して見せるやり方も共通している。

　ただしそれ以外には、全体の造形はEタイプを思い起こさせるところは何もなく、形の新しさから言っても2000GTの方がEタイプより2ジェネレーションぐらいはモダンに見え、ほとんど今でも現役でいけそうな感すらある。実際同時期のフェラーリやマセラーティと比べても、2000GTの方が感覚ははるかに新鮮だ。

　つまりこの車のデザイナーはまったく異なる方向からもヒントを得たのだと思われる。では最大のヒントはどこから来たのか？　ズバリ言うならそれはGMデザインではないか。ビル・ミッチェル部長時代のGMデザインがまさに乗りに乗っていた頃、1960年代前半のコンセプトカー群、特にリアエンジンのシボレー・モンザGTから2000GTは多くのものを吸収し得たと思われる。2000GTがイタリア・イギリス勢には見られないのにGMのコーヴェット・スティングレイやオペルGTとは共通する、するどいピークをフェンダー上にもっていること等々、細かいところでは前出2車と同じように、ペアに並んだ丸いテールランプを備えていることなんかも、まったくの偶然ではないカモと想像させる。

　しかしここでワタクシ声を大にして言いたいことあり。それはこうしたヒントを借りつつも、トヨタ2000GTはまったく独自のデザイン、この車だけのオリジナリティをしっかり持った頼もしいヤツだということなのである。誰から何を借りてこようと、おおもととなっている個性がまったく違うから全体としては何に流されるでもなく、たしかにこの車だけのユニークな境地が拓かれている。たしかジャガーEタイプの巻でも似たようなことを書いたが、こういうのは「マネ」とか「コピー」とか言うべきではない。じゃあ何と言やいいのか。とりあえず僕は「よくやった」と言いたいと思う。

■マタタビ

　ちょっと話は変わるが、僕のルノー時代の同僚にMという男がいた。カリフォルニアのアート・センターを出てルノーに入ったMはカナダ人で、入社後しばらくはこの会社唯一の「外人デザイナー」として少々散々な目に合っていたらしいが、同社がやがて2人目の非フランス人デザイナーとして小生を雇い入れたので、M君はそれまでにたまりにたまったフランス人への悪口を一挙吐き出す相手を獲得し、僕はその意味で彼の精神衛生保持に大いに寄与したらしかった。ト、まあそんなことはどうでもよいが、このM君は実に研究熱心というか、古今東西のあらゆる自動車に精通しており、自分なりの理論に基づく「自動車デザインの歴史」みたいなものを膨大な年表にしてまとめたりしていた。それは彼のクルマ知識を思い知るには充分の労作で、そこに登場する幾百のクルマの名を目にしてその姿カタチを即座に思い浮かべられる人類がどのぐらいいるものかと気遣われるほどマニアックな代物なのであった。

　もちろんMはただ博識なだけでなく優れたデザイナーでもあり、彼のシゴトは不振にあえいでいた当時のルノーの空っぽに近いガマ口に世の中から少しでもカネを吸い寄せるのに大きな貢献を果たしてもいたのであるが、批評眼も厳しいそんなMが日頃から最も好み、最も敬意を払い、これぞ近代自動車史上の最高傑作デザインと、口を開けば賞讃をつくしてやまなかった稀有なる車アリ。その車というのが他でもないトヨタ2000GTだったのだ。

そんな訳で僕はトヨタ2000GTと聞くとMのことを思い出すのだが、M君の考えにどれほどの意味があるかは別として、このことがそのほんの一端を表わすひとつの現象がある。それはトヨタ2000GTの海外での評価の高さである。少なくともデザイン関係では、この車は確実に欧米では史上最も評価の高い日本車の一台である。

　ちょっとここで、なぜこの車が欧米でそこまでウケるのかについて考えてみる。もちろん2000GTは誰が見てもカッコイイ美しい車であり、どこへ出してもウケるのに不思議はないのだが、もうちょいと深くサグリを入れると、単なる表面的なカタチのよさというだけでなく、何か基本的なところで2000GTは他の日本車の多くにはないヒミツのモテ薬のようなものを隠し持ってはいないだろうか。これは言い換えれば、あまり日本では重視されないがオウベイ人がネコだとすればマタタビのような働きをするクルマのデザイン要素というものがあるのではないかという話なのである。

　簡単に説明できることではないが、ザッと言うなら僕はこう考えている。このトヨタ2000GTという車は実に「古典的自動車美」、「正統的スポーツカーの美的価値」といったテーマに対してアッパレなほど真正面からいどんだ車ではあるまいか。おそらくモテ薬の正体とはそれなのだ。

　この場合の古典的というのは保守的ということではなく、「ウラ道ヨコ道を行かずにあくまで王道を行く」といった意味だ。王道を行くといえば当たり前のように思えるが、実際にはこうしたタイプの造形は日本車としてはごく珍しいものだ。たしかに「これぞ自動車美！」みたいにバーンと胸を張ってギリシャ建築のように完璧を目指す、といったデザインはわが国ではあまり流行らない。というか、これは文化的な違いなのかもしれない。

　でも実は、この堂々たる造形態度こそが、勝つか負けるかは別として2000GTをデザイン的に当時のアルファ・ロメオやジャガーやフェラーリといった本家の「家元」達と正面からわたりあわせることとなった。また同時にそれがこの車の欧米での例外的な評価の高さ、ネコにマタタビの効果を生む元になったのだと僕は考える。

　この「古典性」あればこそ、トヨタ2000GTは日本製にしてブガッティやドラージュや昔のベントレーなんかとだって底の方では確実につながっている車なのだ、とそのぐらいヨーロッパ人の前でエバってもひとつも恥ずかしくない。いやそこまで言うのは気恥ずかしいともしトヨタの人たちが言うなら、ワタクシが代行してエバっておいてさしあげましょう。もちろんブガッティやドラージュやベントレーがどれほどのものか、と言われればそれもその通りではあるが、そいつはまた別の議論だ。

　もっともこれほどの車でありながら、トヨタ2000GTという車は007のボンド・カーとなった以外、海外ではクルマ・ファンがもてはやす他に一般にはよく知られていない。M君のようなマニアを別とすればホンモノを見たことのある人などおそらくほとんどいないだろう。これはちょっと惜しい気がする……。

　サテ話は大体こんなところだが、トヨタ2000GTについてはひとつよくワカラナイことがある。僕はヒストリアンではないし、あまり資料なんかも見ない方だが、この車の生いたちについて、海外で出版されたものにはたいていこう書いてある。「この車は元々ニッサンが当時契約を結んでいたドイツ人デザイナー、アルブレヒト・フォン・ゲルツにデザインを依頼しヤマハと共に開発した車だが、ニッサンが最後になっておりてしまったためにヤマハはプロジェクトをトヨタに売り込み、それが実現に至ったもの」であると。

　しかし日本の出版物では今のところ僕は同様の開発ストーリーは目にしていない、いや当方まことに不勉強であるから目に触れないだけなのだろうが、「海外の説」が日本では広く一般には認識されていないことはたしかだ。

　これについて、「真相はいかに！？」といったことを今詮索する気はないが、ただどちらにしても事実はひとつのはずなのだから、そのひとつの事実がどこの国でも等しく知られていてもイインじゃないか。

　それに、仮にこの車がそもそもニッサンのプロジェクトだったとしよう。仮にトヨタの社内ではなく、A.v.ゲルツ作のデザインだったとしよう。別にいいではないか。正式な契約によってちゃんと金払って買い取ったものならこの車は問題なくトヨタ車なのであり、このデザインはトヨタ社以外のものではあり得ない。どちらにしても自動車というのは無数のパーツ・メーカーの供給品の組み合わせでできてるわけだし、自社の智恵と力のみによって走ってる車なんて1台もないのだ。

　トヨタ2000GT出演の「007は二度死ぬ」のボンド・ガールは浜 美枝。試みにワールド・ワイドのyahoo.comにmie hamaと入れてみたところ約1万200件の該当サイトあり。ちなみにyukichi fukuzawa 2400件、shigeo nagashima 1660件、toyotomi hideyoshi 6580件、hibari misora 931件。ハマ・ミエ、すごすぎないか？

CITROËN 2CV

第二次世界大戦以前に設計が開始され、1948年にパリ・サロンで正式デビューを果たしたフランスの国民車。1990年までの40年以上に及ぶ現役生活の間に約385万台が生産された。写真は1988年に日本の西武自動車で販売された最後期型の1台で、2トーンカラーを纏ったいわゆるチャールストン仕様。1948年時点で9psだった空冷2気筒エンジンは、この時、29psまで強化されていた。
全長：3830mm、全幅：1480mm、全高：1600mm、ホイールベース：2400mm。空冷水平対向2気筒SOHC 2バルブ。602cc、29ps／5750rpm、4.0mkg／3500rpm。縦置きフロントエンジン-フロントドライブ。サスペンション：独立 リーディングアーム／トレーリングアーム（前／後）。

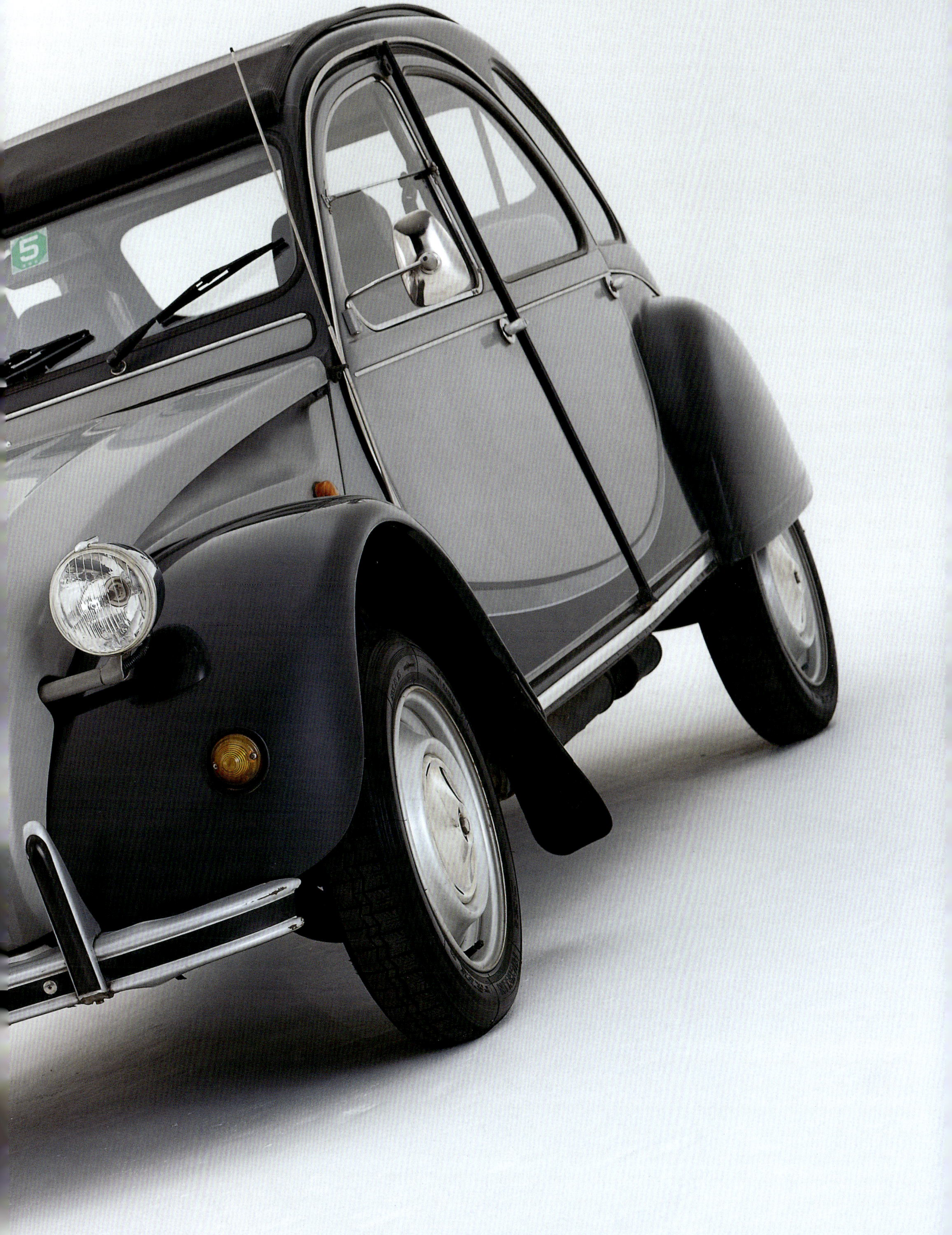

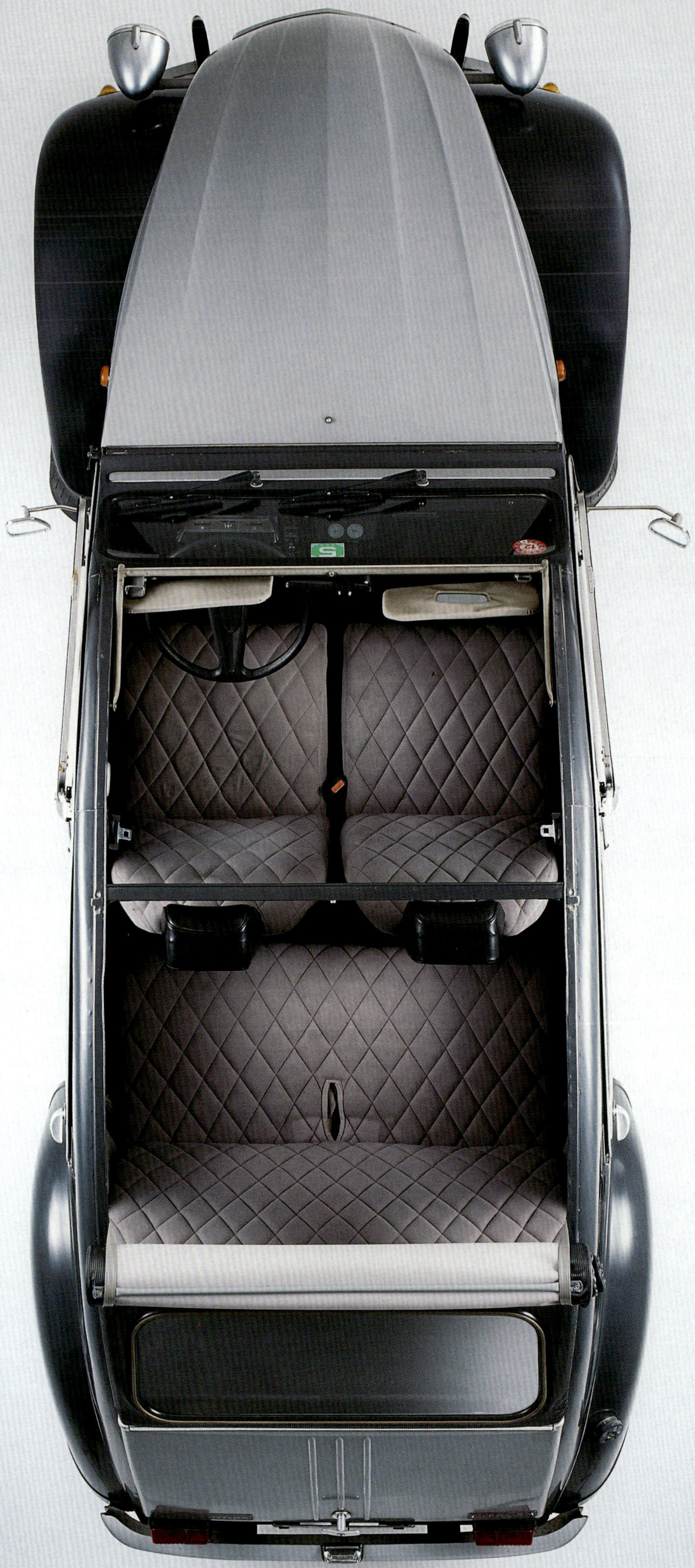

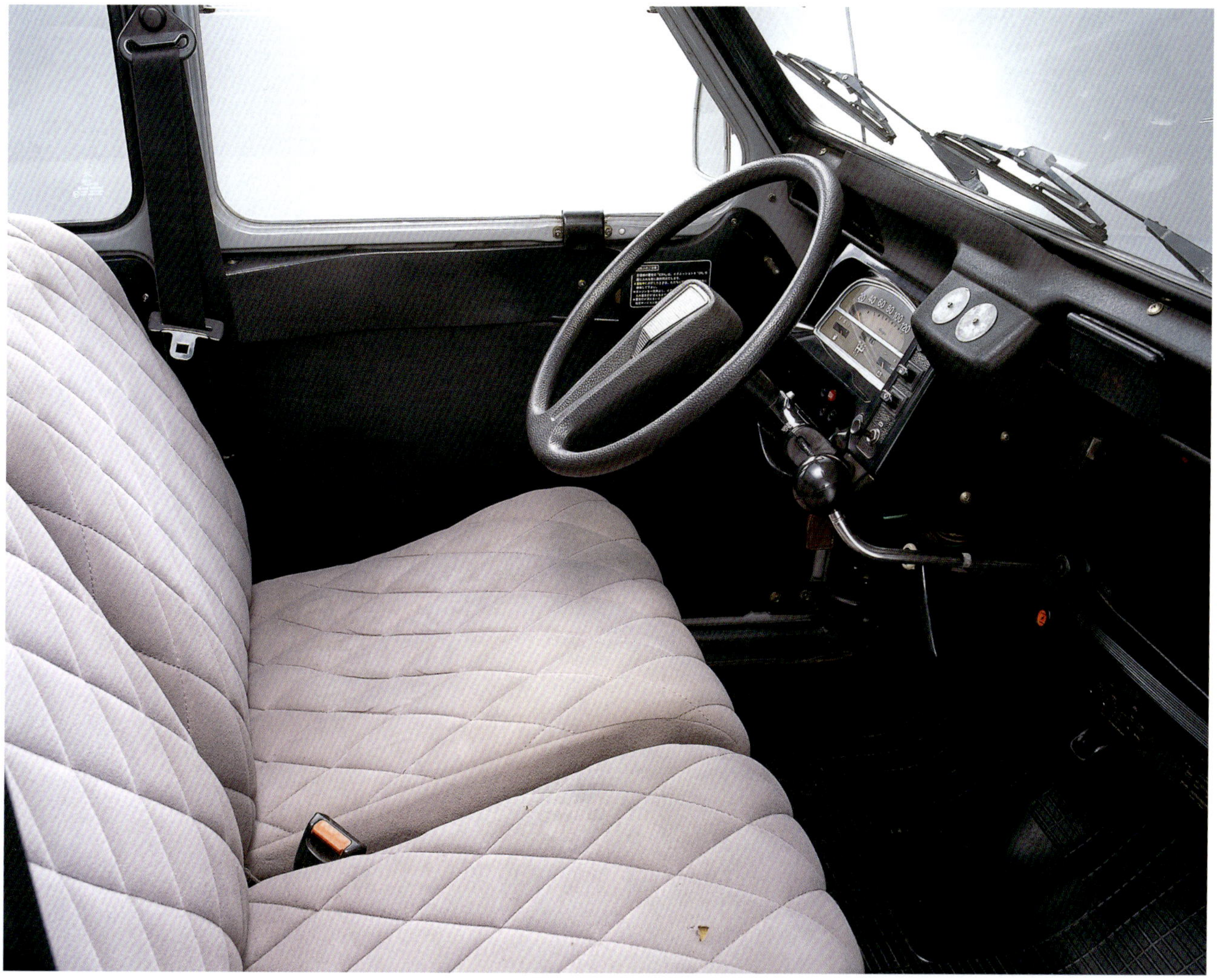

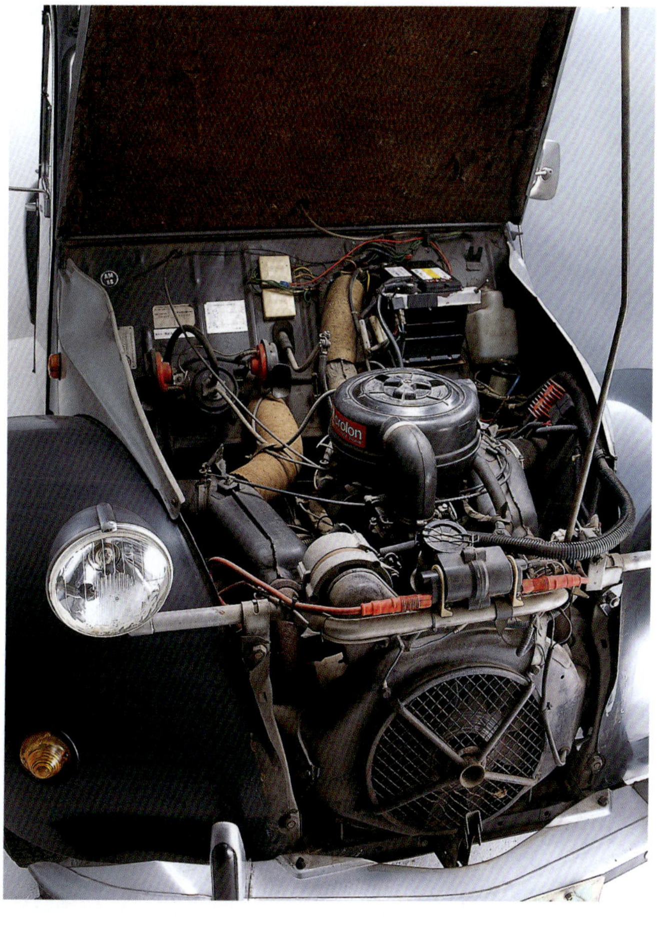

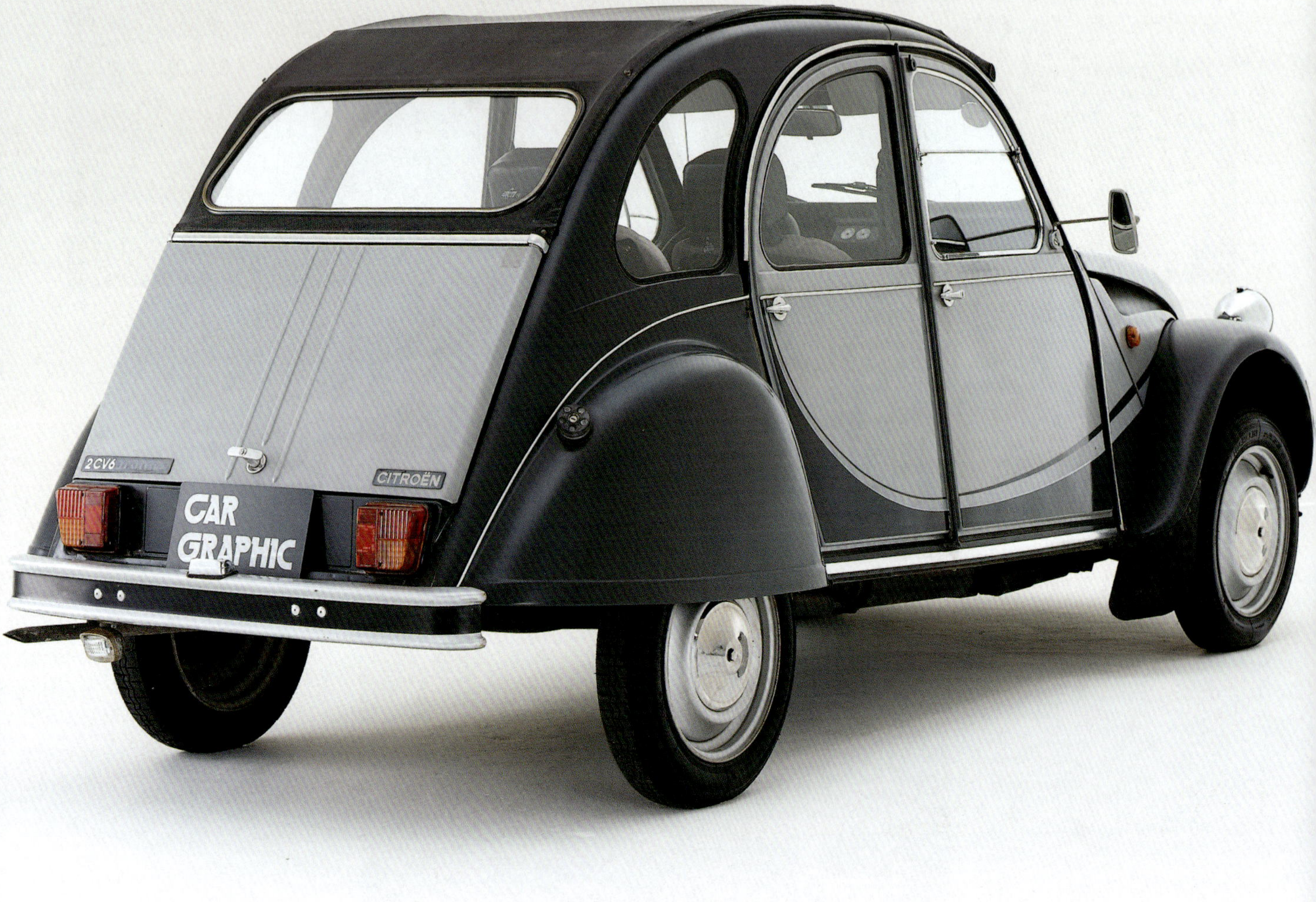
2CV6
CITROËN
CAR
GRAPHIC

■商売道具について

　自動車デザイナーの描くレンダリング(完成予想図)が雑誌などに現われることがある。何やら未来的なクルマが色鮮やかに、金属的な質感もたくみに描かれている。何を使って描いてあるのか？　よく見ると水彩ではない。油彩ではもちろんあるまい。ではどんな画材で描かれているのか、おわかりだろうか。

　実はああいうクルマの絵はたいていはマーカーを使って描いてあるのだ。マーカーとはマジック・インキ様のものの総称だが、文房具店で見る事務用のマジック・インキが黒・赤・青などせいぜい4～5色しかないのに対して、専門の画材店へ行くと百数十色にも及ぶマーカーの大セットが売られている。こういうものを用いてデザイン・レンダリングは描かれている。マーカーにはヴェラムと呼ばれる半透明の専用の紙があり、この半分透けて見える性質を利用してウラ側から着色して効果を得ることもあり……と、今回は、まずは画材の話から入っていくことにします。

　まったく今日デザイナーを生業としている人々は、たいていが画材のエキスパートでもある。どの商売でも同じことだが、商売道具についてはどうしたっていつの間にか詳しくなってしまうものだ。また画材というのは何であれ使いこなすのに大なり小なりの専門知識・テクニックが必要なものだが、これが知ってみると面白い。

　日本の美術大学へ行った人たちにとって、本格的な画材とのつき合いは、受験のためにデッサンを習うあたりから始まるのが普通だろう。中でも木炭スティックを使ってのいわゆる「木炭デッサン」は基本中の基本とされるが、ではその黒いスティックを手にとって、画架を立ててさぁ描こうとすると、ここで早くもわからないことが出てくる。デッサン用の紙をよく見ると両面でテクスチャーが異なる。どちらの面に描くべきか。

　すると先生がやってきて、絵に使う紙はだいたい正式に「表」とされる方が表現力の幅が広い。ではウラと表はどうやって見分けるか、ト、これは表面のテクスチャーで判断せずにスカシを見る。「スカシがちゃんと読める方が表なのだ」てなことを教えてくれる(イヤ実際にはそんな親切な先生はなかなかいないが)。たいしたことではないが、こんなのだって言われなきゃわからない画材専門知識のひとつである。

　それから、木炭スティックは中心部分に粉状のやわらかい部分があるからこれは取りのぞいてから使う、なんてことも誰かから教わる。ちなみにこの粉状部分を突っつき出すには自転車の車輪のスポークを短く切ったものが最適のことで、見まわすと周囲の学生の皆さん、たしかにそんなものを各自一本持っている。木炭を消したい時は消しゴムでも消えるが、「それでは画面がきたなくなる。食パンの白い部分を使うとよい」ホー、何でもおそわってみるもんですなあ。

　絵具関係ではここ一発という時にポスター・カラーの発色をよくする法とか、烏口を使う際の絵具のとき具合といったことも、受験生にとっては合格の成否に関わることだから必死になっておぼえちゃう。つまりこんな具合に、どうしたって画材に対する知識はどんどん増殖していくわけである。

　やっとこさ美大に入り、さらに専門的なことごとを習うと、ごく一般的な画材にも実は普通とはずいぶん違った扱い方があることを知ることとなる。たとえば鉛筆で線一本引くにしても整図の時なんかはかなり特殊なやり方がある。すなわち整図に熟練した人は、一本の線でもいっぺんには引かずに左と右から中央に向かって2回に分けて、しかも直角に立てた鉛筆を指で回転させるようにして引く。これは線の太さを一定に保つためのテクニックで、ついでに言うなら整図の時はエンピツを尖らかすのに紙ヤスリを使う。

　そんなことをおぼえる頃になると画材店を見て歩くのもがぜん楽しくなってくる。画材店の、特にデザイン用品コーナーには用途の見当すらつかないような特殊な製品も多く、またそうした専門店は今でこそ一般ウケしようと人当たりをよくする努力もしているが、かつてはいかにも玄人オンリー的空気がたちこめて、「一体全体こいつは何ですか？」みたいなベイシックな質問をするのがためらわれる雰囲気があったものだ。それが多少なりとも知識をたくわえて見にゆくと、たいていの製品は使いみちも見当がつくし、良いモノ良くないモノの見分けも自然とつくようになる。その後、職業人ともなればさらに色々とおぼえてゆくわけだが、画材店を見て歩くのは、僕には今でもちょいとした楽しみのひとつである。

　こうした画材専門の店々をその後、僕は日本以外の国々でもずいぶん見てまわることとなったが、それでわかったことは、画材には、たとえばフランス製のナントカ、イギリス製のカントカと世界にその名を知られた製品も多いが、実際にそうしたすぐれた商品が生産地なら簡単に見つかるかというとそうではなく、スグレ物が容易に手に入るという意味では、実は日本が世界でも筆頭か、それにごく近いところに位置しているということだ。つまり日本の画材店の品揃えの充実ぶりは文句なく世界トップ・レベルで、日本とトップの座を争うのはアメリカの専門店だが、ヨーロッパの方は少々後れをとっていると言ってよい。

　たとえばかのジウジアーロが初めて銀座の伊東屋本店へ行った際に、あまりの品の豊富さに我を忘れて4時間も歩きまわってあらゆるものを買いまくったという話を聞いたことがある。ジウジアーロは元々イラストレーターとして出発した人で、そのデザイン・レンダリングのウデにも定

131

評があるが、こうしたアーティスティックなタイプのデザイナーにとって初めて見る伊東屋なぞは、それこそ宝の山に思えたに違いない。

そう言えば、ある時期までのジウジアーロのレンダリングは、真横の他には疾走する車を正面から見たところとか鳥のように上から見たところなど、ちょっと変わったパースペクティブのものが多かったのだが、これも当時のイタリアの画材事情と関係があるのではないか。と言うのも、かつてのイタリアでは楕円定規なるものが市販されておらず、長いこと入手困難だったのだ。普通路上で見るような角度から車の絵を描けば、どうしたってナナメになった車輪が見える。ナナメの車輪を正確に描くには楕円定規は必需品である。しかるに、おそらくその必需品は「巨匠」の手にもなかなか入らず、それで彼は真ん前とか真上とかのダ円を描かずにすむパースペクティブを一所懸命に考えていたのではないか。そうだとしたらちょっとカワイイが、何にせよ伊東屋に4時間もたてこもった巨匠の気持ちはよくわかるのである。

■芸術風

話は変わるが、デザイナーが絵を描くということの意味について考えてみる。自動車のような立体物を造形するのに、なぜ絵が必要なのだろう。まずそれが人に見せてこちらの意図を伝えるためのコミュニケーションの手段であるのは自明のことだ。こんな意匠はどうでしょう、こんな形のクルマはいかがでしょう、あるいはこんな色の冷蔵庫はどうでしょう、何でもいいが、アイデアを言葉で説明するよりは絵で見せる方がわかりやすいにきまっている。時には製品ができてしまった後でいかにもアイデア・スケッチ風のレンダリングが描き直されることもあるが、これはパブリシティ用で、雑誌に登場するものの多くもそれであるが、これだってひとつのコミュニケーション手段であることに変わりはない。

ところが、デザイン・ワールドにはそれとはまったく別のタイプの「絵」というのも存在する。他人に見せるためではなく、デザイナーが自分用に描く絵、すなわち自らが考えるための絵がそれである。漠然とした思いつきを描いてみることによってさらに着想を得る、というか、どうも手を動かすという運動自体がノーミソの刺激にでもなるのか、アイデアを生み出すミナモトとなっているように僕には思われる。

すなわちこれも間違いなく「絵を描く」ということの意味のひとつなのだが、ただしこの種の絵はデザイナーは上手には描かない。時間もかけない。自分が納得すれば途中でもやめてしまう。元々他人に見せるものではないのだからそれでよいわけだし、もちろんのちに雑誌に紹介されることもまずない。

198X年（忘れた）の冬のある日、パリの南西郊外、ヴェリズィ・ビヤクブレイという町に僕はいた。歴史的名所など全然見あたらないこの町にふたつだけ、興味のある人には興味のあるといったモノがある。ひとつはパリ周辺ではおそらく一番デカいショッピング・モールで、あとひとつはシトロエンの開発センターである。で、その時の僕は後者に道を急いでいた。シトロエンの（当時の）デザイン部長のO氏と会うことになっていたのだ。

会見の目的は就職のコト、ではなくてちょっと違うところにあった。少し前にある自動車ショーの会場で会った際、僕はO氏にある約束をとりつけていたのである。フラミニオ・ベルトーニのスケッチを見せてもらうという約束である。

ベルトーニとは何者かというと、このページに出ている車も含めて、1934年から60年代初頭までの各種シトロエンをデザインした、つまりとめどなく前衛的というか、およそ世の常識にはとらわれず、強度にユニークでカワリモノだった時代のシトロエンをほぼひとりでデザインしていたのがこのベルトーニだったのである。およそ車のデザインに興味のある人間でこの人の残した仕事にまったく無関心でいられるというヒトはいないだろうし、またシトロエンのファンにとっては神様みたいな存在でもあろう。

僕の会見したO部長はシトロエンのチーフに就任したときに同社太古の引き出しの奥に忘れられていたベルトーニのスケッチを保護・収集しようとしたらしい。今でこそベルトーニは多少は名も知られ、フランスではスケッチ集が出版されたりしているが、まだ当時はまるでそんな気配すらなかったし、企業のデザイン室では古いスケッチというのはおうおうにして捨てられてしまうものなのだ。O部長はアメリカ人だが、古（いにしえ）のシトロエンの理解者であったことを大魔神に感謝しなくてはなるまい。

さて部長のオフィスで見せてもらったいくつものベルトーニのオリジナル、どんなものだったか。……ウームなんつーか、正直ひと目見てなんだこりゃと思いました。言ってみれば太い鉛筆を逆手に掴んで紙の上にこすりつけたような印象の絵であった。先程の「画材とそのテクニック」という観点から見ればかなり原始的と言うべきか。鉛筆は3Bとか4Bらしく、色鉛筆も使っている。紙は普通の画用紙、黒いカンソン紙に白エンピツのものもあった。でも稚拙と言うか、子供の絵のようで、遠近法はひん曲がってるわ各部の大きさも実にいい加減だわでなんか中世の絵のようでもある。

これはもちろん自分用の「考え用」の紙で、発表を目的としたものではあるまい。しかし上手い下手は別として、だからこそ貴重だとも言える。見るほどに本人の思考、思いつき、どんなアイデアを展開し発展させ、あるいは行き詰まってあきらめたかといったことが実況中継のように伝わ

ってくる。そういう意味ではすごい絵だとも言える。全体的にデザイナーというよりも「芸術家」の絵だな、と思った。実際にベルトーニというヒトはシトロエンと契約はあったがそれ以上に彫刻家でもあり、精力的に作品を発表していたことが知られている。本人にとってクルマの方は余技にすぎなかったのではないか。

先程ジウジアーロがアーティスティックなタイプのデザイナーと書いたが、ベルトーニはその意味ではずっと極端な例だろう。こんな人を伊東屋に放りこんだら、ワケわからなくて5分ぐらいで出てきてしまうのではないか。

■この車の上質さとは？

なんだかせっかくの車には触れずに終わってしまいそうな形勢なので、ベルトーニの絵の話となったところで、ここからは2CVの造形について書く。

2CVというと、たいていの車雑誌で話題となるのはそのフィロソフィというか文化的意味みたいな部分であり、またそこに由来する（とされる）独創的（とされる）メカニズムである。ただそのカタチについては「フランス人の合理主義」、あるいは「みにくいアヒルの子」といった言葉で説明されることが多く、またそこに「そのあまりのケチ精神が結果的に人間的な温かみを醸し出している」といったオヒレが加えられたりする。それはそれでひとつの見方として結構であるが、ここでは造形面のみを純粋に、あえて「フランス」とか「合理主義」といった観念を用いずに観察し直すことにする。スルトどうだろう。このボディが単なるあり合わせの板切れを適当につなぎ合わせた雨よけではないこと、意外やこのデザインが、実はかなり周到な造形的計算のタマモノであることが見えてくると僕は思うのである。

まずは面から見る。この車のドア、トランクなど、かなりの部分を構成するのはまるでベニヤ板のような平面である。これは大規模なプレスを必要とせぬコスト節約の結果ではあろうが、フツーならたしかに冷凍車の後半部とかにしかクルマ造形には使いみちのない「平面」が、この車の場合には大手を振って、しかしそれ自体はひとつもおかしくは見えない。むしろサイドなど曲面が使われていたらこの車の形はかなり凡庸なものになっていたはずである。ただし平面なりにマスのバランスは注意深くとられている。それはたとえばドア面が垂直に近いが実はそうではなく、わずかに上に向かってテーパーしていることが挙げられる。平面を垂直に立てると人の目には上方に広がって見えてしまうので、これは横方向のヘッド・クリアランスを犠牲にしてもそれを補正しようとしたものだ。

また巧みな「もっていき方」によってこの車の平らな部分は前・後フェンダーやボンネットのやわらかいふくらみとコントラストをなして、とても「粋」に見えていると僕は思う。これは同じ作者による全身曲線曲面のあのDSが、サイド・グラスだけいかにも他とマッチしないまったくの平面でありながら、やはり巧みなもっていき方によって対比の効果を得て、造形要素として150％ぐらい生かされているのと同様だ。ベルトーニの「平面」の生かし方は現代彫刻を思わせる独特のもので、やはりこの人はソッチの人なのだろう。

普通のデザイナーなら「カネの都合でドアは平面しか使えません」とそう言われたら絶望にうちひしがれるしかないが、きっとこの人の場合には「そいつは面白れえ」と逆にモミ手したのに違いない。やはり同じ作者の手になるとされる、リブの入った板が平らであることをわざと強調するように折り紙のように組み合わせられたシトロエンの商業車"テュブ"("H")など見ると実にそう思えてくる。高度と言えばものすごく高度な造形技法だ。

またおうおうにして世の車の常識から逸脱したようなこともするからエッと思わされるが、純粋にカタチとしてみれば、実はベルトーニの手がけたシトロエンはどれもどんな角度から見ても破綻なく、視覚的バランスは極めてよろしく完成度が高い。それはこの2CVも例外ではないと僕は思っております。

どうもあれほどいい加減な中世風のすさまじい絵を描く人間が、これほど正確な「目」の持ち主であるというのは信じ難いようにも思えるが、それはそうではないのだ。先程の「絵を描くというコトの意味」についてもうひとつつけ加えるなら、どうも絵を描く人はそれによってモノとの関わりを深めていく、自分を深みにはめていくといった面もあると思うのだ。これは別に「絵」でなくどんな方法でも構わないのだが、実はとても大切なことで、あの時見たベルトーニ氏の絵もその「思い」といったところではこの人の作とされるクルマたちとたしかにピタリと重なり合っていたように、小生には感じられたのである。

世は移り、デザイナーはマーカーからさらにコンピューターで絵を描き、「整図」なんてものもほぼ過去の遺物となりつつある今日このごろである。こういう時代の専門店のデザイン用品コーナーを見てまわるのは半分TVゲーム屋を見るようで味気ないようにも思われるが、どっこいこれはこれでなかなか楽しいものです。それに、その時代なりのツールを使うからその時代なりのカタチができる、とも僕は思っているのだ（どうも今回は伊東屋に少し貸しをつくったような気がしないでもない）。

ASTON MARTIN DB5

1964年のデビュー当時、フェラーリ250GTシリーズなどと並び称された高性能グランツーリスモ。スチール製プラットフォームに鋼管フレームを溶接し、その上にマグネシウム／アルミニウム合金パネルを被せた"スーパーレッジェラ"と呼ばれるフレーム構造を特徴とする。映画"007シリーズ"（ゴールドフィンガー）のボンド・カーとしてアストン・マーティンの名を広く世に知らしめた。DBとは、当時のアストン・マーティン・ラゴンダ社のオーナーだったDavid Brownのイニシャル。
全長：4570mm、全幅：1680mm、全高：1340mm、ホイールベース：2490mm。水冷直列6気筒DOHC2バルブ。3995cc、286ps／5500rpm、39.8mkg／3850rpm。縦置きフロントエンジン-リアドライブ。サスペンション：独立 ダブルウィッシュボーン（前）／固定 トレーリングアーム式リジッド（後）。

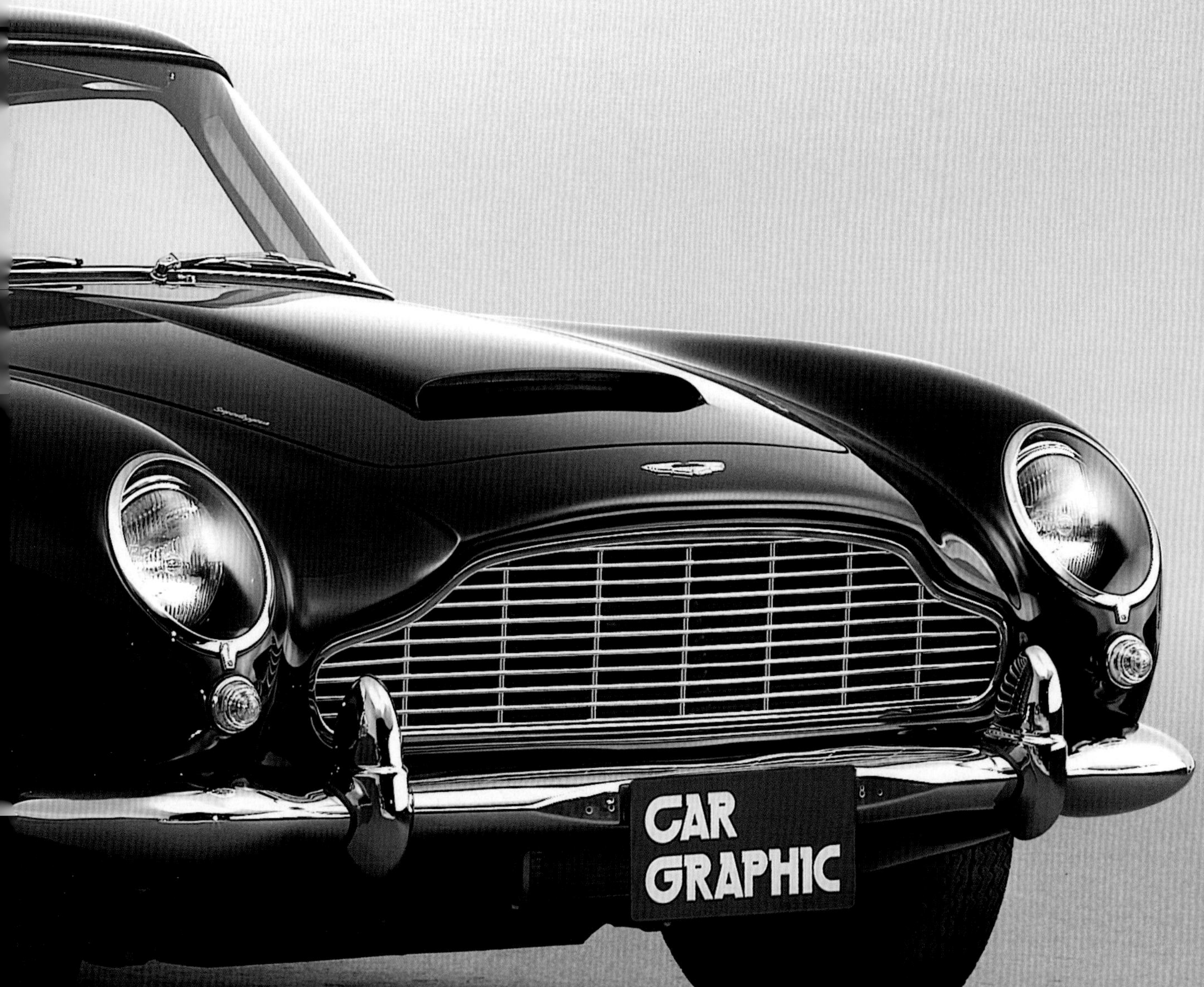
CAR
GRAPHIC

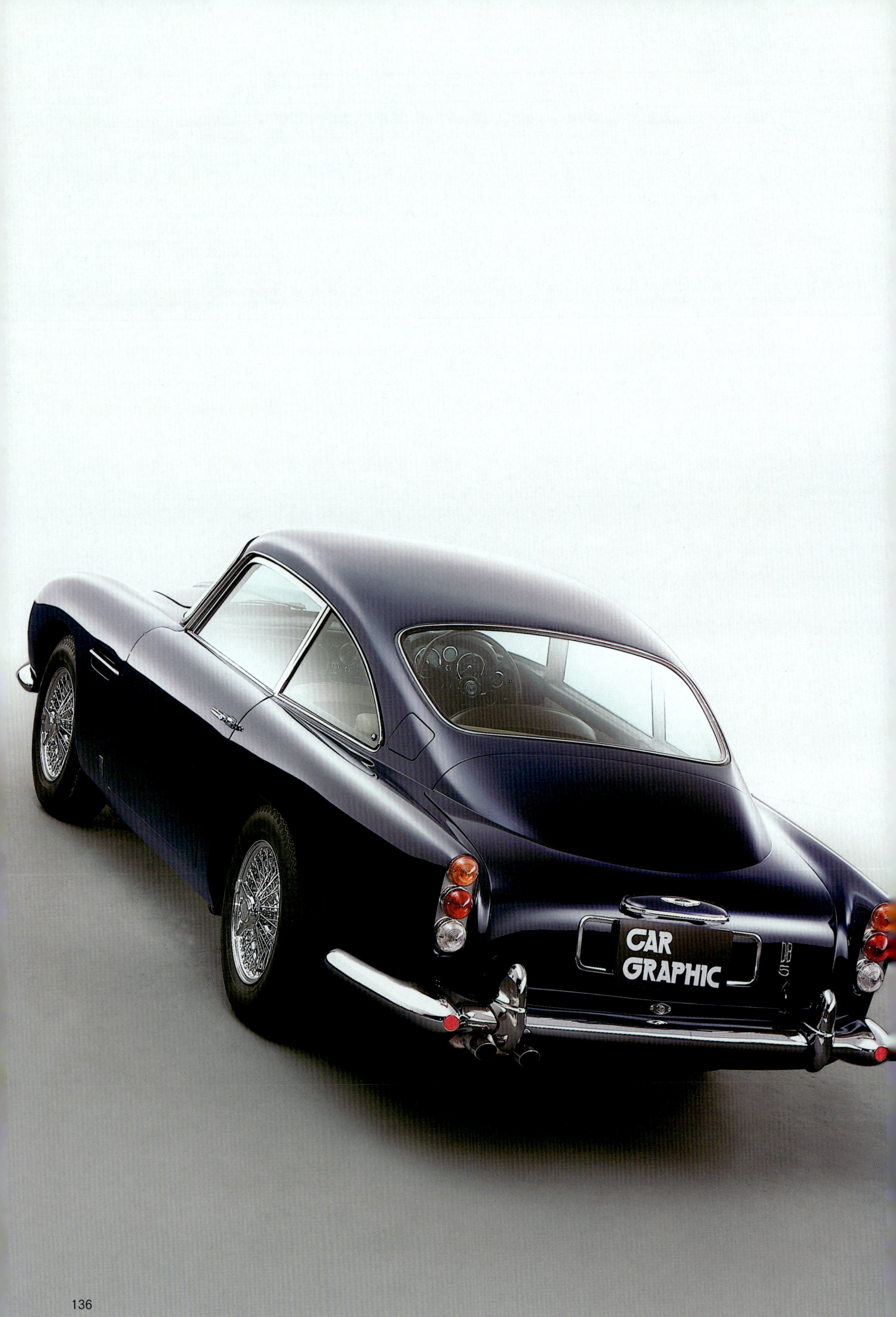
CAR
GRAPHIC
DB
5

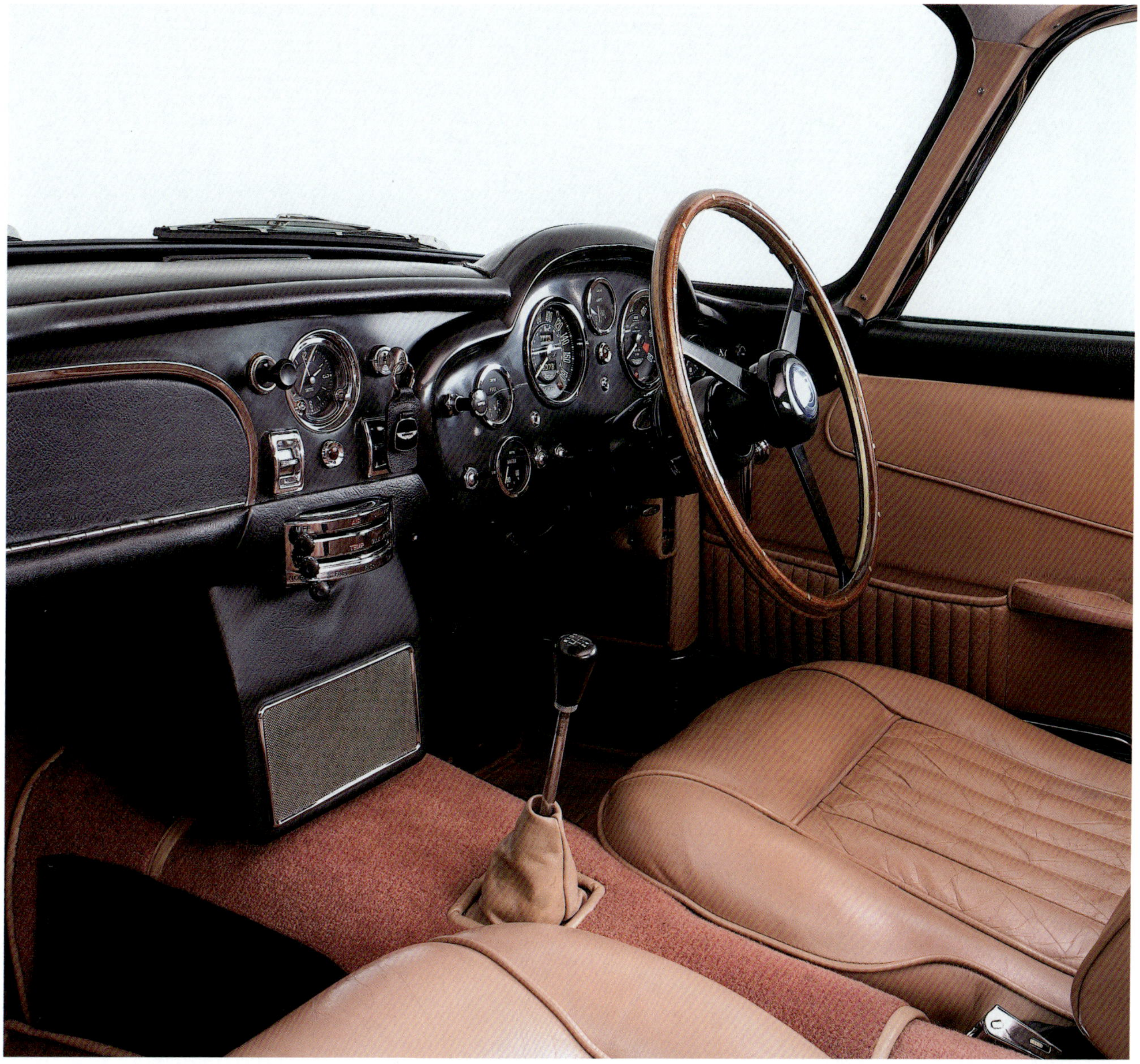

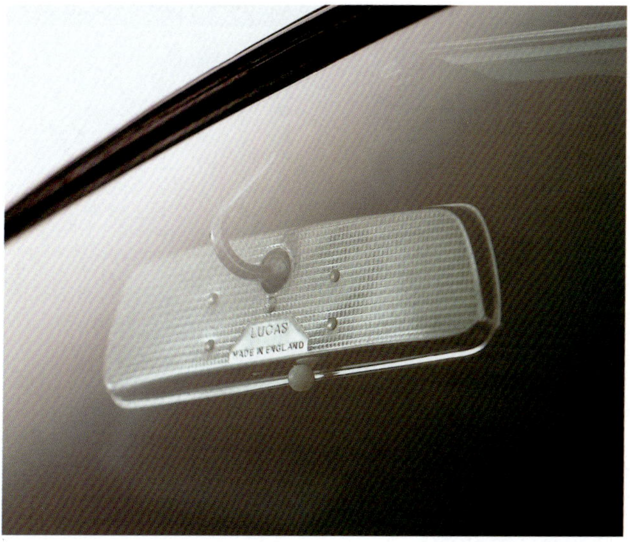
LUCAS
MADE IN ENGLAND

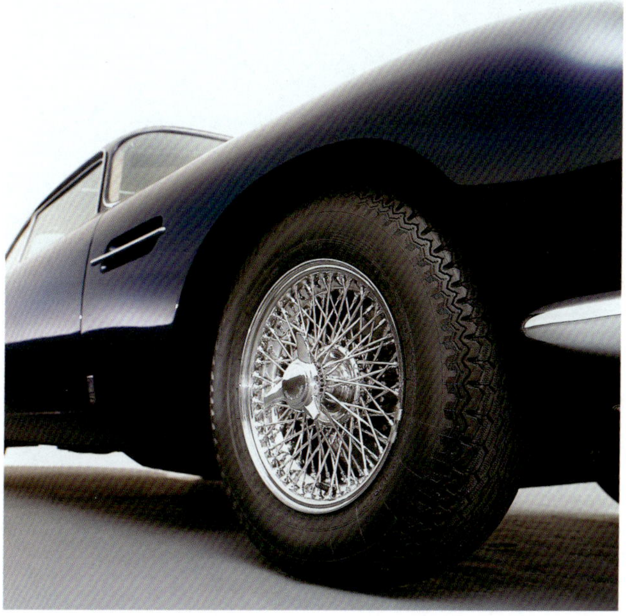

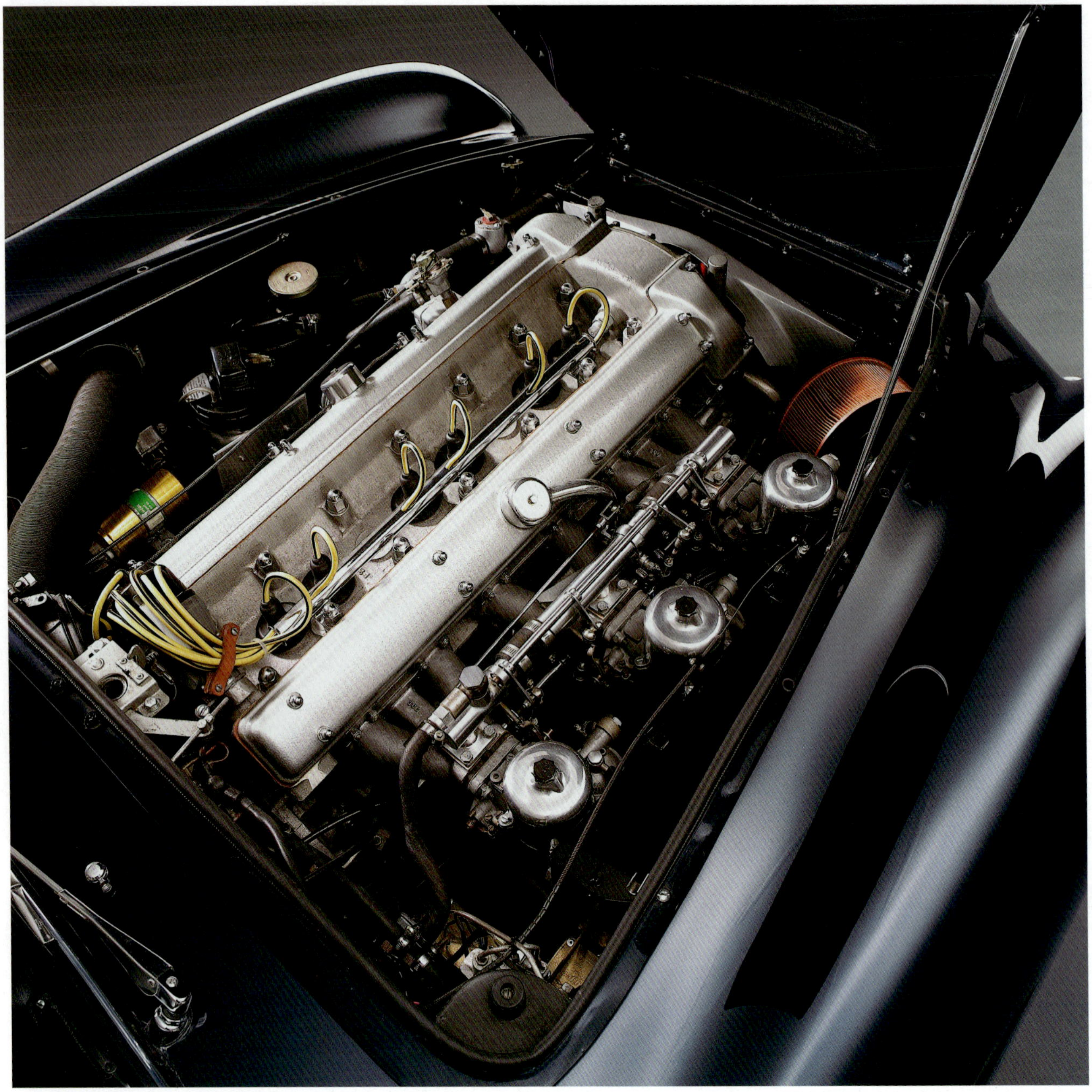

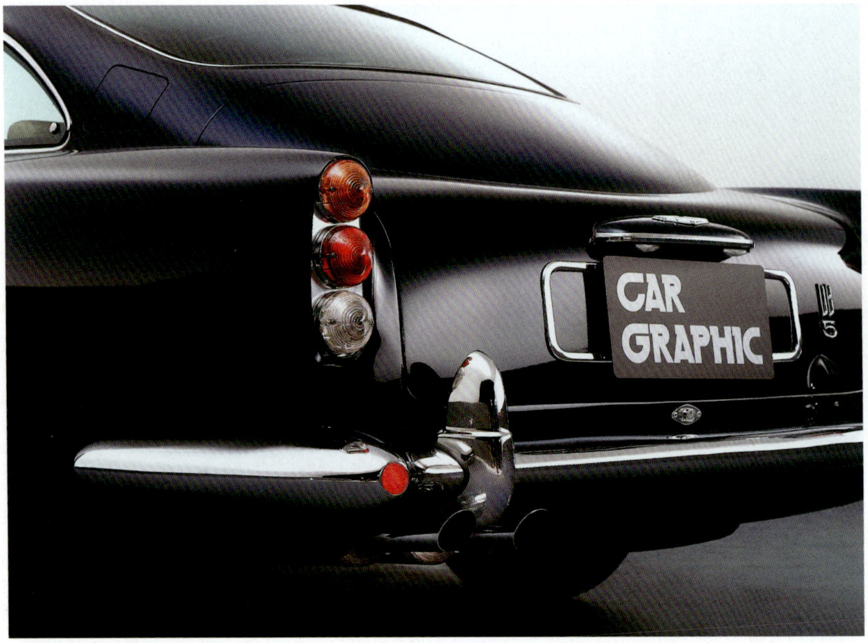
CAR
GRAPHIC

■独逸周辺の事情

　リアクションの早い人たちというのはいるものだ。先々回だったか、冗談7割5分ぐらいで「『名車の残像』にアストン・マーティンが出てこないとは何事だ」みたいなニュアンスのこと書いたら、なんと編集部は速攻で1台探し出してきてしまった。編集部・すぐやる課の仕事であろう。

　まことにご苦労なことである。こうなるとこちらも調子にのってあと10台ほど、まだとりあげられていない「名車」の名をベラベラと並べてみたくなるが、いずれにしても編集部はその強力なコネクションを地雷探査器のように縦横に駆使して、いかなる珍車なりともニッポンの地中のどこかから掘りあててくる所存でおられるらしい。

　などと書きながらちょいと思いついたのだが、今回はイントロにヨーロッパの自動車雑誌の話、それもおそらくあまり知られていないと思われるドイツの自動車雑誌の話というのはどうだろうか。

　僕は現在、日・英・米・独・仏などの自動車雑誌を毎月立ち読み程度にパラパラと見ているがそれぞれお国柄がにじみ出ていて面白いものだ。一般的に世界の自動車ファンの間で最も知られているのは、やはり英国の雑誌であろうか。中でも老舗としてその名の知られた"オートカー"誌なんかは世のあまたの自動車雑誌の一大スタンダード、原形のようなものなのだろう。なにしろこの雑誌の歴史は古く、創刊は19世紀末の、日清戦争の頃のことなのである。

　デトロイト市立図書館の自動車セクションにこの"オートカー"が創刊号からそろっていたことを思いだす。その道をへだてた向う側の大学に通っていた僕は、暇な時にはちょくちょく古い車の本を見にそこに行ったものだが、初期のオートカーなんてのはやはり相当の代物で、何しろ自動車のパワーソースとしての内燃機関の優位すら確定しておらず、電気モーターや蒸気エンジンだって同列にハを競っていたという時代の出版物である。車輪の周囲にトランペットのバルブのようなものを無数に埋め込んだ「空気圧搾モーター」などという怪しい機構までもがマトモに紹介されていたりして、テクニカル・イノベーションという意味では、今よりよほどすごい時代だったと言えるのかもしれない。

　当時のロンドン市内の制限速度が時速2マイル、車を走らせるときには赤い旗をもった人がその前を歩かなくてはいけないという「赤旗令」の話は有名だが、100年前といえばやはり世の中、今とはずいぶん様子の異なるものだったらしい。

　さて、ドイツの（現在の）自動車雑誌のことを書こうという話であった。今日のドイツではどこの国とも同じように、バイヤーズガイド、ドライブマップつきといった実用的なものから趣味性豊かな高級誌まで、数々の自動車雑誌が販売されているが、やはりその中でも精密機器を使って毎号フル・フルテストを行なう何誌かが主流派として中心的存在となっている。

　サテ、その中でも非常にメジャーなある雑誌の話である。この雑誌、ドイツでは最も本格派で硬派と目される車雑誌でもあり、その市場におけるポジションは日本におけるCGと近いところにあると言えるかもしれない。しかしこの雑誌、CGとは比較にならぬある一点を備えている。その一点とはよく言えば「主張の強さ」、よく言わなきゃちょいとした「偏り」といったことなのだ。

　一般的に欧米のジャーナリズムが日本のそれとは違うなと感じさせられることのひとつに「主張の強さ」がある。欧米では大新聞だって必ずしも中立を標榜しているわけではなく、自らの支持や立場を鮮明に打ち出す場合がおうおうにしてある。しかし中にはハッキリと「偏り」が目につくといったこともあり、車の雑誌でもそうした意味で「へー」と思わされることがあるわけだ。

　それで件のドイツのメジャーな車雑誌だが、たとえば彼らが車の比較テストをすると、ほとんど必ず特定メーカーの車が総合的に1位になってしまうといったことがある。たまたまこの雑誌のクルマ判定規準がある特定メーカーの設計方針とピタリ合致している、ということはあり得ることかもしれないが、ただこの雑誌の場合「偏り」は他にもあって、その中で数年前まで顕著だったことのひとつに、実は「日本車タタキ」というのもあったのだ。日本の車を評価しない。むしろよい車、重要な車ほど何やら理由を見つけて酷評するという傾向がたしかにあった。

　世界のプレス関係者を招いて、ある日本の高級車の発表試乗会が彼らの地元ドイツで行なわれたときにはよほどシャクにさわったらしく、そのリポートは「試乗ルートが観光地ばかりめぐって休憩が多すぎる」とか、「いったいこれでも自動車の試乗会なのか」とあまり本質とは関係のないところで怒ったあげく、「こういうやり方がアメリカ人あたりにはうけるのだろう」と、あてつけのあまり思わず正鵠を射てしまったとも思われるコメントを残して結ばれていたりした。

　ある意味こうした「偏り」を表に出した編集方針も特徴をうちだすのに面白いとも言えるのだが、ところがだ。この雑誌の本当に「エッ」と思わされるのはここからなのだ。すなわちこの雑誌にはかなり充実した数ページにわたる読者からのお便りコーナーが設けられているが、こいつが実に見ものなのだ。例によって比較テストで特定メーカーの車が勝つたびに、例によって日本車が少々理不尽な批判をうけるたびに、例によって何やら主張に満ちた偏った記事が出るたびに、きまって次の号には読者からのスルドいお手紙が殺到するからである。つまり、自分たちの偏った記事

139

に対する批判の投書がフンダンに掲載される。その読者の声がこれまた目茶苦茶に厳しい。「もういい加減にしろ」、「お前たちはどこに目をつけてるんだ」、「○×社からいくらもらってんだ」記名記事に対しては名指しで「何々氏は即刻ジャーナリストを廃業すべきである」等々、もう投石の嵐という感えあるが、それをわざわざ載せる。中には「あの記事はその通りだと思う」と支持を表明する手紙も含まれているのだが、まあどちらにしても日本では考えられないことだ。

しかしさらにすごいのは、その投石の嵐にも彼らは少しも動じたりしない。いかなるバ声があびせかけられようと我が道をゆくとばかりに、次の号にもその次の号にも堂々と「偏り」を誇示したごとき記事が誌面を飾るのだから、エライものではないか。ああドイツ、とも思う。ドイツというのはこのぐらいの主張の強さとガンコさがあってこそ存在価値の認められる社会なのだとも言える。

もちろん「偏り」を売りものにする新聞、雑誌はたとえば英国にもあって、自動車雑誌の中にはこの国にもある時期にしっかりと「日本車タタキ」で人気を得たものはあったと思うのだ。しかし比較して言えば、やはり英国モノはユーモアを残すと言うか、もう少しゆったりとしたところを流儀とする。少なくともクルマの雑誌でドイツのような激しい攻撃性を英誌上では僕はお目にかかったことはない。

ただし発行部数から言えば、ドイツで他を圧倒して多い車雑誌は例の偏り誌ではない。それは一般には市販されていない、日本のJAFにあたるADACの会報誌だそうで、数的にはテレビ並みの影響力をもつこの会報誌、内容はマニア向けではないが厳正中立。使用年数別の全市販車の統計的故障率とか、実際に車をぶつけてのクラッシュテストで乗員の身体部位別ケガの度合を明示するなど、中立なるがゆえにこちらの方がメーカーにとってはよっぽどコワイ。こうした徹底性もあのドイツ・ガンコ一刀流のひとつの表われには違いあるまいと思う。

■ふたつのモード

さてアストン・マーティンDB5の話に入らなくてはなりません。で、前から考えていたある試みをおこなってみようと思う。ト、それほど大層に言うほどのことじゃないのだが、今回は小生、ふたつの異なるモードでこの車を観察してみようと思うのだ。ふたつのモードとは何か？それはひとつは左脳的モード、もう一方は右脳的モードといったことなのだが、ソレハいったいどういうことか？

では早速、まずは左脳的モードにおけるこの車の観察からいく。それはだいたいこんな感じになるのではないか。

この時代のアストン・マーティンがボディ架装に関してミラノのカロッツェリア・トゥリングと関係があったことはボンネット上のバッジが示すとおりであるが、やはりデザイン開発にも同社が関わっていたのだろう。詳しくは不明だが、DB5が非常にイタリアンな造形であることはたしかだ。

この場合のイタリアンとは、少し高めのベルトラインとプレーンなサイドの面、フェンダーに比べて低く落ちたボンネット、後部に向かって自然にフィンを形成するファストバックといった、当時の典型的イタリアン・スポーツカーの特徴を備えているという意味だが、もっと簡単に言ってしまえば、このアストン・マーティンがジャガーXKや、あるいはシボレー・コーヴェットなどとは似ていないのに、同時代のフェラーリやマセラーティとはプロポーションも要素の構成もよく似ている、ということだ。

今回のDB5はその前の世代のDB4のフェイスリフトのかたちで登場した車だ。DB5とDB4の違いは、DB4の方は丸形ヘッド・ランプがカバーなしに、フェンダーの先に突き出していることにある。DB5を真横から見るとリア・フェンダーののびやかさに対して前半分が多少寸が詰まったような印象があるかもしれないが、それはオリジナルのスッと直線的にのびていたフロントが改変をうけたことに原因している。

とはいえDB5も完成度は充分に高く、グリルの形やファストバックの終わりがトランク面に溶けこまずに半球をふせたように終わっていること以外には大きな造形的特徴は見あたらないが、多くの英国車が新しいスタイルを模索してかえって混乱におちいっていたこの時代に、イタリアン・スクールの完成された文法を忠実になぞり、あまり個性を強めなかったことはひとつの賢明な策だったと思うのだ。

……まぁザッとこんなところがとりあえずは小生の左脳的モードによるDB5の観察である。とすると、次に右脳モードである。右脳の方はより感覚的なだけに説明も困難だがそちらのモードによれば、この車はたとえばロンドンの荘重にしてウスよごれたレンガ造りの建物のすき間をシュルシュルと、それもできればショーファー付きでオーナーは正装で助手席に座った状態で（実際にそういうのを見たことがある）流したりするときに最も見栄えのするという、そんな車なのである。走りの性能はもちろんすごいのだろうが、見た目的にはこの車はあまり血眼でとばしたりしないでほしい。

DB5の形はスピード感もあるが、非常なる高級感と一種の古典趣味と近代性を同時にただよわせるユニークなもの。この外観の伝えるメッセージは他には見られぬもので、つまりこのデザインに特徴がないなどとんでもない話だ。またDB5は非常に英国調の車だと思う。イタリアンなんて誰が言いやがったんだと私は言いたい。映画の中で

英国諜報局が女王陛下の刺客ジェームズ・Bのために特注する車という記号性が認められたのも、この車の強度にジョンブル的な存在感あればこそではないか。実際の話、このDB5の見た目がイタリア調に見えるか英国調に見えるか、もし多数決方式で質問したなら、多数派を形成するのはおそらく「英国調」の方であろうと僕は推察する。なんつっても英国は議会制民主主義の発祥地だからな……。

■スイッチ

さてさて、なぜ左脳モードではどう考えてもイタリアンそのものの容姿の車が右脳モードでは英国調に見えてしまうのか。また左脳的には、指摘しようにも強い特徴などどうにも見あたらないこの車が、なぜ右脳的には稀有のキャラクターをもつユニークなデザインの車に見えてしまうのか。むろん以上は小生がひとりでそう言っただけのことなのだから、それも例として説明的に言っただけのことなのだから、あまり気にしないでいただきたいが、しかしどうもここにはデザイナーにとって基本的に重要なひとつの点があらわれているように思う。それは、デザイナーの仕事というのは要するにこんな左脳モード・右脳モードのスイッチ切り替え作業の連続なのではないか、あるいはそうあるべきではないか、ということである。左脳モードとは具体的な「造形」をすすめるにあたって計算したり計画したりするために必要な部分であり、右脳モードとはそうして造ったものの「印象」を汲み取って感覚的にチェックする部分のことである。「造形」と「印象」の間にはつねに落差がある。その落差を正確に測ってカタチを修正し、さらには心理的な要素をも含めて人々がモノを見たときの印象をコントロールしていくというのがデザイナーにあらまほしい技術であろう。すなわちこれが左脳・右脳両モード間のスイッチ切り替え作業ということである。ワタクシの場合このスイッチは耳の横手についており、耳のウシロを掻くふりして切り替えを秘かに行なったりしているわけですがね。

とまぁ今回の話はこんなところだが、先程のヨーロッパの自動車雑誌の日本車タタキについて、あるいは気になる人もいるかもしれないのでその後の経過を述べるならば、これは今では明らかに沈静化に向かいつつあるようだ。特に英国のクルマ雑誌は近頃新たに日本車びいきに転じたかのような趣もあるが、そんな中でいまだに最も日本車にカライのはやはりドイツだろう。最近でも、ヨーロッパの主要プレスが持ち点を投票して決める欧州カー・オブ・ザ・イヤーでトップに輝いた日本車があったが、どこからも一様に高得点を与えられていたこの車にドイツのある大新聞が0点、つまり1点も与えていなかったという小さな事件があり、またそのことについてイヤミな質問をひっさげて、わざわざ代表者にインタビューしたフランスの雑誌があったりと、将来ヨーロッパ統合の理想が達成されてもこうした細かいお尻のツネリ合いはそうそうなくなるものではあるまい。

さて、このこととあながち無関係でもない話題をシメにひとつ。トヨタ2000GTのところで、海外の出版物には「この車は元々ニッサンがヤマハと契約して、アルブレヒト・フォン・ゲルツのデザインで開発していたものを、最後にニッサンが降りてしまい、ヤマハがプロジェクトをトヨタに売り込んだもの」と出ている、と書いたところ、トヨタの歴史に非常に詳しい方から新情報を得たので紹介する。それによれば、「当時、実はトヨタ社内でも高級スポーツカーのプロジェクトが存在しており、だいたい完成していたところにたまたまヤマハが同じようなプロジェクトを売り込みにきた、というのが本当のところで、それが実車にどのような影響を与えたかは、今やカスミの中にカスんで正確にはわからない」のだという。

またデザインについては、ゲルツの案もあったが、採用されたのはトヨタ社内N氏のデザインとのことで、これは実のところ個人的には信じられる気が僕はしているが、いずれにしても以上の新情報も信ぴょう性は高いらしいがまたひとつの「説」にすぎない。

トヨタ2000GTはもっと内外によく知られ、そしてもっと賞讃を受けてしかるべき自動車だと僕は思っている。このあたり、もしも今メーカー自身が開発ストーリー全貌のありのままのところを公にできたらどんなにイメージのフレッシュ・アップにもなり、カッコイイことか！なんて、そんなオダテに乗る相手であるわきゃないが、それでもちょっとこのへん期待したりして。

PEUGEOT 202

第二次世界大戦前に発表されたプジョーの小型大衆車。当時としては画期的な流線型のフルウィズボディを持っていた402（1935年デビュー）に始まる"02"シリーズの最廉価モデルだが、大戦後を含めて10万台以上が生産されるベストセラーとなり、プジョーをシトロエンに次ぐフランス第2位の量産車メーカーにのし上げた立役者でもある。セパレートフレーム付きのボディは写真の4ドアのほか、コンバーティブルやクーペなども追加されている。
全長：4070mm、全幅：1500mm、全高：1500mm、ホイールベース：2450mm。水冷直列4気筒OHV2バルブ。1133cc、30ps／4000rpm。縦置きフロントエンジン-リアドライブ。サスペンション：独立 リーディングアーム（前）／固定 半楕円リーフ式リジッド（後）。

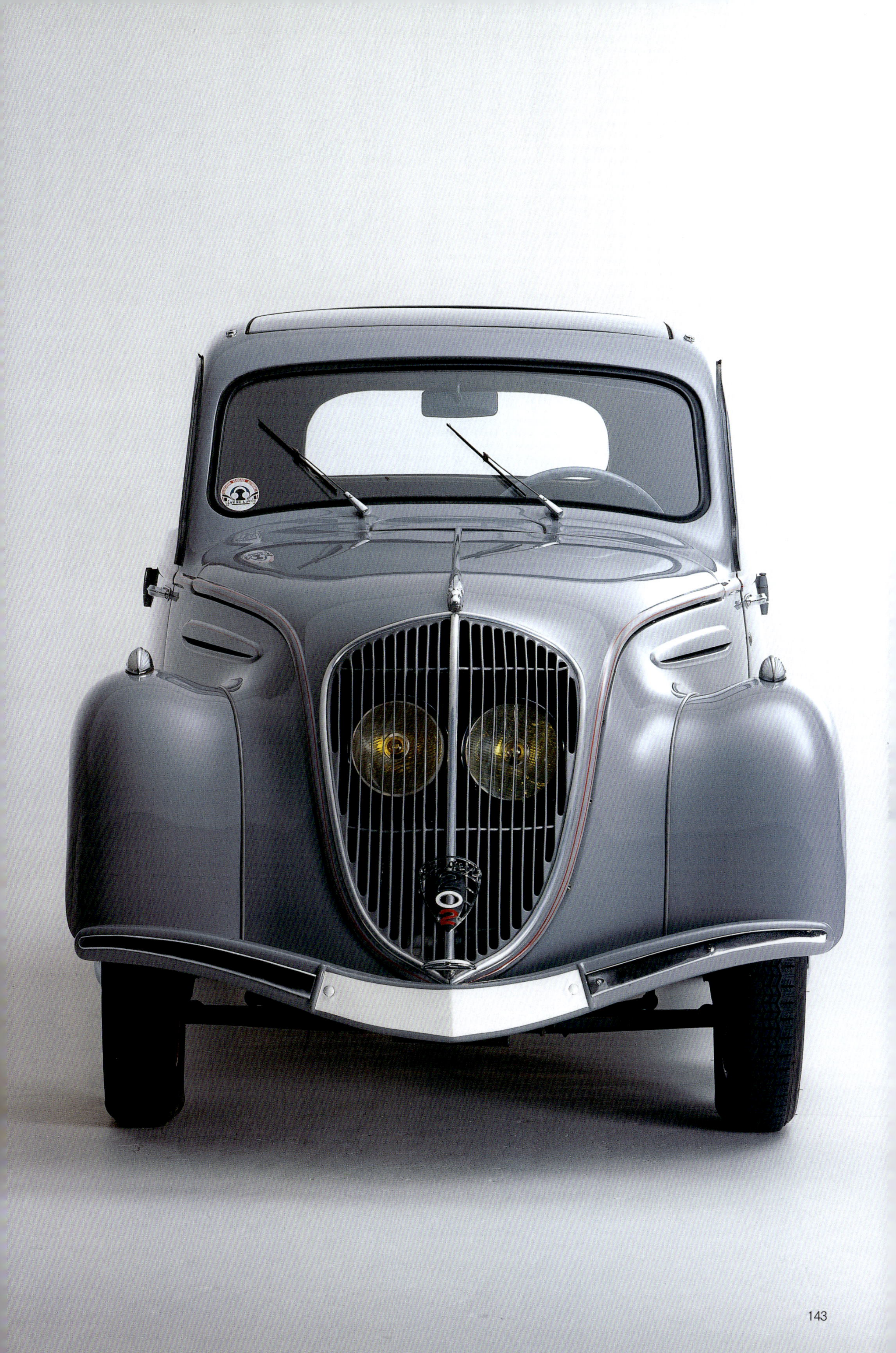

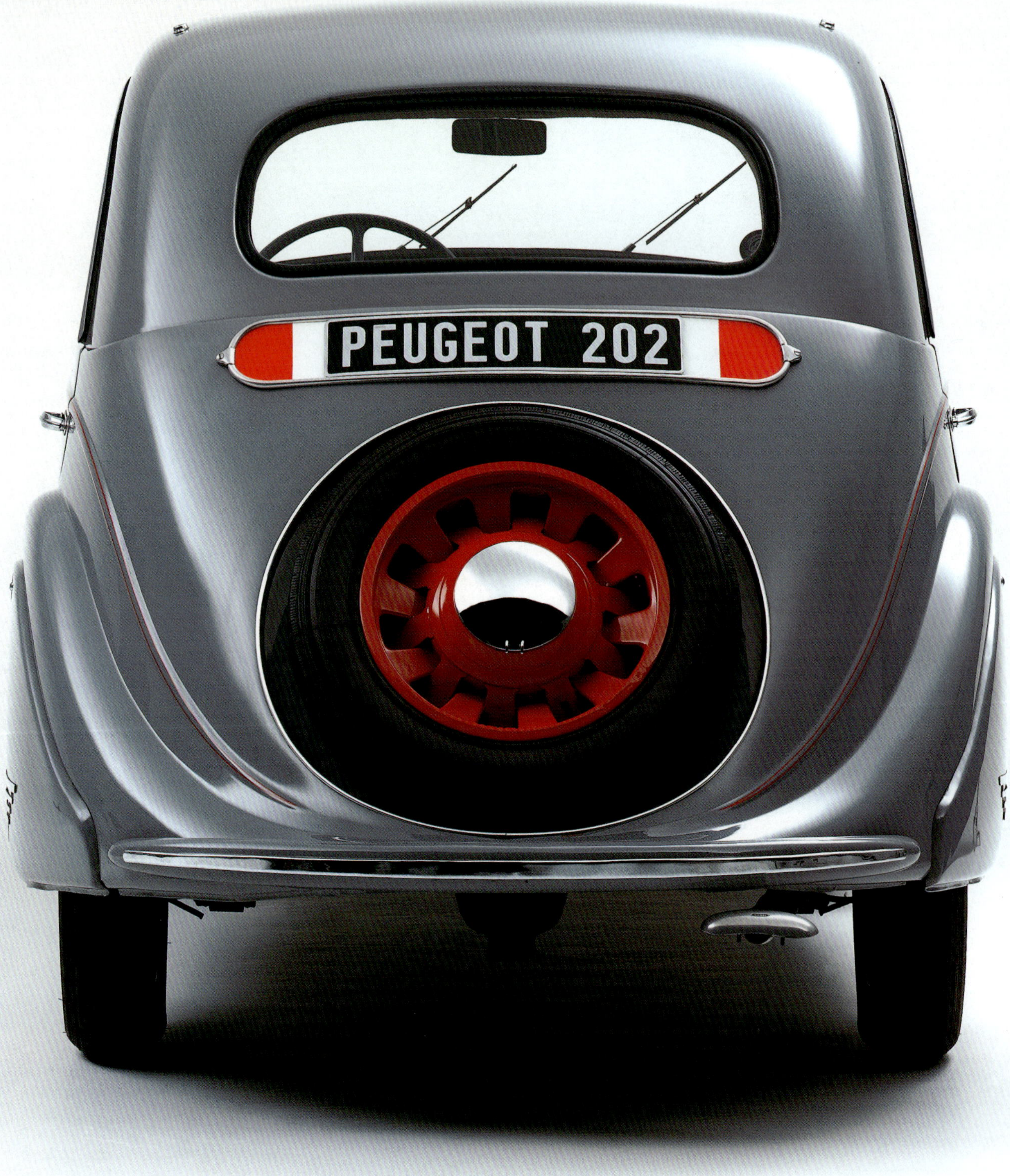
PEUGEOT 202

145

■長生きの秘訣

　2003 A.D.はフォード・モーター・カンパニーの創立100年にあたるそうで、本国アメリカではそのセンテニアルが広く宣伝されていたようである。

　ひとつの自動車会社を一世紀にわたって存続させるというのはハタで思うよりもずっと大変なことで、自動車の発明から今日までクルマ全史を通じて企業として登録された自動車メーカーは世界でおよそ5000社にのぼるというが、少し調べるとその大多数は設立から数年、あるいは1年以内にこのビジネスから撤退、または他社に吸収されるなどして消滅の憂き目にあっていることがわかる。10年以上も続いた自動車会社というのは実は極く稀、ほんのひと握りでしかないというのが歴史上の事実なのだから厳しい。日本にだって戦後10年、15年の間に名乗りをあげた車メーカーの数は、今はすっかり忘れ去られているが、実は驚くほど多かったわけで、こうして消えていったアマタの自動車会社のことを思えばフォードの100年というのはたしかにひとつの偉業であることが納得される。

　ところが世の中何につけ上には上がいるもので、ヨーロッパに目を移すとアメリカあたりの100歳やそこらの青二才など鼻にもかけないというほどのツワモノ、さらなる大先輩のクルマ会社がいくつか存在する。僕がかつて在籍したアダム・オペルなどもそんな大先輩のひとりで、この会社は今から70年以上も前にアメリカ資本のゼネラル・モータースの傘下に入ったから、オペル＝GMの欧州版、というイメージは確固たるものがあるが、実はGMの一員となる前に、すでに長い歴史があったのだ。

　モノの本によればアダム・オペルの創設は1863年だそうで、日本式に言えば明治維新より前、てぇことは江戸の昔から彼らはマイン河のほとり、リュッセルスハイムの町でミシンや自転車の製造を始め、やがて自動車をその製品リストに加えて以来、連綿と今日に至るのだからこういうのを老舗と呼ばずして何と呼ぼう。

　さて今回登場のプジョーもまた、そんなヨーロッパの大老舗のひとつである。と、僕はそのことは承知していたがあらためてちょいと調べてみたところ、プジョー兄弟が今日の同社につながる金属関係の仕事を始めたのは、オペルよりもさらに半世紀ほども古いナポレオン時代のことだそうで、もうこういうのは本当に世界史の範疇である。

　プジョーもまたコーヒー挽きやコショウ挽き、やがてミシン、自転車というコースをたどってついには自動車の製造を開始するに至ったが、オペルなどと違ってプジョーは今でもコショウ挽きや自転車を作り続けており、しかもその分野ではかなりメジャーな存在である。ワタクシ事ながら、ウチにあるコショウ挽きも何気なく買って使っていたが、あるとき裏側を見たら金具の上に小さくプジョーと刻印されているのに気づいた。ワタクシは知らない間にプジョーのオーナーとなっていたわけだが、これでオーナーズ・クラブには入れてくれるのか？

　さて、その古のプジョーの元々の本拠地、ソショーの町

を僕は訪ねて行ってみたことがある。ソショーはフランス東北部、スイス北辺国境からも遠からぬあたりに位置している。それはかなり辺鄙な土地と言ってよく、訪れたのが日曜日だったせいもあって、中心部に入っても人影もあまり見ないような淋しい町だった。

　その町はずれの住宅の裏手にローマ時代の遺跡があることを知り行ってみるとそれは意外や壮大なスケールのものだったが、何のサインも説明もない観光地化度0.0パーセントの遺跡は完全にうち捨てられたようなもので、見物中にも自分以外の人間はついに誰ひとり現われずじまいであった。シンとして、夜中に行ったら肝だめしにはもってこいでしょう。

　さて遺跡の次には、この町にあるプジョーの博物館へ行く。ここを見ると、自動車はこの会社の近代史のうちの陽のあたる一角にすぎないことがあらためて認識される。その長い長い過去において、プジョーは前述のコーヒー・ミル以外にもずいぶん雑多なこまごましたものを作っている。すなわちカミソリだの時計部品だの傘の骨だの肉焼きグリルだのといった品々を作って彼らは生計をたてていたことがわかる。いくら昔と言っても、この程度のものをつくる工場ならフランスにいくらでもあっただろうとも思う。要するにナンである。プジョーというのは元をたどればそもそも草深い田舎町の鍛冶屋に毛が生えたぐらいの地元向けいち金物工場にすぎなかったらしいということが理解されたのが、僕にとってのソショーの町だったと言ってもよい。

　もっともヨーロッパの自動車大老舗たちはその発祥地を訪ねて行くと、多かれ少なかれいずこもこれとよく似た印象を与えるもので、つまりそのメーカーがほんのローカルな小工場だった時代の痕跡が地元にはどこかに残っているものなのだ。こうしたチマチマした地味さを見ていると、そしてこういう小さなカナモノ工場が自動車というものを初めて世に送り出したのだという事実をかえりみると、クルマというのも突然天から降ったように現われて華々しいスタートを切ったわけではなく、欧州の土の中から長い時間かけて、じわじわとにじみ出るようにやっとこさ顔を出した生活用具のひとつだったことが実感されてくるのだ。

　こうした地味ィな車造りを大資本・大量生産・大パブリシティという、我々になじみの近代自動車ビジネスにつくり変えた代表者たるフォードの100年も同慶の至りではあるが、単なるどこかの地方の金物ビジネスをナポレオン時代からコツコツとなんとかやりくりしながら、数え切れないほどの戦争や政変や恐慌やバブルやその崩壊やらを乗り越えて現在まで命長らえさせてきたヨーロッパの大老舗連は、それこそ奇跡に近い強運の持ち主でもあろうし、また同時に大変巧妙なサバイバル術の持ち主でもあるのだろうとも思われてくる。

　さて話は変わるが、僕は生まれて初めてプジョーという車に乗ったときのことを鮮明におぼえている。初めてフェラーリに乗せてもらったときのこともちゃんとは記憶していない当方にとって、こうしたケースはまことに珍しい。

147

それはもうかれこれ25年ほど前のこと、場所は少しだけ変わっていて、ニューヨークでのことであった。マンハッタンのどこかからどこかまで(そんなことはもちろん忘れた)行こうとタクシーを拾うと、たまたま目の前に止まったのがプジョー504のイエロー・キャブだったのである。
　ニューヨークのタクシーと言えば、それこそ映画「タクシー・ドライバー」にも出てきたパッカードの真似のつもりらしい、フロント・グリルをガードレールそのもののバンパーでガードしたあのチェッカーというタクシー専用車がハバを利かせていた当時のことだ。プジョーのタクシーとは珍しいとは思ったが、ご想像のとおり酷使されてガタガタに近い車だったから、何らかの期待を抱いて乗り込んだわけでもない。
　しかし行き先を告げてリアシートにちゃんと腰をおろした瞬間にアッと思った。そのアンコが一部はみ出したビニール張りの座席のかけ心地が、見た目に反してあまりに素晴らしかったからである。それはぶ厚い雲のようにやわらかく体を包みこんで、しかし芯のところではキッチリと着座姿勢を支えるといった、それまでに乗ったどんな車とも違う妙なるかけ心地のもので、実際試みに表面のソフトなウレタンにどのぐらい厚みがあるのかと指で押してみると、なんだか手がほとんど見えなくなるぐらいまで深く押せてしまう。僕はその乙姫さまの膝まくらのようなかけ心地を長く味わいたくて、なるべく渋滞がひどくなるようにと一心に念じたが、その時はスイスイとやけに調子よく目的地に着いてしまい実に物足りない思いが残った。
　あるいは見た目があまりにポンコツだったから乗り心地のよさがことさら美化されて印象に残ったのかもしれないが、かくてプジョーはひとつの優れた個性をもった車としていつまでも自分にとって忘れられない存在となったのはたしかである。……どうもこうして、こちらもプジョーの老獪なサバイバル戦術に引っかけられてるような気もしないではないが。

■奥目

　で、プジョー202ですか。まったく色々な車が日本にはひそんでいるものですなあ。202という車の背景をここで少々説明すると、この車は同社の上級・中級クラス、402、302に続き1937年秋のパリ自動車ショーでデビューした車で、デザイン的には上級2車の忠実なスケール・ダウンと言ってよい。発表されてすぐ戦争になってしまったが、戦後もたしか数年間は生産されたはずである。
　発表時のフランスでの住み分けとしては、6CVの202は乗用車小型クラスでライバルはルノーのジュヴァキャトル、てなこうしたこと書き並べると、編集部から資料でももらって写しているのだと思われるかもしれませんが、そうじゃぁないのだ。僕はいつも手前で適当に調べて、あとは記憶で書いているので、うーむキオクの方は頼りないが平気かいな。
　まぁではともかく、さっそくPuggy202に目をやると、僕としてはこいつは一見してオオッと思いますね。一体どこのどなたサンがやった仕事なのか、そのあたりが歴史的に知られていないことが不思議に思われるほど、これは個性的で完成度も高い、ミメよろしき車だと僕は思う。
　前述のとおり、202に先んじて世に現われた402、302も造形テーマはこの車とほぼ全面オーバーラップしており、上級2車の方が寸法が大きい分のびのびとしており、そちらの方に高い得点をつける人も多いだろうが、一方の202のまとまりのよい完成度と少しコロンとした可愛さも捨て難いバリューではないかと僕は思っている。
　また、その名は知れぬながらもこの車のデザイナーのような人こそ本当に「ウデの立つデザイナー」と呼ばれるべき人物であろうと僕は思う。それはこの車、全身どこから見てもマスの均衡正確にとれて破綻がない、といったこともあるが、単なる「正確な目」というだけでなく、たとえば僕はこういうことを考えるのだ。
　この202を前にして、たいていの人の目がまず行くのはやはり曲面楯形グリルの奥にヘッド・ランプのひそむ特徴的な「顔」であろうと思う。グリルの中のヘッド・ランプ(グラスの中の顔というのが昔あったな)というのは、当時のタルボのレースカーなどに見られたアイデアで、戦後もヒーレー・シルヴァーストーンが踏襲したが、202のような車がこうしたフロント意匠をとりいれるということは今で言えば(今で言わなくても)、一般大衆車にル・マンに出るような車のフロントをくっつけてしまったことになるわけだ。
　ところがこの車の場合、それが不自然に浮いてしまうといったこともなく、割とすんなりと収まっている。いや、むしろ一回見てしまうと、このボディにはこのツラでないといけないと思わせてしまう、ある種の説得力があるように思う。
　それは造形上の「もっていき方」がうまく演出されているからで、どういうことかと言うと、ラインや面の流れの中にこのグリルのこの楯形が、この曲面が形づくられることが必然的であるように、そして雰囲気的にもアール・ヌーボー未来指向調といった全体のオーラがこの顔を必要とするようにと「もっていかれ」てるわけである。これは口で言うのは簡単だが、なかなかうまくいくものではないのだ。
　しかもこうしたもっていき方の配慮はフロントだけに限ったことではなく、202はこの時代の車として全身がみごとにたったひとつの「形のココロ」にしたがった車だと思う。フランスのデザイナー用語で"エスプリ・デュ・スティル"という言葉があり、「形の精神」「形の意志」とでも言うのだろうか、202はボディ、フェンダー、ボンネット、トラ

ンクと、部分部分が互いに必然性を演出し合って共通言語を喋り合っている感があり、実にこのエスプリが強力に貫かれている。もうエスプリ・ターボである。

また個々の線を見ても、この車の各所を走る数多くの曲線はリズム感があって素晴らしい。もちろん曲率はさまざまに異なるが、カーブのもつ性質、表情には統一感があるようで、同様のことは面についても言えると思うが、この車をデザインした人というのは（複数かもしれないが）大胆な一方で周到でもあり、目が抜群によく、線に強く面に強く、形のもつ雰囲気をうまくコントロールできる相当の使い手、言ってみりゃアラン・プロスト系のヒトと見た。と、性格判断しても別にしょうがないが、こういう人こそを「ウデの立つデザイナー」とワタシは呼びたいのだ（勝手に呼べ）。

■洒落者の血

他にも202にはオオッと思わせるところがある。それはセンがメンがどうのよりもっと基本的な、デザイン・コンセプトに関わるところだが、思うに1930年代後半に活躍した402、302、202のこのファミリーというのは、歴代プジョーの中でデザイン的には珍しく前衛的で流行コンシャスで、非常に例外的ないちジェネレーションだったのではないかといったことだ。

プジョー、ルノー、シトロエンというフランスの三強の中で、戦後のプジョーは常に穏健派として知られてきた。それは三強の性格が非常に接近した今日でも決して言えないことではなく、たとえばプジョーはいまだにハッチバックでない、トランク付きのいわゆる3ボックス・セダンを複数車種生産している。それがどうしたと思われるだろうが、当方の頼りなき記憶力にまたもムチ打って今ザッと思い出すところによれば、他の二強はどちらも3ボックス・セダンというのはもう1台も（国内向けには）生産していないのではないか。

つまりフランスというのは乗用車と言えばハッチバックが当たり前となった国なので、実際この国では自動車専用道路の標識だってハッチバック車のシルエットが描かれている。つまりプジョーというのは、そんなフランスでいまだに3ボックス車に乗り続ける人たちを今でも大事にしている会社であることがわかる。

ところが、そんな質実な「お父さんの味方」の彼等としては、この202の世代だけがずいぶん「飛んで」いる。前出の直接のライバル、ルノーのジュヴァキャトルに比べても、202ははるかにカッコウを気にした車で、ジュヴァQの方だって当時のオペル・オリンピアを範にしたアメリカ風ルックスのフレッシュな車だったのだが、このプジョーのスタイリッシュな妖艶とも言える空気と比べれば、働き者のお姉ちゃんといった感じである。

そのどちらを好むかはもちろん人それぞれだが、どちらにしてもその後プジョー・デザインは「更生の道」を歩むこととなり、戦後は203、403、404、204……といった至極まともなセダンが何代も生み出されることになったのはご存知のとおり。

すると、戦争前の202の時だけ、彼らはオンケン派路線とまったく異なるセンを狙っていたということなのか、それともあれば何かの気まぐれみたいなものだったのだろうか。

……ところがである。ここから少しだけ話は移るが、はじめて巴里の街へ行った時、小生は意外なことに気がついたのである。あの一見平凡な60～70年代あたりのプジョーのセダンたちというのは、彼の地の路上環境で実際に見ると、どれも不思議とスタイリッシュでなんともシャレて見えるのである。少なくとも僕にはそう思えた。写真で見る印象、あるいは他の国、たとえばあのニューヨークで見た時の印象なんかとはずいぶん違う。クイモノだって土地の物を食べるのが一番と言うが、車だって産地へ行ってその場でとれたものを見るのが一番よいのかもしれない。

それで感心したこちらはプジョーが駐まっている毎に立ちどまって、目をこすって眺めるような具合になってしまったのだが……。でも考えると、嗚呼、こうしてまたも私はプジョーの奴等の老獪なサバイバル術にまんまと乗っけられているのだろうか？

ただこうして見ると、あの202たちのジェネレーションはたしかに非常に例外的ではあったが、彼等のなんともフレンチな洒落っ気というのは、実はもともと血の中に備わる、戦前戦後を通じて変わらぬ彼等特有のカタチDNAのひとつなのかな、という気もしないでもない。もっとも伝統の「血」だけでは生き残り困難となったのが今日の世界で、老獪な彼らはまたまた新たなサバイバル秘策を練っているのには違いないが。

しかしプジョーのナポレオン時代ぐらいで驚いてはいけない。再び頼りない記憶からだが、自動車関係ビジネスで僕の知る限り、一番の古参は英国のコーチ・ビルダーの"リポン"で、この会社の始祖はたしか16世紀、日本にはじめてキリシタンが伝来した頃までさかのぼるはずである。ただしリポンは戦後まで英国の代表的コーチ・ビルダーのひとつとして知られていたが、今日ではもうその名は聞かないから、プジョーと比較するのはフェアではあるまいが。

日本にも牛車時代から続く車会社とかあったら面白いのに。その会社の車は出力を馬力と表示せず牛力と表示する。こいつは目立つ。実に素晴らしいではないか（？）。

LAMBORGHINI P400S

1965年のトリノ・ショーで発表されたレーシングスポーツ・プロトタイプであるP400をベースに、ロードカー用のボディをまとったランボルギーニ初のミドエンジン市販車。発表は66年春。ロードカーとしてはルネ・ボネ・ジェットに次ぐ2番目のミドエンジン車で、鋼板製ボックスセクションフレームの背後に4ℓV12ユニットを横置きする。年々のパワーアップに伴いP400からP400S、P400SVへと進化するが、今回の撮影車両は68年型のP400Sである。
全長：4360mm、全幅：1780mm、全高：1080mm、ホイールベース：2504mm。水冷V型12気筒DOHC2バルブ。3929cc、370ps／7700rpm、39.5mkg／5500rpm。横置きミドエンジン リアドライブ。サスペンション：独立 ダブルウィッシュボーン（前／後）。

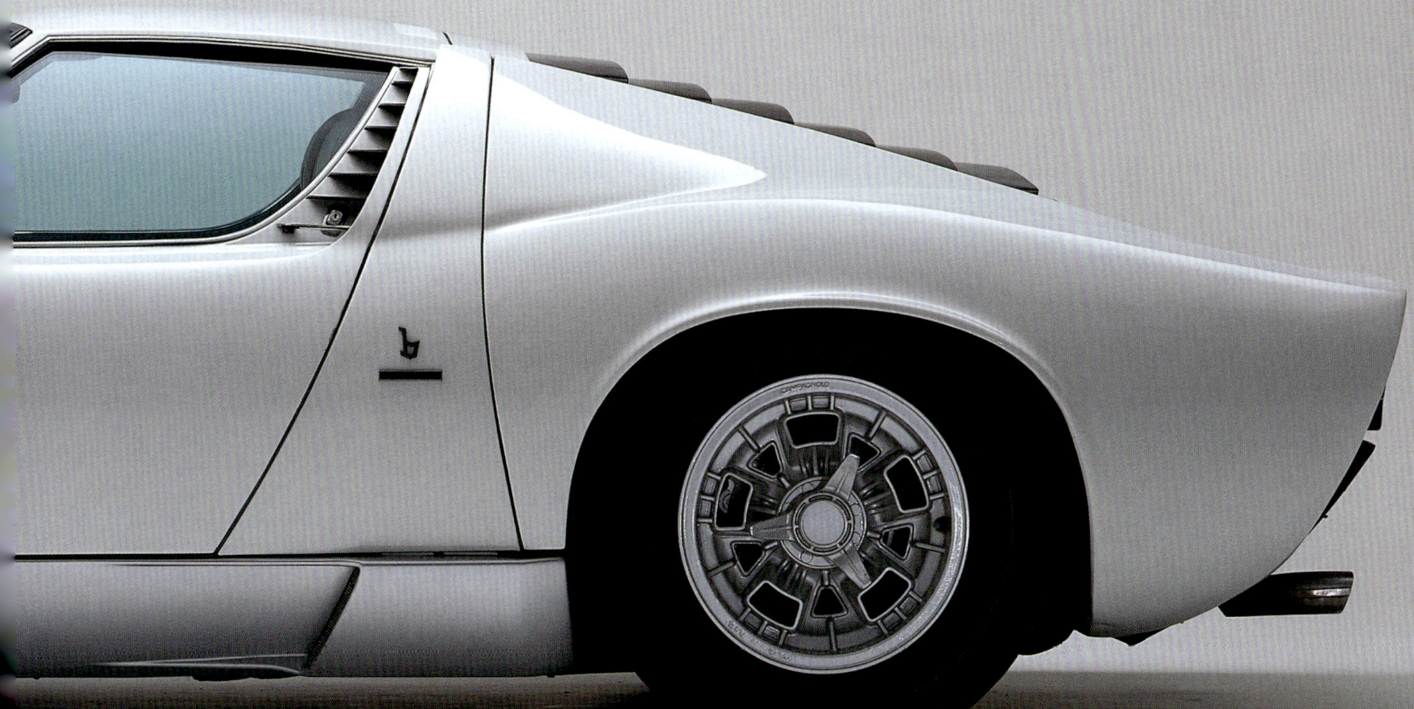

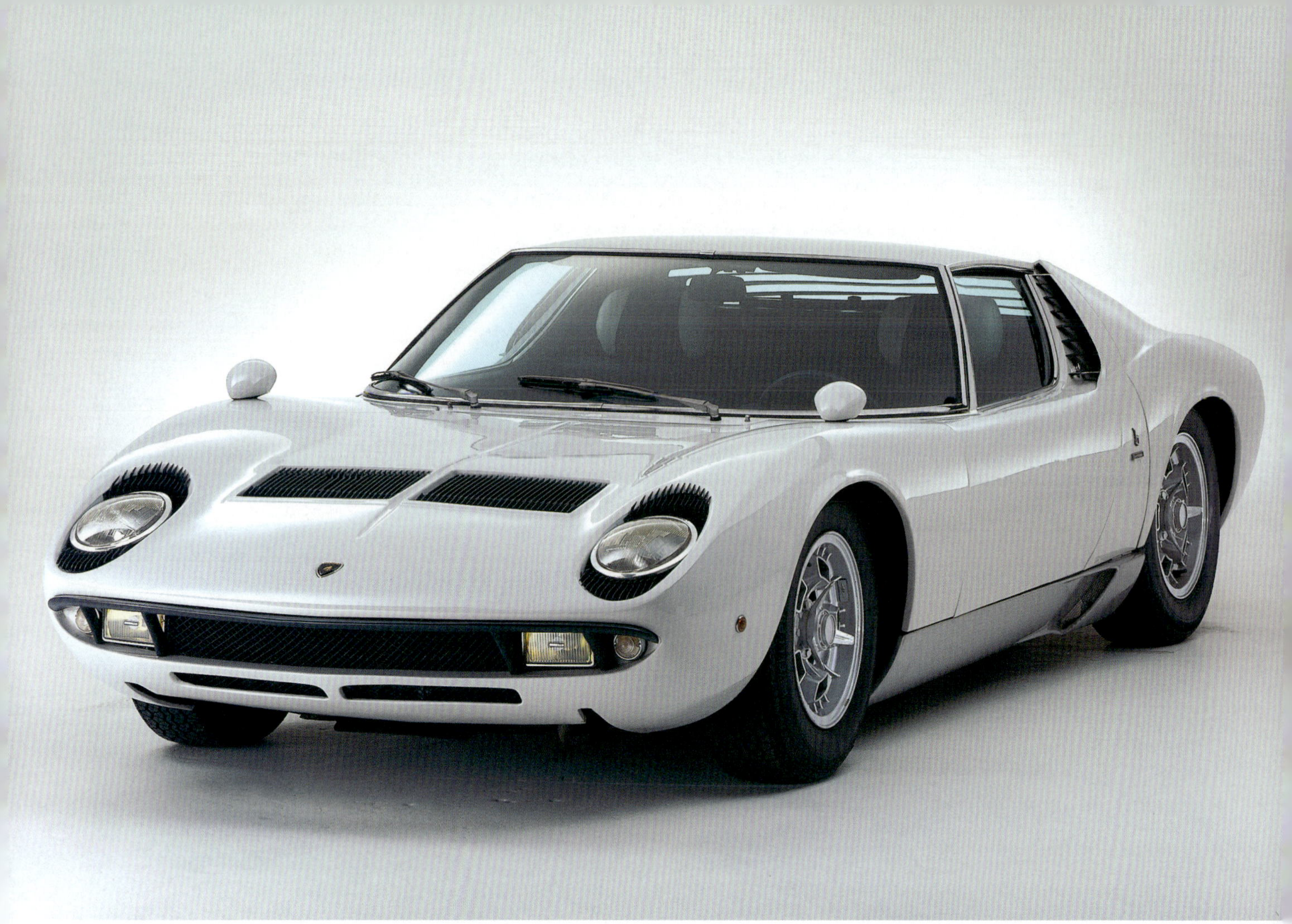

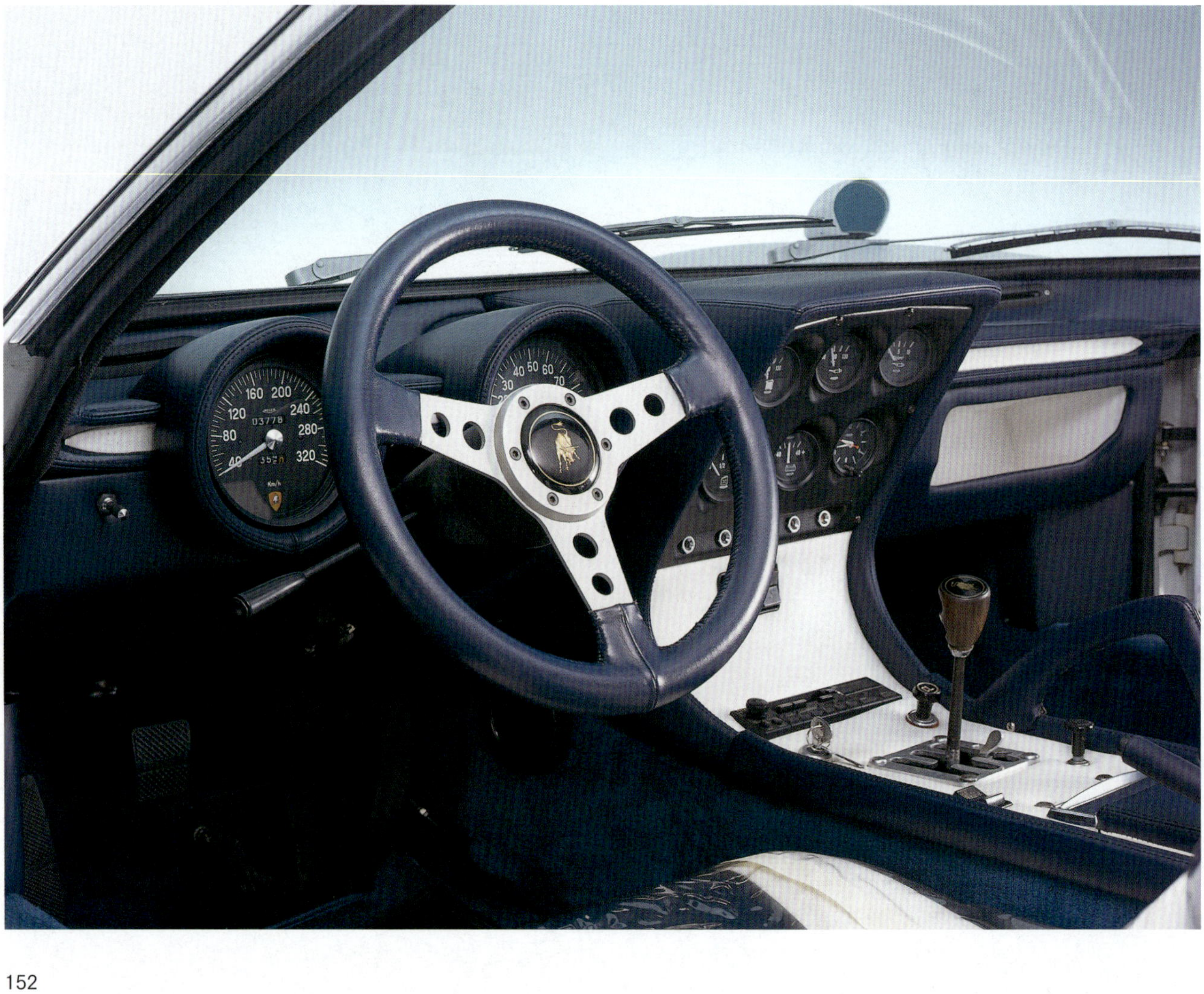
160 200
120 240
80 280
40 320
03778
Km/h

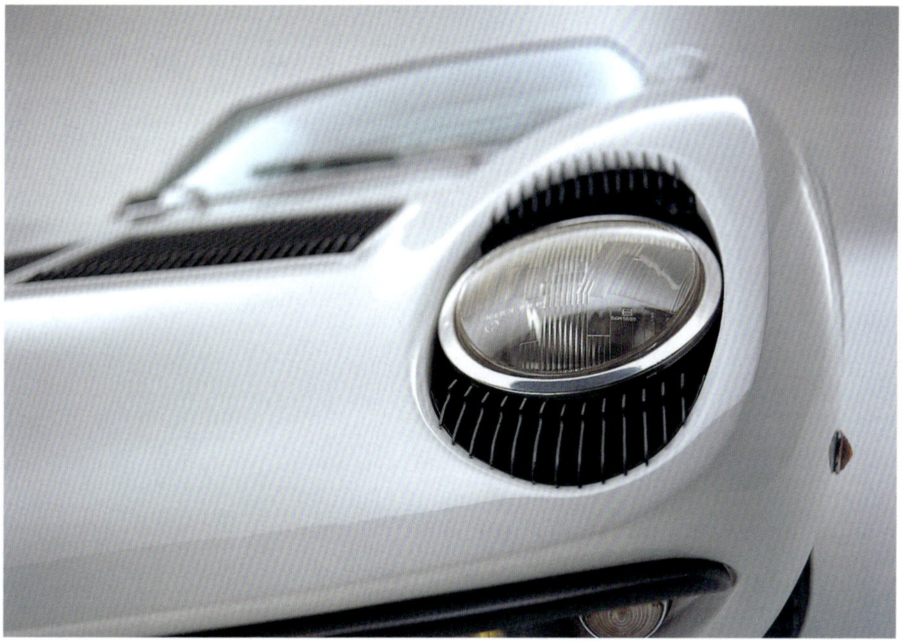

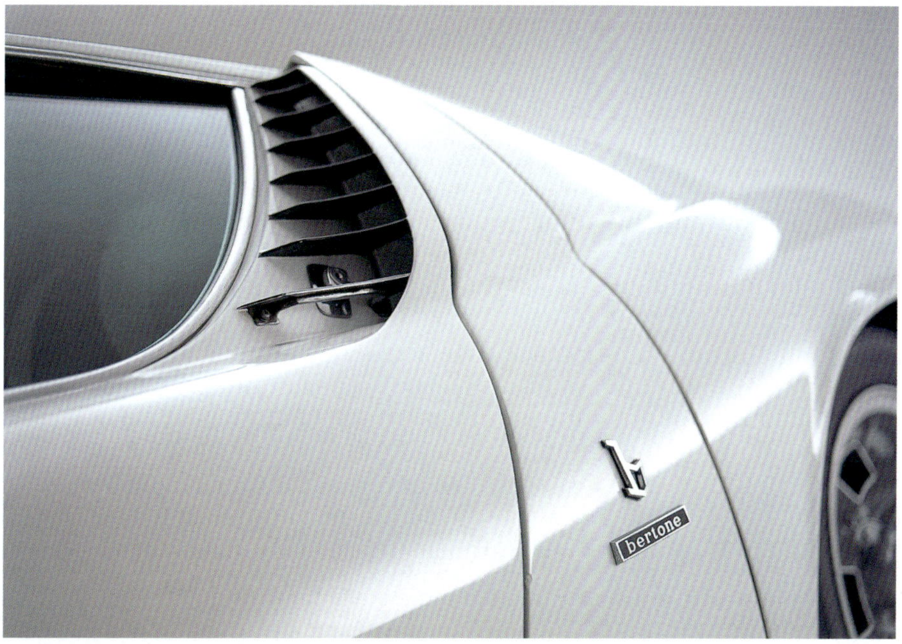
bertone

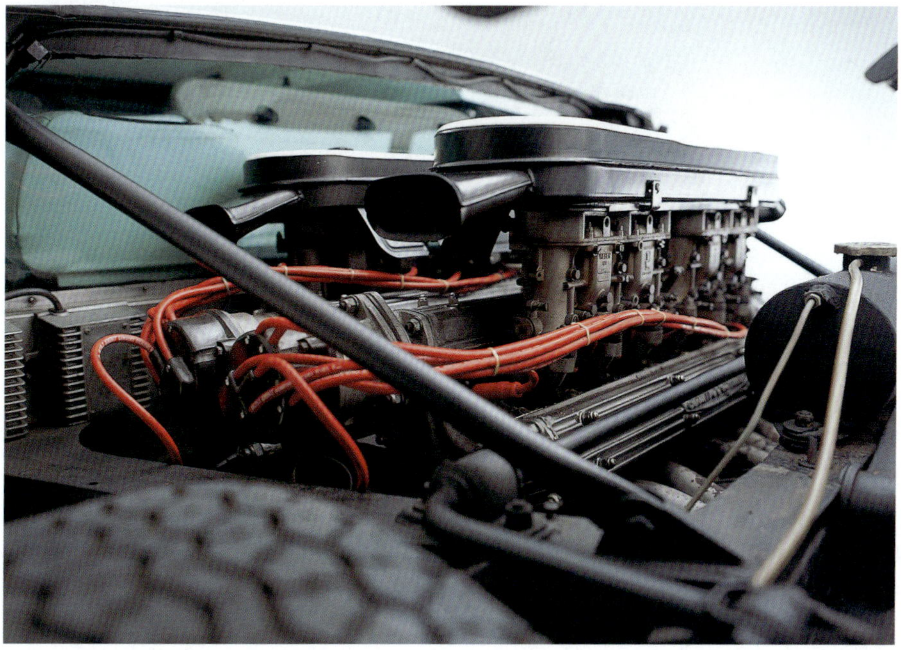

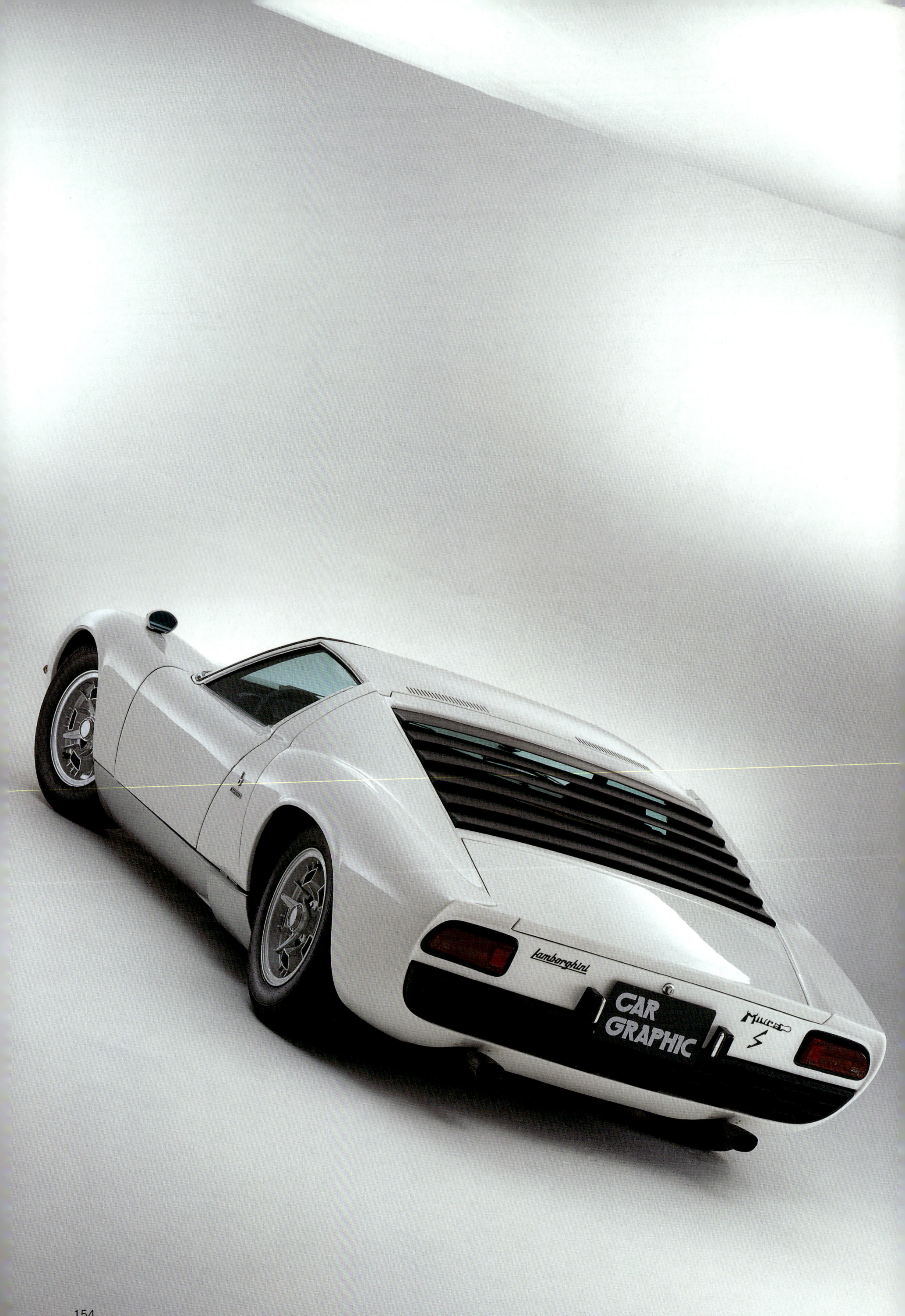
Lamborghini
CAR
GRAPHIC

■魔法使いジニーのその後

　ランボルギーニと聞いてまず頭にうかぶのは、僕の場合パリに住む友人A君のことである。正確に言うとAが両親と共に住んでいるのはパリ市内ではなく緑の広がる郊外で、その家にはプールがついている。

　A君一家はイランからやって来た。イラン人の一家である。そしてこのA家というのはイランではよく知られた長く続く名家なのだという。実は一家が現在パリに居住しているのもそれがアダとなったもので、すなわちA家はイランの前国王パーレビとも近い立場にあったため、20数年前のあのホメイニ革命の時に政治亡命のような形でヨーロッパに逃れて来ざるを得なかった、ということなのである。

　そのあたりの事情についてAの父親は、「あの時は家も事業もすべてを捨てて、トランク2個だけ持って妻と幼かったAの手を引いて逃げてきたんだ」といった話をしてくれたことがあり、それは少々気の毒な話にも思えたが、でもとりあえずA家は現在生活に困っているわけではない。いや困ってないどころではなく、実はA君一家は大変な金持ちなのである。それも中東の金持ちというのはこういうものかと、わがジャパニーズ小市民感覚を逸脱する、とてつもない金持ちなのである。

　冒頭に記したように、一家はパリ郊外のプールのある家に暮らしている。そのあたりは高級住宅であり、これは相当の家と言ってよい。しかしその結構な家をAの父はしきりと嘆くのである。その嘆きは一家がテヘランに残してきたという元の家の写真を見せられたとき、瞬時にして了解された。いや最初テヘラン・ヒルトンの写真でも見せられているんじゃないかと一瞬わけがわからなかったという方が本当か。これが個人の住居なのか！　まぁその家のでかいこと、近代的なつくりで本当にホテルのような家である。

　それで今住んでいる家は「以前事業をしていた頃にパリ周辺うけもちの秘書を滞在させるために買っといた家」とAの父親。秘書用の仮住まいに自分が住むことになるとは、「トホホ」と嘆く気持ちもわかりますけどな。

　しかしA家はフランスにもう一軒、南仏はモナコに近いところにも家を持っている。そしてモナコのハーバーにヨットを所有しているという。ヨット？　僕はまだ見たことがないが、A君によれば「うちのはたいしたことない」とのこと。やはり中東から来ている彼の知り合いのヨットもモナコにあり、そちらの方が上等だと言う。

　ではその知り合いのヨットはと言うと、「船尾にヘリコプターが着けるようになっており、動かすたびに専用に雇っているクルー数人と執事数人がとんでくる」、そして「船内いたるところで手に触れる真鍮のオーナメントは実は真鍮ではなくすべて「純金なのだ」そうな。それで「アイツんちのヨットくらいのが欲しい」とA君。

　ついでに言うなら、A君はモナコではカジノにも出入りしているらしく、曰く「この前ルーレット・テーブルで隣にクウェートあたりの金持ちが座って……」まったく中東だらけですな。で、そのクウェート人の背後には主人と同じような白いアラブの服を着た召し使いがふたり立ち、主人が腕組みしたまま「何番、何番、何番」と数字を言うと召し使いがその番号の上にチップの山を置く。そのチップひと山が自動車を楽々買えるぐらいの額なのだそうな。

　もちろんひと勝負終わればたいていチップはすべてディーラーの元へ持っていかれてしまうが、クウェート人は意に介するでもなくまた腕組みしたままで「何番、何番、ほいから何番」と番号をつぶやくのだという。ひと晩でモナコのカジノの金庫は大渋滞だ。それでA君またもや「あのぐらい金があるといいな」てめぇ同じテーブルで遊んでたんだろ！

　このA君について感心するのは身辺でうなりをたてる金の量もさることながら、落語に出てくる昔の大家の若旦那をもっと極端にしたような悠々たるそのお大尽ぶりでもあるのだ。たとえばこういうことがある。パリと言えば大変な駐車難の街だが、シャンゼリゼあたりの中心街にAと遊びに出ると駐車に困ったことがほとんどない。車から降りるやたいていどこか近くの高級ホテルか高級レストランからボーイがとんできて、車をどこかに駐めてきてくれるからである。

　つまりA君はそこらにある無数の高級ナニナニの常連であり、ボーイと顔見知りであり、おそらくは高額チップの提供者として有名なのである。僕がAと初めて会った頃、彼はまだ20代だったが、それはその時からそうだった。

　いったい亡命中の一家はどこから金を得ているのだろう。父親はもう事業はしていないしA君自身も遊んで暮らしているのである。Aの父親は「トランク2個だけ持って逃げてきた」と言ったが、ではその中に何が入ってたのか。金塊？　ダイヤ？　いや地球のあのあたりにあるはずの魔法のランプってやつを奴等持ってきてしまったんじゃないかとワシはにらんどる。

　さてこの贅沢が骨の髄のオッソ・ブッコにする部分までしみついたA君、洋服など、派手ではないがさすがによいものを着ている。やはり安物はこういう奴には似合わないだろう。腕には金のロレックス。ロレックスぐらい日本だって珍しくないが、ただ僕はA君ほどあのギザのついた腕巻き金ののべ棒のような時計が見事に似合う人間を他には見たことがない。ではA君の車は？　ハイご想像のとおり、ランボルギーニである。それもジャルパ、ディアブロ、カウンタックと3台持っている。いや今はきっともっと増えているに違いないが、こいつがまたAと切り離せないぐらいよく似合う。サザエさんとサンダルよりもピタリと決ま

のだ。ランボルギーニはA君に合わせて車をテーラー・メイドしてるんじゃないかと僕は思う。

■誰がこの車をデザインした？

　ランボルギーニが高級スポーツカー・マーケットに参入した1960年代前半、そのセグメントにはイタリアからはフェラーリとマセラーティというさんぜんたるレーシング・ヘリティッジを勲章のように胸にぶらさげた双璧が屹立していた。デザイン的にはピニンファリーナのフェラーリは完璧を目指す王道で、パワフル感と共に充分にゆきとどいた繊細微妙さをも誇示していたのに対し、一方のマセラーティのトゥリングなどのボディにはもっと男性的で割り切りの明確な印象が強かったと思う。つまり双璧はこうしてうまくどちらも持ち味をそれなりに主張して、それが棲み分けにもなっていたのである。

　そこへ後から割って入ってきたのがランボルギーニだ。この会社はレースどころか何の伝統も名誉もないトラクター会社だから、デザイン上に何を売りものにするつもりかと思ったら、彼らは意外なところに道を見つけた。

　そのデザイン哲学とは僕に言わせれば「豪華遊び人風作戦」といったところか。ランボルギーニという車は最初からレースの修羅場で鍛えぬかれたようなシリアスさや、殺気をはらんだ「本気のオーラ」を放棄していた、というか拒否していたように思え、そのデザインはちょっとチャラチャラとして人をビックリさせることが主目的のようなところもあり、Aみたいな遊び好き浪費好きの若旦那にはこの世にこれ以上うってつけのアイテムはなしというぐらいのもの、この車の発するオーラは七色のラメ入りだったのである。

　これは決してネガティブな意味で言っているのではなく、彼らの豪華遊び人風大作戦がいかに正解であったかは今日に至ってつくづくと納得させられるのである。すなわち四輪のついたギリシア彫刻的自動車の黄金率を追求したピニンファリーナ・フェラーリはその後行き詰まって少々デザイン方針の修正を余儀なくされ、マセラーティはそのアイデンティティを新時代に適合させ得ぬまままったく違うカテゴリーの車になってしまったのに対して、見よ、ひとりランボルギーニは経営者が何度入れ替わろうとデザインの方向性だけは昔も今も変わらず一貫している。つまり豪華遊び人風作戦はいまだに有効、これにとって代わるほどの優れたテはその設立から約40年にわたって発見されなかったということだろう。まったくデザインの「正解」というのはどこにころがっているのかわからない、とこれはいつかも書いた覚えがあるが、彼らのとった作戦もひとつの大成功例だと僕は思う。

　で、ランボルギーニ・ミウラ。この車には本当に熱烈なファンが多いようだ。ミウラはいい、ミウラが好きだといった声は今でもひんぱんにわが耳に入ってくる。もちろんこの場合の「いい、好きだ」は乗ってみたらいい車だったという意味ではなく、見た目がいい、かっこが好きだという意味だろう。僕の尊敬する現役デザイナーの中にも「ミウラこそ車の歴史上もっとも素晴らしいデザイン也」と言って譲らぬ人までいる。

　どうもしかしそこまでイイ、イイ言われるとミウラ半島の奴ちょっと過大評価されてんじゃないかという気がこちらにはしてこないでもない。というか、この車をそこまで誉めるなら忘れずにもっと拍手を送るべき車が1台あると思うので、ちょっとそのあたりのことを書く。

　まずは、ミウラという車は誰がデザインしたのかという話がチマタにはある。すなわちこの車はジョルジョ・ジウジアーロの手になるものか、はたまたマルチェロ・ガンディーニの手によるものかという長いことマニアをにぎわせてきた議論があるのをご存知だろうか。ミウラはカロッツェリア・ベルトーネの作品であるが、60年代初頭から数年間、そのベルトーネで若きジウジアーロは腕をふるっており、多くの優れた作品を残した。そしてジウジアーロが去ったあとに同社の主要なデザイナーのひとりとして活躍したのがガンディーニで、その後のベルトーネのイメージは彼が築いた部分が大きい。しかるにミウラという車はちょうどこの両人の交代時期に発表された車であり、また評価が極めて高かったために、じゃあコイツを実際デザインしたのはジョルジョかマルチェロのどっちなんだというオタッキーな議論になったものらしい。別に誰のデザインだろうとカッコ良きゃいいじゃないかとたいていの人なら思うが、そんなこと言うと張り倒されるのがキビしいマニアの世界つーもの。実際かつてのカーグラフィックにもこの点を追求した記事がのったことがあったと小生は記憶している。

　しかし今、僕はこの議論に鼻を突っ込む気はない。というかもっと基本的なところではっきりさせといた方がいいことがあるような気がする。すなわちミウラには正にその造形の8割方までを手本とした車があったはずなのである。かのおふたりのどちらに軍配をあげるかよりも、まずはオリジナルとなった車の方に真紅の大優勝旗を進呈するのがスジというものではないか。

　ではそのモトとなったその車とは何かと言うと、それは1964年に登場したあのフォードGT40、さらに言うならレース・バージョンの前に発表された試作車の方がミウラのオリジンであると僕は思っている。

　この両車の造形には非常に近いものがある。まずはボディの基本構成。その時代、フェラーリやポルシェのミドシ

ップ・レース車が軒並みドアに丸みの強い深いセクションを与えて、その上に金魚鉢のように丸いガラスの幅のせまい（ということは前面投影面積の小さい）アッパーをのせる手法をとっていたのに対し、ひとりフォードGTはドアは平らで薄く、その分アッパーを肩幅まで広くとり、傾斜の強いフロントとサイドのガラスには比較的平らな面を与えていた。こうしたフォードに最も特徴的な造形をミウラも踏襲している。そのフロント・ガラスをラップ・ラウンドさせて視覚的にサイド・ガラスと連続しているように見せるやり方も、当時のこのカテゴリーの車ではおそらくフォードGTとミウラだけに共通する点ではないか。

　穏やかな前後フェンダーの盛りあがりと幅広くうねるフロントカウル上面。この感じもとても似ている。当時フォード以外のグループ5レース車や生産型ディーノのホイール・ハウスは皆、山のように盛りあがっていたことを思えば、これもミウラが後を追いかけたフォードの特徴のひとつと言えるだろう。

　当たり前ながら、フォードGTプロトタイプの写真をどこかから探し出してきて比べてみるのが一番よくわかる。両車はとにかく似ているのである。空気取り入れ口や前後カウルのシャット・ラインの入り方、そのフロント・カウルが一体式であること、リアのカウルがその頃としては少々珍しく後ろヒンジで開くなんてことまで、ミウラはフォードGTと共通しているのだ。

■変身

　では次に、なぜミウラはここまでフォードGTの明らかな影響をうけていながらそのことがあまり語られてこなかったのだろう。無名の車ならともかく、GT40は一世を風靡したと言ってもよいよく知られた車だ。ミウラなど出現した瞬間に「アッ、お手本はフォードですね」と皆に口を揃えて指摘されてもよいはずなのに、そうした声を僕はあまり聞いたことがない。その理由はどこにあるのか？

　まぁもともとヒトはランボルギーニの手本がフォードだとは考えにくい生物なのかもしれないが、そんな心理面を除いても、たしかにミウラにはフォードGT40を連想すること難ならしめる造形的理由がいくつかひそんでいるようである。

　その第一は、やはり一方の車はレースカーとして、もう一方はロードカーとしてデザインされていることにあるだろう。つまりフォードの方が妥協がないのである。妥協がないだけ造形テーマもより極端に表現されている。一例を挙げればサイドガラスの傾斜角度がミウラはちゃんとマドが開くように、そのためガラスにはドアの中にガイドを伝って入ってゆけるような角度と曲率を与えられているのに対してフォードのサイド・ガラスは小マドの付いた外皮と面一に固定されたものだった。フォードGTのボディ後半部分の面変化がミウラよりずっと豊かなのもこのサイド・ガラスの傾斜角に由来している。

　その他にもカウルの位置、サイド・メンバーの深さ、室内スペースの問題など、ミウラはロードカーとして作られているぶん設計的には妥協だったかもしれないが、造形的にはそれだけにフォードGTと異なるニュアンスを獲得していたのだと言えましょう。

　第二の理由。これはもう少し説明しやすいが、グラフィクスの違いである。つまり立体造形的には両車は非常に近くてもその表面の二次元的処理が大いに異なっている。その一番よい例はヘッド・ランプだ。フォードGTの特徴的なあのクリア・プラスチックにおおわれた四角いヘッドランプに対してミウラのは面に張りつけたようなダ円形、しかもその周囲が黒く塗装され、前期モデルではここにマツ毛そっくりのオーナメントが付されていた。こいつがものすごく目立つ。

　他にもサイド・ガラス後ろのルーバーとか、人の目はどうしても全体形を大きくとらえる前に、顔とか目とか、他の奇抜な表面処理にひきつけられるようにできているらしい。だからフォードもミウラも、天ぷらを揚げる時のようにドボンと塗料の中につけてしまえばこうした表面処理はわからなくなり、その時には両車の造形にいかに近いものがあるか、さらによくわかるはずである。

　別にまぁどの車がどの車に似ていようとワタシャ構わないのであるが、またミウラが1台の自動車として素晴らしい魅力の持ち主であることは間違いないが、そのデザイン・クレジットということになるとお手本の功績も忘れてはなるまいといったおハナシでありました。

　さて前記亡命者A君であるが、遊んで暮らしてると言ってもそれは彼がグータラだからではなく、実は労働許可の問題とか色々複雑な事情があるのである。また僕は中東のカネモチには他にも何人か会ったが、どうも彼らはカネのあるなしをそれほど意識していないようで、ビンボー人を差別したりしないように思われまた礼儀なんかも正しい。だから少し分けてくれというわけじゃないが。

　それはそうと、A君の目鼻だちが誰に似ているかというと、少々毛深すぎる以外はなんとなく日本の皇族を思わせるところがあるように僕はつねづね思っている。あるいは奈良時代の仏像にも似ているか。それでテレビなどで「古代日本とユーラシア大陸との意外に密接な関連」といった話を見るたびにAのツラこそはこうした説にさらなる信憑性を与える生きたサンプルではないかと、僕は密かに考えさせられているのであります。

ALFA ROMEO GT1300JUNIOR

1960年代のアルファ・ロメオ躍進の原動力ともいえるジュリア・シリーズの中で、最も人気を博したのが2ドア・ボディを持つジュリア・スプリントGT、軽快なデザインと4人の大人が座れる実用性を兼ね備えていた。写真はボンネット前端に段差がある前期型の1300ジュニア、1969年に生産されたモデルである。
全長：4080mm、全幅：1580mm、全高：1315mm、ホイールベース：2350mm。水冷直列4気筒DOHC2バルブ。1290cc、103ps／6000rpm、14.0mkg／3200rpm。縦置きフロントエンジン-リアドライブ。サスペンション：独立 ダブルウィッシュボーン（前）／固定 トレーリングアーム（後）

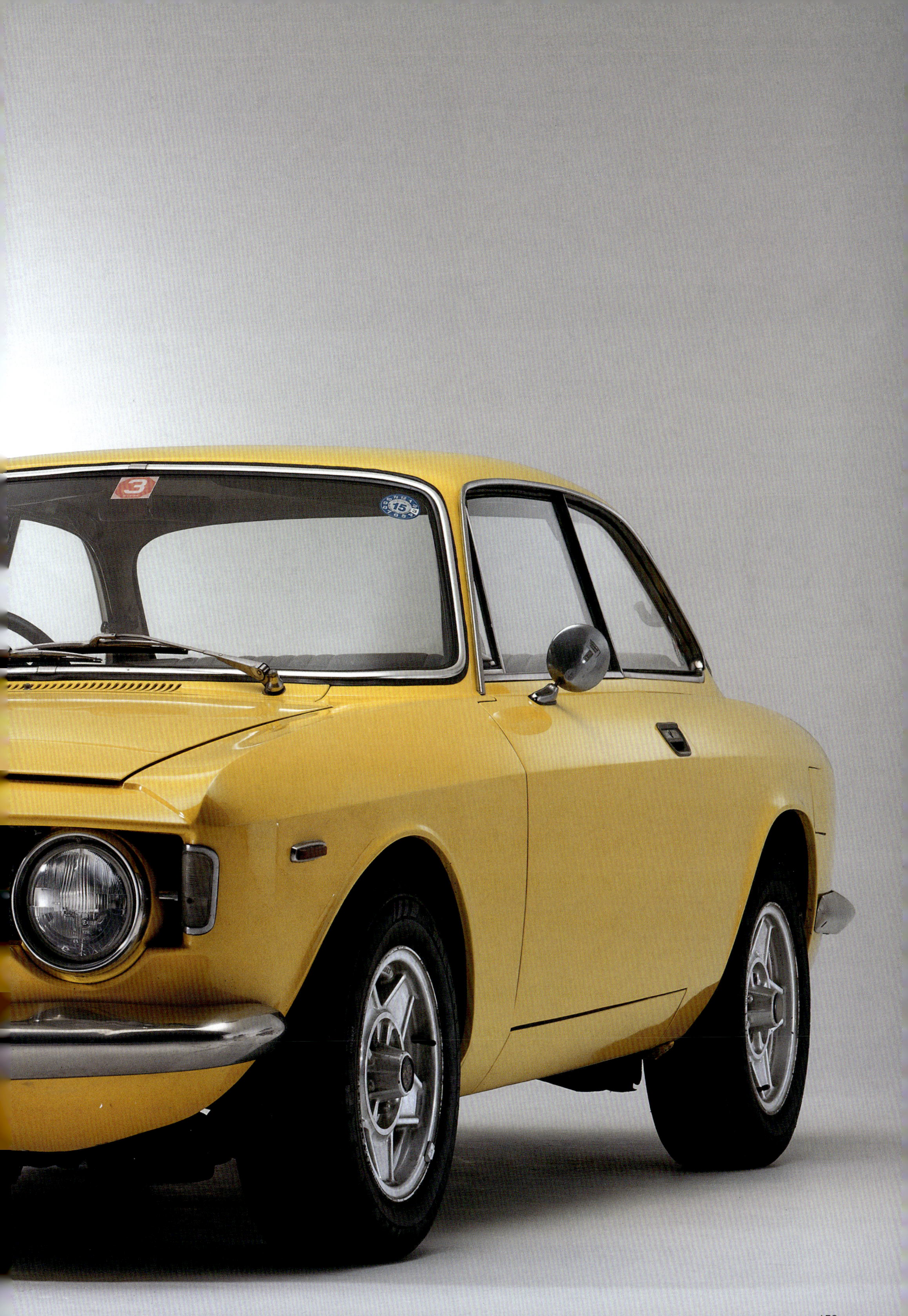

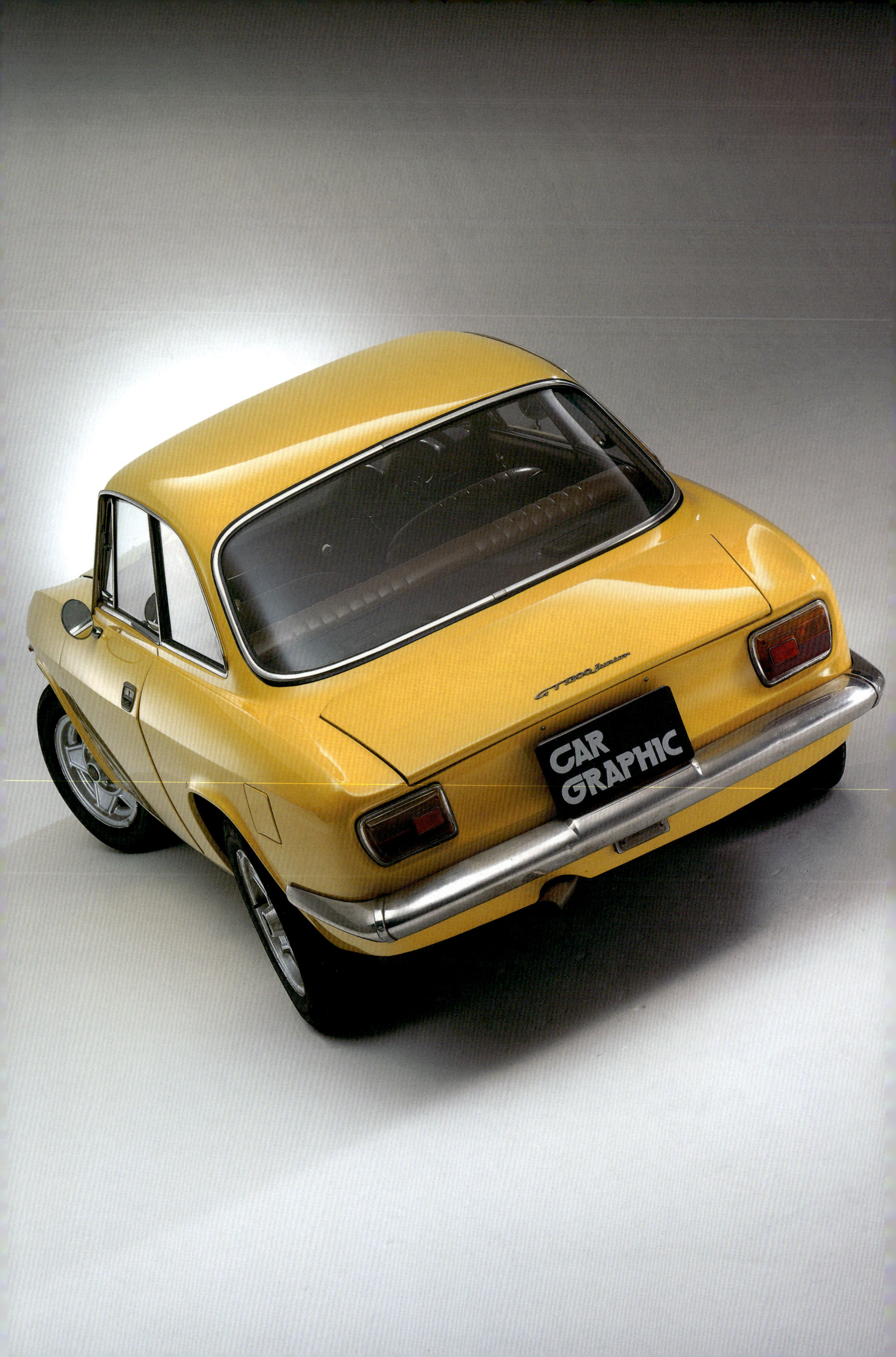
GT1300 Junior
CAR
GRAPHIC

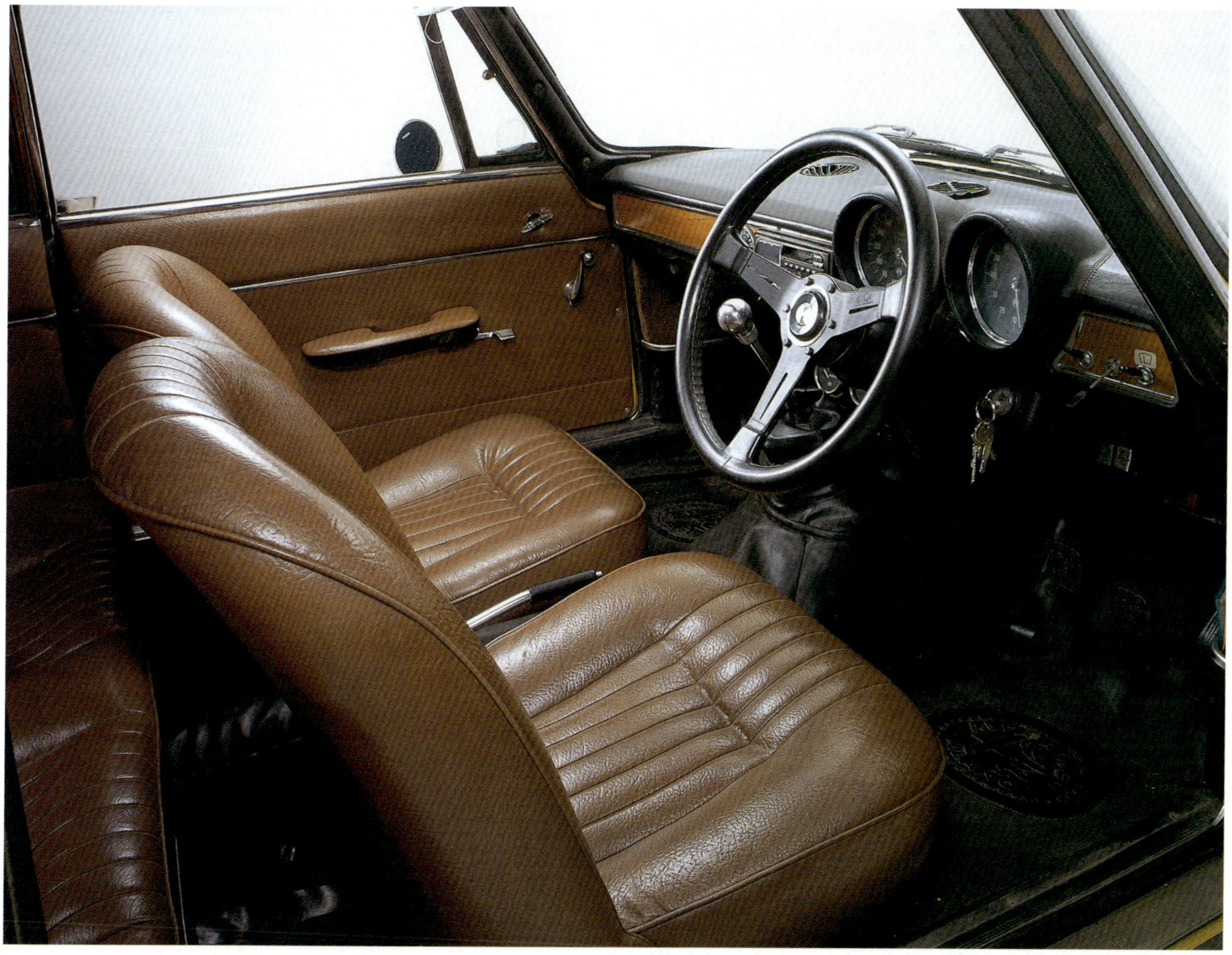

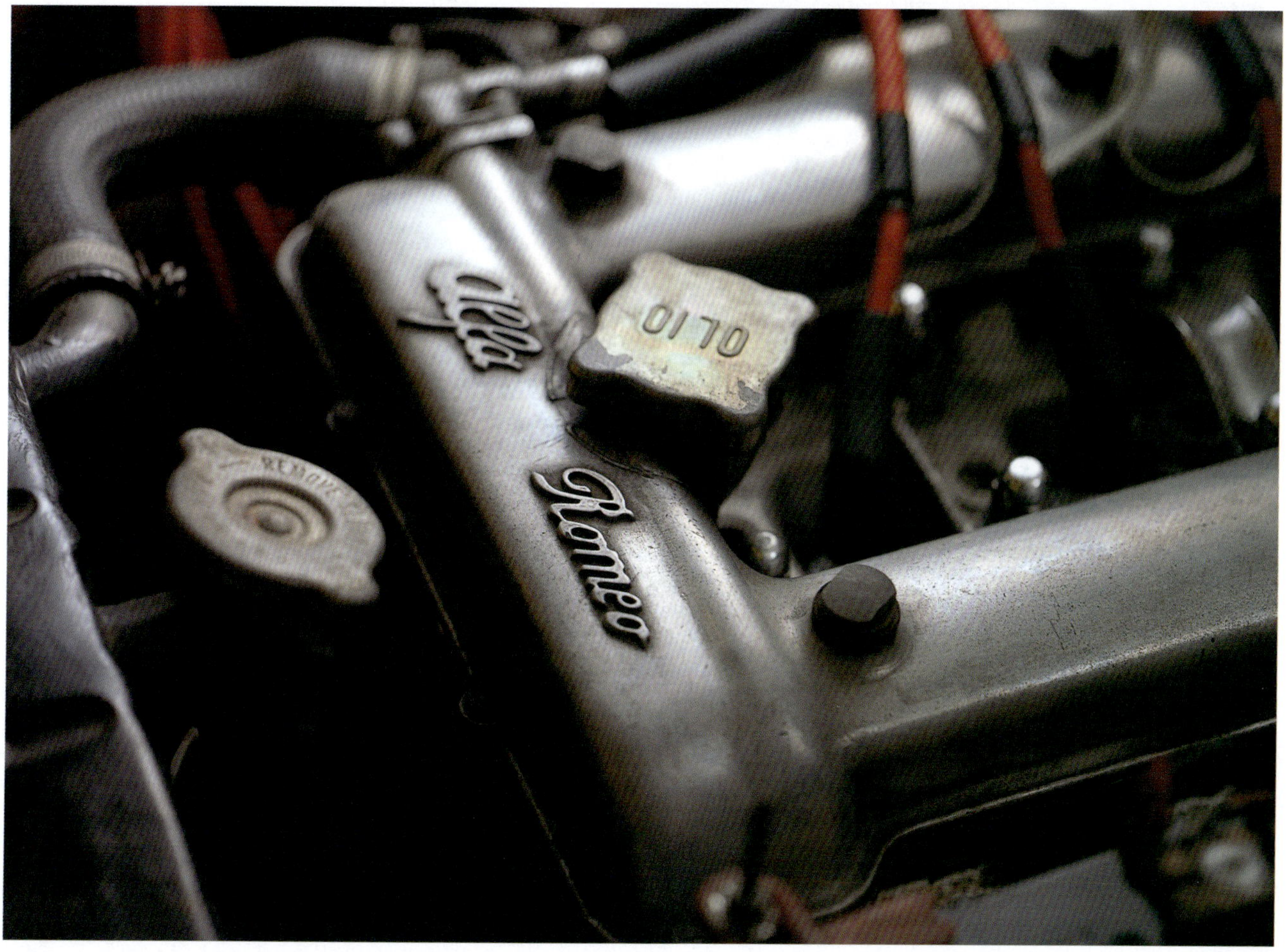
Alfa
Romeo
OLIO

■雲のつかみ方

　今さらこんなことを言うのもなんだが、文章によって一台の車のデザイン解説のようなことをしようというのはそもそもが雲をつかむような話なのではないか。つまり僕はCG編集部によってこの原稿を書くにあたり毎回原稿用紙17〜18枚のスペースを割りふられており、これはかつての学校の作文の宿題に比べればずいぶんな量であることはたしかなのだが、ではそれでひとつの車のカタチについて思うことの半分でも言い表わすことができるかと言うと、それが全然うまくいかない。ただこれは小生に限ったことではなく、自動車に関するさまざまな話題のうちでも車の見た目の話というのは「カッコイイ」とか「カワイイ」とかは気軽に言えるのに、少しでもまとまったものを書くとなると誰にとっても相当に頭のいたい作業となるものと思われる。

　そこで、この頭のいたさを避けるためか自動車の造形についての読みものというのは世の中実際に多いものではない。自動車を購入する人の7割は性能云々よりもカタチで選んでいるといった調査もあるそうだが、そうした人々の関心の高さの割には、現に今、読者各位のお手元にあるに違いないCAR GRAPHICだって、クルマの「形」に関する記述というのはいかほどあるものか。いや、どんな自動車雑誌にもデザイン開発ストーリーとかデザイン・オフィスの紹介みたいな記事はちょくちょく出るが、そういうのは造形そのもの、車のカタチ自体を論じた読みものとは言えない。

　ではなぜ自動車の形についての記事は書く者の頭痛を誘発し、そして数少ないのか。これは考えるに、やはり「見た目」というのは各人の好みの問題であって、それこそホントに雲をつかむような話なのであり、具体性も客観性ももたせにくいテーマだから、といったところがその理由としてあるのではないか。要するにこの話題は書いてもしょうがないようなところがある。

　だからたとえばA車とB車の比較テストといった際にも、「見た目の比較テスト」なんていうのは最初から項目にないのが当たり前とされている。加速が燃費が、あるいは室内寸法がどうのといったこと、さらには乗り心地がアンダーステアがこうのといったことだって話には具体性があり、計測して客観的な数値で表わそうと思えばそれもできる。読む方だって納得しやすいのも当然だ。

　しかしこと「カタチについて」ではこうした手も通用しない。つまり、「A車のドア・セクションの曲率は半径およそ5000mmであるのに対しB車のそれは5500mmである」とか、「こっちの車のエンブレムはあっちの車より5mm幅広く10mm低い」とか、いくらそんなことを客観的に計測して数値に表わしても「それがどーしたの？」というだけで、別にそこから何らかの結論が引き出せるわけではないので

ある。これでは単なる「好みの話」以上に発展していかない。

いやしかしここに言葉を加えるなら、造形に関することでも計測によってちゃんとヨシアシの判断をつけられる見方というのもあるのだ。それはたとえば「A車のリア・クォーター・ピラーは幅が〇〇cmもあるため後方視界のさまたげになっているのは困りものだが」とか、あるいは「B車のフロント形状は風洞試験の結果××もの揚力を生じさせていることが判明、こいつが同車の高速安定性をそこねている」といった見方で、こんなのはたしかにボディ形状を「計測」してそこから客観性のある評価と結論を導き出した例と言ってよいだろう。だから現にこうしたデザイン・チェックは世界中の自動車会社の開発部では数え切れないほどの多項目にわたって行なわれているわけだ。ああ、つかみどころのない「見た目」の話もこんなオオツキ教授並みの科学的な見方を常に適用していけば一刀両断、厳密なるA車B車の形の比較テストだって本当にできそうな気もしてくるではないか。

しかし、ちょっと考えると残念ながら話はこれだけでスンナリ単純にはおわりそうにない。今の例で言えば、たしかにリア・クォーター・ピラーの幅の問題には造形の責任もあるが、この話の中心は後方視界の善し悪しというところにある。それでは逆に、完璧な視界を約束するガラスのドームのような、シャボン玉のようなアッパーをもつ車を造ったとして、そしてこのシャボン玉が他に何の問題も生じないとして、それではこういう車がよいデザインの車と呼べるかどうか。空力の、前輪の揚力の問題に関していうと、ではレース・カーみたいに地面に向かって引っぱり広げたスカートのような大型スポイラーをぶらさげて高速接地性は文句なく抜群となった車が、仮にランプ・アングルなどの問題がないものと考えても、ではこれが果たしてデザイン的によしと言えるかどうか。

……フーム、どちらも結構悪くなかったりして。いや皮肉でなく僕はこうしたアイデアをダメという気はサラにないので、むしろ360度パノラミック視界スペシャルみたいな車とか、「I♥ダウンフォース」のステッカーをフロントに4枚ほども貼りつけた車なんかも世にあってしかるべきだと思っているのだ。しかしだからと言ってデザインというのはそれだけでは終わらない。それだけがデザインではないというのも、これまた確かなことなのである。

話がくり返しになるが、後方視界というテーマを再び引き合いに出すなら、たとえばじゃあ、1930年代のロールス・ロイスのファンタムIIのドロップヘッド・セダンカ・クーペといった車があります。その馬車を思わせるランドー・ジョイントを配したリア・クォーター部はサイド・ガラスと1：1に近い広い幅を占めてとんでもなく広い死角部分を形成している。しかもこういう車のリア窓はたいてい郵便ポストの口ぐらいの大きさしかないもので、もうどうやって運転するのかと思うぐらい、うしろが見えなさそうなわけである。でもそれじゃあってんで、この膨大なリア・クォーターの幅を半分にしてしまったらどういうことになるか。

うーむ、それが悪いと言うんじゃないが、でもどんなに上手くやってもそれは少なくともこの車がこの車である意味を無にしてしまうことになるでしょうねぇ。おそらくその場合には製造から50年も60年も後までこの車が天文学的値段で取り引きされるほど人々に愛されるという事態も起こらなかったであろう。

では、あのなんとかうしろを見せまいと頑張っているようなアッパーのどこにどんな価値があるのかと言えば、それはその形の醸し出すエレガンスであり、線の流れや面分割の妙であり、また他部分とのマッチングでもあり、さらには時代性のようなものでもあろう。まぁどれもメシの種にゃならぬというか、具体的には何の役にもたたないもやもやっとしたシンキロウみたいなもののわけだが、それでもたいていの人々はこの車には後方視界のことは犠牲にしてでもこのもやもやの方を欲するのではないか。どちらにしても自動車の本当の造形的価値というのはいったい何処にあるのか、それはそう簡単に割り切れるものではないと思う。

こう書くと、でもロールス・ロイスのセダンカなんて特殊な例外だと思われるかもしれないが、それはそうではない。どんな車、どんなに凡庸陳腐とされる車にだって、コノ一点をなくしてしまったらこの車は成り立たないという「形の核心」みたいなもの、何を犠牲にしてでもハズせない「見た目のココロ」といったものがあると僕は思うのだ。と、あまり長くなるのでもう引き返すが、ともかくも自動車というのは機械モノではあるが、機能性だけでその形を割り切るにはあまりに多面的すぎる物体。じゃあ何を基準にどこをどう切り取りゃ車デザインの話は成り立つのか、ということになるが、だから小生もそれなりに色々やってはみているのだが、こいつがなんともムズかしいもんでどうしたもんですかのうという、以上ちっともまとまらないが、まとまらないなりに本文冒頭の一文にはとりあえず即した話なのでありました。

■ 若き日の巨匠について

さて雲をつかむような話に入る。今回はアルファ・ロメオのジュリア・スプリントとのこと。僕は非常にハイテック指向の人間でCG編集部のあるジンボー町との連絡も最近は伝書バトを使っているが(以前は煙の信号)、かわいそのトリ足にくくりつけられた手紙によると今回撮影に供されるのはジュリア前期型のいわゆる「段付きアルファ」、

そして色は黄色とのこと。黄色ってどんな黄色だろう。当時のアルファには濃い目のカラシ色というかオーカーに近い色があってそれがポピュラーだったからあれのことかな、とも思う。

カラー関係のデザイン・オフィスや塗装工場に備えられる世界のあらゆる生産車のあらゆる塗装を網羅した大カラー・カタログがあるが、ある時そのぶ厚いファイルをめくっていて感心したことがある。即ちそこに集められた幾百千とも知れぬ数センチ角の色面の中から「ア、いい色」と目を止めさせるのは至難のわざだと思うのだが、歴代アルファの中にはそんなイイ色、この会社独特でオッと思わせる色がいくつもある。

そのレース・ヒストリーからどうしてもアルファというと本来赤いもので、それ以外の色は赤い地肌の上に仕方なく塗り重ねられたようなイメージもあるが、実は彼等、昔からカラーの開発には相当の力をそそいでいたのであり、アルファが原動力となって流行した車の色というのは過去にずいぶんあったと思う。ただかつての同社はペイント・フィニッシュがあまり上等とは言えず、色自体がよくてもそれが路上ではカラリストの目論見どおりには映えてこないといううらみがあったのはたしかだが。

で、ともかくもジュリア・スプリント。アルファ・ロメオ・ジュリアはその前代のARジュリエッタの後継車として世に現われたことはご存知のとおり。話が横道にそれてばかりいるが、名前から言えば僕は"ジュリア"より"ジュリエッタ"の方が音の響きもイメージ的にも好きだ。こういうのは姉妹語というやつで、ジュリエッタというのは伊太利亜語で小さなジュリアという意味になる。逆に言うとジュリアというのは大きなジュリエッタということで、つまりジュリエッタが成長してエンジンも大きくなりジュリアになりました、というメッセージがこのモデル名改変にはこめられているわけだ。ト、そのことはよーくわかるのだが、でもやっぱりワシはジュリエッタの方がいいぞ。

さてやっとこのあたりから本題のようなものに入るが、ジュリア・スプリント、デザインはカロッツェリア・ベルトーネによる。さらに言えばこの車、当時同社の雇われデザイナーだった若き日のジョルジョ・ジウジアーロが担当した作品とされている。デザインの世界にも複雑なものがあるが、しかし60年代にベルトーネにいた僕の知り合いの話によるとこの車をG.G.がやったというのはたしからしい。しかもその人の記憶によれば、のちに独立して巨匠などとも呼ばれるようになるジウジアーロも当時はまだまったくの新人で、ちょうどこの車の仕事を始める頃に兵役に出なくてはならなくなり、結局徴兵期間中の出先から自分で10分の1モデルを作って送ってきたのだという。ホントかね。ともかくもこの車、60年代後半から70年代にかけて非常に好評を博した車で、外車の珍しかったその頃の日本の路上でもよく見かけることがあった。

先述の如く、ジュリア・スプリントは1954年発表の、やはりベルトーネがデザインを担当したジュリエッタ・スプリントの後継車として登場した車だが、デザイン的にも前者は後者をしっかりと意識して先輩を追いかけているところがある。だからジュリア・スプリントのデザイン的成功にはジュリエッタ・スプリントというお手本が良かったからという部分も大きいのである。これはあまり一般的には言われないようだが両者の関連はヨコから見るとよくわかる。ジュリアのうしろすぼまりの「流線型、ではないがそれを指向する」といったニュアンスのシルエット、そして張りのある弓のような前フェンダー－ベルト・ライン－後ろフェンダーの基本ラインとアッパーのおりなす強い前進感の演出の仕方はまさにジュリエッタゆずりのもの。この前進感がこの車の造形方針を8割方決定づけているとも言える。またジュリアのグラス・グラフィックスにもジュリエッタを彷彿とさせるものがあるようで、つまり両者は明らかに師弟関係にあるのである。

ただしそれはそれとして、ジュリアは先代の基本概念は受け継ぎつつも、いうまでもなくそれとはまったく別物のはるかにモダーンなデザイン、またジウジアーロも新人とはいえ遠慮なくその個性と能力をフルに発揮していたようである。この車で僕がもっともこの人らしいと思うのはサイド・セクション上部、ドア・ハンドル下の高さを全長にわたって走りフロント・グリルの上縁とも関連する折れ線、そしてヘッド・ランプに向かって丸めに終わるフロント・フェンダー、またこれらに伴った少しだけ低く少しだけ突き出た、強めに前傾したノーズ先端部というこの構成、この要素の組み合わせ方である。そこにはジウジアーロが発明した「新手」は実は何もないのだが、彼は当時このテーマをずいぶんくり返し使っていた。つまりこれが車デザインの世界に入ってまだ日の浅かった未来の巨匠が「間違いなく使えるテ」として自分の中で確立しつつあったひとつの手法だったのだろう。ジウジアーロがのちに手がけたマセラーティ・ギブリやデ・トマゾ・マングスタといった車たちだって一見今回のジュリア・スプリントとはさらにひと世代隔たった異なる次元の自動車のように思えようが、注意して見ると実は上に述べた「手法」だけはほとんどそっくりそのまま使われているのである。

その他にも、この車のボディ全体にただようバランス感覚もたしかにジウジアーロのものだと思う。これは形の、マスのバランスといった意味でもあるが、もっと基本的にどの造形テーマをどこまで押してどこで引くのかという、見る人間の許容量を見極める正確さ、走りすぎないある種の自制心のことでもある。明確な造形テーマをもちな

がら、それを押しつけすぎてイヤミにしたりわざとらしくしない平衡感覚はすでに新人のわざではない。これができるのは、彼が自分の作品を造形作品と見るよりもあくまで1台の自動車として見ていたからだとも思う。

■お好み

エー、ここでワタクシ、少々新しい試みを行なってみようと思うのである。あらたまって何事か？ いやこれは次回以降もひょっとしたら続けてみようかなとも思っているのだが、それはここに登場する車について、デザイン上「自分ならこうする」とか「こうはしない」といったテマエ勝手を少し述べてみようかなト、そしてさらに勝手なことには登場した車に不遜ながらも個人的成績をつけてみようかなというのである。言ってみりゃ、これは先程の「カッコイイ」「カッコワルイ」という単なる「好みの話」にもっと近づいていこうという変な魂胆なのであるが、さてどういうことになるか。

このジュリア・スプリントで言えば僕が欲しいものをひとつ挙げるなら、それはおそらく「面の張り」といったことでしょうかね。たとえばサイドなんか、線には張りがあるのに面の緩急が弱いために周囲から映り込み、ハイライトがダレているわけじゃあないがあまり興奮もさせられない。また面の張りが弱いためボディがシャシーに対してしまりがゆるく、少しだぼっとして見えるということもある。これを最も簡単に補正するには前後トレッドをあと少し、片側20mmも拡げればアラ不思議、ボディ・サーフェイスもなぜか少し緊張感アップして見えてくるでしょう。ただしそれ以上はこんな手は使えないし、どちらにしてもこれはデザイン段階で考えるべきことで、出来あがったあとからこうした手は加えるべきではないと思う（写真の車が純正の標準サイズのホイールをつけていないとこの話はわかりにくいと思いますが）。

で、次に成績であるが、これはまぁおこがましい話ではあるが、ウーン個人的に言えば100点満点で75点ぐらいかな。実はワタクシ結構厳しいのである。なぜ75点かというと、僕としてはこの車、どうしても前代のジュリエッタ・スプリントと比べてしまう。すると、僕はジュリエッタは90点超の出来映えと思っているので、これにとって代わる車となるとやはり同じ水準かそれ以上を期待してしまう。つまりよほどの傑作でなくては点数も辛くなってしまう。しかるにパワー感、上品さ、伊達さ、ドラマ性、立体造形などの各アスペクトにおいて先輩のジュリエッタの方がちょいと上かなと僕は思っている。これはもちろん時代の違いを差し引いての話だ。

というわけで、今回シメの部分はワタクシのお好みで、言ってみりゃ「スシメシは少なめがいい」とか「ステーキはレアで頼みます」といった程度の、あまり重視はしてほしくない話でありました。

肉の焼き方は各国人の嗜好が表われるところでアメリカ・ドイツ人はよく焼きが好き、フランス・イタリア人はその逆のようである。したがってアメリカで言うレアはフランスならウェルダンぐらい。フランスのレアは、アメリカじゃもう誰も食えない生肉としか思われまい。では日本のステーキは？ ……ンなもの高すぎてとても試せませんって。と、最後はまことに関係のない話を加えた原稿を足に結わえつけ、けなげなハトは一万数千キロの空路をゆく。すごいスタミナ。

LINCOLN ZEPHYR

1929年に起きた大恐慌後のリンカーン・ブランドを支えた高級車が1936年にデビューしたゼファーである。当時としては画期的なセミ・モノコックボディの前方に搭載されたパワーユニットは75度V12で、3段マニュアル・ギアボックスを介して145km/hの最高速を実現した。写真の1936年型4ドア・セダンは、小平市にあるブリヂストンTODAYに展示されていた車両。全長：5222mm、全幅：1768mm、全高：1685mm、ホイールベース：3099mm。水冷V型12気筒サイドバルブ。4384cc、110ps／3900rpm。縦置きフロントエンジン-リアドライブ。サスペンション：固定 横置き半楕円リーフ（前）／固定 横置き半楕円リーフ（後）。

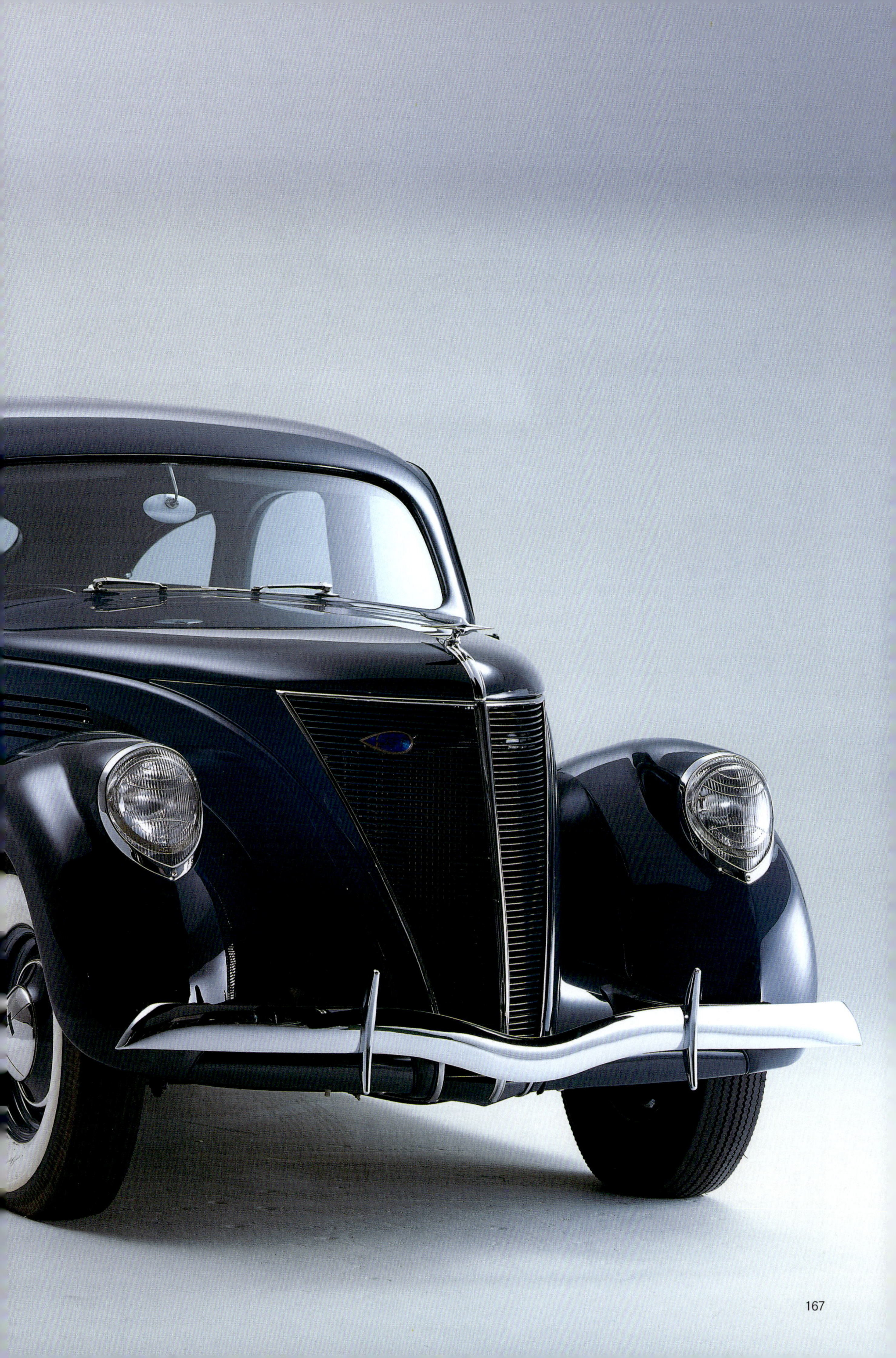

168

169

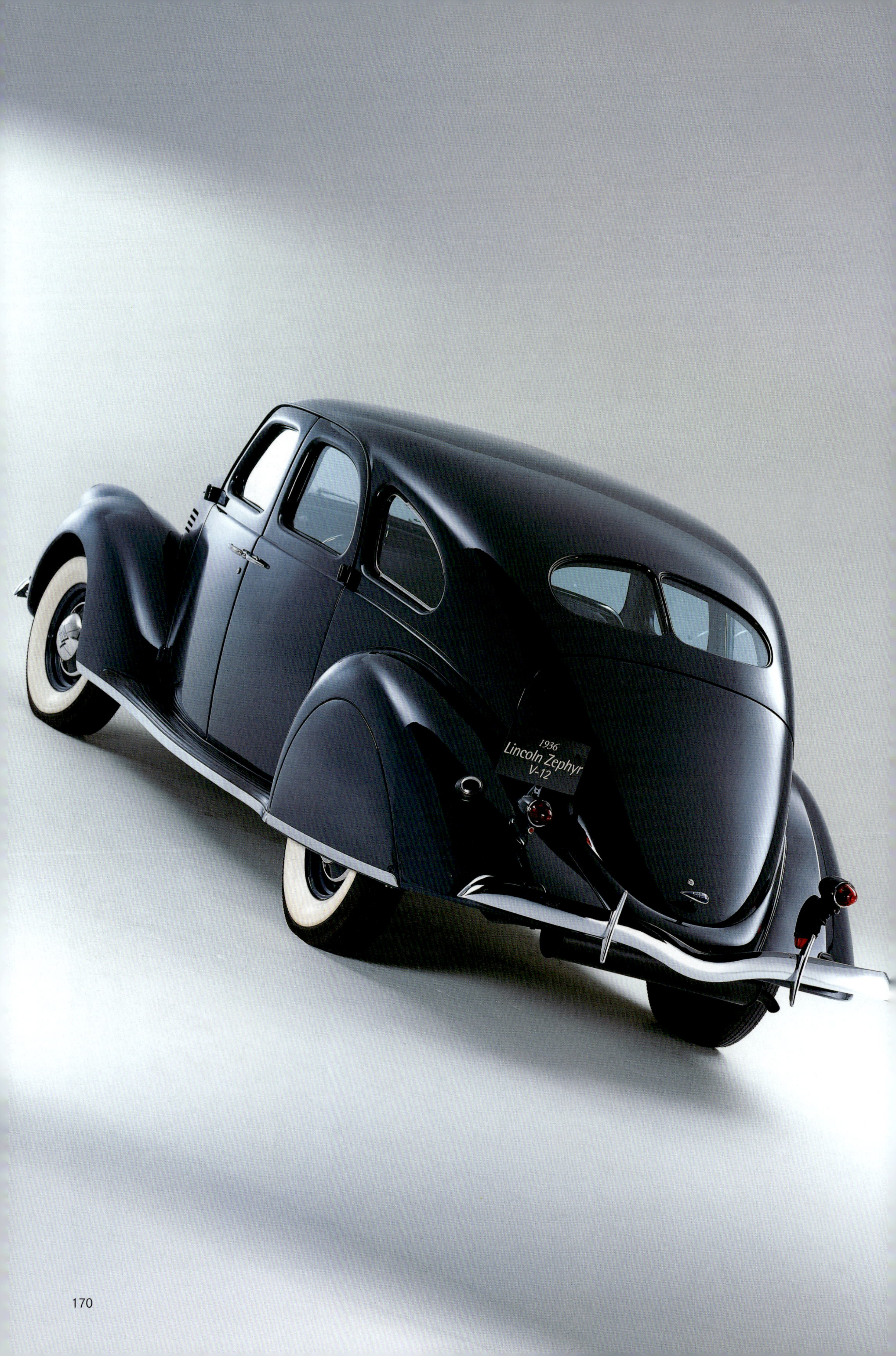
1936
Lincoln Zephyr
V-12

■2代目の功績

　たとえばフィレンツェのウッフィーツィ美術館へ行ったとする。ここの目玉はボッティチェリの「ビーナスの誕生」、「春」、他にもレオナルド、ミケランジェロ、ラファエロをはじめとするそうそうたる連中のそうそうたる作品が展示されている。次に、パリのオルセー美術館へ行ったとする。ここではモネ、ルノワール、ドガ、ロートレックといった人たちの作品が集められており、勿論こちらもそうそうたるものとしかいいようがない。昔、教科書の口絵で見たような、銀行のカレンダーで見たような有名泰西絵画も、本場へ行けばホンモノを拝めるというわけだ。

　しかしそれではルネッサンスとも印象派とも、他のあらゆる芸術系ナニナニ派ともおよそまったく無関係な世界の一隅で、パッとたしかに銀行のカレンダーで見おぼえのある絵を見せられたらどう思うか。それも1点や2点でなく「ティツィアーノです」「アングルです」「ゴッホです」と次から次へと何十何百もの有名絵画を見せられて「これ全部ホンモノです」と言われたらどうか。「ちょっと待って」と言いたくならないか。「ホンモノならなんでこんなところにあるんだ」と、言いたくならないか。

　だから荒涼たるカナダの草原からのカラッ風吹きわたる、およそ文化的ならざるデトロイト・ダウンタウンの市立美術館に初めてつれていってもらった時には、案内してくれた人に思わず聞いちまいました。「ここのコレクションって全部本当に本物なんですか？」と。世の中にはレプリカだけを集めた美術館というのも稀にはあるが、仮にもアメリカで5番目といわれている美術館のカベにそうモゾウ品が飾ってあるわけがない。そんなことは重々承知しているのにその承知している自分を自分で信じられないぐらいに、ここのコレクションは予想をはるかに超えた豪勢なものだったのである。案内人：「もちろん全部ホンモノです」　小生：「そりゃそうでしょうねぇ」……やっぱり聞かない方がよかったか。

　デトロイト市立美術館は100を超えるギャラリーをもつ大美術館で、そこを埋めつくす展示品の約半分を占めるのはヨーロッパから輸入された絵画、その中には本国でも国宝級であるはずの品々も多く含まれる。所蔵品は他にも彫刻やオーナメント類、武具、家具、陶器類、大きいところではスペインやフランスからそっくり移築した中世の教会や礼拝堂まである。

　さて僕はかつてこのデトロイト美術館から大通りふたつへだてた大学に通っていた。で、この美術館、当時入場料は無料であった。入口に「入りたい人はいくらでもいいから入れてください」と記したハコがあるだけで、僕なんかは入れたくなかったわけではないが入れるものがなかったので、いつもタダで見学していた。

　しかし入場料をとらない、ということは世界中からこれだけの品々を吸い寄せるのに必要なはずの大量のカネはどこから出てきたのだろう。市立美術館たってこの節そうそう税金に頼れるものではない。実は、アメリカの数多くのこうした施設の例にもれず、この美術館も年間予算の大きな部分は寄付に頼っているのである。この国では寄付した金はほぼ全額税金控除の対象となるし、寄付者にはそれなりの特典が与えられるから多額の寄付を行なう人も企業も多い。頼りになるサポーターたちである。

　といったところで、ここでデトロイト美術館史上でおそらく最も頼りがいあり最も強力なサポーターだったある人物の話となる。その人物とは、あのヘンリー・フォードのひとり息子、エドセル・フォードである。

　エドセル・フォードは1920年代半ば、30歳代前半にはすでにオヤジの会社の社長に就任していたというが、一方で大変な美術愛好家でもあり、あのニューヨーク近代美術館の設立に尽力したことなどが知られている。しかしそれにもまして彼の地元デトロイト美術館への肩入れ、貢献はハンパなものではなく、この美術館にとって一時期エドセル・フォードは絶対的なまでに貴重な存在となっていた。自ら同美術館の理事のような責も担っていたエドセルは、その持てる時間とエネルギーとそして財産の大きな部分をこの地元ミュージアムにつぎこんだのであった。と、話はだんだん田中角栄自伝じみてきたが、しかし実際、エドセルの影響の大きさは今日でもこの美術館を訪れれば容易に見てとれる。

　まず、先述の如き同館の豪勢極まるコレクションであるが、実はその少なからぬ部分はエドセルとそのミセスが自分で買って寄贈したものなのである。のちにはエドセルの息子、ヘンリー・フォードⅡ世夫婦による寄贈も多くなるが、作品に附されたプラックに寄贈者の名前が入っているのでこうしたことがわかる。それから、この美術館で最大の絵画作品といえば巻き尺を取り出すまでもなく正面入口奥の広い空間に描かれた大壁画。これはメキシコのディエゴ・リベラによって描かれた自動車工場と労働者がテーマの大作だが、この壁画の中にエドセルが登場している。実はこの大壁画の制作費は、リベラへのギャラも含めて全額エドセルがひとりで払ったものだという。しかもリベラは当時それと知られた共産主義者で、なにせあの国のことであるから製作にあたっては相当な妨害や圧力があったというが、エドセルがそうしたジャマをすべて退け、リベラは一度もいやな目に遭うこともなく作業を完成させることができたのだという。

　こうした以外にも、世界恐慌のシビアな時代など、同館が人員の大量削減を避けられぬ状況となるとエドセルは自分のフトコロからさらに金を出して多くの人員を自分で給

料を払ってつなぎとめる、ということまでしたという。こうした功績を称えてこの美術館正面向かって右手の南翼は、今日でもエレノア・エドセル・フォード・ウィングと呼ばれている。

■危険な関門

それではこうした人物がクルマ会社を経営すると何をするかという話である。ま、ここは白土三平なら「賢明な読者はすでにお察しのように」とか書くところだろうが、フォード・モーター・カンパニーに「デザイン」という概念を紹介・導入し、そして初めてそれ専門の一部門を同社内に開設したのがエドセル・フォードだったということなのである。モノの本によれば、それは1935年のことという。

エドセル・フォードは自動車の将来はデザインにこそありと信じていたといわれる。しかし創業者の父親ヘンリーは徒弟タタキあげの極端なまでに質実一本槍のオヤジだったようで、あのT型フォードが大量生産効果で大ヒット商品となると彼はさらなる製造の容易さとコスト・ダウンを追求して、ついにはカラー・チョイスまで廃止して、塗色は黒一色のみにしてしまったというのは有名な話。こんなヘンリーであるから、芸術びいきの軟弱な息子のやり方を見て「ワシの育て方がいけなかったんじゃ」、とさぞかし歯ぎしりしたに違いない。

しかしその時代にもしもエドセル以外の誰か、つまり偉大すぎる創業者に逆らえない取り巻きか何かが舵取りをしていたら今日のフォードの隆盛はなかった、いやもしかしたらフォードは存続していなかったのではないかとすら僕は思う。ヘンリーのような、車は安ければ売れるといった考えは、この国では早々に完全な時代遅れとなっていたからだ。またアメ車の歴史の中でいくつの会社がデザイン上の失敗や遅れで沈没していったかを思えば、エドセルのような2代目が出たことはこの会社にとって大変ラッキーだったといってよかろう。

今回のリンカーン・ゼファーという車は、そんなエドセルが組織的デザイン活動という新手の効果をオヤジと世間に対して見せつけた最初の例なのである。ゼファーのデザイン的背景のさらに具体的なところを紹介すると、この車は1933年にフォードの下請けにあたるブリッグス製作所が試作した1台の車が原型となった、とされている。それはブリッグス・ドリーム・カーと呼ばれた流線形のリア・エンジン車で、シカゴ・ワールド・フェアに出品され、フォルクスワーゲンもカブト虫の造形にあたってはこの車を参考にしたという説もある。それで、このブリッグスをデザインした人々はフォード・デザイン部門の立ちあげに際してそちらに組み入れられることとなる。

さて、ゼファーといえばリューセン形である。この車はアメリカで初めて流線形を成功させた生産車であるとよくいわれる。この場合の「成功」というのは、造形的な成功と商売上もウマクイッタというふたつの意味が重ねられてるのだと思われる。実際この車を見て僕が気づくことのひとつは、最初期のフォード・デザイン部門の人々の意外なほどのクロートっぽさという点だ。この車に見るデザイン的プロっぽさは20年も30年も後のデトロイト・デザイン最盛期のそれに充分匹敵するレベルにあると思う。

どういうことかというと、ひとつの例としてゼファーの場合、彼らはただただ流線形の車をつくったわけではなく、当時最新のこのファッションを人々に抵抗なく呑みこませるために、相当の「戦略」を駆使していたことが見てとれる。

多くの不特定の他人サマにどうやって新奇な物体を呑みこませるか。たとえばこの車、顔の部分、フロント・グリルはV字型に折れてスピード感を感じさせるが背は高く直立的である。実はこのグリルの意匠は当時まだまだ流線化の及ばなかった他のクラシカルなフォードのモデルとの近似性を強調したもので、V字型もこのぐらいならアメリカでは普通程度のものだったのだ。同じ流線形をまとってゼファーより先に出ていたクライスラー・エアフローや、すでに登場したプジョー202のファミリーほかいくつかのヨーロッパ車、そして彼ら自身のブリッグス・ドリーム・カーも、フロントは全体に合わせてもっとラジカルに流線的で、前方に強くスロープしたボンネット面がノーズと完全に融合したものだった。すなわちゼファーは全体的には実験的性格のデザインとも見られるが、フロント部についていえば彼等が意図的に、保守的におさえたのだといえる。つまり「戦略」である。とまあ、この程度のデザイン戦略は今日なら誰でも理解できるものかもしれない。しかしまだ何の蓄積もなく、「マーケティング」なんていう概念もおそらくまだなく、頼れるのは造形センスだけだったに違いない時代、しかもデザイナーというのはだいたい新しい造形、未来的造形を試したがるものなのに、よく「走りすぎ」の危険性ということに気づいたものだと思う。そしてこの保守的なグリル、この車の場合にはたしかに正解だったのではないかと僕は思うのだ。

しかし危険な関門はグリルだけではないのだ。ヘッド・ランプはどうするか。砲弾型の独立したヘッド・ランプは当時時代遅れとなりつつあり、そこでボディと一体化せねばということになるが、この車の場合ヘッド・ランプはボンネット側ではなくフェンダーと一体になっている。しかしこれもよく見るとクラシカルなフェンダーの上に突出した物体が半分溶けかけた、というニュアンスの一体化で、完全にこれをひとつの形にインテグレートさせるのにフォードはこのあと数年間の時間をかけた。難関はまだまだある。ランニング・ボードは残すのか残さないのか。トラン

クリッドはどの程度全体に融合させるべきか。スペアタイアは露出させるのかさせないのか。ウィンド・シールドはV字型に2分割するのかしないのか。この時代は自動車形態の大変革期であり、バンパーの形、窓の角っコの曲率ひとつでもすぐに古臭くなってしまうような時代である。デザイナーも何をプッシュし何をおさえるか、その見極めは現代よりもよほど難しかったはずなのだ。

　しかしこのリンカーン・ゼファーのデザイナーはそうした多くの点を非常に正確に見きわめ判断して、ちゃんとコントロールすることのできる人だったようだ。そうして結果的にゼファーは一見難しい関門などどこにもなかったかのように、すべての造形要素がごく当たり前のように破綻なくおさまって、今日見てもどこかが変に目につくといった不自然もなくスッキリとしている。つまり造形的完成度が高く、しかも販売的にもウマクいって「成功作」などと呼ばれているのだから、エドセルも「笑いがとまらねぇ」と言ったかどうかは知らないが、まあ本当にこういうのはプロっぽいデザインの真骨頂が、しかも自動車企業デザイン部の最初期に現われた稀な一例といってよかろう。もっともこのあたり、僕は自分がいつも苦労しているから余計に強く感じることなのかもしれないが。

　前述の、ゼファーよりも2年ほど早く世に出ていたクライスラー・エアフローはアメリカの流線形生産車の先駆者であるが販売上はふるわず、当時の同社の生産台数の10分の1ほどを占めたにすぎず、その意味で失敗作とされている。何が失敗の原因か。よくいわれるようにこの車、時流に先んじすぎていたのだろうか。

　いや僕にいわせれば、単に先んじすぎていたとかいないよりもここにはもっと複雑なものがあるのだ。ゼファーとエアフローではデザイナーの「戦略」が違う。「見きわめ」の正確さが違う。「洞察力」が違い「思い切りのよさ」が違う。そして美意識と造形力も違う。要するにデザイナーの力量にかなりの差があったように思われる。関門を無事通過するのは実は簡単なことではないのだ。

■ドリーム・ライン

　さてここで少しだけ話を変えて、リンカーン・ゼファーについてワタクシの好みバナシを少々述べてみることとする。自動車デザイン史上神話的なこのような存在になんと恐れを知らぬ！でもまあ単なる好みの話ですから。

　エー、先程書いたように、この車のデザイナーはフロント・グリル周辺の扱いを故意に多少クラシカルな方向に振り、ここに見られる背の高いフロントをまとめたものだと思われる。しかし本当のことをいうなら、デザイナーはやっぱりもっと流線的な、より未来的なフロントをやりたかったのである。その証拠がこの車のボンネット・サイドを走る、前方に丸くスロープして落ちるプレスラインである。ホントーはデザイナー氏、フロント・プロファイル全体をこのラインのように、つまり彼の"ドリーム・カー"のようにしたかったのだと思う。そんな「夢の跡」を残すから、実際このラインはゼファーのサイド・ビューの中で他の部分と関連が薄く、あまりマッチしていない。

　ところがところがである。21世紀の今日の目で見るとこの一本の線が非常に面白いのだ。僕にとってこの車で一番興味深いのは、このプレスラインとそれに伴うフロントの構成であるといってもよい。まずこのラインのカーブ定規をそのまま使ったような単純さ、円弧のハシを引っぱりあげたような幾何的なバウハウスさが大変新鮮に思える。乗用車デザインには普通こういう性質の線はあまり用いられないものだ。そしてこれと組み合わされたグリル上部を水平にスライスするシャット・ラインにもちょっと無機的な面白さがあり、この両方の線にはさまれた一帯がラジエター・グリルの形となる、というもっていき方は今でも使えそうな、とても現代的な何かを孕んでいるように思う。

　またこの部分はデザイナーが本来マッチしないはずの線を無理やり入れてみて偶然に発見した構成だろうと思う。これが大切だ。偶然性のないデザインほどつまらないものはないからね。

　最後に、一番かんじんな「流線形」についてはあまり触れなかったが、ひと言でいえばこの車の流線形はフォードMo.Co.最初のトライにして、同時に同社史上では最高の出来映えのものだったと思います。そんなこんなで、点数つければこの車、ワタクシにとって95点ぐらいいきますね。しかも5点引いた理由は特にない。強いていえば、本物を見るともう少しサイズが小さかったらどんなにカッコよかったかと思わされる。特に車高は人の目線を越えると急に車を巨大に見せてしまうもので、せっかくのカタチもつかみにくくなる。しかしサイズの問題はパッケージ・エンジニアに責任のあることでデザイナーにはどうしようもないことですから。ところでこの車、4.4ℓで12気筒である。フェラーリみたいでヨイではないか。その12気筒の緻密な音を残してこの流線形が疾走するところを想像するとますますヨイ。エンジンの気筒数はデザイナーにはこれまたどうしようもない問題であるが、見る側の心理としては非常に車のイメージを左右する。「12気筒」は決してデザイナーの手柄ではないがこれだけで車がヨク見えてしまうこともあるから、皆の者、こういうのはシッカリと利用いたしましょう。

LANCIA STRATOS

1971年のトリノ・ショーでデビューしたランチアのWRC用パーパスビルトカー。デザインはベルトーネ。スチールモノコック背後のボックス状サブフレームに収められた横置きV6はフェラーリ・ディーノ246GTのそれを受け継ぎ、980kgという軽量ボディを利してディーノを凌ぐ加速性能を実現した。写真は1975年型。
全長：3710mm、全幅：1750mm、全高：1110mm、ホイールベース：2180mm。水冷V型6気筒DOHC。2418cc、190ps／7000rpm、23.0mkg／4000rpm。横置きミドエンジン-リアドライブ。サスペンション：独立 ダブルウィッシュボーン（前）／独立 ストラット（後）。

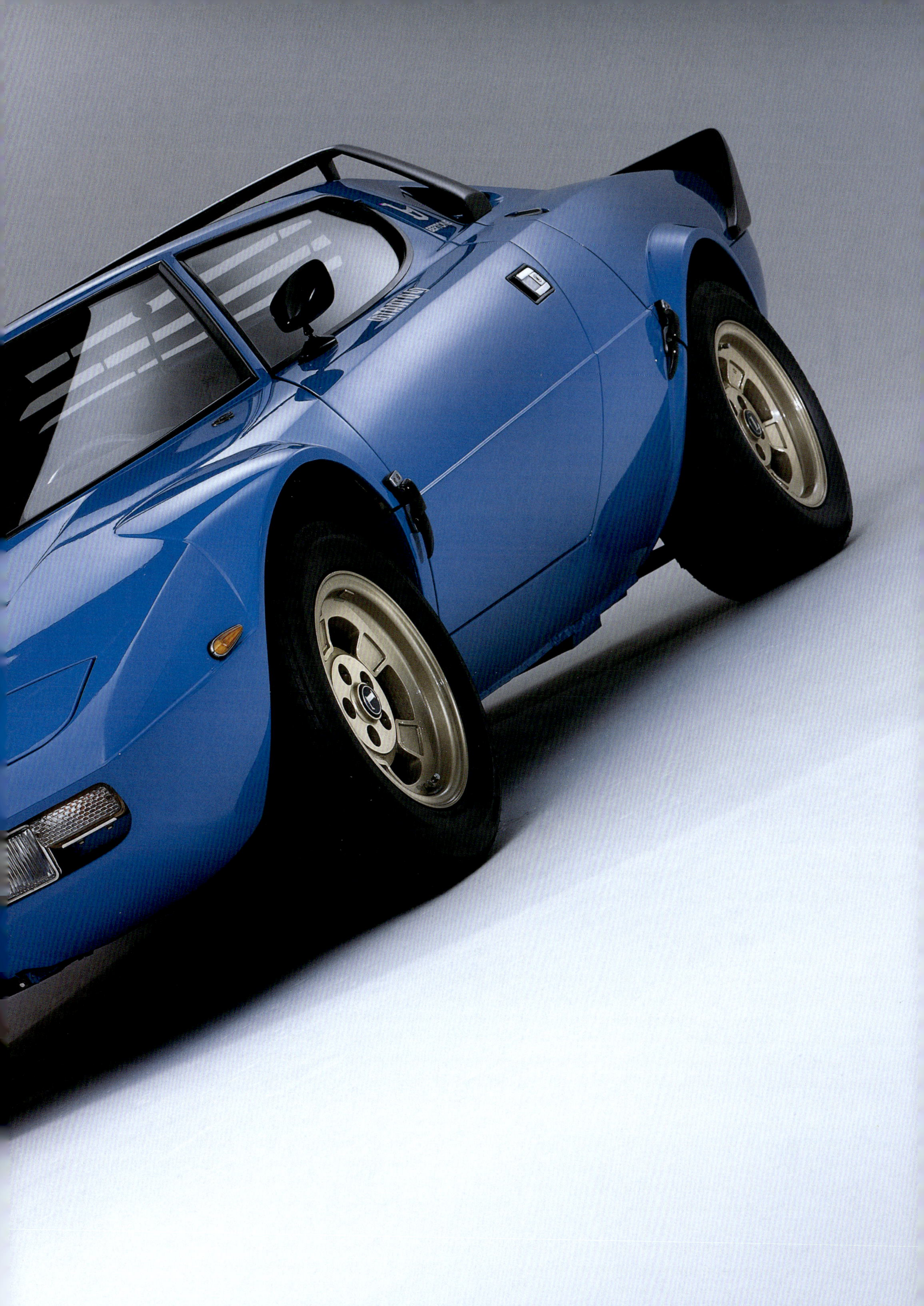

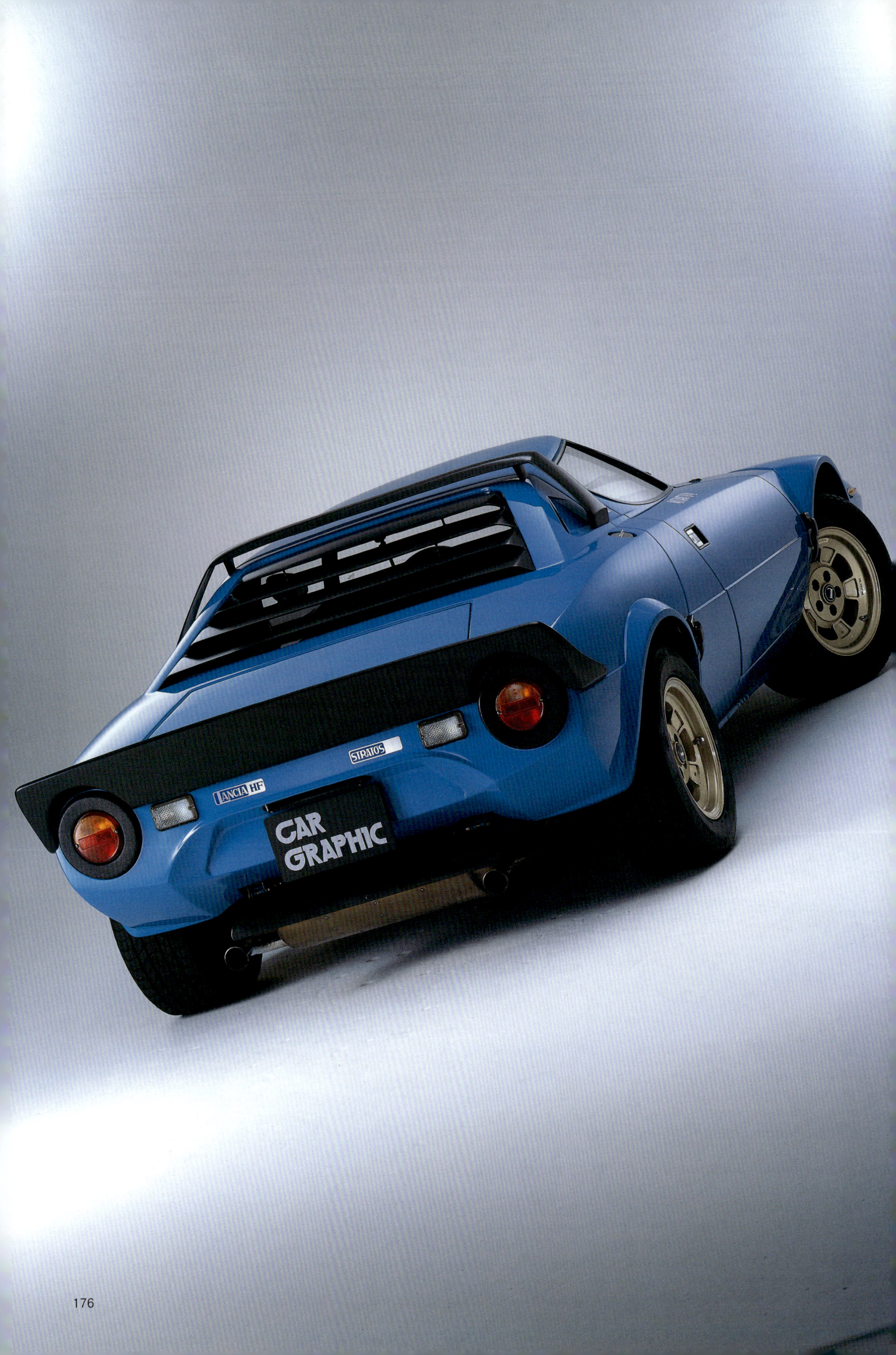
STRATOS
LANCIA HF
CAR
GRAPHIC

177

178

■この車を説明するコトバ

　1978年、というとずいぶん昔である。それがどのぐらい昔かというと、たとえばスソ広まりのズボンで街を歩くことは、当時はまだおしゃれな行為とされていた。エスプレッソとかカプチーノとか、勿論マッキアートなんてものは知っている人も出す店もほとんどなく、すべては"コーヒー"だった。「嗚呼‼花の応援団」が流行り、学校の数学の先生なんかはコンピューター言語フォートランを習わされ、「ナーンチャッテおじさん」というのが流行った。「口裂け女」はまだ先の話。他に何があったか？　どうです、お若ひ諸君にはワケわかりますまい。君たち、その頃の日本人はチョンマゲだったんですぜ。

　で、1978年がどうしたのかというと、実はその年の3月某日に、僕は日本国を離れたのである。発った飛行場は羽田国際空港だった。今は昔の物語である。それ以来ずっと僕は海外流浪の民をやっている。

　それでちょっとコトバのことを書きたかったのだ。すなわち、かくも長年にわたり故国を離れ母国語に囲まれてすごす楽ちんな生活から遠ざかっているとどういうことが起きるかであるが、やはりちょいとニホンゴの単語を忘れたり意味を間違えて考えたり、さらには知らない間に実際には存在しないコトバをあるものと思い込んでいたりということもたまにはあるのである。なかなか始末が悪い。

　で、今回のお題はランチア・ストラトスなのであるが、実は今、私はこの車に少々アセらされたところである。漫画なら額から汗がしたたってるところだったのである。つまり、こういう車はどんな風に料理すべきとぼちぼちゆるゆると解説風のことを書き始め、それですぐにある言葉の漢字をたしかめる必要にせまられて手元の辞書をひくと、その目当てのコトバが出ていなかったのである。そこでもう少し大きな辞典にあたったがやっぱりこれが出てこない。おかしい。そこで今度は電話帳より厚いたいそうな辞典を引っぱり出して調べたが、結局そんな言葉は出ていなかったのである。

　これはこちらの何かの思い違いか、あるいは自分の勝手な造語だったのか。しかしやはりどうしても納得がいかない。他のコトバはともかく、今回のこの一語については自分の記憶に間違いなし、ちゃんと実在するという確信があるのである。しかもこれはそれほど特殊な単語でも専門用語でもなかったはずである。しかしそれでは辞書に出ていないのはなぜなのか。あるはずのコトバが辞書に出てこないというのは結構ヒトをアセらすものだということがわかった。私の人生の記憶はひょっとしてすべて夢だったのだろうか。

　しかしついに救いの書が見つかった。つまりこの語がちゃんと出ている辞書を1冊発見したのである。ただワケわからないのは権威あるらしい何冊もの国語辞典を見てもかすりもしなかったこの単語が発見されたのは、和英辞典の中なのであった。ある和英辞典の見出し語にこのコトバが出ており、漢字も附されており、英語の意味を見るとたしかに自分の考えていた語らしい。どうも国語辞典業界はタイマンなのではないか。

　ごたごたと長くなったが、僕のさがしていたそのコトバとは「ソウカン体」というのである。漢字で書けば「相貫体」だそうであるが、どうだろう、これってそんなに特殊な言葉だろうか。このコトバ、僕は今までの生涯でおそらく10回ぐらいは耳にしたおぼえがある、ということはやっぱり特殊な単語ということか。でもたとえば「鼻中隔穿孔」なんてのよりはずっと使用頻度が高いコトバではないか。ま、どうでもいいが。

　さてそんなわけでいつものようなイントロはなしで珍しくさっさと本題に入ることにしよう。ランチア・ストラトスである。早速であるがまずは全体形を観察する。そして僕はこの車のデザイナーが見る人に最もワカってもらいたかった造形意図とは何だったのかを考える。それは言葉を変えればこの車のデザイナーが一番、人に感心してもらいたかった自慢のアイデアをわかってあげるということなのだ。いつから私はそんなに同業者に親切になったのか。単に同情的なだけか。

　で、ストラトスのデザイナーの自慢のアイデアとは「大胆極まるウェッジ・シェイプ」といったことか。「限界まで圧縮されたサイド・グラス／グリーン・ハウス」みたいなことか。あるいは「あくまで丸くラップ・ラウンドしたウィンド・シールド」か？　いや、これらはどれもストラトスのカタチ上の特徴ではあるが、1970年代前半のその時代でもこの程度のことで得意になれるデザイナーはいなかったはずである。僕思うにデザイナー氏の自慢のアイデアとはもっと異なるベクトルのこと、ト、ここで例の言葉が必要となるわけだが、つまりそれは「相貫体のテーマ」といったことだったのではあるまいか。

　この期に及んでもあきらめの悪い僕はどうもこのコトバがそれほど特殊なものとは思えないのだが、一応説明するなら、相貫体というのはたとえば円柱が立方体をつき抜けていたり、直方体の真中を角錐が貫いているといったような、立体を立体が貫通している形を言う。ついでに言うなら、この場合、交差し合う立体はなるべく純粋な幾何形態である方がいかにも相貫体らしい形の面白さがはっきりと出るようである。

　で、ストラトスであるが、この車は全体が大きな相貫体であるようにデザインされているのである。これは珍しい手法であるしその相貫体の構成の仕方にはなかなか興味深いものがある。

ではストラトスの「相貫体テーマ」なるものの説明をざっとすると、まずその主たるものはボディ本体とグリーンハウスなのである。つまりストラトスのグリーンハウスはボディ本体を貫いたもうひとつの大きなマスが顔を出したといったテーマで造形されていることが見てとれる。と言うと、きっと「いや見てとれない」という人もいるであろうが、まあお聞きなさい。

　たとえばこの車のボンネットやフロントカウルなどの空を向いた面全域が、板を渡したようにフラットで抑揚がまったくおさえられているのはなぜか。その上にのったグリーン・ハウスが前方から見るとわかるように高さは低いがかなりピョコンと直立的であるのはなぜか。だからそれはどちらも突出した相貫体らしさを演出するためなのだ、と言えばなんとなくそんな風にも見えてこないか。

　そう、ちょっと突っ込んでみよう。前述のように相貫体は「交差し合う立体が純粋形態である方がそれらしい面白みがある」ので、やはりこの車のデザイナーも同じことを考えたのだろう。ストラトスを構成するマスの要素はやはり極力幾何形態を指向していることが見てとれる。すなわちこの車のボディはドア・セクションの下半分こそ丸められてはいるが、基本的にはあくまで単純なくさび型の箱のようなもの、上から見おろしたプラン・ビューのアウトラインは最も単純な長方形にごく近い。つまり前後をしぼり込むとか、面と線の流れをスムーズにするためにリードインをつけるといった文化的な手は使わず、普通の車なら前後バンパーにあたる短辺とボディサイドの長辺をすべて直定規をあてて直線で結び角は直角のままという、要するにウェッジシェイプのハコなのである。

　一方こうしたボディ本体を貫通する(と僕の言う)グリーン・ハウスのマスであるが、こちらも先と同じ理由によってやはり幾何的な形態に近づこうとしている。最もその意図が明確に表われているのはウィンド・シールドで、このウィンド・シールドが努力目標とした幾何形態は、今度は円錐形、円錐の一部を切り取った形である。すなわちこのウィンド・シールド、上から見ると恐ろしく丸いが、その丸さはコンパスで描いた円弧のように曲率が極力一定であることに注意されたい。次に同ウィンド・シールド、前から見ると上に向かってわずかに、直線的にテーパーしている。円弧が上に向かってテーパーしているてぇことはこれは円錐形の一部てぇことである。正確には「円錐形の一部のように見えるよう意図された形」だが。

　グリーン・ハウス全体はこのフロント・スクリーンが後方の四角錐の一部と連結したようなアーキテクチャーなわけだが、話が煩雑になるから大ざっぱに言うならストラトスが目指したのは「くさび形を貫通した円錐のとんがり頭をスッパリと切り取った相貫体」と、そんな風に解釈できるだろうと僕は思います。この車、ルーフがこれまた例外的に直線的平面的なのも「スッパリ切り取った」感を演出するためで、これは幾何的印象を損わない配慮でもある。

■その他諸々の話

　以上の大きなマスの構成の他にもう1箇所ストラトスには「相貫体テーマ」が用いられているところがある。それはこのとってつけたようなフロントのホイール・アーチである。こちらの方がデザイナーの意図はつかみやすいだろう。

　ここまでの話の延長で言うなら、フロントのホイール・アーチの目指した幾何形態は、今度は円筒形である。つまりこの車の左右フロント・ホイールを覆う盛りあがり部は大きな円筒がクサビ型ボディ本体を横に貫通したような視覚効果を狙ったもので、この盛りあがり部がわざととってつけたように処理されているのも円筒が突き通っている様を演出するためだ。順序が逆になるが、この車のグリーン・ハウスが相貫体を意図したものだとわかるのも、この、よりテーマのつかみやすいフロント・アーチがあるからなのである。つまりデザイナー的理屈で言えば、両者の造形のテーマは統一されていると考えることが自然なのだ。

　ついでに言うならリアのホイール・アーチの張り出しもそこだけ見ればどんな車にもこの程度の張り出しはあり、特別なデザインとは見えないが、この車の場合にはこれもフロント・ホイール・アーチと対になった円筒形相貫体テーマで、実はボディ下には円筒形がかくれて貫通しており、これはその端っこがちょっと突き出している状態、と造形的には解釈することもできる。と、こうして実際にはやってない仕事までちゃんと意図を察してあげたのだからデザイナー君もさぞかしズイキの涙にくれていることであろう。今度スパゲティでもおごりなさい。

　……形を文章で説明するのは本当に頭が痛いがなんとなくひと段落ついたところで、サテここからは例によって個人的好みでも述べてみよう。まずとりあえず、以上のような「相貫体テーマ」というのはとても面白いと思う。1960年代後半からの約10年間はイタリアのカロッツェリア・デザインのひとつの黄金期で、ピニンファリーナのコンセプトカーにも当時相貫体をテーマとしたものはいくつかあったが、ストラトスほどそれを徹底して、しかも大胆にやってのけた例は他になかったと思う。

　またこれはよい悪いでも好き嫌いでもないのだが、このように大きくマスを扱うデザインというのはどうしても全体に少しおもちゃっぽい印象となることは避けられない。偶然ながらストラトスから30年たった今日、オモチャのようにマスを大きく扱う手法は自動車デザインのひとつの流行となっており、ストラトスもここにきてひとつのルーツとして再評価されるべきなのかもしれない。

と少しだけ人のよさそうな顔をしたところで文句もひとつだけ書いておこう。ま、細かいことなのだが、この車、サイド・セクションを上下に分けるようにステップ状の細いラインがホイール・アーチを結んで入ってますねえ。こいつどうですかね。このラインにはサイドから見た時のボディの厚みを分割して視覚的な重量を軽減する役割がある。ストラトスは、特に後半はベルトラインが極端に高くなり重たくなるからこれを入れたのだろうと思うが、どうもこいつが僕にはひどくチープに思える。大体「細いステップ状」というのが立体的意味も薄く、どうも考え方自体が古臭くてちょっとダサいな。ボディサイドを分割するなら当時だってもっと効果的で気のきいたやり方はいくらでもあったはずだ。もしかしたらこのラインはデザイナー本人の意志ではなかったのかもしれない。ちょっとしたことではあるが、ズボンの下からのぞくモモヒキみたいに、ちょっとしたことでも全体の印象を損なうこともありますからね。

　例によって点数をつけるとすると、ワタクシテキにはストラトスは、まあ75点ぐらいですかねえ。前述のごとく、この車はデザインとして、造形として見ればとても新しくて面白いのだ。そういう評価で言えば85点ぐらいのことは充分あると思う。しかし小生の場合デザイナーのくせに自動車を見る目というのはあくまで「自動車を見る目」なのだ。どんなコンセプトでもどんなカタチでもそれは構わないが、それが自動車としての魅力につながっているかが問題なので、と今こんな話にあまり首を突っ込むスペースはもちろんありませんが、また「自動車の魅力」と言ってもその幅は無限に広いわけだが、ストラトスみたいな車には、もうちょいと「物としての感動」みたいなものが表わされていてしかるべきだと、抽象的ながら思うわけであります。

　それから、話は少しずれるようだが、ストラトスというネーミングはこの車をだいぶ助けているのではないか。もしこの車がランチア240RSとかいう名前だったらあと5点は減点したいところだ。このSF調みたいなデザインは"ストラトス"（ストラトスフィア、成層圏）という車だから正当化される、人を納得させられる、という部分は無視できないと思う。ネーミングって物のイメージを左右するからデザインとの関係は思いのほか深いと思うのだ。あともう一点名前について加えるなら、ストラトスという音も良い。現在アメリカでダッジ・ストラトス（"STRATUS"）という車が生産されているのをご存知でしょうか。意味はともかく、こんなのストラトスという名前をそっくりいただきたかったがそうもいかないのでなるべく音を似せたかったとしか思えない。

　冒頭の話に戻るが、相貫体というコトバを僕はたしかに今までに10回ぐらい聞いたおぼえがある。しかし40数年の間に10回しか耳にしていないコトバを何冊もの辞書に「そんなコトバ知らん」とそっぽ向かれても「いやあるはず」と確信ゆるがぬほどにシッカリ覚えていたというのも、考えれば不思議な話だ。普段日常の僕は見ること聞くこと片端から忘れてしまう記憶力極めて劣悪な人間である。どちらかと言えば相貫体なんてコトバは忘れても生命に別状はないから、もっとメシのタネになることでもしっかり覚えておければとは思うものの、どうも記憶力というのは本人の意志どおりには働いてくれないらしい。

　ランチアに関する遠い、そしてものの役には立たない思い出。これはもう40年ほども昔の物語だからいいだろう。1960年代半ば、初代ファミリアの頃のマツダはイタリアン・デザインにいたく傾倒し、カロッツェリア・ベルトーネと契約があったことも知られている。ファミリアもルーチェも、だから当時ちょっとしたものだったのだ。しかしそのイタリア傾倒はピサの斜塔よりも強力だったようで、彼らは他ならぬランチアからごくこまかいところながらデザインを借りたことがあったのである。ただこれはあまりに小さなことで一般には知られなかったし、彼ら自身誰かが気づくとは思ってもいなかったに違いない。しかしフフフ、悪魔のごときワタクシはその頃10歳かそこらのガキのくせに、ちゃんとこれに気づいてしまったのである。

　その時代のランチアにはフルヴィア、フラヴィア、フラミニアの3車種があったのはご存知のとおり。この3車種はそれぞれ異なる書体でモデル名ロゴをボディにつけていたが、その3種のロゴ筆記体がどれもものすごくカッコよかった。で、イタリアびいきの当時のマツダがちょいと借りたデザインというのはこのカッコいい書体だったのである。つまり彼らは"ファミリア"というクローム・ロゴを3種類つくり、それぞれをランチアの3種の書体に似せた。なにせ綴りが似てるからどれもホントそっくりだった。ガキの私はそれに気づいてしまった。

　その当時どこでランチアなんて車を見、しかもそのロゴの書体まで覚えていたのか自分でもわけがわからない。でも気づいてしまったのは事実なのだ。「あ、これ、なんでランチアと同じ字なんだろう」記憶力がどこに何故はたらくのかは本人にもわからない。しかしとりあえず広島市民はこういうガキはたたきのめすべきではないか。小生、自分でそう思う。

MERCEDES-BENZ 280SL

1963年のジュネーヴ・ショーでデビューした、当時のメルセデス・ベンツ唯一のスポーツカーが、一般にパゴダ・ルーフと呼ばれることの多いW113型である。デビュー時には2.3ℓストレートシックスを積む230SLだったが、年々排気量がアップし、68年初頭から280SLとなった。写真は1969年型のアメリカ仕様。
全長：4285mm、全幅：1760mm、全高：1305mm、ホイールベース：2400mm。水冷直列6気筒SOHC。2418cc、170ps／5750rpm、24.5mkg／4500rpm。縦置きフロントエンジン-リアドライブ。サスペンション：独立 ダブルウィッシュボーン（前）／独立 ロービボット式スウィングアクスル（後）。

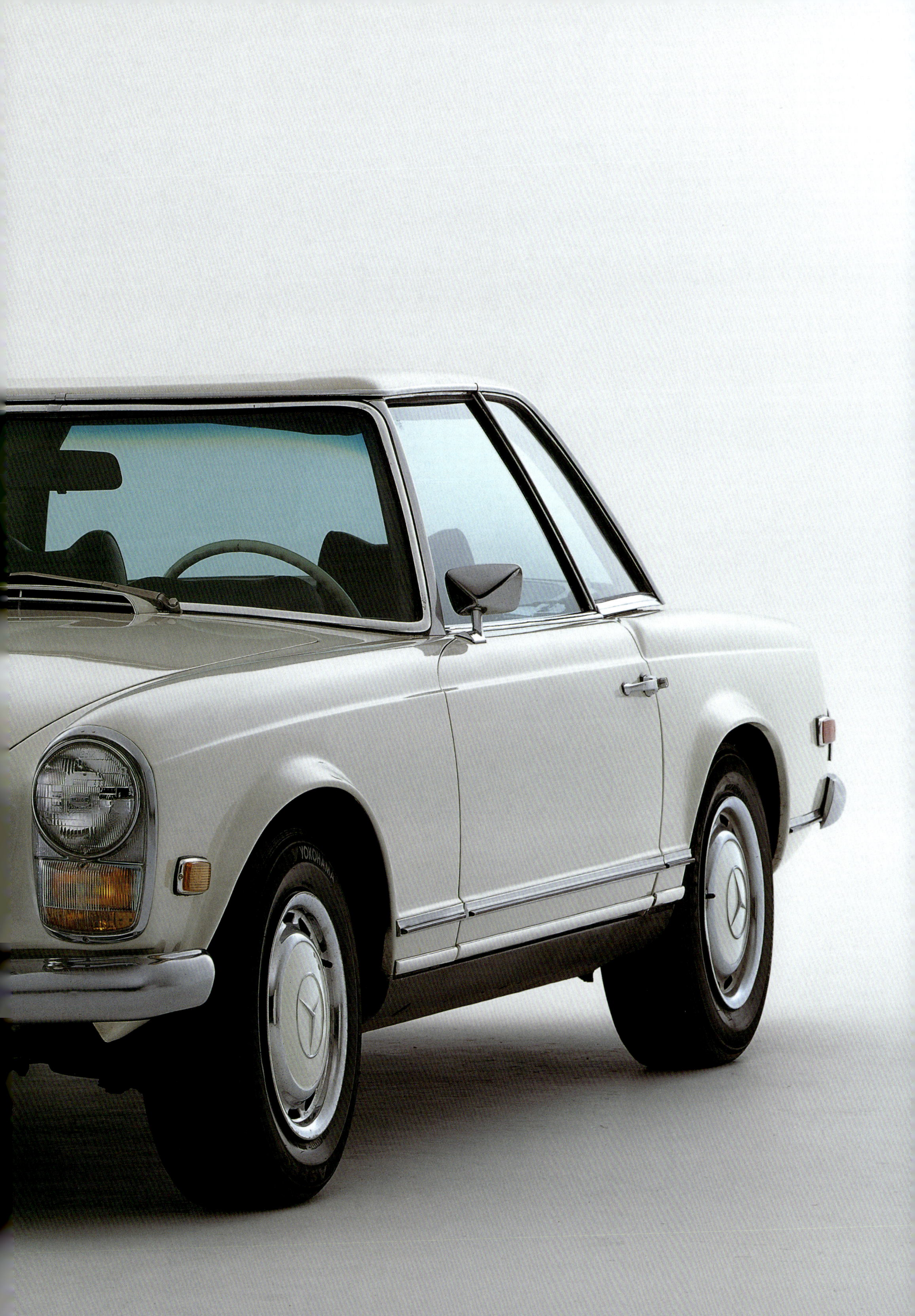
YOKOHAMA

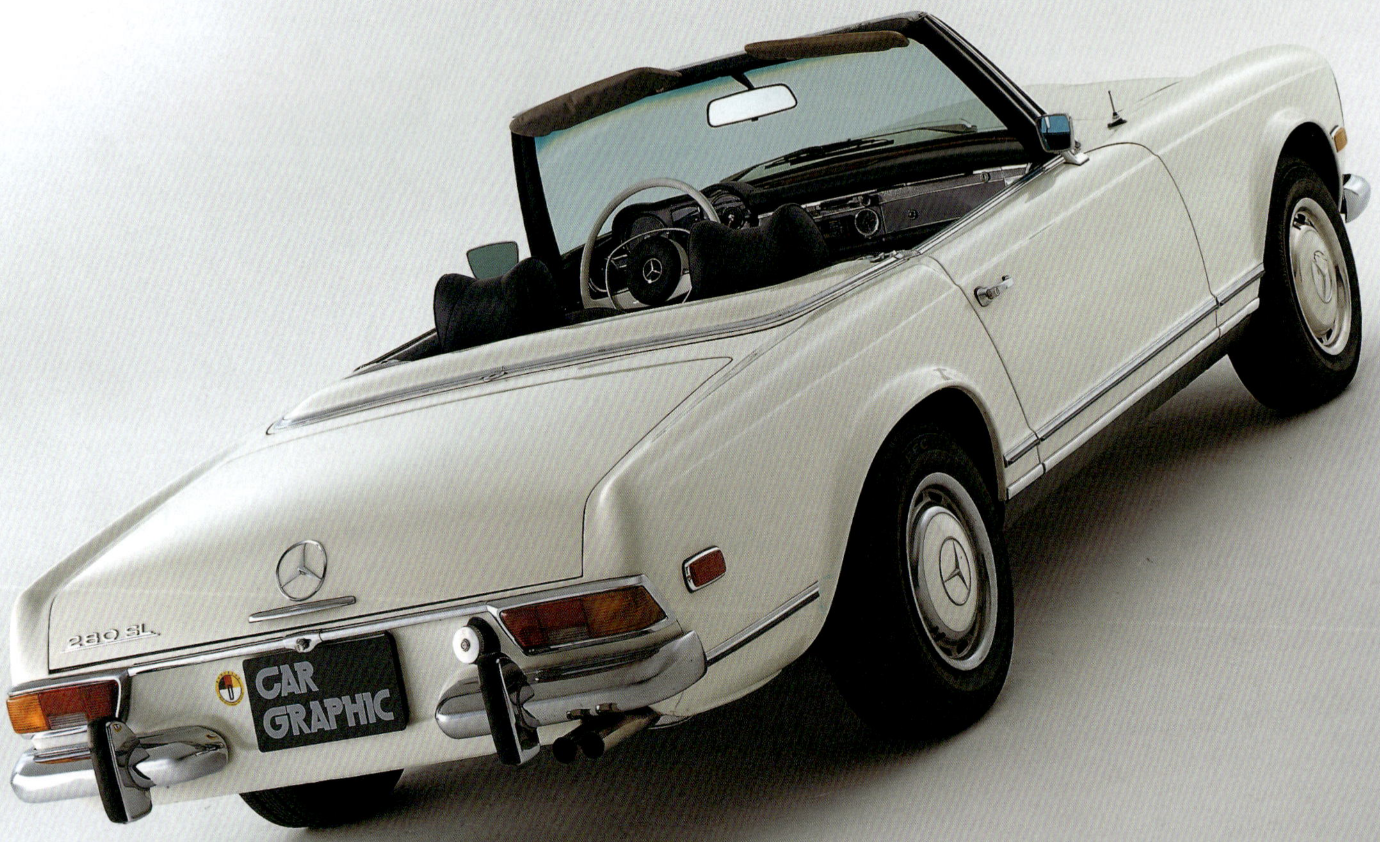
280 SL
CAR
GRAPHIC

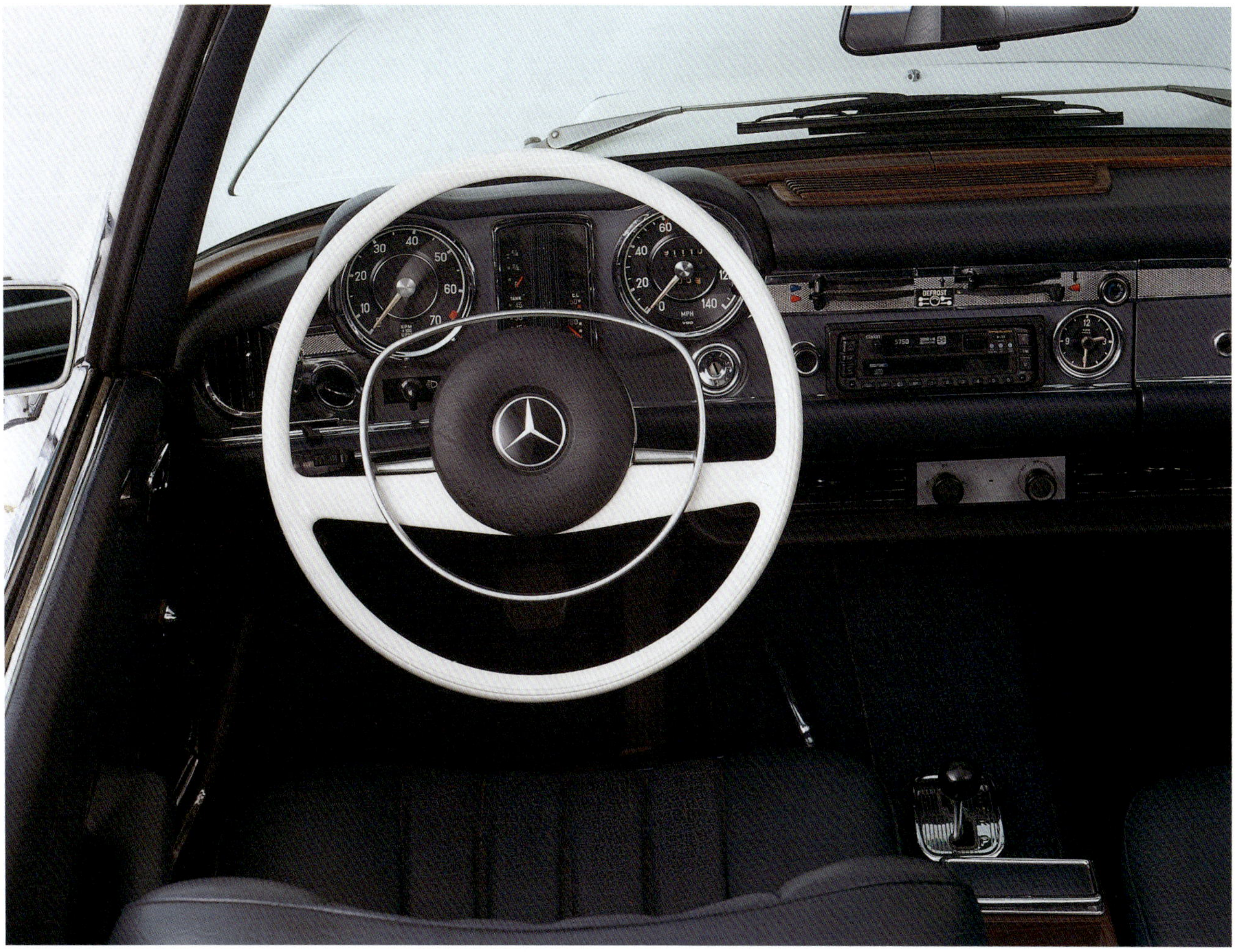

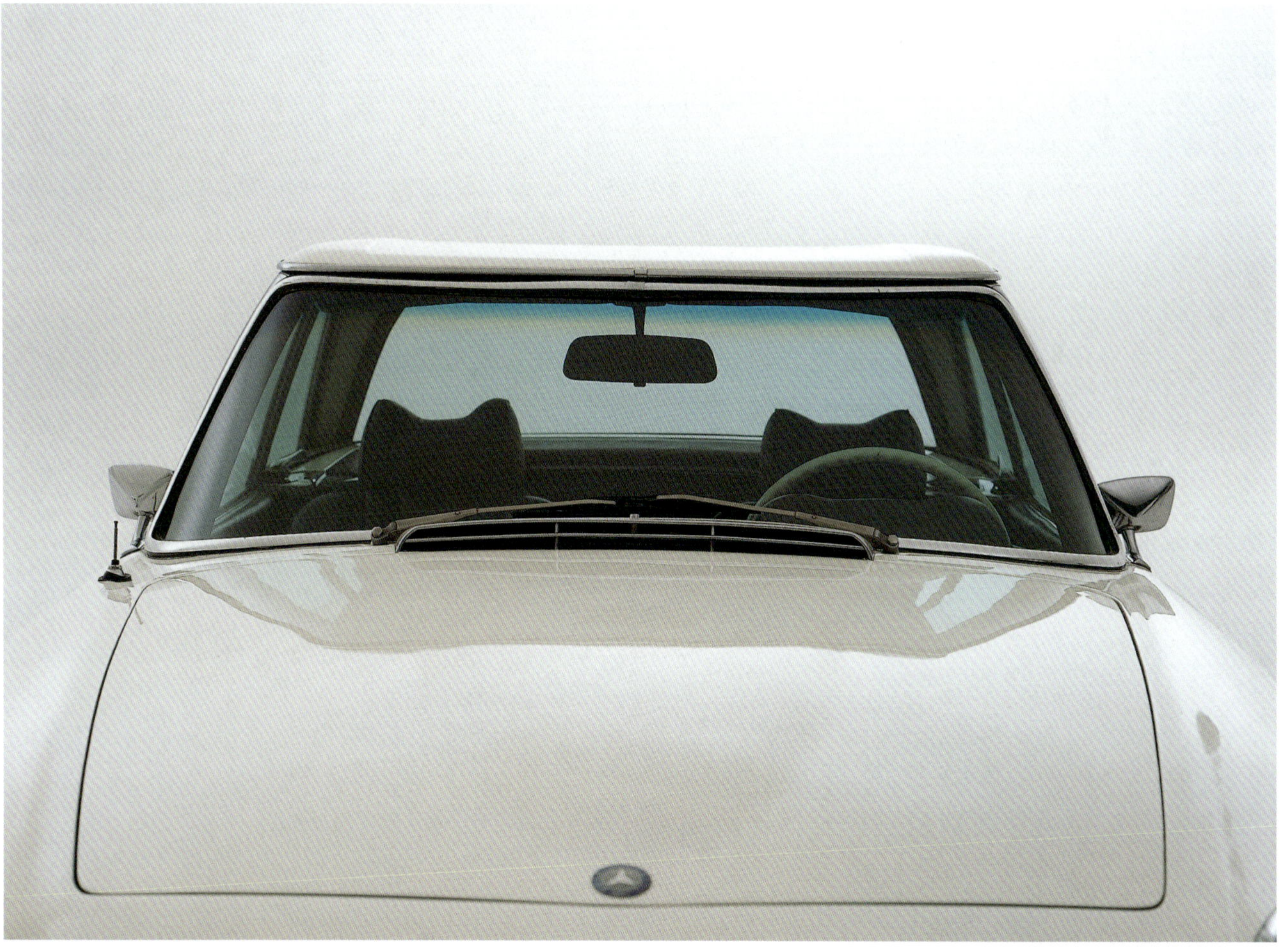

■風のほこら

　空気力学、と言うとちょっと難しそうに聞こえる。僕のように難しいことの嫌いな人間は「ナントカ力学」みたいな言葉は聞いただけでおじけづく。しかし空力と自動車のカタチというのはやはり深い関係にあるようで、自動車デザインでナリワイをたてようなどという人々は、多かれ少なかれこいつと関わることとなってしまう。そこで今回はイントロに車の空力開発とその周辺の話でも、と思うわけで

ある。どうも新鮮味のない話題のようだが空力開発の実際は意外と知られていないのではないか。

ただしあまりテクニカルなことは書いてはマズいこともあるし、第一面白くもないだろう。でもまったく書かなくては何が何だかわからないから、まずはザッと風洞実験の原理に触れる。

風洞実験、という言葉には車雑誌の中ではちょくちょく出会う。風洞、それは富士山のフウケツみたいなところだろうか。そんなところにいい歳した大人が入りこんで何をしようというのか。クルマの空力開発に使う風洞には原寸大用、スケールモデル用と大きさの違いはあるが、どちらにしてもそれはたしかにトンネルみたいなところだ。ただこのトンネルは吹き抜けでなくループのように出入口なしに空気が循環する造りである場合が多い。

さてこのトンネルの一部には強力なプロペラが設置されている(ファンと言う方が正しいが、プロペラと言う方がそれらしいのでそうしとこう)。そしてこのプロペラの後方には自動車のモデル、あるいは本物でもよいが、とにかく実験される車を据える専用の場所がある。ここに車がセットされるとき、4輪はそれぞれ台のようなものの上に乗るが、この台の下には精密なセンサーが埋めこまれている。実験の際、人々はここに正確に車を固定し、そしてそくさとコントロール・ルームに避難する。ちなみに風洞実験には空力専門のエンジニア、デザイナー、そして数人のモデラーが立ち会うのが原則だ。コントロール・ルームには大きなガラス窓があり、実験中の車が見えるようになっている。

さてコントロール・ルームに逃げ帰った人たちはハッチのようなドアをピッタリと閉め、そしておもむろにスイッチを押す。するとあのプロペラが廻りはじめ、風を送りはじめる。前述のようにトンネル内は輪のような造りだから内部の空気は急速に加速する。それでも容赦なくどんどんプロペラをぶん廻す。ついにはトンネル内の風は目の前の厚いガラス窓をビリビリ震わすほどになる。

この強風にさらされた、先ほど台の上に固定された車はどうなるか。当然風圧で後ろに押されますね。そこをすかさずセンサーがどのくらいの力で押されているか計測するわけである。つまり空気抵抗の少ない車は押される力は小さいし、抵抗の大きい車なら押される力も大きい。実験される車の重量と前面投影面積はあらかじめ計算されており、また風速は常に正確に一定で計測するのでなくては意味がないのは言うまでもない。このとき前述のセンサーはおりこうだから前後輪に働く揚力も一緒に計測してしまうが、こうして得られたデータはすべてコントロール・ルームの計器に表わされ、プリント・アウトされて出てくるわけである。最初のセッティングには時間がかかるが、それさえ終えてしまえば1回の計測にかかる時間は6〜7分ぐらいのものか。

こうして1回テストが済むと人々は再びトンネルの中に入り、エンジニアとデザイナーが相談したりケンカしたりしながらモデルに変更を加える。プロペラは停止して何分もたっているが、トンネルに入るとこの時まだ空気がスーッと動いているのがわかる。モデルに変更を加えるとまた計測する。こうしてこれを何度もくり返し、色々試しつつ少しずつ抵抗の少ない形、空力性能のよい形に近付けてゆく、というのが風洞実験というものの基本である。

サテ以上の説明でもおわかりのように、風洞実験場というのはかなり大がかりな金のかかった施設である。だからヨーロッパでは自動車メーカーでも自社の風洞を持たないところはいくらもある。しかしいくら金をかけても実は完璧なデータのとれる風洞というのはコノ世に存在しないのだ。計測値には必ずエラーがつきもので、それもそのエラーには風洞ごとのクセのようなものが出る。つまりあまり信用できない。そこでクルマ会社は正確を期すために、1台の車をいくつもの異なる風洞でテストして平均値をとる、といったこともよく行なわれる。その際の風洞の借り賃というのも馬鹿にならず、時にはヨーロッパから車を空輸してでもアメリカの風洞を借りる方が安あがりという場合だってある。

ト、ここからは「空力」よりも風洞そのものの実見談になるが、そんなわけで、小生もずいぶん今までに各地のいろんな風洞実験場を見る機会があった。風洞も色々で、中には最新の超ハイテク設備に目を剥くというところももちろんあったが、でも面白かったのはむしろその逆の方向だ。つまり自動車発祥の地ヨーロッパでは、目茶苦茶に古い風洞というのが存在する。建てられたのは1930年代かあるいは20年代かという風洞実験場が今日の新車開発に立派に役立っているという場合があるのである。

僕の知るそんな大昔の風洞では、たとえばパリ大学の空力実験場というのがある。それはパリ南西郊外のサン・シールというところにあり、スケールモデル専用だがルノーに在籍した頃には僕はよく行ったものだ。外から見ればここは北海道開拓史といった本にでも出てきそうな立派な倉庫然とした石造りの建物である。で、一歩中に入ると、その様子はさきほど書いたような現代の一般的風洞とはまるで違う。おそらくああした風洞実験場の「定型」が定まるずっと以前にできたものだからなのだろう。ここは何と言うかフランケンシュタイン博士の実験室といった趣きで、木製のつっかえ棒に支えられたようなギシギシのトンネル部はまあよいとして、ここにはコントロール・ルームに相当するものはない。プロペラをぶん廻しての実験中、人々は機械類の裏手にあるハンドレバーや超アナログな大型円型

計器の並ぶスイッチパネル前の薄暗い一角にイスを持ってきて座って待つ。素通しで防音設備などいっさいないから騒音で話もろくにできないし、実験中のモデルも見えない。空力界のシーラカンスである。

このサン・シールと並んでもうひとつ僕の知る太古の空力実験場はドイツにある。それはシュトゥットガルト工科大学の風洞で、こちらはオペルに勤めていたときにやはりよく行った。もっともこちらはサン・シールに比べればだいぶ文化的でコントロール・ルームもちゃんとあるし、そこには例のガラス窓もついている。それでも古いうす暗いマッド・サイエンティストのラボ風の感じは両者共通しているようだが。

この風洞での思い出だが、あるとき普段は使わぬ奥の部屋まで探検に行ったときのことだ。物置きのようになった一室の片隅に半びらきのロッカーがあるので眺いてみて、そこにホコリをかぶってころがっていたモノを見て僕はとびあがった。それは古い5分の1の木製の実験用モデルだったのだ。それもどれもが本で見おぼえのある車。即ちかのパウル・ヤーライとかウニバルド・カムといった自動車空力の大パイオニア、この世界の神様のような人たちの戦前の流線形グルマのオリジナル実験用モデルだったのである。どう考えても本来なら博物館のガラスケースの中に座ブトン敷いて鎮座しているべき代物である。この扱いはないんじゃないの、と思ったが、こうした物が無造作にころがってるとは「サスガ本場」と感心する見方もできる。要らないなら私にくれと言いたいが、まぁ要らないわけじゃないんだろうな。

■仏塔の車

さてパゴダ・ルーフのメルセデスSLが今回のお題である。ここまでの話とまったくつながらないようで実はこの部分、糸一本分ぐらいだがつながっているのである。少なくとも僕のアタマの中では。かの無上の歴史的価値を秘めるシュトゥットガルト工科大学の風洞、こいつがシュトゥットガルトのどこにあるかというと、実はこれ、ダイムラー・ベンツ社の敷地内に建っているのである。当時便利がよいからそうしたのだろう。僕は多いときには毎週のようにここに行っていた、ということは毎週のようにヨソの自動車会社におじゃましていたことになる。

たしか特別なパスはなく、ゲートの警備員に「風洞に行きます。大学から来ました」とフカシを言って入っていたおぼえがあるが、よかったんカイナあれは。敷地に入ってしまえば歩き廻ることもできるし、現に昼になればこの会社の食堂に行き、三点星の社員サマたちに混ざって食べていたのだ。この社員食堂からは同社のミュージアムの一部が眺められるのが楽しみで、かつ食いもんも当時のオペルの食堂よりはだいぶ良かったが、食物を扱うオバチャンたちがビニール袋をかぶせた手の手づかみで肉とか野菜を皿に分けていたのが忘れられません。おハシを使いなさい、とは言わないがフォークとかないのか、おい。

さて今回撮影のSLはU.S.仕様と聞いている。ぜいたくを言うようだがやはりデザインを論じるとなるとこれは少々残念で、タテ目一体式ヘッド・ランプ、サイド・マーカーなしというのがこの車の本来あるべきオリジナルの姿で、ここでもできればそうした状態を想像しつつお読みいただきたい。書くスペースが縮んでしまったので足早にいくが、じゃ、まずは全体を見てみよう。いつも思うことだが発表から40年経っているとは信じられないこのモダーンな印象はたいしたものだと思う。近代的な印象は第一にこの車のシャシーのタテ／ヨコのプロポーションからきていると僕は思う。即ちトレッドが広く、ホイール・リップが張り出してタイアがうんと踏ん張った姿は当時の車としては異例のもので、これは現代の高性能車に近いものがある。

他にも三角窓を廃し、また幌の車では機構的な理由から形の混乱しやすいフロント・スクリーンの角ッコなんかもきれいに処理されてスッキリ見えること、そしてボディ全体もこの時代の同社の車としては異例にシンプルで、装飾的なプレス・ラインがずいぶん省略されてクロームも過剰にならず「バロック調」からのがれていることなど、この車が今でも若々しく見える秘訣はいくつもあげられる。

それはそれでよいとして、SLでひとつ議論となり得る点を挙げるならば、やはりそれはこの車の特徴的なハードトップのルーフ面ではあるまいか。即ちこの車のルーフは全面にわたってゆるくへこんだように逆反っている。言うまでもないだろうが車の造形に凹んだ面というのは珍しく、一部アクセントとして使う以外はあまり用いられるものではない。かつてのシトロエン・ディアーヌとか60年代終わり頃のクライスラーのフルサイズなど数少ない例外はあるものの、そうそうへこんだデザインの車というのはこの世にありはしない。ルーフ全面がコンケーブというのも、僕は今回のSLとそれを継承した次の代のSL以外にはちょっと思い出せない。

ちなみにこの逆ゾリのルーフは本国ではよくパゴダ・ダッハ（ルーフ）と呼ばれているが、パゴダっていゃあ東南アジアのお寺とか仏塔のことではなかったか？ いったいこのルーフのどこがそんなものを連想させるのか僕にはまったくわからない。どうも西洋の人間が東洋のモノを見る目というか、奴等が東洋の何をどう解釈してるかは理解に苦しむことが多い。

しかしそれはそれとして、僕自身は逆ゾリのルーフというアイデアは実に面白いと思っている。いったいデザイナーはどうしてこんなものを思いついたのだろう。その思考

プロセスを推理するに、まず当時のダイムラーではガラス面積を極力大きくとることが大課題となっていたことが大モトにある。この車を含め、60年代なかばに発表された同社のモデルは軒並みその前代と比較してガラス面積40パーセント増しと言われていた。しかしこうした広大なサイド・フロント・リアのガラス面を維持しつつその上に通常のふくらんだルーフを乗せては、あまりにアッパーは背が高く見え、全高も増してスポーティさがスポイルされる恐れがある。かと言ってルーフが真っ平では頭がフライパンで叩かれたみたいでおかしいしハイライトもきれいに通らないし強度的にも問題がある。

スポーツカーのルーフに通常のポジティブな断面を使わずに変則的な方法を用いて全高をおさえた例はいくつかある。たとえば60年代前半のカロッツェリア・ザガートのダブル・バブルのルーフである。これは勿論ひとつのスタイリングではあるが、乗員のヘッド・クリアランスを確保しつつ屋根の中央の、最も高さの高くなる部分を谷間のようにもっていくことによって全高をおさえた手法とも言える。このテは最近でもたとえばマツダRX-7が採用したのはご存知のとおり。あと、トヨタ2000GTなどに見られる凹型のリブをルーフ中央に入れるという方法もある。これは大きな異和感を与えずにやはり全高をおさえ、かつルーフのプレスを容易にするやり方で、ごく自然に見えるから言われなければ気づかないこともあるだろう。

しかし写真のSLがとった方法はこれらとは異なる（おそらく）空前絶後のものだ。ルーフが高くなるのはイヤなら……「じゃ、逆に反らしてしまえばいい。ハッハッハ」いやホント、こういう発想は最初はジョークで言い合っていただけなのかもしれない。でもヨノナカ冗談を、あるいは冗談並みのアイデアを、実際に試してみることができるかできないかの差はものすごく大きいのだ。おそらくこの時ダイムラーB.のデザイナーもその周囲も調子に乗っていたのだろう。で、これを見せられた重役も社長も調子に乗せられてうっかり承認してしまった、と、「パゴダ・ルーフ」の発祥はまぁこんなものだったのではないか。

さてここからは例によってコジンテキ好き嫌いの勝手を述べてみよう。実を言うと私はこの車、かなり好きなのである。全体の印象が明快なのがよい。威圧感がなくて品がよい。ガラス面積が大きいのも、軽快で細身な感じでやはりよい。もーヨイヨイづくめじゃのう。実際にはガラスというのは自動車を形づくる材質のうちでも非常に重い方の材質なんだが、ここでは勿論そういう話をしてるんじゃない。とにかくサイズ的にもカタチ的にもふたりの人間が乗って、速く走るにもゆっくり走るにもこのSLはとても感じのよい乗り物だと思う。

というわけで、点数をつけるなら僕にとってこの車は86点である。なぜヨイコトずくめなのにもっといかないのか、そしてなぜハンパな点数なのかと言うと、こういうデザインをコンテストなんかでは「佳作」と言うのではないか。非常に優れた、そして心地よい出来映えだが、自動車史の流れを変えるほどの特殊エネルギーを発散するようなものではないと思う。それで、そういう「佳作」は最高でも85点が天井かなと考えるわけであるが、でもこの車は自分にとってそれよりはもうすこし上にランクされるべき存在なので、それで86点と、まぁこの辺はあんまり深くは追及しないでほしいですが。

先程の、空力開発の話にちょっとだけ戻る。パリ大学のあの風洞、とんでもねえシロモノだが実はその実力は侮れないものがある。理屈上では風洞は規模が大きければ大きいほどエラーは少ないハズ、と言われるが、あるメーカーが80年代終わりに巨億の費用をかけて建設したヨーロッパ最大級の風洞実験場はなぜかエラーがひどく大きいので有名だ。で、そんなのに比べればサン・シールのあのギシギシいう太古の風洞の方がずっと頼りになる。即ちどういう加減か、あのサン・シールで得られるデータはいつも驚くほど正確だったのだ。おそらくあのあたりの風の神が力を与えているものと思われる（科学的）。

だいたいサン・シールと言えば昔からフランス車空力開発の聖地のようなところだった。この実験場があったから50〜70年代のフランス大衆車の空力性能はほかより頭ひとつぐらい進んでいた。その代表はシトロエンやパナールだろうが、ルノーだって古くからここでシッカリ空力実験はやっていたので、たとえばあの背の高い平ったいルノー4の空気抵抗係数がジェット機のようなジャガーEタイプより優れていた、と言えば容易には信じられないかもしれないが、これは本当である。

もっとも、見た目に速そうな車が実は空力がよくないというのはよくある話で、高性能で知られるある欧州製有名スポーツカーはその視覚的印象に反して空気抵抗はひどく大きく、誰かが試みに前後逆にして風洞テストしたらその方がまだよかったそうである。つまりこの車はバックする時の方が空気抵抗が少ないということである。

これとは全然意味が違うが、日本の車も一部を除けばあまり空力に真っ向から取り組んだというものは少ないように思える。西洋の車がもともとから「風によるデザイン」であるのに対して日本の車はそれとは別のなにか、という感じがすることもある。でも誰かが日本風空力ファッションという独自の一派を創設すればそれも面白いんじゃないか、その車のルーフラインはパゴダ・ルーフ派生のジンジャ・ルーフを備えた独特のものでなくてはいけない。うーむ楽しみ（自分でも何を言ってるのかよくわからない）。

AUSTIN-HEALEY SPRITE Mk.I

1958年にデビューしたオースティン・ブランドの小型軽量スポーツカー。当時のイギリス最大の自動車メーカーであるBMC（British Motor Corporation）グループが持っていたエンジン、サスペンションなどのコンポーネンツを多く流用することによって低コストを実現。5万台以上が生産される大ヒット作となった。
全長：3490mm、全幅：1350mm、全高：1210mm、ホイールベース：2030mm。水冷直列4気筒OHV。948cc、46ps／5300rpm、7.2mkg／3300rpm。縦置きフロントエンジン-リアドライブ。サスペンション：独立 ダブルウィッシュボーン（前）／固定 トレーリングアーム＋リーフ（後）

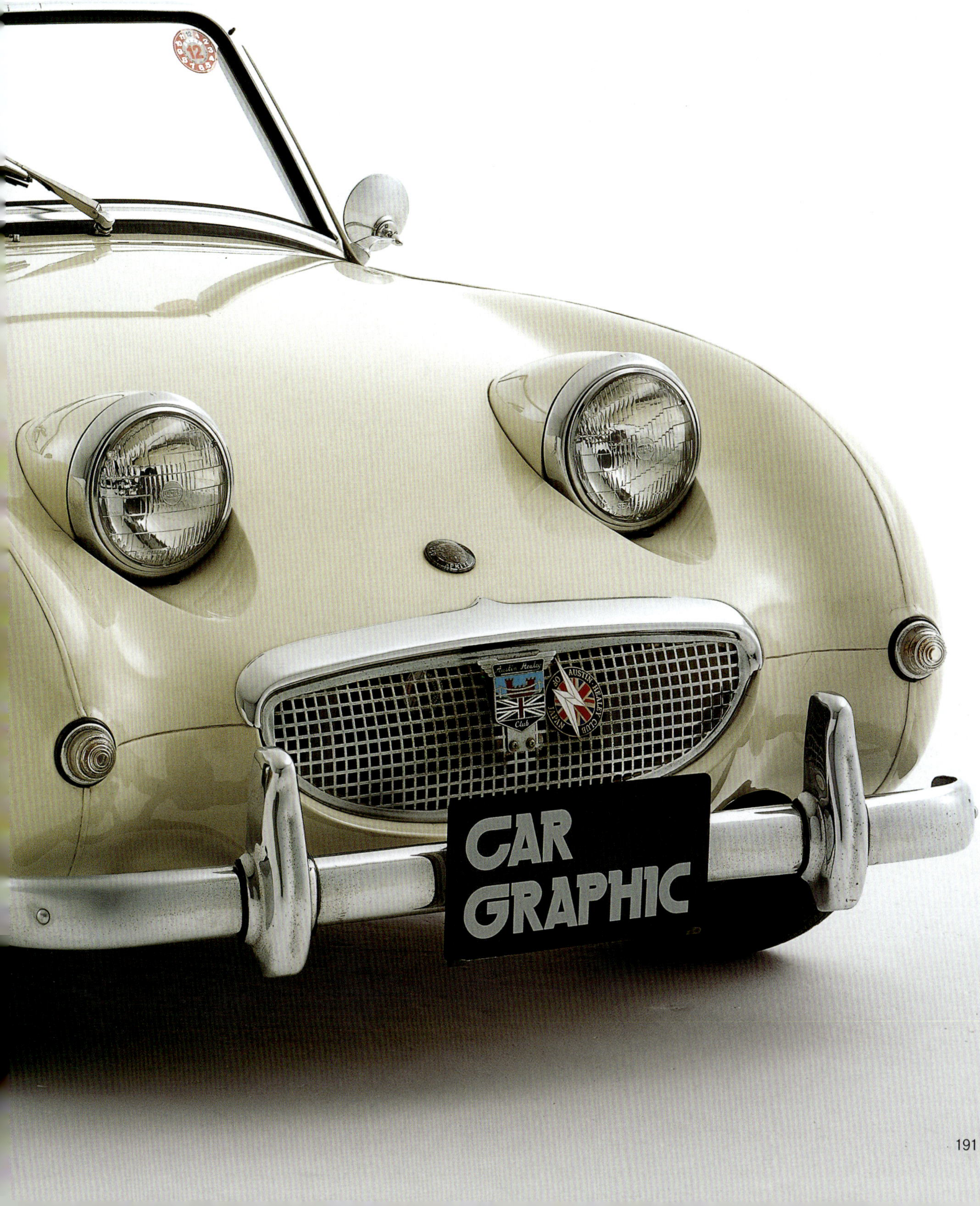
CAR
GRAPHIC

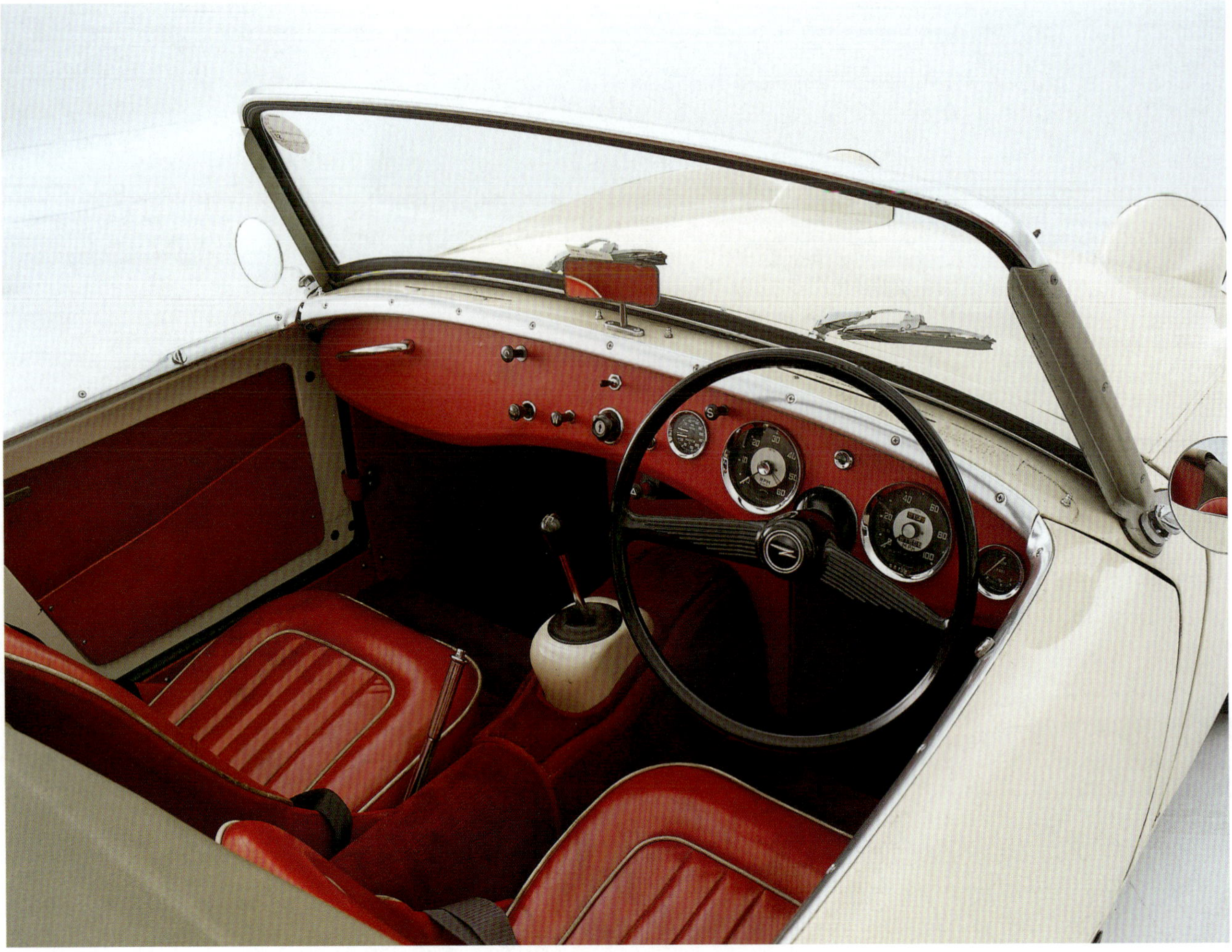

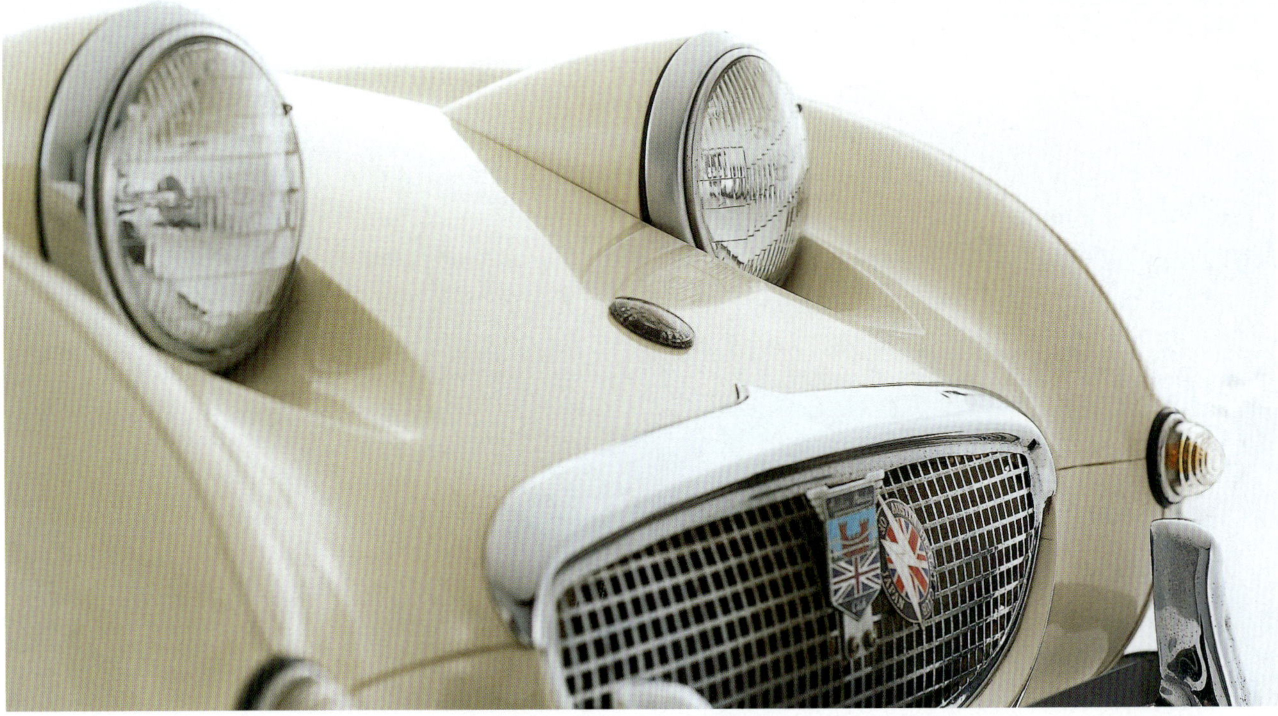

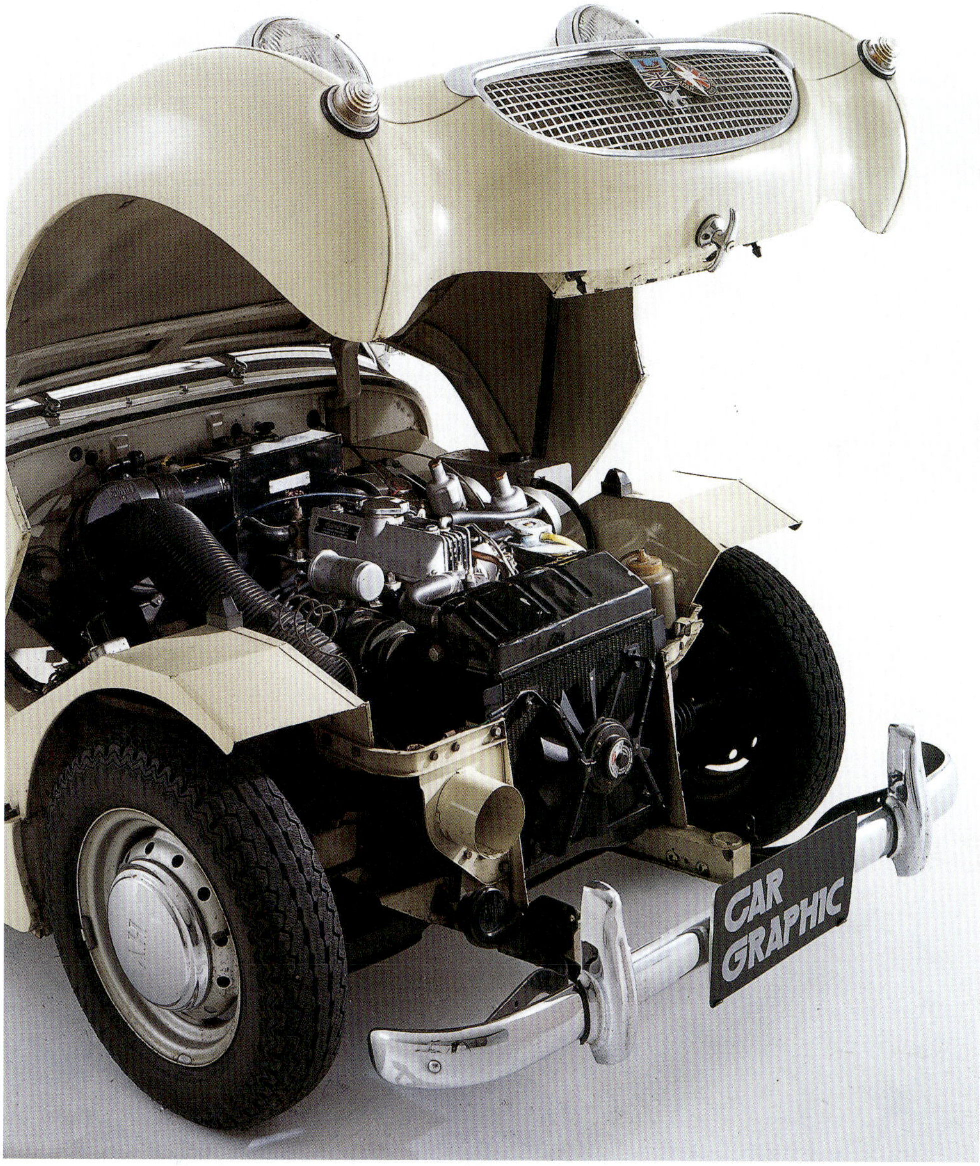
CAR
GRAPHIC

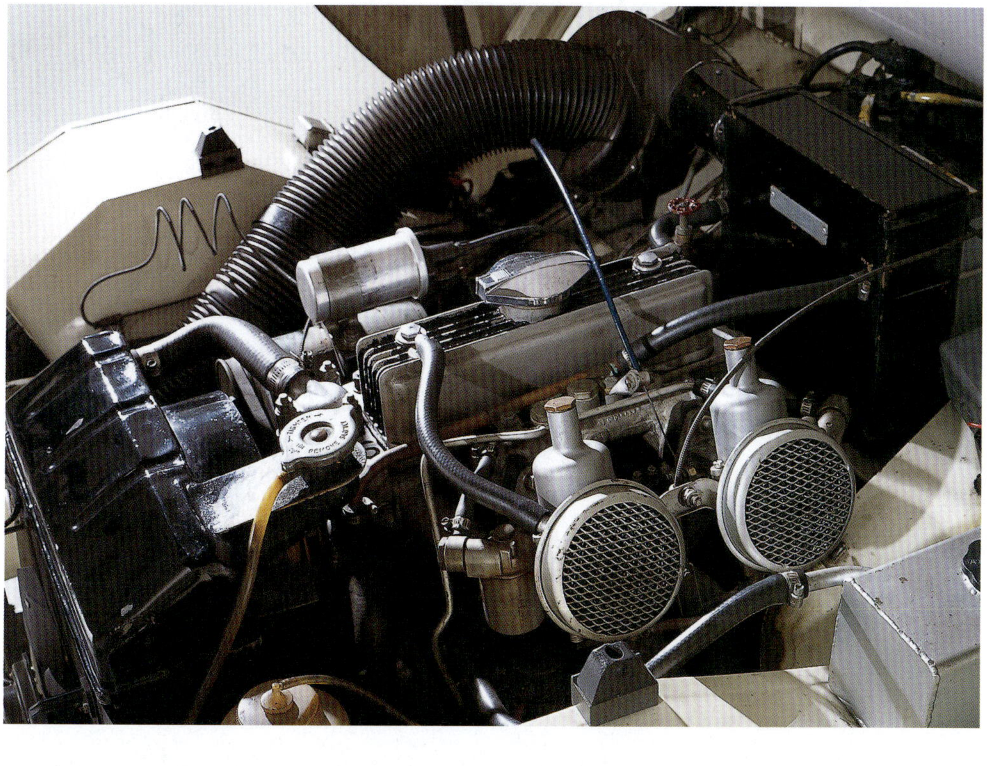

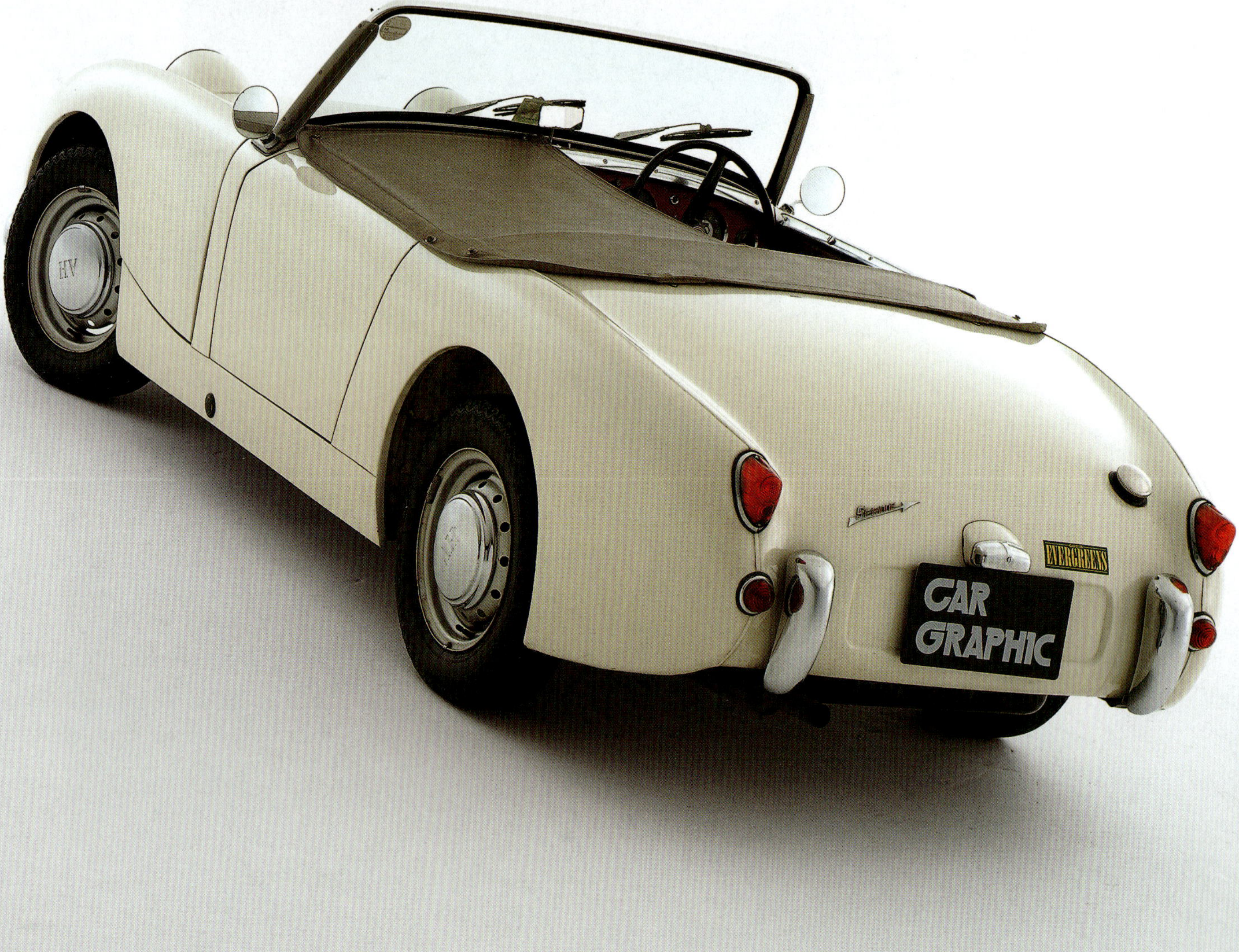
EVERGREENS
CAR
GRAPHIC

■経済の話題

　英国工業の戦後史は没落の歴史である。自動車工業なんかはそのよい見本である。と、今回はストレートなもの言いで話を始める。

　あの「先進8ヵ国会議」と訳されているアツマリは英語では「エイト・リーディング・インダストリアライズド・ネイションズ」会議と言ったと記憶するが、この名称の意味を考えると、なんでイギリスなんかがこの会議に入っているのか理解に苦しむ。「インダストリアライズド」ということから言えば韓国や中国がとっくにとって代わってなくてはおかしいではないか、と、今回はますますストレートなもの言いをする。別にイギリスが嫌いなわけじゃないが本当なんだからしょうがない。事実は事実デスケン。

　と冷たいことを言ったあとで、でもこのごろちょくちょく、それとは違う方向の話も聞くことを思い出す。つまり最近英国は景気がいいといった話を聞く。それで「今ロンドンがアツイ！」みたいな話も耳にする。しかし景気がいいと言ったってかつてあそこまでノックアウトされて真っ平らにノビてしまった経済をどうやったら引き起こすことができるのか。どこかに取っ手でも残っていたのか。現に景気がいいと言われる割にはメイド・イン・UKの製品が市場にあふれてきたといった話は聞かない。

　今ロンドンがアツイったってアツくなるには経済力だって必要だろうに、いったいあの女王国には金があるのかないのか、本当はどっちなのだろう。どちらか一方にハッキリと決めてほしいとは思わないか。いや誰もそんなこと思わないかもしれないが、まあいい。実を言うと女王国の今日びの経済状態がどんな風であるか、それを小生は過去数年にわたり、頼まれもしないのに見るでもなく見てきたので、以下その報告を行なう、ということにする。

　つまり、あまり信用はしないでいただきたいが、彼の地を訪れての印象を記すならば、まずこの国の首都ロンドンの景色がいいというのは、たしかに本当だと思う。道を走る自動車がきれいになった。新車がふえ、高価な車がふえた。

　同市で不動産のことなどをチェックしてみたこともあるのだが、やはり金あまりというか少々バブリーになっているらしい。長年にわたって見向きもされなかった古い家々がこのごろどんどんリノベートされてとんでもない値段で取り引きされているという。ポンコツの古いレンガの家みたいなのはこの街には掘り出しゃあ無尽蔵にあるから、もうゴミの山が宝の山に変わったようなものだ、とそんなにもカネモチが増えそうな話もずいぶん聞かされた。

　またロンドンの高級地域の高級さというのは、これは昔も今も変わらないのだろうが、ヨーロッパの他のどこにも見られぬぐらいのたいへんな高級さであるが、以前よりたしかにそうした地域がにぎわっている気がする。若い人もふえキャリア・ウーマン風の人々が、高そうな服を着て高そうなものを食べてたりするのがよく目につく。

　高そうな服と言えば、ファッションのレベルも現代のロンドンはパリ、ミラノ以上かもしれない。すなわちこのあたりが「今ロンドンがアツイ」といった話にもつながってゆくのだろうが、たしかに文化面も活発で、新しい名所がこ何年かでこの街にはいくつも現われた。大観覧車だの床に寝っころがれる新美術館だのと話題にこと欠かないのはご存知のとおり。たしかに色々な意味で倫敦がこんなに調子よかったことは長いことなかったんじゃないか、というような気はするのだ。

　しかし何かおかしい。では要するにかつて老大国とか英国病などと呼ばれ、70年代80年代にはすでにのし餅よりフラットにノックアウトされてしまったはずのこの国の経済はいつの間にか完全復興していた、ということなのか。どうもそれも信じられない。クルマ工業だって事実上この国には外資に吸収されたもの以外残っていないに等しいではないか。本当のところはどうなっているのか。

　その答えは女王国の首都以外の地方の街々を訪ねると自ずと見えてくるだろう。特にこの国で「最も工業化が進んだ」と学校の地理の時間にも習ったおぼえのあるミッドランドと呼ばれる地方のバーミンガムとかマンチェスターといった街々へゆくと、かなりさみしい気持ちにおそわれる。はっきり言ってこちらはかなりのさびれ方、と言って悪けりゃずいぶんと時代に取り残されている。似たようなもんか。でも少なくとも僕の目にはそう見えた。

　これらの街々の様子はちょっとデトロイトを思い起こさせるものがある。デトロイトにはかつて盛名を誇ったパッカードだのスチュードベーカーだのの工場の廃墟がある。20年も前に最後の電車が発車して以来、あらゆる路線図から見放されて放置された大鉄道駅をはじめ、ガラス窓もすべて割られてそのままの豪華アール・デコ様式の完全なオバケ屋敷が市内にいっぱい残っている。最近になって市はなんとか再生を図ってがんばってはいるのだが、もはや人々はあまりふり向いてもくれない。かつてが豊かだったから落差がすごい。

　英国の工業都市は、規模もさびれ方もデトロイトほど極端ではないがその縮小版ではある。そこでやはりこちらも街々を再生しようと努力はしているのだが、もひとつ、というか全然パッとしない。やはりこれも「盛者必衰」という東洋的概念をヨーロッパ風にビジュアル化した好例とせねばなるまい。再びクルマを例にとれば、女王国はかつて世界第2の自動車生産国だったのだから。ミッドランドはその英国自動車産業の中心地でもあった。

　要するによく言われることはホントーなのだろう。すなわち、近年とみにマネー・マーケットは活況を呈し、お

かげで世界中の銀行や保険会社の集まるロンドンは好調で金あまりにすらなりつつある。しかし一方で製造業はそうはいかない。やっぱりこちらは相当とり残されているようで、同国の某民族系機械メーカーなどは外資の導入によってやっと今日的プレス・マシーンを手に入れたはいいが、彼らの第一次大戦以来のレンガづくりのシブすぎる工場はまるで新装備に耐えられるものではなく、結局再び外資の応援をあおいで地面の補強からやり直しせねばならず、そんなら別の土地に新しい工場建てた方がよほど安あがりだった、といった話、あるいはこれに類する話は僕の耳にもずいぶん入ってくる。

おそらくこの国の経済分布図は、描けばパンダみたいになるのだろう。白黒はっきり分かれて金のあるところにはかなりあるが、ないところにはかなりない。いや公式の統計など知らないが、そんなブチな印象を僕は持っているのである。

■意外とちゃんとデザインされた車

で、話はスプライトMk.Iということになる。いわゆるカニ目スプライトである。この車はよく本国イギリスでは"フロッグ・アイ・スプライト"、アメリカでは"バグ・アイ・スプライト"と呼ばれているようだが、日本では"カニ・アイ・スプライト"である。カニの目が飛び出していることは我々にとっては常識だが、英・米人の多くはそんなこと知らないんじゃないか。実際にカニの姿を目にするのはたいてい食卓の上での話だが、彼奴等は普段滅多にカニなんて食べないからね。スプライトが日本でカニ目と呼ばれているのは我々がグルメでぜいたくであるひとつの証拠なのかもしれない。

もっともスプライトのヘッド・ライトは開発段階では折りたたみ式でボンネットと平らになるものが提案されていたという。それがコストの問題でこのような出目式になったのだという。そういや70年代のマトラM530の廉価版で同じようにコストの理由でカバー式から出目スタイルに変更されたやつがありましたな。

さてカニ目スプライトは今日に至るまで自動車ファンの間では人気の車で、そのデザイン評価も高いようである。個性的で愛敬のあるたしかにヨイ車だが、ちょっとこのあたりの話、掘り下げてみよう。

まずは全体形を見る。基本的な形を冷静に見るためにこの目とグリルは指でかくして、全体をひとつのマスとして見る。するとこの車がひどく単純な形をしていることがよくわかる。ソープ・ボックス・レーサーというのがあるが、スプライトはなんだかあれに近いごくシンプルな形をしている。

そこで少々考える。このシンプルさはいったいどういう素性のものだろう。すなわち車デザインの世界には高度に計算された洗練の極をゆくシンプルさと、逆に単にデザイン係がどうしてよいのか思いつかなくて、結果的になんだかシンプルな形になってしまったというシロウトっぽいシンプルさがあると思う。この車はどちらに由来するものだろう。

一見してこの車にはバックヤード・スペシャルに毛の生えた程度の車、という印象がある。つまりシロウトっぽい。あまり見た目なんか気にしてないというか牧歌的というか、車好きが2日ほど整図板の前に座ってできあがった車という感じがある。

したがって職業的デザイナーの視点からモノ申そうとすればナンクセつける点をさがすにはたいした苦労は要らない。たとえばこの車の真っ平らなサイド・セクションなんかはいかにもシロウトくさい。この車、フロントにもリアにも丸みがあり、適度な「掘り」もあってなかなかよい立体感が出てるのに、ドア面をはじめ最も広い面積を占めるサイドの面は何のスカルプチャーもない垂直のカベみたいなものである。フェンダー上部に丸みがつけられているだけに、前方から見るとホッペを両側からベニヤ板ではさみつけた顔(表情からいっておそらくペコちゃんの)みたいな印象になる。むずかしくいやぁ部位によってフォーム・ランゲージが一致していない、ということか。スプライトMk.Iのデザイン開発はオースティンが契約先のヒーレー・カーズにやらせたものという。当時のヒーレーに高度なデザイン部門があったとは思えないから、牧歌的になるのも当然の話か。

しかしそれではスプライトはまったくのシロウト・デザインかと言われるとちょっと答えに詰まる。どうもそうともハッキリ言えない気もする、というか、もしかしたらこれは相当に高度な造形ではないかと思わせるところもこの車にはあると思うのである。まず、各部の量感のバランスがよい。つまり全体を見てどこかがヤセて見えるとか逆に重たく見えるといったことがなく、ラインの流れも前後ヨコ、どこをとっても申し分なくまとまっている。各国人の注目を集めるヘッドライトは「寄り目」とも言われるが、ちょいと想像していただきたい。このテーマでライトの間があと5cm広く離れていたらすでにまとまりがくずれ、10cm離れていたら寄り目どころかロンパリの印象ただよいはじめるのではないか。その下のニッコリ何か言いたげなグリルはもう少し幅広くてもよかったかなとも思うが、このインテークまわりの立体構造は下面からのせりあがりもあり(バンパーを外すとよくわかる)なかなかのものだ。

また少し視点を変えて考えるとこういうことも言えると思う。それはスプライトMk.Iの時代の英国の小型スポーツカーのデザイン・レベルはどんなものだったのか、である。ご承知のとおり、当時の英国には吹けば飛ぶような極

小メーカーの製品もこのマーケットにスプライトと同等に肩を並べて存在していた。バークレーとかフェアソープとかマーコス(初期の)といった面々である。すなわちあした自動車群を「シロウトのデザイン」と考えれば、比較級で言えばスプライトMk.Iなどは「大クロウトのお作品」と呼ばれるべき段違いの高みにある。形に対する理解の深さがまるで違う。

■勝利の理由

でもあまり「カニ目」を美的観点から誉めてもしょうがない。言うまでもないことだが、この車はちょっとおかしなかっこうをしているところが魅力なのだから。やっぱりアマチュア・バックヤードっぽいよさというのがこの車の存在価値であり造形的価値でもあるのだろう。だからコレデイイノダと僕も思う。実際、この車があまりちゃんとしたデザインだったら今日まで続く人気もあり得なかったろう。そう思わされるひとつの証拠、というわけでもないが、1961年からミラノのイノチェンティがこの車のボディだけをカロッツェリア・ギアの手になる(といわれる)スタイリッシュなものにのせ替えたイタリア・バージョンをつくり、それはとてもシャレた車だったのだが、あまりマトモにかっこよかったためかかえって影がうすく、今日ではまったく忘れられてしまった。ファニー・フェイスの勝利である。

またこの話と関連して、自動車デザイナーというと、よく世間ではいわゆる造形的に美的な車とか、何らかの理由でデザイン的意義の大きいその方面の専門誌にでも取り上げられそうな車ばかりが好みであるように思われるようだが、それは決してそんなことはない、というか少なくとも僕はそうではない。小生はまったく非デザインっぽい車やアマチュア、牧歌的をもってなる車も大いに好む。だからカニ目スプライトも好きなら前出のバークレーだのフェアソープだのマーコスなどのヘンテコなかっこの車も実にイイと思っている。

といったところで個人的好み度から点数をつければ、カニ目は、うーん78点てとこでどうかな。好きだと言ったわりにはたいしたことない点数と思われるかもしれないが、そんなことはない。いくつか前のページでランチア・ストラトスの「好み度」は75点とか言ったおぼえがあるが、こんな目のとび出したソープ・ボックス・カーみたいな車が、あのデザイナーの夢そのもののストラトスを上まわってるんだから好みって恐ろしい。かつデザインてのも難しいナと、自分でも思う。

さてイギリスという国は、首都ロンドンは調子がいいがそれ以外はさびれてるといったことを書いたが、この話にはすこしつけ足しを添えなくてはならない。というのは、景気のよしあしはどうあれ、実を言うと僕はイギリスはロンドンよりも田舎の方が圧倒的に好きなのだ。この国の田舎の村々、田舎の道路の田園的美しさ、気持ちよさというのは実にたとえようもないもので、その素晴らしさの前には首都の魅力も完全にかすんでしまう。

ただこの女王国の田園的美しさというのは単なる自然の美ではなく、また社会的に放っておいてできあがる美しさでもない。すなわちまずはカンバンやゴミ集収所やガスタンクやらをひとつ残らずなんとか人目につかないところにかくし、藁葺き屋根をきれいに刈りこみ白壁は塗り直し城の壁は適当にくずし、さらにヘッジを作り花を植えて国中ていねいにガーデニングした上で、羊を丘陵に適切に配置したといった人の手が充分にゆき届いた風景画にうってつけ、絵ハガキにピッタシの美しさだと思うのである。

言葉をかえると、あれはものすごくお金のかかったきれいさだと思う。ホント、英国ほど全国ツツ浦々の田舎まで見た目のよさのために人手と金をかけた国を僕は他に知らない(その割に都市はあまり美的と僕は思わないが)。ということは、この国のイナカには金がないと思ってたが、やっぱりどっかに隠してたのだろうか。このあたりを明らかにすべく私はさらなる調査を行なわねばならない。頼まれもしないのに。

カニ目スプライトは戦後、英国自動車産業が最も調子のよかった時代に生まれた車である。ならばカバー式ヘッド・ライトはコスト高だからダメなんてケチなこと言わないで、せめて片側だけでも折りたたみ式にしてもよかったんじゃないか。それでこのカワイイにっこり顔でパッチリとウィンクできるようにする。そうしたら史上稀に見るフィーチャーの持ち主として今日のこの車のコレクターズ・アイテムとしての価値はさらに高いものとなっていたに違いない。と、ちょっとスペースがあまってたのでダソクを書いてみました。でも初代コーヴェット・スティングレイのリア・グラスが初年度生産分だけ2分割だったのも、構造上それが必要だったわけではなく、単に将来コレクターズ・カーとなることを見越してその際の価値を高めるためだけにしたことだったのです。と元GMデザイナーでもある私は語る。

FORD LOTUS CORTINA

60年代初頭のレースシーンの席捲を目論んだ英国フォードの意志の下、当時の小型サルーンであるフォード・コーティナGT(コンサルGT)をベースに、ロータスが作りあげたツーリングカーレーサー。ロータス社のシリーズナンバーでは"28"と呼ばれる。リーフリジッドのリアサスペンションをコイル式リジッドに変更した写真の初期モデルは、アウターパネルやデフケースまでアルミ化するなど大幅な軽量化が施されていた。
全長：4270mm、全幅：1650mm、全高：1390mm、ホイールベース：2500mm。水冷直列4気筒DOHC。1558cc、105ps／5500rpm、14.9mkg／4000rpm。縦置きフロントエンジン-リアドライブ。サスペンション：独立 マクファーソン・ストラット(前)／固定 4リンク＋ラジアスアーム(後)。

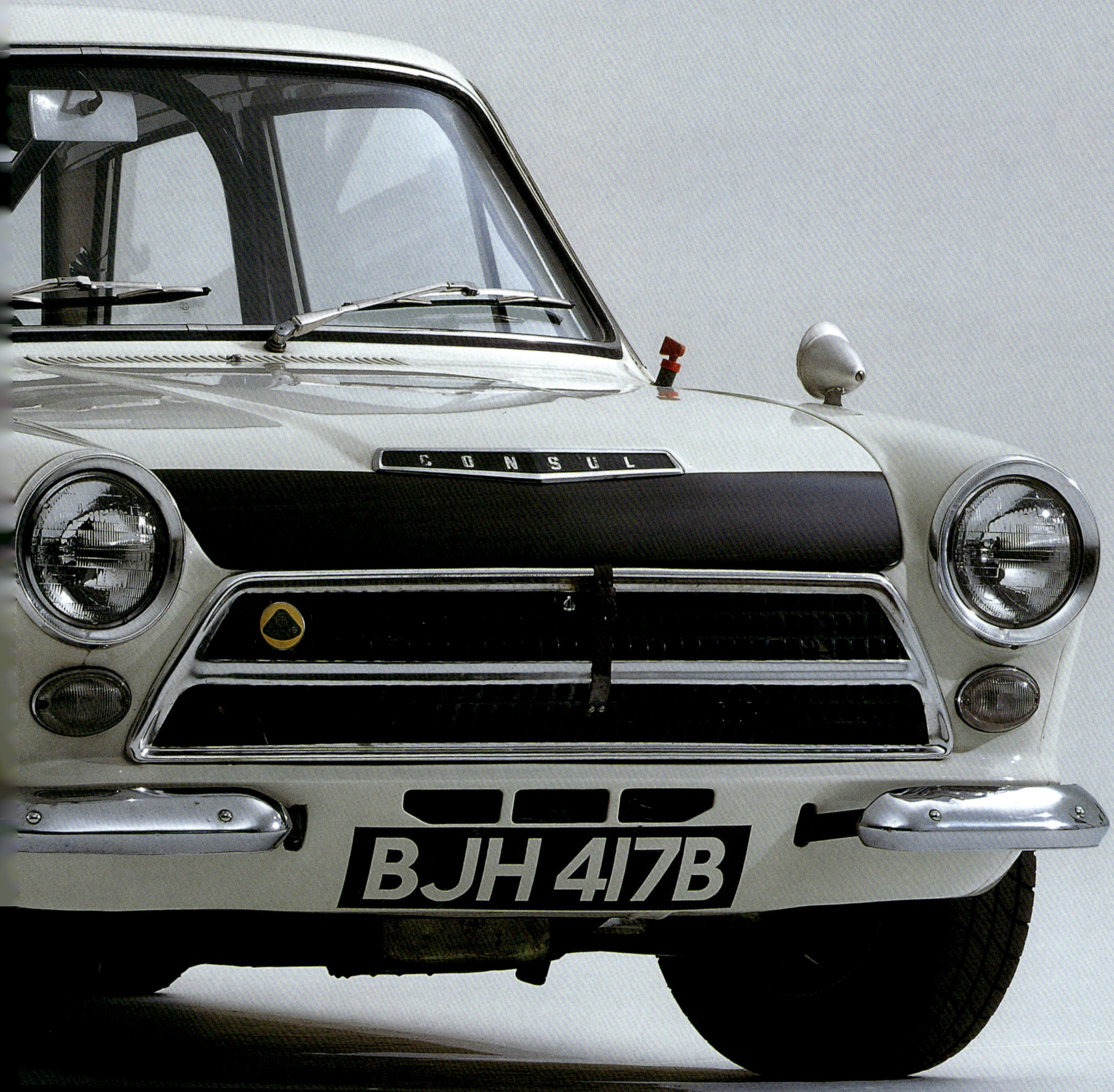
CONSUL
BJH 417B

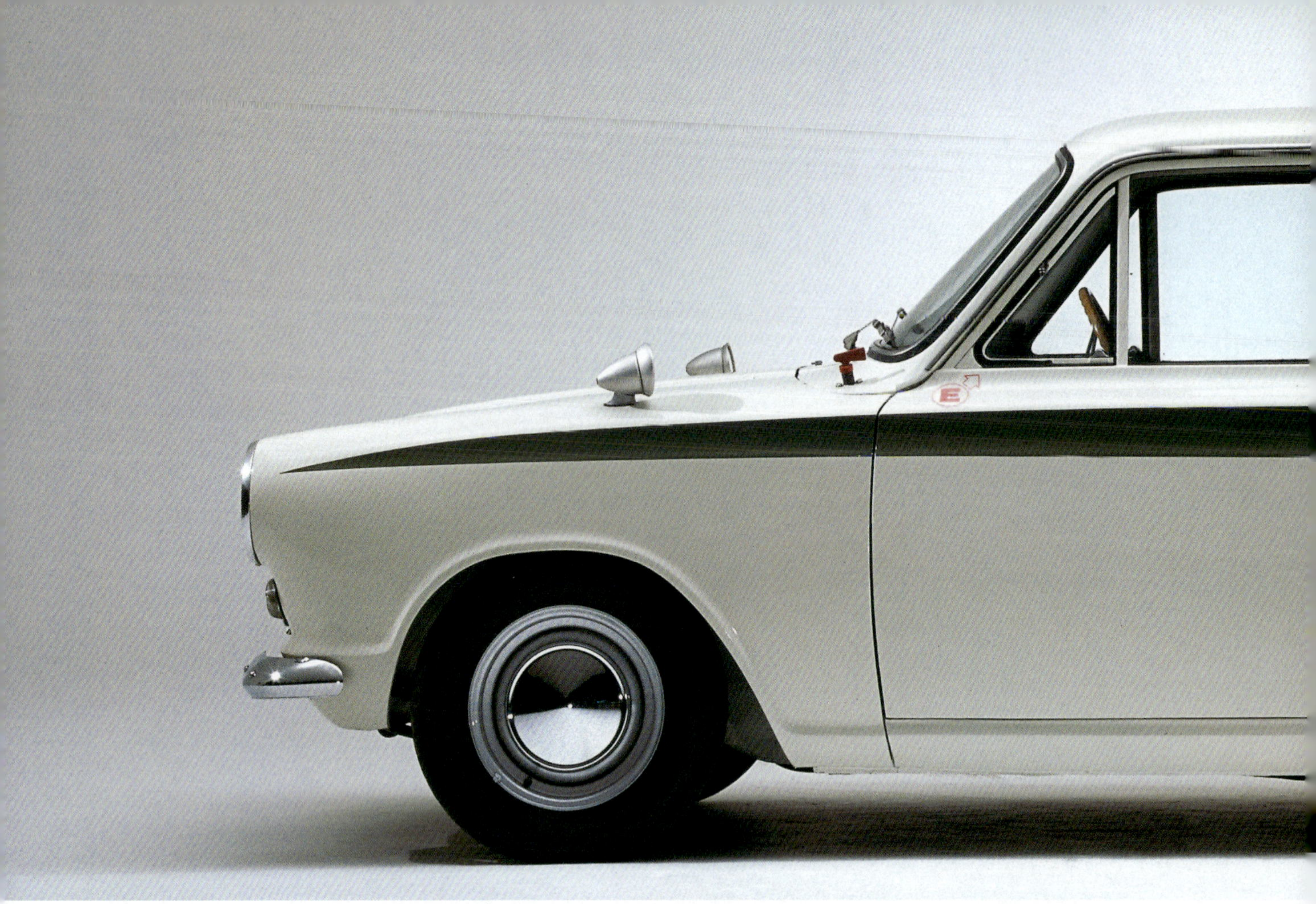

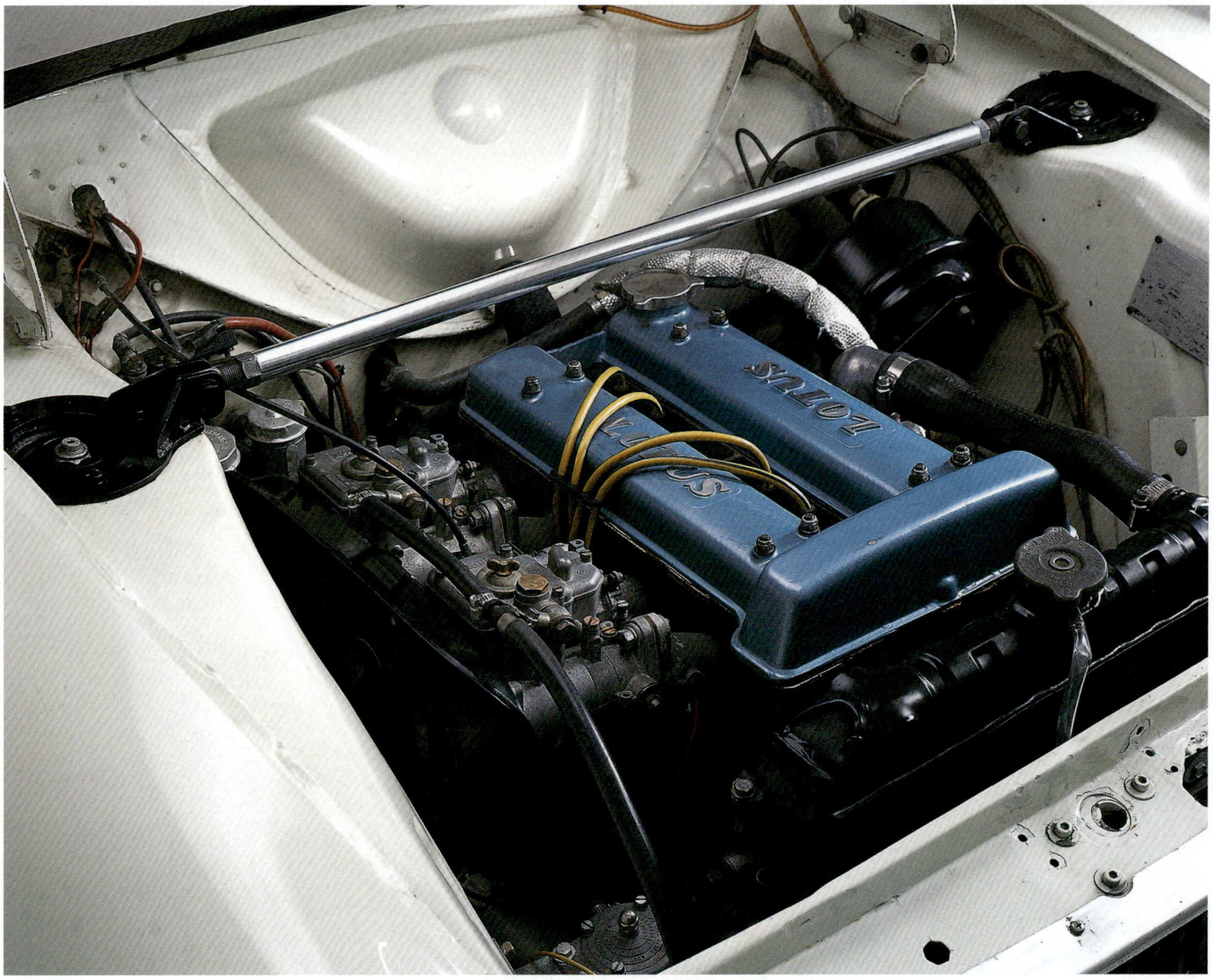
LOTUS

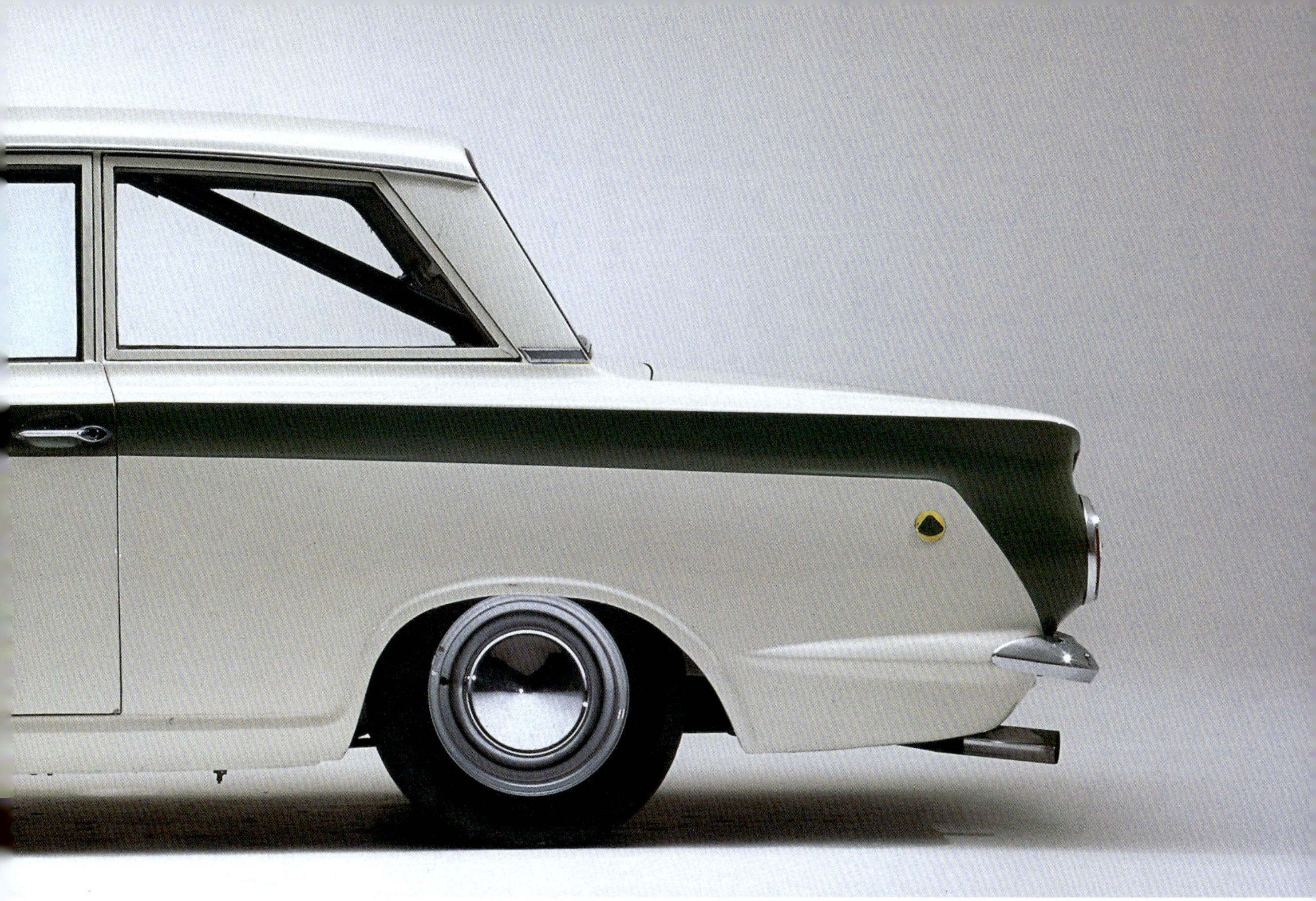

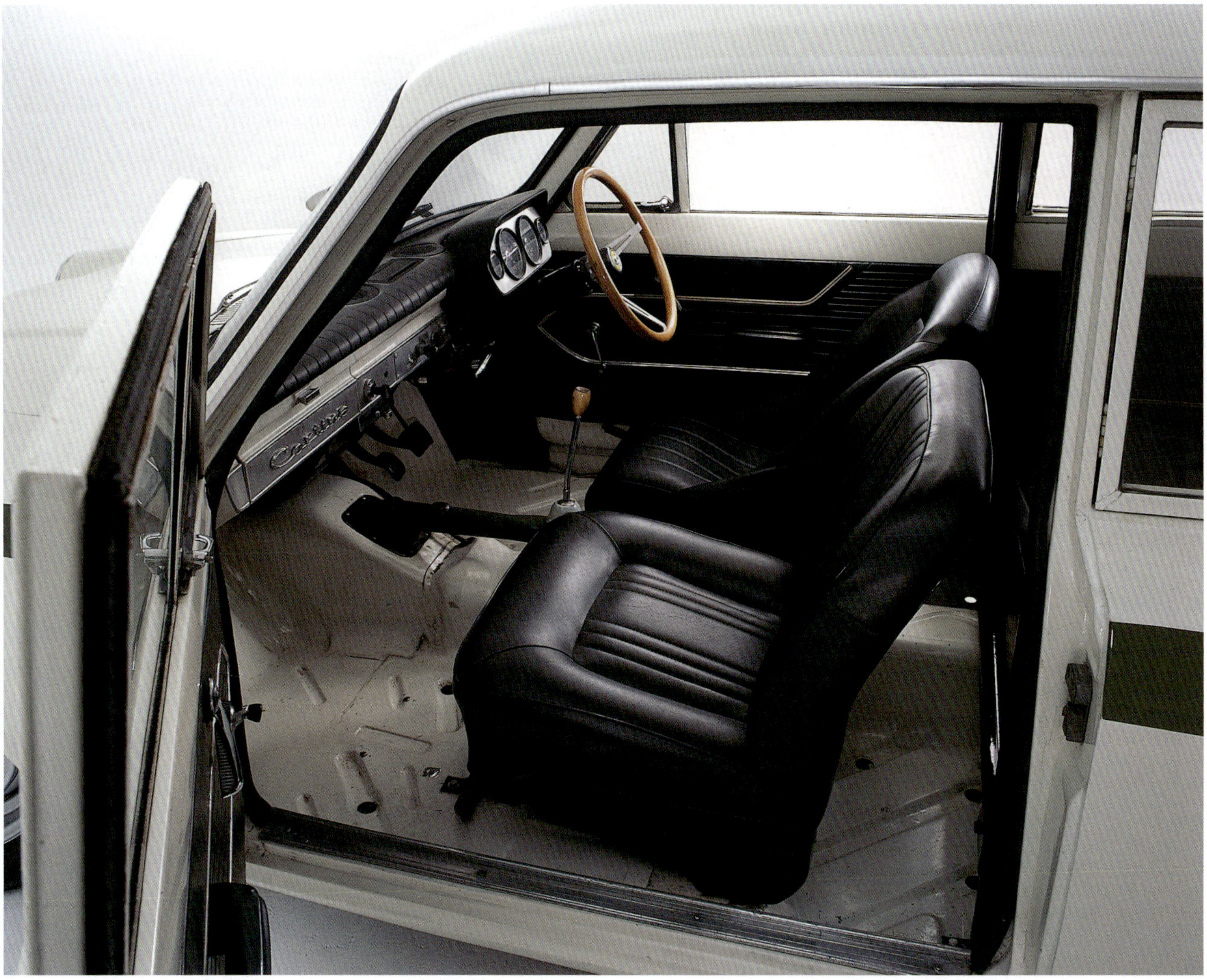

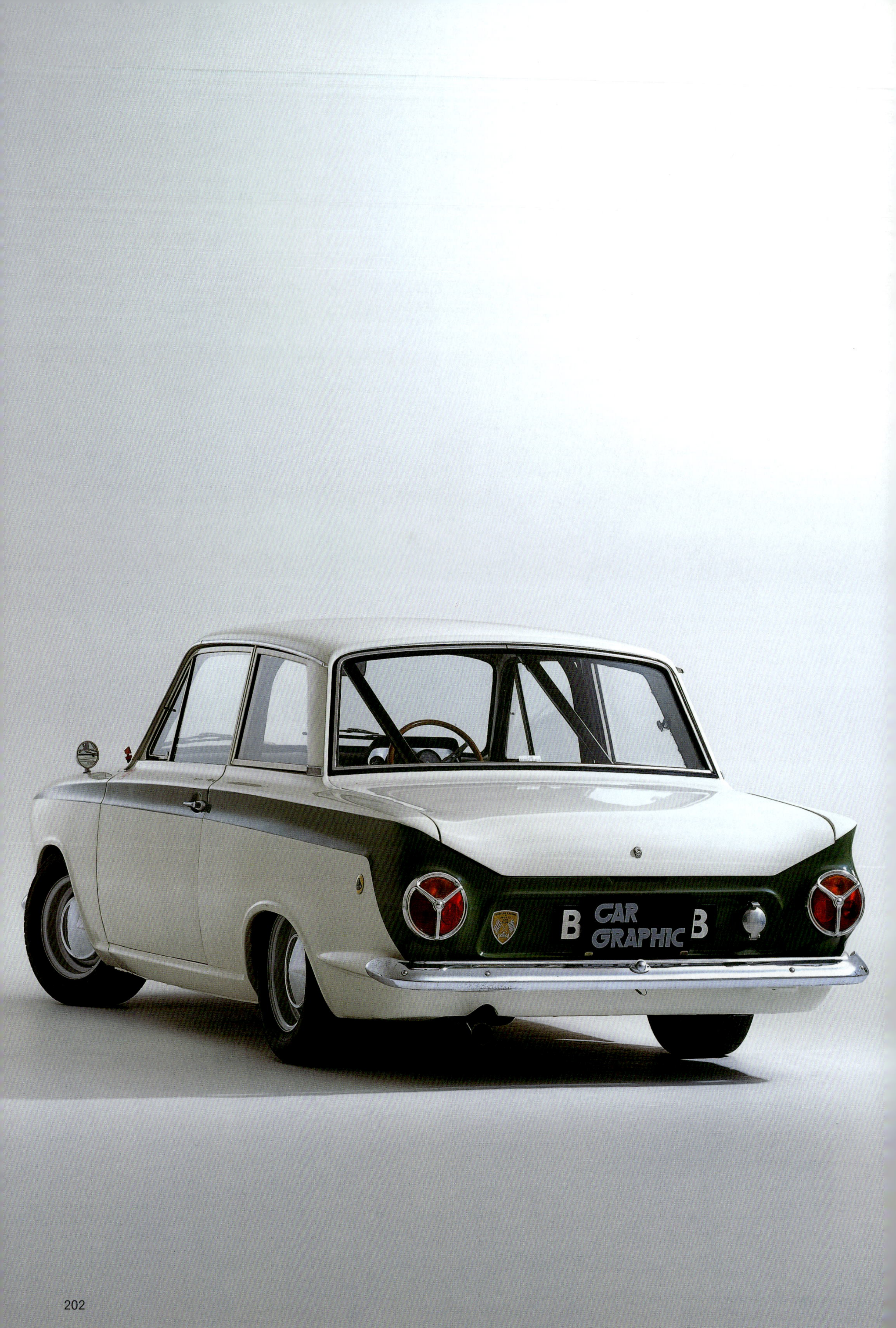
B CAR GRAPHIC B

■一種のカルチャー・ショック

　犯罪史上有名な「切り裂きジャック事件」というのがある。事件の舞台は19世紀末のキリのイースト・ロンドンの貧民街、犯人と名乗る男からの手紙に「切り裂きジャック」と署名のあったことからこの名がついたんだそうな。

　結局は迷宮入りとなったこの猟奇的事件の発生したロンドン東部のホワイト・チャペルと呼ばれる地域、実は今でも場末と形容してよい地域で、たいていのヤワな観光ガイドの見開きに附されたロンドン市街地図などからは省かれているあたりだ。でもちゃんとした地図を購入し、そして少々調べてから行けば約120年前のこの事件の跡は今でも容易に正確に追うことができる。それはこの国では1世紀やそこいらでは通りの名前も番地もほとんど変わらないからで、しかもこの近隣、事件当時に残された白黒写真と比べると、街並・景観もほとんど変わっていない。

　つまり僕はもの好きにも実際、この事件の跡を見学しに行ってみたことがあるわけだが、ところがである。現地に行ってみたところ偶然にも事件とはまったく無関係のもっと嬉しいものをそこで発見してしまい、収穫としてはそちらの方がずっと大きかった。すなわち「切り裂きジャック」事件のあったある1本の通り、街並自体は今もあまり変わっていないのはそのとおりなのだが住人の顔ぶれは大いに変わったようで、そこは今日ではインド人のコミュニティとなっており、そして嬉しいことにカレー屋が軒を連ねていいにおいをたててるじゃああありませんか！

　インド・タウンはロンドンの街に何ヵ所か存在するが、聞くところによるとここは南インドから来た人たちの比較的新しいコロニーらしく、街はずれでもあり、まだあまり知られていないようだ。それで事件のことはヨコに置いておいて、さっそく僕は1軒のレストランを試してみた。そしてあんなにゴハンの中からゴロゴロとまるのままの香料が出てくるのは、これが本場風だからに違いないとのハッピーな感想を得た。イギリスは食べものが美味しくないとよく言われるが、どこへ行ってもたいてい印度料理屋があるからそこへ行けばまずはずれはありません。皆様ご安心を。

　ヒジョーにまとまらなかったが、イギリス・フォードと聞くと僕はこの「切り裂きジャック」地域のことを思い出す。英フォードの開発センターへ行くときはたいていロンドン東部のこの地域を通り抜けて行くことになるからで、つまり僕の中では両者は互いを連想させ合う関係にある。僕は世界中どこのフォードでも働いたことはないが、英フォードの周辺に点在する自動車関連会社のいくつかの会社には、ヤボ用でずいぶん行ったことがある。

　さて今回の車はコーティナ・ロータスである。ロータス・コーティナかな？ともかくまずはこの車の元となった初代フォード・コーティナという車の外観について少々書くが、コーティナMk.Iという車は一見してフォード一族のフレーバーをにおわせる、いかにもフォード感覚の造形の車だったと思う。ところがこの車のどこがそう思わせるのかと具体的に考えるとこれぞフォード特有と指摘できる箇所はあまりない。ザッと見てわかるのは大径の円形テールランプ。これは明らかに当時のフォードU.S.の多くのモデルと共通したデザイン・テーマである。あとはボンネット上のフェイクの低いエアインテークは本国のサンダーバードのそれを思い起こさせないでもない。でもそのぐらいではないか。

　だいたいコーティナMk.Iがデビューした1962年といえば、本国のフォードのモデルはどれももっとだいぶ先へ進んでおり、低く幅広いグリルにデュアル・ヘッド・ランプを抱えこんだ新しいスタイルがあたりまえという頃だ。つまりコーティナはフォード・デザインのトレンドで言うなら、せいぜい1950年代半ばごろのファッションの焼き直しとも言える。彼らとしてはかなりの保守策である。

　それでも今日ふり返ればコーティナMk.Iは歴代英フォードの中級セダンの中では造形的に成功した車のひとつだったと思うし、また当時の英国民族系BMCの競合車種と比べればこれで充分新鮮でオシャレに見えるから、これはこんなもんでちょうどよかったのかもしれない。ともかくもコーティナはオトーサンが買ってウチに帰っても家族間によくも悪くも波風を立てない平和主義的な車、まずは平凡な車だったと思う。

　ところがここから話は意外な方向へ展開する。この「平凡な車」ということを逆手にとって、むしろ平凡なるがゆえに面白い、と価値を逆転させる妙手がひとつある。それがご存知「羊の皮を被った狼」作戦である。今回登場のロータス・コーティナは正にそうしたカテゴリーの代表車の一台であろう。

　つまりこの場合ベースとなる車はセダン、それも平凡な

セダンでよいのだ。平凡と衆目一致する車のディテールをいくつか、ほんのひかえ目に差別化する。ディテールをひかえ目に差別化といってもシートをムートンのカバーで覆って「羊の皮を被せた」などというオヤジ・ギャグ程度ではダメなので、羊ちゃんが本気で狼たらんとするにはもっとシリアスな方向に頭を使った差別化が図られなくてはいけない。

ここでオオカミ化に必要なアイテムを挙げるなら、まず欠かすことのできないのは太めのタイヤとそれを装着するための深めのホイールであろう。それから足まわりが固められていることを暗示する多少低められた車高。排気効率のよさそうな太いテール・パイプやちょっとした空力パーツを加えてもよい。すなわち羊を狼に仕立てるのに必要なのは基本的に走行性能をホントに向上させるための品々でなくてはならない。

ただこうした品々が見た目にあまり露骨に目立ちすぎては効果台なしになってしまうところが難しい。「羊の皮を被った狼」というのはあくまでマニアのみが目くばせでその価値を認識し合うことのできる「質の高いアンダー・ステートメント」であるところに意味があるので、女子供にキャーキャー言われるような差別化はダサい。すなわちこのコンセプトの車は走りの向上を目指した結果、見た目の変化はあくまで「仕方なく生じてしまった」というもっていき方がなされてなくはならない。アアでもこれぞ自動車のシブいひとつのカッコよさではないか。洗練ではないか。

……と、おおむね以上のように僕は信じていたし、おそらく一般にもロータス・コーティナのような車はそんな風に認識されているであろう。少なくともわが日本国においては。

ところが小生、テメエが自動車デザイン職業人となり、世界の異なる国々出身の同業者や自動車ファンに接するようになり、意外なことを知るに及んだ。すなわち以上述べてきたような「羊の皮を被った狼」なる作戦、どうもガイコクの奴らは必ずしも我々と同じようにはとらえていないようなのだ。つまり彼等は平凡なデザインに高性能車専用タイヤをつけたりするのは「おかしい・もったいない」と思うらしい。

かつ彼らの多くはこんな風に考える。ロータス・コーティナみたいな車は単にメーカーが経済的な理由で仕方なく既存のハコガタ乗用車に高性能パーツを取りつけてしまっただけで、本当にこうした高性能の魅力を引き出しているのは、やはりよりダイナミックなスポーティ・スタイル、クーペ・スタイルの車、つまり欧州フォードで言えばフォード・カプリの方なのだ。

……いや我々だってそんなことはよくわかっているのだ。ただスポーティな性能の車がスポーティなかっこうをしているのでは当たり前すぎて面白味がない。一見平凡な乗用車がスポーツカー顔負けの性能をかくし持っているところがかっこいいってことが奴らにはわからないのだろうか？第一カプリなんてどうころんだって「羊の皮を被った狼」どころか「狼の皮を被った羊」にしか見えないではないか。

しかしフォード・カプリが1969年にデビューするとそれにともなうようにMk.Ⅱとなっていたロータス・コーティナは、その翌年の1970年に生産中止されてしまったのは事実である。

■水戸黄門

今回は一応はデザインの話をしているつもりであるが、かなり間接的なデザイン話である。そしてここから話はさらに間接的の度合いを増し、単なるよもやま話と何ら変わらなくなっていく。

世界には「羊の皮を被った狼」というタイプの自動車のカッコよさがよくわからない人たちがいるらしい。わかってない人たちがプロのデザイナーだったりすると気の毒なこっちゃとも言えるのだが、しかしどうも話は逆であるらしいことが僕には次第に理解されてきた。すなわちこれは我々に独特の美意識なのではないか。つまり「羊の皮を被った狼」的自動車に特別な共感を覚えている我々ジャパニーズの方が、世界的には少し特殊なのではないか。

実際「普通に見えるけど実はレースカー並み」の今回のロータス・コーティナをはじめ、ルノー8ゴルディーニとか初代ミニ・クーパーSといった車達の評価はわが国の好き者の間で非常に高い。初代クーパーSなんて造られたほとんどが結局日本に来てしまったというではないか。日本車でもたとえば4ドア時代の初代スカイラインGT-Rだの、ましてやその前身のプリンス・スカイラインGTBなんて言ったらもはや神格化されてその評価はヘタなフェラーリなんて遠く及ばないだろう。これはいったいどういうことなのか。

で、考えるにおそらくこれはひとつの水戸黄門なんじゃないか。我々は水戸の黄門サマが好きでテレビで何回見ても飽きやしない。毎回筋は全部同じなのに最終回になればまたすぐ新シリーズがつくられる。で、水戸黄門のどこが我々にとってマタタビになっているかというと、要はあのジイサンは本当は圧倒的な力を持っているくせにちっとも目立とうとしたりしない。必要に迫られた時だけ仕方なく実力を発揮して周囲を驚かせる。露骨にスゴさを誇示したりしないところがイイ。粋である。つまりこうして見ると水戸ジイサンの美学はやはりひとつの「羊の皮を被った狼」なのである。ヤマト国の我々はどうも本来的にこういうのに弱いようである。おそらくロータス・コーティナみたいな車のもつマタタビも水戸サンと同種のもので、こい

つを嗅ぐと何だか我々はココロの深いところをくすぐられてしまう。これは我々にとって一種のソウル・フードならぬソウル・グルマのひとつなのではないだろうか……。

と、大体今回の話はこんなところなのだ。が、よく世界の自動車界・デザイン界では「日本人ならではの独特の設計・デザインの車とはどういうものなのか」、ソレハ中ガ畳敷キノ車デスカァみたいな話題が出ることがあるが、「羊の皮を被った狼」タイプの車というのは実に日本人的美学によく合致した自動車のひとつの形だと、僕は本当に思う。

さて今回はイントロ部が短かったからちょいとまだ枚数がある。そこで付録としてここまでの話と関係のあるような、でもほとんどないような蛇足話をつけ加える。と言ってあまり詳しいことを書いてもマズいかもしれないので簡単に触れるが、GMとフォードというU.S.2大自動車企業のデザイン・オペレーションを比較すると内部に入ってみなくてはわからない大きな違いがある、という話である。

まずフォードはご存知ディアボーンを本拠としてドイツのケルン、イギリスは前述のとおりロンドン郊外、他にもオーストリア、日本その他にデザイン・スタジオを設置して全世界的規模でデザイン開発を展開している。したがってデザイナーはかなり頻繁に異なる国々に送られ、時には何年という単位でローテーションするシステムとなっている。だからフォードのデザイン・スタッフの中には日本(広島)にも2〜3年住んで、ゆえに片言の日本語なら喋れるという人も実は驚くほど多いのである。

これに対しGMも同じようにデトロイトを中心にドイツ、イギリスその他、世界各地にデザイン・スタジオを有するが、その各国間の連絡・交流はフォードに比べればずっと少ない。世界のGMグループ内でパーツの共用は行なわれているが、デザイン活動は割とそれぞれ独立しており、デザイナーが他国に送られるということもフォードのように頻繁かつシステマチックには行なわれない。でもこれが先程言わんとしていた両社の「大きな違い」というわけではない。

さて、フォードという会社はデザイナーに対する待遇がなかなかよろしく、調子よく儲かっていた80年代末ぐらいまでは、特に自国を離れて海外に送られるデザイナーに対する面倒見は上々と言ってよかった。

たとえば、ケルンのスタジオからロンドンにデザイナーが2〜3年送られることとなると、彼には相当額の住居費に加えてそこに家具を買いそろえるためのエクストラのお金が支給される。海外勤務のインセンティブという意味もあるのだろうが、この「家具を買うための金」というのがかなりの多額なのである。これを使って高級応接セットが買える。他にも家具一式、またカーテンや高価なカーペットなども買える。さらには電化製品だってそろえられてしまう。

ところがその程度ではまだまだ金が余るのだそうだ。そこで多くの人は普通なら絶対買わない高級オーディオセットだのスウェーデン製の黒エナメル仕上げの冷蔵庫とか買い込むことになるという。家の中はかなりのバブル状態だ。ところがなんとまだ金が残っている。それもだいぶ残っている。もう買うものはない。でも会社に金を返す気にはもちろんならない。

「それでオレは仕方なく絵を買った」という人を僕は知っている。もちろんプリントなんかではなく彼は画廊におもむいてあれこれと絵を買ってきては一所懸命部屋にかけたそうである。この知り合いはフォードに勤める間に2回こうした海外勤務があり「だからウチには豪華高級家具セット2組と数々の電機製品、それに加えて美術コレクションが今でもある」とのお話。

さらにこの男の場合イギリス滞在の数年の間、望めば毎週末でも自分の元の住みかであるケルンに飛行機で戻ることもできたという。もちろん無料でだ。「フォードは社員用に旅客機を持っているからこれに乗ってけばタダだ」この任に使用されているのはボーイングの中型機で正式に定期運航しており、飛行機の横っ腹にはちゃんとフォード・エア・ラインズと入っているんだそうな。ああまことにデトロイトの金の力とは偉大ではないか。何から何まで豪勢な話におどろいて、こちらは「へーっ」である。

しかし感心している場合ではない。この話を聞かされた当時、僕自身だってU.S.の二強のうち「最強」の方、すなわちGM・オペルで働いていたのである。会社の規模から言えばGMの方がフォードよりもまだだいぶ大きい。でもなぜかその経営方針はNo.2とはだいぶ異なり、GMという会社はかなりのシマリ屋なのである。あちらは定期運行のボーイングを所有しているというが、オペルでそれにあたるものがあっただろうかと考えると、強いて言えばリュッセルスハイムの駅前からすぐそこの会社まで無料定期バスは出てましたな。でもホントにそれぐらいしか思い浮かばない。あんなもん歩いてった方が早いんじゃないの？もちろんそれ以外についてもフォード人の言うようなゼイタクはこちらにとっては夢のまた夢みたいな話である。

GM／フォード両者の、中に入ってみなくてはわからないデザイン・オペレーションズの「大きな違い」てのは、ワシはこの「違い」のことを言いたかったんじゃっ。もっとも以上はだいぶ昔の話で、現在は両者のギャップもかなり縮まりつつあるという情報を小生のジゴク耳はキャッチしてはいるが。

別に僕は働く際の条件なんてちっとも気にしてないんですよ。ただコーティナ一台見ても、この車のおかげでイギリスの絵画が海外に流出してしまったのではと、ただそれのみが心を痛めるわけです(周囲沈黙)。

BUGATTI TYPE 35T

1881年、イタリアのミラノで生まれたエットーレ・ブガッティは自動車エンジニアを志し、ケルンのドイツ社などで経験を積み、自らのメーカー、ブガッティをアルザス地方のモールスハイムに興した。メーカーとしての同社の歴史はエットーレの死後も1957年まで続くが、その歴史の中で最も有名なのが1924年から生産された市販グランプリカー、タイプ35シリーズである。写真のタイプ35Tは、1926年のタルガ・フローリオでデビューした2.3ℓ自然吸気エンジンを搭載するモデル。
全長：3780mm、全幅：1420mm、全高：1050mm、ホイールベース：2400mm。水冷直列8気筒SOHC。2262cc、110ps／5000rpm（推定）。縦置きフロントエンジン-リアドライブ。サスペンション：固定 半楕円リーフ（前）／固定 1/4楕円リーフ（後）。

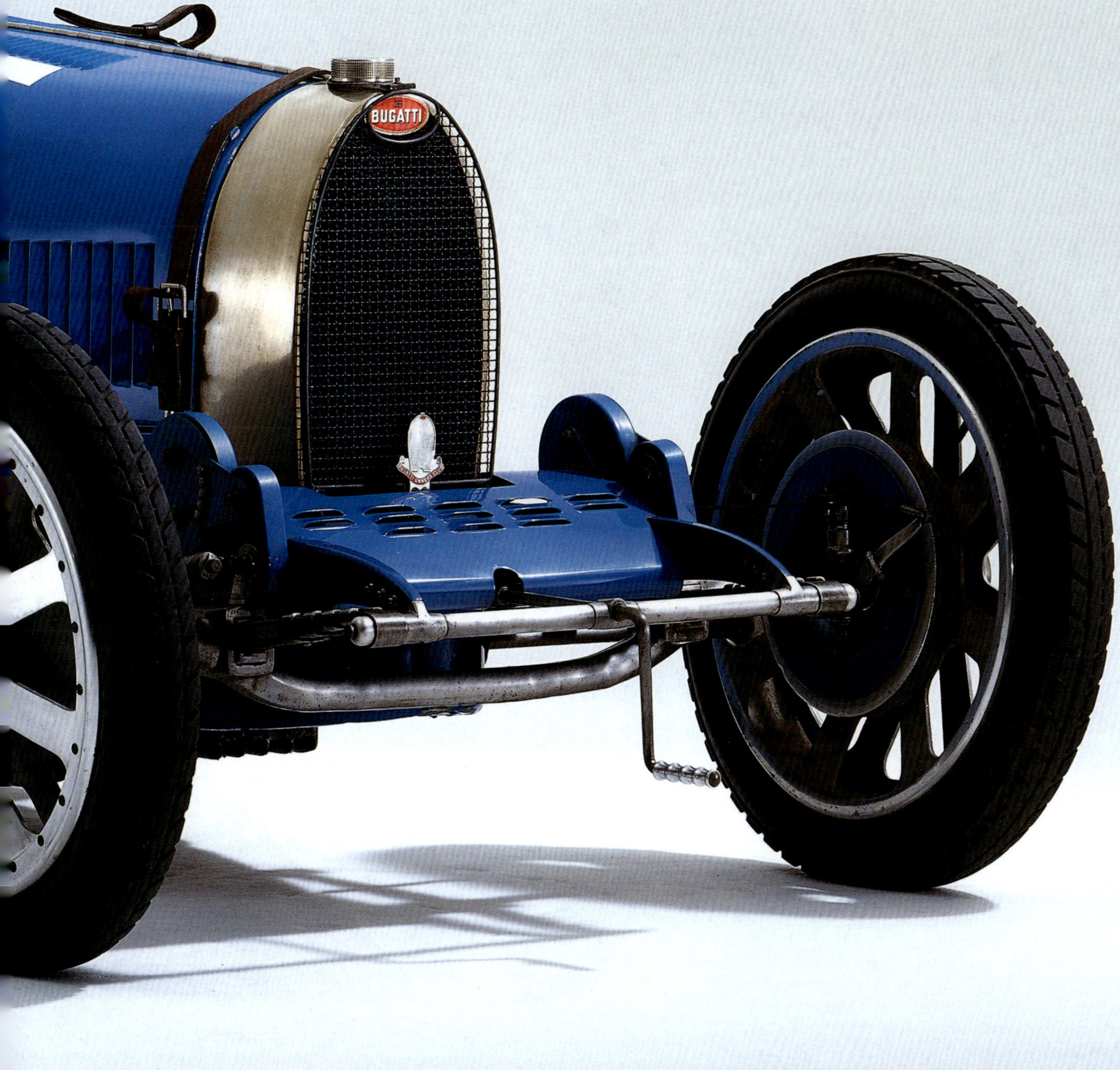
BUGATTI

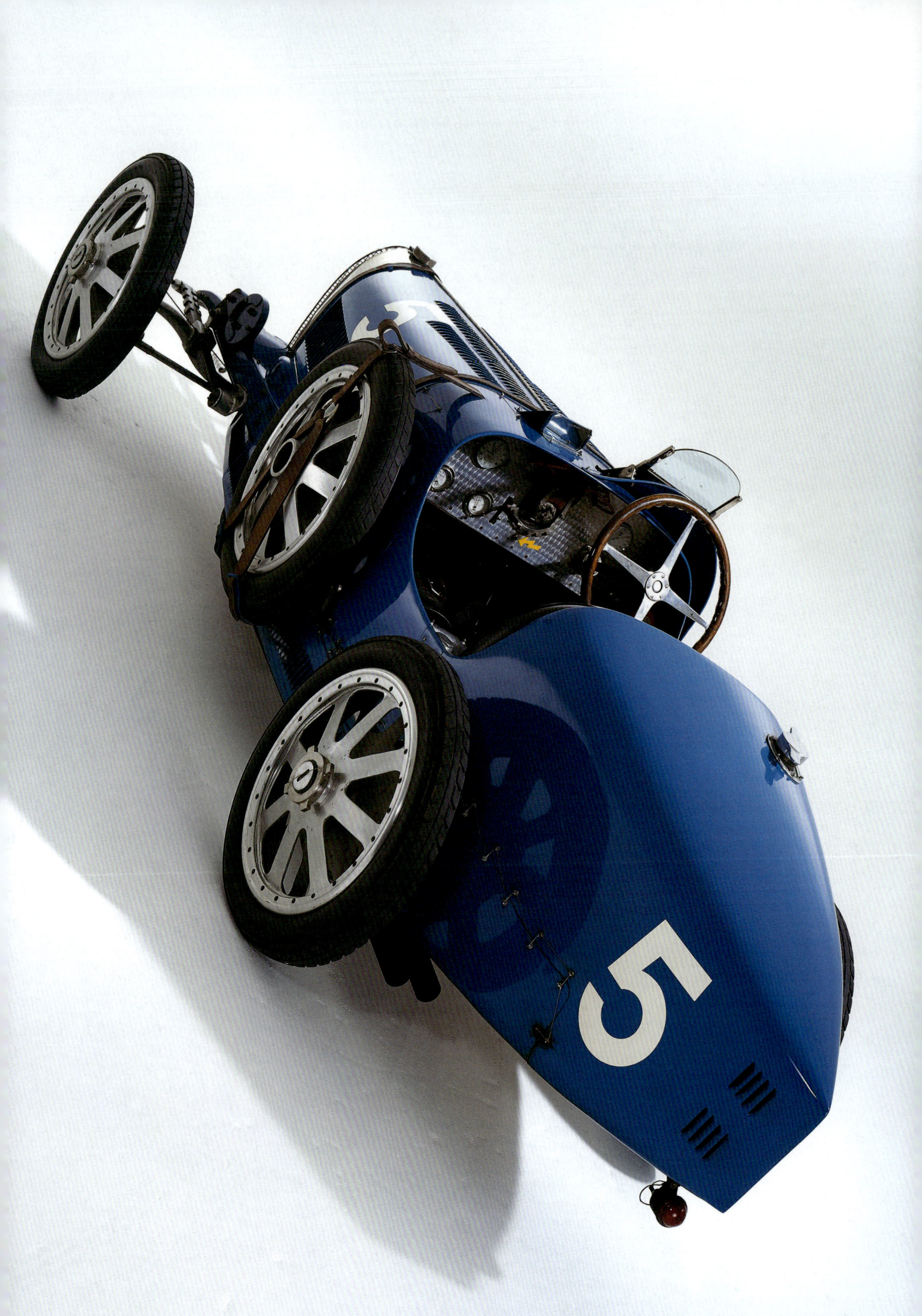

209

■目立つ大古典

　ブガッティという自動車会社は元々どこの国の会社か。もちろんフランス、だからそのレースカーもフレンチブルーのそればかりを思いだす……が、しかし。本当はブガッティはもともとはドイツ車だったのである。ブガッティの所在地はアルザス地方のモールスハイム、しかし晋仏戦争以来のアルザスはドイツ帝国の一部となっていたから1910年創業当時、ブガッティはまぎれもなくドイツ車だったわけだ。少しのち、第一次大戦後にアルザスがフランスに属することとなった時、ブガッティもフランス車となった。少々ウンチク風の、以上ごく短いイントロ。

　というわけで、ブガッティ・タイプ35です、今回の出

演は。オー、オー（観衆のどよめきの声）。ついにこういう車が出てきましたな。でも書く方にとっちゃ困りもんといや困りもんである。なにせこいつは絵で言やぁモナリザ、文学で言やぁゲンジ物語ぐらいの車、つまり誰もが認める古典中の古典である、そういう人類遺産級のクルマについて小生如きが何かを書こうたって書きやすいわけがない。

と言いつつたいした遠慮もなく始めるが、さて何からいくかな。でもあらためて眺めるとさすがにイイ。何がイイたってまずはこの時代の自動車のピタリとキマッた立ち姿には感心せずにはいられない。サイド・ビューなんか見よ、何というスキのなさであることか。

自動車のプロポーションというのはその時代時代の技術水準・技術傾向で8割方決定してしまうところがある。それで歴史を見わたせば、なかにはどう頭をしぼったってそうそう美しい車など作りようもない、というデザイナー受難のときもあったと思うが、その意味でこのT35なんかは間違いなくひとつの黄金時代の産物、仮にデザイナーがどんなヘマしたってそれほどカッコ悪くなどなりようがないというけっこうな時代の産物である。

すなわちこの時代の技術による典型的なレイアウト、固定車軸のうしろに置かれたラジエター、そのうしろに座り込んだ無理してコンパクトにしようなどとはまだ誰も考えなかったらしい悠長なサイズのエンジン、それに続くドライバー席、ガソリンタンク、後半部を包みこむこれが空力的と考えられていたボート状の少し長めのテールというこの構成、各要素の長さの対比、車輪径とのバランスなど、何もかもが今日ではあり得なくなったものばかりだが、この時代の車アーキテクチャーというのは何か猛烈に強い説得力にあふれている。自動車のカッコよさの原形がここにある、ぐらい言ってもあまり反論は出ないのじゃないか。

しかしそうした黄金エイジの自動車群の中でもやっぱりブガッティは特別な車として世に評価されているようだし、実際僕もそう思う。T35にしても同時代の同カテゴリーの車に比べて頭ひとつ分ぐらい突出した印象がたしかにある。それはこの車が（たしか）計200台ほども作られた市販グランプリカーだったという事実やそのレースでの成功のゆえでもあろうが、やはりブガッティという車は何よりもその高水準かつ他に類を見ない美意識によって昔から今日まで目立ち続けている。なにせ真四角い金庫みたいな形のエンジンを持つ車なんてブガッティ以外にまずない。で、その金庫が置かれたエンジンルームがキラキラに磨かれて、そこに様々な形態対比・質感対比を駆使したオブジェ風機械類が光っている。

エットーレ・ブガッティという人はいったいどういう人だったのだろうか。果してこの男の正体は？　というわけで今回はT35を眺めつつそこに垣間見る「自動車造形係」としてのエットーレ・B.氏にスポットをあてて、さまざまな推理を働かせてみようと思うわけであります。

■意匠家型式分類

そこで再びT35に目をやる。するとハハァ、こういう車を作ったE.B.は「芸術家タイプ」の奴だな、ということがとりあえず見えてくる。でもエットーレ・ブガッティが芸術家だったなどというコメントは、およそこの人物に関する最も言い古されたありきたりのコメントであるし、また彼の家系が芸術一家であったこともよく知られている。

しかし、それでも僕としてもそのことをもう一度くり返し言ってみたくなるのにはそれなりの理由がある。すなわち自動車デザインの現場を見ると、自動車デザイナーと呼ばれる人たち、必ずしも芸術家タイプの人間ばかりではない……というのは正確ではなくて、自動車のデザイナーの中で「芸術家タイプ」と呼べるような人間は実のところごく稀な存在なのである。おそらく世間一般にはデザイナーといえば画家の親戚のように思われているのかもしれず、現にこの両者は同じ美術学校で同じ先生から教わったりもするのだが、でも現実には自動車のデザイナーなんてたいていはそれほど芸術的・芸術指向の人たちではない。

と、それでは実際どういうタイプの人たちがこの職業についているのか。と、ここで「車デザイナーの分類学」といったことを少々試してみよう。

現代クルマ業界に生息するデザイナー群を観察するに、そこにはいくつかの種の存在が見てとれる。

まず挙げられるのは「技術屋タイプ」のデザイナーだろう。自動車が機械の一種である以上こういう人たちがいるのは自然なことだが、つまりどこの車メーカーにもデザイナーでありながら車体構造や生産技術やらにやたらと詳しい人たちがいるものだ。彼らはその豊富なエンジニアリング知識を活かして仕事をする。またさらに言うならこのタイプの人々はヒラメキ型とは対照的な、一段ずつ順番に積みあげるような足し算的思考パターンを有する場合が多く、たとえば決定したプロポーザルを最終生産型まで煮つめていくといった、あまり突飛なことをヒラメいてもいられない、しかし重要な、根気が勝負といったデザイン作業にはもってこいの人たちと言える。

次に、製品コンセプトとかプランニングに強く、またそれを説明するのがうまい「フィロソファー系」とでも呼ぶべき一群のデザイナーたちがいる。新しいアイデアや形を彼らはたとえば「人間の行動パターンとは」とか、「工業における芸術性とは」みたいな方面から抽象的に説明したりする。専門誌がインタビューするには誌面の見栄から言ってもこういうのは望ましいタイプといえよう。ただあまり弁

が立ちすぎると、その言の高邁さに感心しつつ実際のモノを見るとどう考えても落差があったりして、ここで専門誌の読者の頭は「ハテナ？」と40度ほど傾ぐこととなる。

　さてお次に挙げたいのは「商売人タイプ、オーガナイザー・タイプ」といったデザイナーたち。実際のところ現代自動車業界で最も多いのはこの系統のデザイナーだろう。このタイプの人々は常に商売のことを忘れない。クリエイティビティも100ｇでいくら、と計算できる。その意味で彼らの仕事ぶりはサラリーマン的、といえばよい印象を与えないかもしれないが、そうではないのだ。車会社だって金儲けのためにクルマを造ってる以上、まずはこういう人たちにこそいっぱいいてもらわなくては困る。つまり彼らはまともな人たちである。デザイン的にはこのタイプの人たちはやはりそつなくバランス型でいくから、あまり強烈なものなど期待しない方がよいが、逆にそのあまり強烈でないところが強み、と考えることもできる。

　さてそして最後に挙げられるのが「芸術家タイプ」のデザイナーである。企業の中では稀な人たちである。このタイプの人たちはやはり創造の人でありコダワリの人である。また彼らは集中のヒトでもあるからその作り出すものは強い。何せゲージツ的なヒトタチだから少々の片寄りや自分の作ったものに酔ったりするところもあろう。でも会社にとってはこういう人たちの創造力はやっぱり必要なのである。いや、「プロの芸術家」というのは今日おそらく最も見つけるのが難しい人材ではないか。

　……とまあデザイナー・タイプは他にもまだ思いつくが、まずはこんなところにしておこう。実際にはどんなデザイナーだって異なるカラーを少しずつミックスして備えているもので、完全に一色という人はまずいないが、傾向としてはこんないくつかのタイプに分けられると思うのだ。

　と、以上の説明を付したうえで再び言うが、エットーレ・ブガッティという人は「芸術家タイプ」に属する人だったのだと僕は思う。それも相当ディープな方のだ。コダワリの人、集中の人であり、また相当に「酔う人、片寄りの人」でもあったろう。本人も大変だったろうがまわりの奴らも苦労したことでしょうニィ。

　しかし以上の話にオヒレをつけるため、小生は分類学をさらに進める。すなわち、エットーレという人は芸術家タイプであるが、その中でもいわゆる今日的な意味におけるデザイナーとは少々違うタイプの人だったんだろうと僕は思う。もっとおそらく自分の手で直接モノを作り出していくような職人作家的な人だったのではないか。と、そういえばエットーレの弟は彫刻家、両人の父親は家具・陶芸・彫金などの作家として知られていたことが思い出されるが、エットーレ自身もきっとそっち系の人だったんだろうと僕は思う。

　ではこういう人たちの作品がデザイナーのそれとどう違うのかであるが、ひとつの例として、デザイナーという人種はたいてい世の中のファッションの動向に敏感で、時代の波に乗り遅れることに少なからぬ恐怖を抱いており、「できれば明日のトレンドを先取りしたい」くらいは常に考えているものだ。

　それに対してここで言う「職人作家」なるものは、それとは少々異なるセンを狙っている。ここで車を見てみましょう。たとえば前出のブガッティの有名な真四角いエンジン。これは目茶苦茶にユニークなアイデアではあるが、でもエットーレがこれによって「明日のトレンドを先取りしよう」と考えていたとは思えない。これはおそらく金工とか現代彫刻の一種と見るべきものであって、エットーレはただ彼だけの美学でユニークな「作品」を作りたかった。トレンドなんて眼中にない、要するにこの人はホントに作家サンだったのだと思う。

　ここで話は少しだけそれる。こうした自動車人としてのエットーレのあり方を思うと、T35という車には特別な意味があったようにも思える。すなわちエットーレにとっても彼の会社にとっても、この車はひとつの節目だったのではないか。というのはブガッティ車の歴史を辿ると、T35以前と以降ではどうも作る車の雰囲気が違ってきたように僕には見える。どうやらこの車を機にエットーレは「家族の血」に目ざめてしまったのではないか。

　先程の分類学の応用で言うならエットーレ・ブガッティは自動車人としてもともと明らかに技術屋なのである。自分の会社を興す前からすでに彼はいくつものメーカーのために技術者として契約しており、また自らの会社を設立した後もこの人はやっぱり第一に技術屋なのであった。

　それがある時からエットーレはもっと積極的に「形」をつくり出してゆく「芸術家タイプ」に変身することにしたらしい。その時、クラーク・ケントが背広を脱ぎ捨てる電話ボックスの役目をしたのがこのT35だったのだと思われる。いったん変身を果たしたエットーレは相当にヒラメキの人となり、そのエンジニアリング知識は自らの製作するオブジェに存在理由を与えるための脇役として利用されることとなった、……と以上は小生の非常にデザイナー・モードにおける一見解ではあるが。

■小市民のサバイバル

　さて先程のデザイナー分類学の中には「商売人タイプ」なる一例を挙げたが、エットーレはこちらの面ではどうだったのだろうか。この人は技術屋にして芸術家、それは結構だが、同時に自分の会社の経営者でもあったわけだ。彼の経営手腕については僕には判断できないが、しかしデザイナーの立場から見てこういうことは言える。すなわちエッ

トーレは「職人作家」だという話をしたばかりだが、まことそういうタイプの人たちのもの作りは孤高のモノ造り。それはそれで立派であるが、やっぱり商業ベースの自動車業界ではこれは「時流にうとい」という危険性にもなり得るわけで、実際ブガッティはT35以降も多数の美車・芸術車を世に送り出したが、冷静に見るとその中にユニークな車というのはずいぶんあるのだが、「進歩的」と感じさせる車は決して多くはなかったと僕は思っている。

ヨーロッパの自動車界にあって、ブガッティのような孤高の生き方はT35の頃にはまだそれでもよかったのだが、少しのち、1930年代も半ば頃になると「時流へのうとさ」は決定的問題としてはね返ってくる。これは今日、大古典としてのブガッティを愛でる限りはわからないが、当時のフランスの路上地図を考えれば想像はつくだろう。

1930年代半ばといったら一体構造ロウ・シャシーで前輪駆動のシトロエンとか、グリルもヘッド・ライトもボディと流線化して一体となったアメリカン・ファッションのルノーといった、大メーカーの平民用グルマが多数作られ始めた頃だ。安価なくせに技術的・思想的にはもちろん、見た目的にもはるかに新鮮・近代的な車たちである。こうしたクルマ群がメジャーな潮流となっては、ジュエリー細工然とした真四角なエンジンみたいな方向性はどうしたって「趣味の工芸」としか見えないではないか。それでたまに通りを行きすぎるブガッティの中を覗けば封建領主の末裔みたいなのがちょこんと乗ってたりして、今ならこれもシャレになるが、当時の世の中では時代遅れの極みみたいなもんだったはずである。もうその時代、自動車は作家の作品ではあり得なくなっていたのだ。

エットーレがもっといわゆるデザイナー的な「時代に遅れるのはヤダ」といった恐怖心を備えた人物だったら、もう少し敏感になんとかしようとしたかもしれない。他車が1本の線をちょっと変えただけでもビクッと時代の空気の変化を察知して、何とか対抗措置をひねり出すのが小心なデザイナーの小市民的生きる道ってものなのだ。

しかしエットーレ・B.はあまりにも芸術家タイプになってしまったためか、そういうコソクなことはしなかった。いや実際には彼も色々ジタバタしてみたのに違いないがうまくいかない事情があったのだろう。そのために彼の会社は沈没してしまい、しかし結果的に彼の孤高の「作品群」は時代を経て古典中の古典として、後世の人々にモスラのように崇められることとなった。

さてここらでだ。不遜を承知の上で例によって小生の好き嫌いで点数をつけさせてもらう。で、僕にとってはこの車はまあ90点ぐらいかな。いったい10点分何が不満なんだ、こんなけっこうな車。今の「近代性の欠如」云々といった話はこのさい減点の理由にはならない。商売上は少々マズかったかもしれないが、僕におけるこの車の価値を下げるものではあり得ない。また僕はT35が歴史的に偉大なることも理解するし、誰かが1台くれるというなら喜んで乗るし、またちょっとバラしたり組み立てたりして遊びたいとも思う（だからくれ）。実際そんな風にしてエットーレ・B.の個性もクセももっと深く知ったら、おそらくこんなに面白い車はちょっとないんじゃないかと想像はする。

ただ、外観・見た目だけから言うならT35の欠点というのは、おそらく完璧すぎるところにあるのではないか。より正確に言うなら、この車ってまとまりが少し良すぎると思うのだ。世の中のほとんどの車デザインはまとまりがなさすぎて文句を言いたくなるわけだから、これは大変にゼータクな不満ではあるが、どうも思うにエットーレは芸術家タイプであり、それに加えて今日では絶滅してしまった「独裁者タイプ」という自動車人・造形係でもあったらしく、長さも高さも、何でもかんでも自由にコントロールできすぎたためにまとまりがよくなりすぎちゃった、という面もあったのかもしれない。いやー皆さんデザインって本当にむずかしいもんですね。もっと「未知との遭遇」というところ、作者が自分でも不安に思うような不確かな部分や偶然性が残っていないと、何と言ってもニンゲンのすなることであるからまとまりがよくなりすぎた形は長く見ているのがツラくなる、息苦しくなるというところがある。

さて短かったイントロに少しつけ足しを加える。ブガッティがアルザス地方の在であったため、元来ドイツ車としてスタートしたものが後にフランス車になったという話だが、こういうのは我々にはどうも奇妙な話に思える。でも比較的最近の例でいってもこんな話がある。独仏国境付近にはザールブリュッケンという街があるが、この街は1957年に住民投票でドイツに属することに決まるまではフランスの街なのであった。その地方出身の政治家で一時ドイツの首相になりそうになったラフォンテーヌという人がいる。もちろんドイツ人だが、もし彼が首相になっていたら完全なフランス名を持つドイツ首相が誕生していたわけだ。つまり独・仏はかなり混じり合っているところがあるわけだが、それにしても今の日本で外国名の人が日本国首相となることが考えられるだろうか。

そういえば"メルセデス"なんてフランスの女性名だし、逆にパリの凱旋門のエトワール広場に交差する大通りのうち4本はドイツ名を持つ道だ。もはやどちらも誰も不思議とは思わない。この両国は歴史上ケンカばかりしてきたようだが、あれはトムとジェリーみたいに「仲良くケンカ」してただけなのかもしれない。

NASH METROPOLITAN

アメリカの自動車メーカー、ナッシュが企画し、オースティンのコンポーネンツを用いて英国で生産された小型車。いわゆるアングロ・アメリカンカーの典型でもある。デビューは1954年で、後にAMCで生産されることになるが、写真の1959年型はナッシュブランドのもの。4ストロークの4気筒ユニットをフロントに縦置きする。
全長：3797mm、全幅：1560mm、全高：1420mm、ホイールベース：2160mm。水冷直列4気筒OHV。1489cc、52ps／4250rpm、11.2mkg／2000rpm。縦置きフロントエンジン-リアドライブ。サスペンション：独立 ダブルウィッシュボーン(前)／固定 半楕円リーフ(後)。

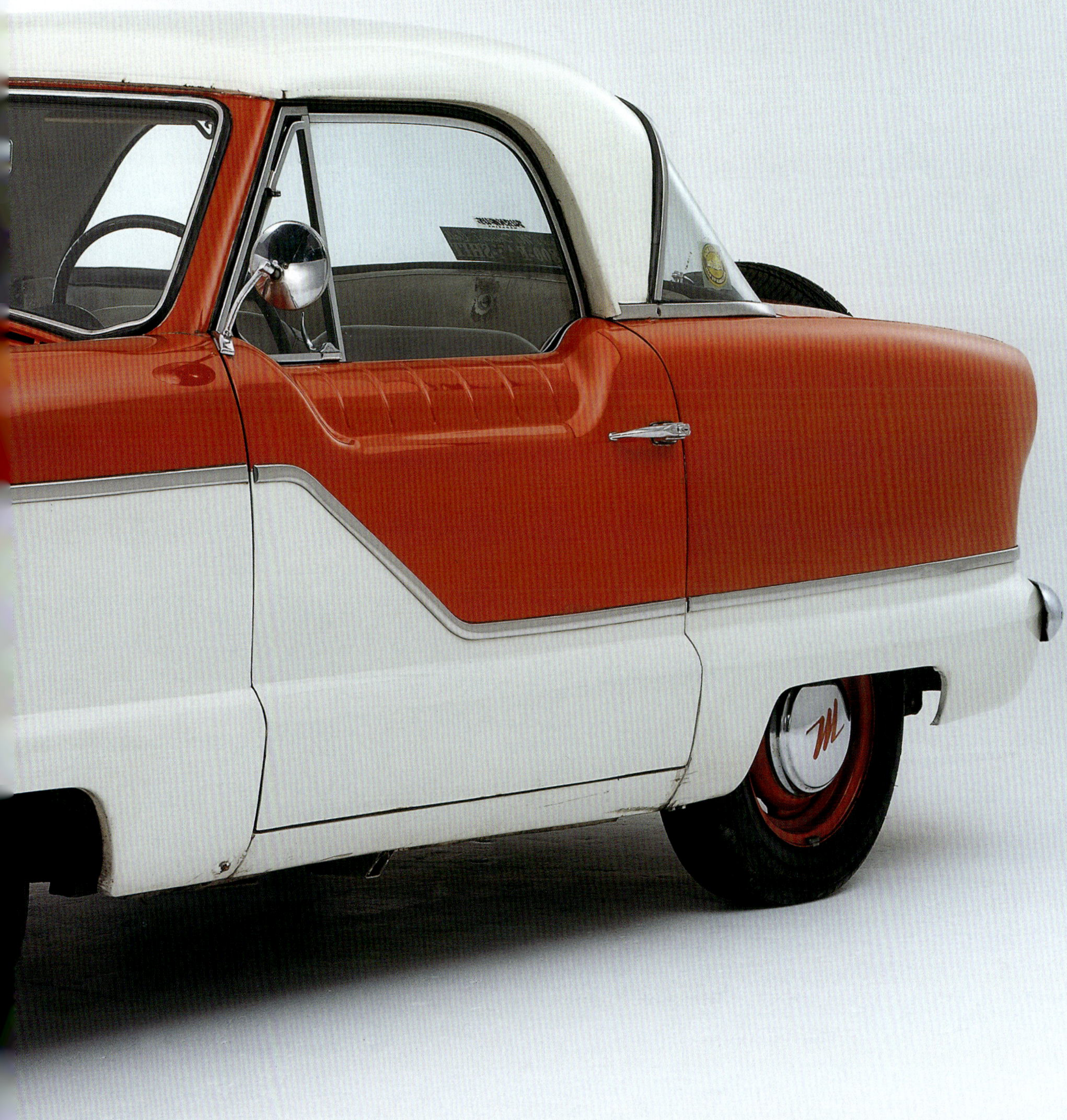

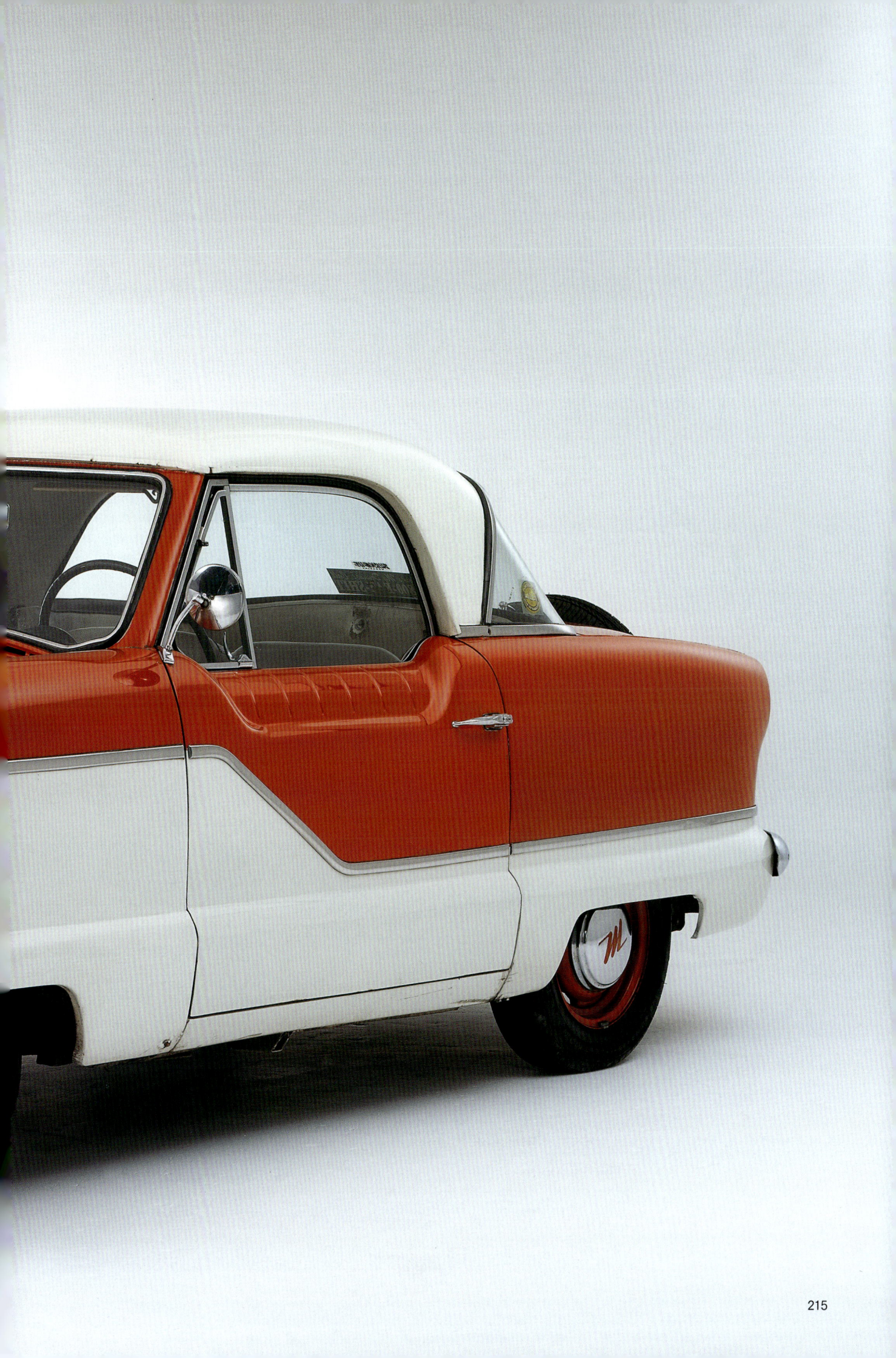

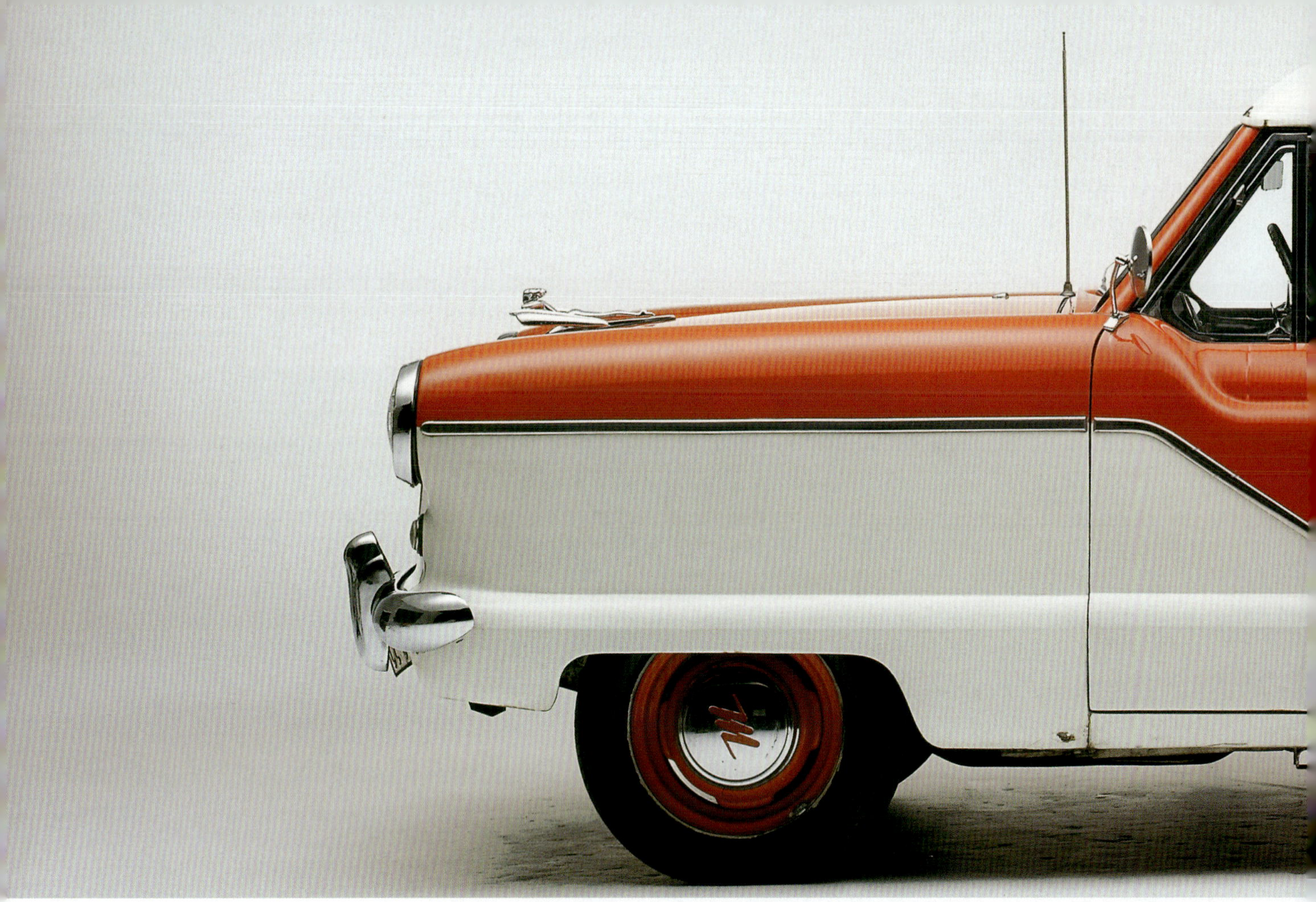

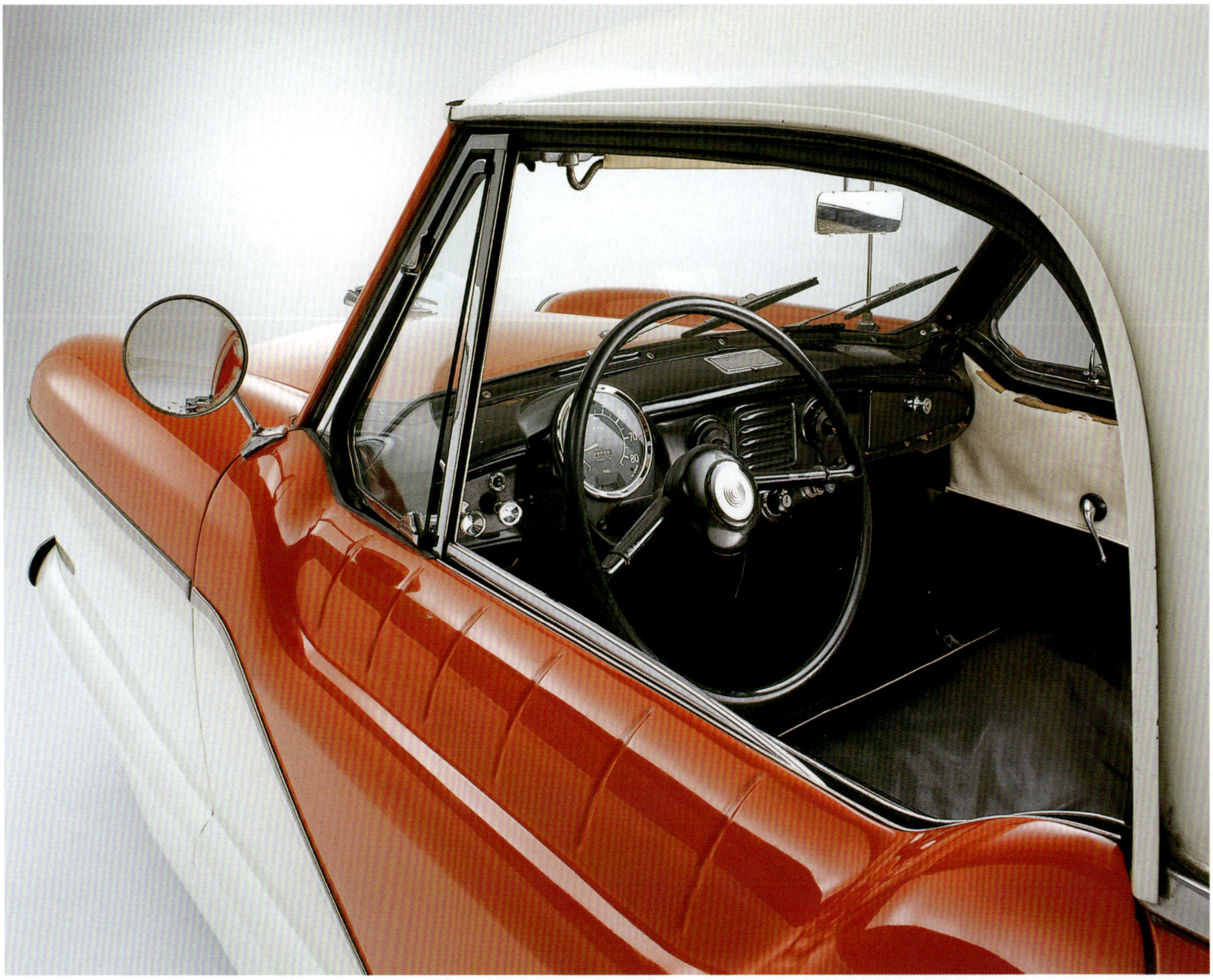

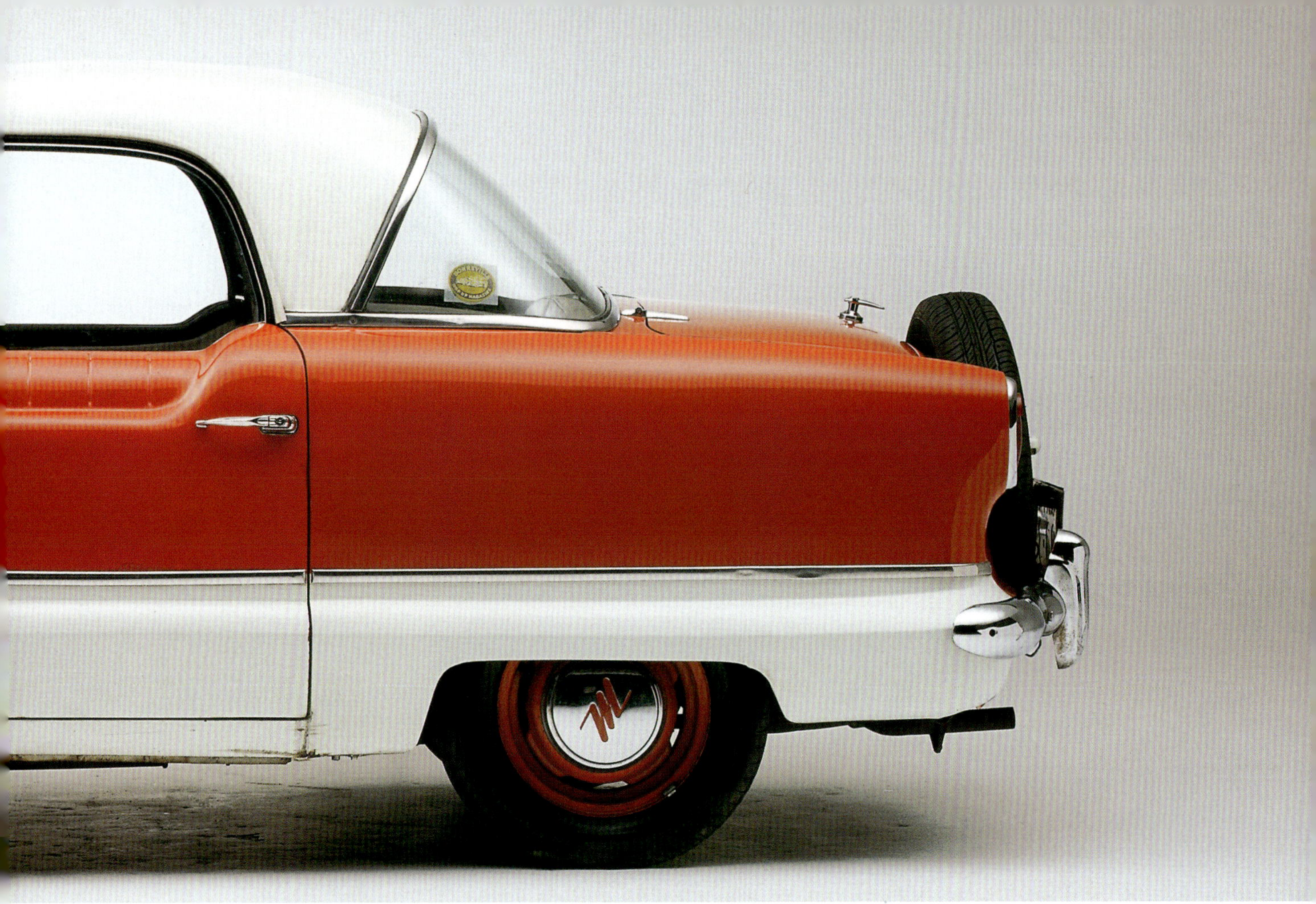

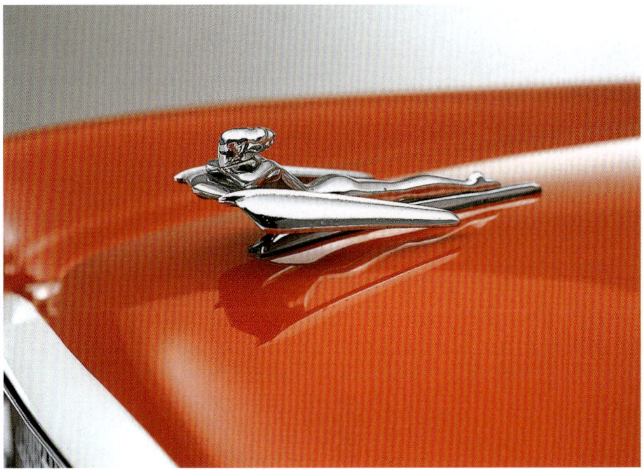

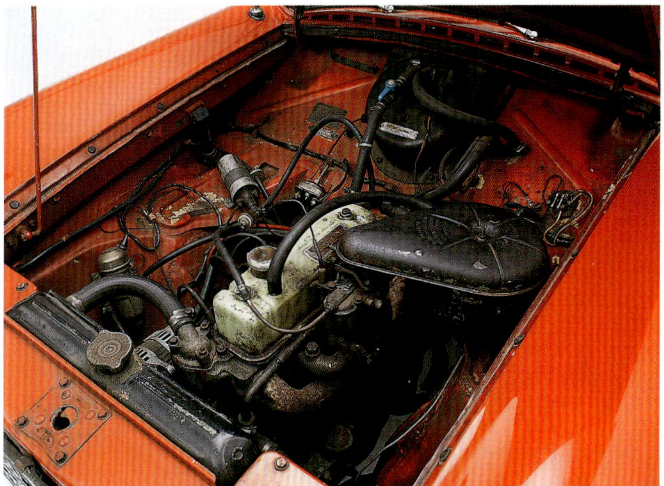

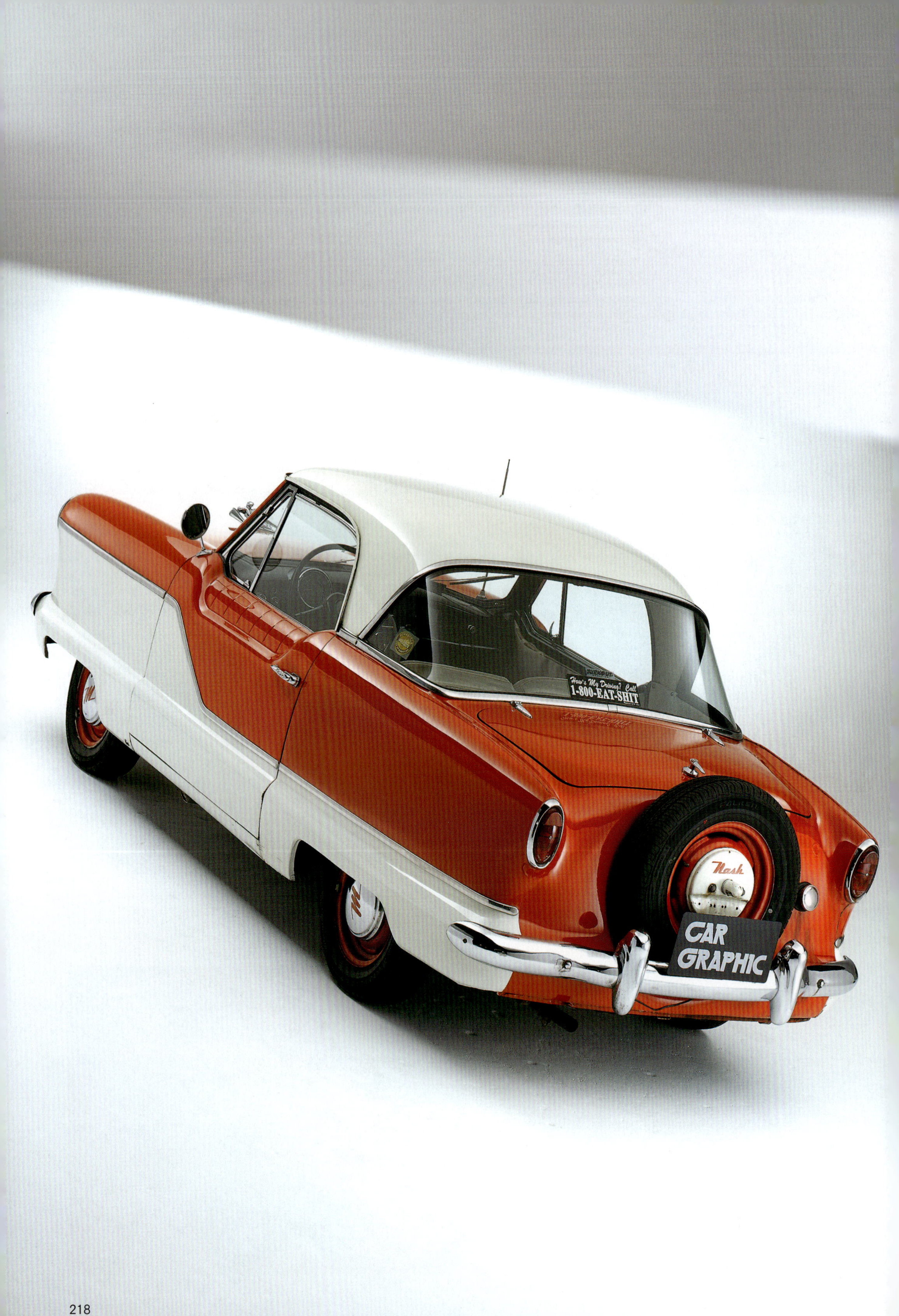
How's My Driving? Call
1-800-EAT-SHIT
Nash
CAR
GRAPHIC

デトロイトのビッグスリーという言い方がある。このビッグスリーとはGM／フォード／クライスラーのU.S.3大クルマ企業のことを指す。この巨人たちに続く第4勢力としてアメリカン・モータースというグループがあったことを思い出す。アメリカン・モータースは今回出演のナッシュがハドソンと合併して立ちあげたもので、のちのスチュードベーカー、パッカードが、またずっとのちにはカイザー・ジープも加わって、1987年にグループまるごとクライスラーに買収されるまで存続した。

アメリカン・モータースのつくる車はなんとなく「変わりモノ」という感じが、僕にはした。わが記憶の中では彼らのつくる車はアメリカ車でありながらアメリカ車でないような、ちょっと異質な空気を放った存在だったのである。

で、ナッシュ・メトロポリタン。U.S.A.の愛好家に"Met"と呼称される車である。前記のナッシュ・ハドソン合併の際にはこの車、ハドソン・ブランドでも売りに出された時期がある。で、こいつも明らかにちょいと変わりモンのクルマである。だいぶ異質なアメリカ車である。第一、考えるとよくわからない。なぜナッシュはそもそもこんな車をつくることにしたのか、どういうマーケットを狙ってこの車は企画されたのか。同車が誕生した当時の時代背景をふりかえればこのギモンはますます深くなるてぇものなのです。

■ゲイシャ・ハラキリ作戦

時は1950年代。デトロイトのクルマ・インダストリーはその絶頂期に向かってグングン前進しつつあった。それまでの世界自動車界においてもモータウン・デトロイトはいつだって絶頂ポジションにあったわけだが、その時代の彼らは特別に乗りに乗っていたのである。すなわちビジネス規模はさらに巨大に、それと同調するように彼らのつくる自動車は次第に図体が膨張し、ついにはとめどもなく長く幅広く、また装備はさらに豊かに豪華になり、そうして重量の増した巨体をさらに速く走らせるためにパワー競争も天井知らずのエスカレート、かくてもともと世界のトカゲ類の中でコモドオオトカゲだったアメリカの自動車は、あっという間に正真正銘の恐竜とあいなって世界の道路を圧倒的迫力でのし歩くこととなった。

こういう時代であるから、デトロイトのデザイン界も乗っていた。この頃世界でいちばん調子に乗り図に乗ってたのは間違いなくこいつらだったのだ。すなわち、アメ車のデザインはタガがはずれたように年々派手にダイナミックになる。4灯式ヘッド・ランプが法的にOKとなれば誰もが4灯式に、フロント・スクリーンをラップ・ラウンドさせてAピラーを前傾させる手法を誰かが始めるとこれも大流行り、クロームバチバチそのかがやきはまばゆいスターダストの如く、テール・フィンと呼ばれるリアの垂直尾翼みたいなものが現われて年ごとに高くそびえ、排気管なんかたいていバンパーにインテグレートされて、もう自動車デザインが本気でジェット戦闘機を目標としていたというスゲー時代である。

またこの頃にはGMのハーリー・アール、クライスラーのバージル・エクスナーといったひと癖もふた癖もあるデザイン・ディレクターが輩出し、各社全パレットを毎年毎年フル・デザイン・チェンジするという、とんでもない浪費を当たり前のものとして会社にも世間にも腕ずくで納得させ、おかげで仕事の増えたデザイナーども、皆一様に肥え太ったというスバラシイ時代でもある。

ナッシュ・メトロポリタンはそんな大上昇時代と完全にオーバーラップして1954年に登場して1961年にその生産を了えた。つまりよくわからないではないか。そんな成長・膨張・過熱時代の真っ只中に、何を思ってナッシュの首脳陣はいきなりこんな車を登場させたのだろう。アメ車としては異常ともいえるチビたサイズ。皆がジェット機を追いかけてるというのに豚の貯金箱を追いかけてしまったかのようなそのスタイリング。前進感もパワフル感もゼロの全体形。でもその形を一方ではなんとか派手に見せようと頑張っているようにも思えるこの車、いったい商品としての狙いはどこにあったのだろう。

まさかこれでシリアスなスポーツカー路線を狙っていたわけではない。だいいちエンジンが1.2ℓ42馬力（発表時）でそれはムリだ。では逆に経済車という当時のアメリカには一番そぐわないセンを無理やり狙っていたということか。それにしちゃ2シーターというのは実用性が低すぎると思うが。

要するによくわからないのだが、この車の前後のあらすじなどよーく考え合わせると、どうもナッシュが狙っていたのは「ヨーロッパ風の車」というセンらしい、というのが僕のひとつの解釈である。すなわち少しエキゾチックな香りのするヨーロッパ風パーソナルカーというのがこの車の商品コンセプトだったのではないか。アメリカ人てのはやはり憧れがあるのか、今だってヨーロッパ調と聞くとたいてい「高級・シャレてる・趣味のよい」などイイコトばかり思い浮かべるから、こういうセンの商品戦略はたしかにアリである。

でもヨーロッパ調？、いや今こうしてメトロポリタンを眺めていても、我々にはこんな車がヨーロッパ調とはとても思えない。実際50年代当時のアルファもジャガーもシトロエンも、形・雰囲気ともにまるでこんなものではなかったことを我々は知っている。メトロポリタンは実はナッシュの定めた仕様に従って英国で生産されていたが、それは単なるコストの問題でそうしただけなので、ここでは関係ない。

でもそれでいいのである。なぜならこれは本物のヨーロッパ車ではなく、アメリカ一般人にとってのイメージ上の

ヨーロッパ車なのだから。彼らの思い描くヨーロッパ調らしく見えることを目的とした車だったのだから、と僕はそう思う。

すなわち今でこそU.S.A.でも輸入車はふえて欧州車もドイツ車など珍しくないが、メトロポリタンの登場した今から50年も昔の彼の国では、特に興味ある人は別としてフツーの人々は外国の車なんて全然わかってなかったんだと思う。いや、U.S.A.では今だってしばらく輸入の途絶えているフランスやイタリアの車がどういうものかなどたいていの人はまず知らない(ホント言うとプロの車デザイナーだってほとんど知らない)。ま、日本だって、輸入されていない、たとえばオーストラリア製の車と聞いて即座に正しいイメージを浮かべられる人は多くはないはずだからそれも自然なことだが、それにもましてアメリカ人てのはどだい外国のことをあまり知らない、興味をもたない人たちなのだ。

だからメトロポリタンがいくら実際のヨーロッパ車からかけ離れていても、少なくともこの車は一見していわゆるアメ車には見えないし、後部に露出したスペアタイアはクラシックな英国調、華やかな塗色は「オー、ビューチフル・フレンチ」かなんかで、「英・仏合わせりゃ完璧にヨーロッパ調」ぐらいに思われていたのだとしても僕はちっとも驚かない。かなりヘンテコな話で、実際モノを見てもこれは様式的に相当にヘンテコな車であるが、でも「お客様のニーズに応え」、人々の期待どおりのものを提供するってのがマーケティングの基本でヤンスから、つまり合衆国一般人の期待するヨーロッパ車って、こんなものだったのではないか。

メトロポリタンに関するかかる小生の「解釈」、これは決して無根拠な推測を述べているのではない。50年代のナッシュがビッグスリーの陰にかくれて、それでもマイナーな存在として生き残るためにビッグな奴等とバッティングしないよう独自のアイデンティティをもとめて、その活路を「ヨーロッパ調」というところに見出していたのは事実なのである。すなわち当時のナッシュは自社製品にヨーロッパ調をにおわせるべく相応の努力をしており、それであのピニンファリーナとデザイン契約を結んでプロポーザルを買い入れたりもしていたのだ。

生産型ナッシュに関してはどれもピニンファリーナは関与していないとも言われているが、それでもナッシュは「ヨーロッパ調」を売りものにすべく、あのファリーナ・バッジをつけたモデルをいくつか用意したりしていたのは、"ピエール・カルダン"みたいなことか。もっともその時代のU.S.ではせっかくのファリーナ・バッジの意味も有り難みも、昔のダイハツ・コンパーノ・ベルリーナについていたカロッツェリア・ヴィニャーレのバッジより理解する人は少なかったに違いないが。

■古典的ナッシュ、ではないか

商品コンセプトの話はそれとして、少し違う面からもメトロポリタンを眺めてみよう。すなわちこの車のカタチ、具体的に分析するとどうだろう。実はこの車に見られるスタイリング・フィーチャーはほぼすべて、当時のナッシュの他のモデルと共通したものの焼き直しであって、それ以上のものではない。

まずサイド・ビューでは、タイアがスカートの奥にかくれたような低いホイール・オープニング、サイド全面にわたるごくプレーンな面処理、そこにアクセントとしてドアの上部につけられたプレス・モチーフなど、こうしたすべてはナッシュの他のセダンたちに共通して見られるものだ。

このドア上部に見られるプレスされたモチーフには何か特別な意味でもあるのだろうか。思うにこれは当時ようやくボディ本体と完全に一体化した前後フェンダーの存在をかすかに暗示するものと解釈することができる。ただもうひとつ面白いのは、このモチーフはそれ自体が左右対称の形であり、そしてそれが全長の中央部に水平に位置してサイド・ビューを前半と後半に均等に分けているため、真横から見るともともとどちらが前だか後ろだかよくわからないようなこの車の前後の対称性をさらに強調して、ますますどっちに車が進んでいくのかわからなくするような視覚効果を生んでいる(写真の車にはサイド・パネルにクロームのトリムがついているが、これはオリジナル・デザインにはなかったものなので取り去って考えてください)。

このどちらが前だか後ろだかわからないようなボディサイドというのは、果たして本当にそう意図されたものなのか、たまたまそうなってしまったのかちょっと判断に迷うが、ずっとのちの1960年代半ばになって、アメリカン・モータースは本当に前後に共通フェンダーを用いた前後対称のコンセプトカーをつくったことがあるから、これはやっぱり昔から意図されたテーマだったのだろう。

それと、このごく低いホイール・オープニングは戦後のナッシュがトレードマークとしていたもので、こうすればサイドを走る線や面の流れを途切れなく走らせることができ、それで全体形は純粋形態に近づくからスカルプチャーとしては理解できるが、やはりタイアが見えない車というのは見る側の慣れが必要で、マイナーな存在なればこそ許されるデザインだろう。

フロント周辺の意匠も他のナッシュに準じたものだが、ボンネット面が左右フェンダーよりも低いのはたしかにヨーロッパ風といえる。こんなことは当たり前に思えるが、実は50年代のアメリカ車のボンネット・ラインはパワフル感を強調するためかフェンダーよりも高い方が普通だったのだ。これもナッシュの他のモデルに同じアイデア、同じもっていき方のものが見られ、この車独自のフィーチャーとは言えない。

■反物質の発見

ウィリアム・フラジョーリという名が知られている。もう亡くなったが、メトロポリタンをデザインしたとされるフリーランス・デザイナーの名前である。でも今見てきたようにフラジョーリ氏がこの車についてやったことは、同時期のナッシュの典型的デザインをなるべく変えないように、ずっとコンパクトなシャシーに合わせて焼き直しただけなのである。

ところがメトロポリタンという車には、アメリカにはいまだに多数のファンがおり、いくつものオーナーズ・クラブが存在する。で、こうした人々の間ではフラジョーリさんは大カリスマであり、彼は死ぬまでMetのクラブ・ミーティングにはひっぱりダコだったそうな。いや現在でも毎年1回、Metの隊列を組んでフラジョーリ氏の元自宅を詣でるパレードを行なうクラブがあるというから、なかなか熱烈なものがあるようだ。いったいメトロポリタンというこの車、どこにそれほどユニークな魅力があるのだろう。

……さてこの車の本当のデザイン・ストーリーは、実はここから始まると言ってよい。くり返すがこの車のスタイリング・キューはすべてナッシュ上級車種の焼き直しである。でもどうも逆に、そこにメトロポリタンのユニークさの鍵があるように思われる。すなわちこれは、アイデア自体に無理があるのだ。ひとつの完成した車デザインをそのままで70cmも80cmも短いシャシーに焼き直すというのは土台理不尽な相談なので、そんなことすればヘンテコになるのが普通である。

で、メトロポリタンの場合はどうだったのか？僕に言わせりゃやっぱりダメだったのだ。他モデルでは少しはのびのびと見えたこのデザイン・テーマも、ここまで短くされるとヘンテコでブタの貯金箱にしか見えない。できあがったものを見ておそらくフラジョーリさんも目をおおったのではないか。ああブタの貯金箱だ、と自分でも思ったのではないか。

ところがフシギなことが起きた。この上級車種のデザインを無理やりブッ縮めるというムチャなやり方が、偶然にも他にないユニークな自動車をつくりあげることとなった。つまり極端な短縮化によってバランスのくずれたヘンテコさが、前記のヨーロッパ風を気取ったつもりらしいディテールのヘンテコさとピッタリ合体してヘンテコの相乗効果を生じ、ここに一挙事情は逆転。当初のデザイン意図はともかく、結果的にこの車は人々のホノボノとした笑いを誘う「愛すべきヤツ」となったのである。つまりメトロポリタンはファニー・ルッキングということを欠点ではなく、逆にデザイン的魅力とし得た世界でおそらく最初の自動車となったのだ、と僕は思う。元祖癒し系自動車というのか。でも考えるとこれはそれまで存在しなかった自動車の新ジャンルをひとつ創設したに等しい大変なことではないか。

わざとファニーな方向を狙った笑いを誘うデザインといえば、たとえば昨今の東京モーターショーの小型車のコンセプトカーなどにはずいぶん見る。でもメトロポリタンは周囲の全員が目を吊り上げて、ジェット戦闘機を手本としてパワーと富のアグレッシブさの追求に大エネルギーと巨億のドルをブチ込んでいた半世紀前のデトロイトの真っ只中にピョコンと誕生したのだ。革命的というか、反物質ならぬ反自動車と呼んでもよいぐらいの異端児である。たとえそれが偶然の産物であったとしても。いや、もともとデザインというのは偶然7割というものなのだと僕は思うが、それにしてもまったく、この会社って変わりモンの車をつくりますな。

前述のようにメトロポリタンはナッシュとともにハドソン・ブランドで販売された時期もあった。しかしやがてナッシュ／ハドソン、どちらのブランドも廃止されることとなってしまい、最後はただ"メトロポリタン"とだけ呼ばれることとなった。これとよく似た例で思い出すのはあのオリジナル"ミニ"の辿った歴史である。すなわちミニとその派生車種は、多いときには当時のBMCグループの4つの異なるブランドのもとに販売されていた。ところがやがてそのいずれのブランドも廃止の憂き目にあい、最後はブランド名なしに"ミニ"とだけ呼ばれていたのはまだ記憶に新しい。ちなみにミニという車名は4ブランドのうちモーリスが同車に命名した"ミニ・マイナー"という名前のアタマの2文字がその後40年も受け継がれることとなったもの、と、これはよく知られたことでしょうが。

アメリカン・モータースは最後はクライスラーに買収されてその歴史を閉じたが、そのクライスラーも今や海外資本にオンブにダッコでなんとか存続しているのはご存知のとおり。デトロイトのビッグスリーという言い方も過去のものとなった。U.S.に今残るはビッグツーであるが、これも実のところあまり安泰とは言えず、またオモシロイことにこの下降線と同調するように彼らのつくる車、図体が今度はしぼみにしぼんで、今日のアメリカ製セダンはサイズ的には日本車・欧州車とまったく変わらないまでに縮小してしまった。昔、恐竜の絶頂期にはこんな展開だけは誰も想像できなかったろうに、世の中の変化の速さに驚くばかり。

書き忘れたが、自分の好みから言うとメトロポロタンは90点ぐらいいきますな。かなり高得点なのは、あるところで僕はこの車のタクシー（！）を見たことがあり、それがあまりにもかわいかったから、ということです。

CADILLAC ELDORADO BROUGHAM

1956年末に発表され57年春に生産が開始された、シリーズ70と呼ばれるキャディラックの高級ハードトップセダン。エド・グロワックがデザインしたボディはいわゆる観音開きドアを持ち、完全なピラーレス構造を初めて実現した。エアコン、パワーステアリングはもちろんのこと、三角窓までの完全なパワーウィンドーやパワートランクリッド、パワーシート、エアサスペンションなどなど、現在でも最高級セダンとして通用する装備を備えるのも特徴のひとつ。乗車定員は6名。生産台数は400台と言われている。全長：5490mm、全幅：2000mm、全高：1400mm、ホイールベース：3200mm。水冷V型8気筒OHV。5986cc、325ps／4800rpm。縦置きフロントエンジン-リアドライブ。サスペンション：独立 ウィッシュボーン（前）／固定 半楕円リーフ（後）。

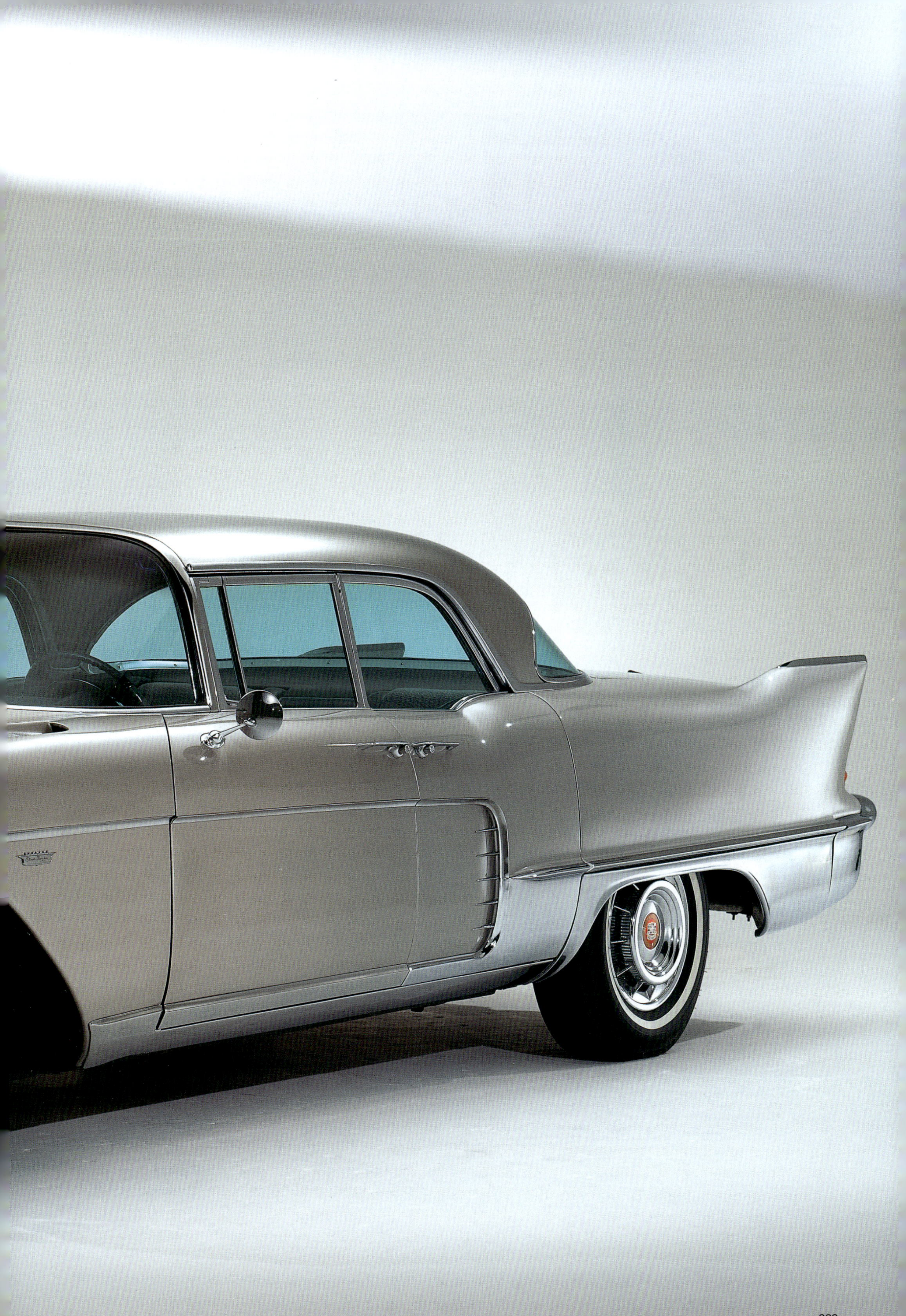

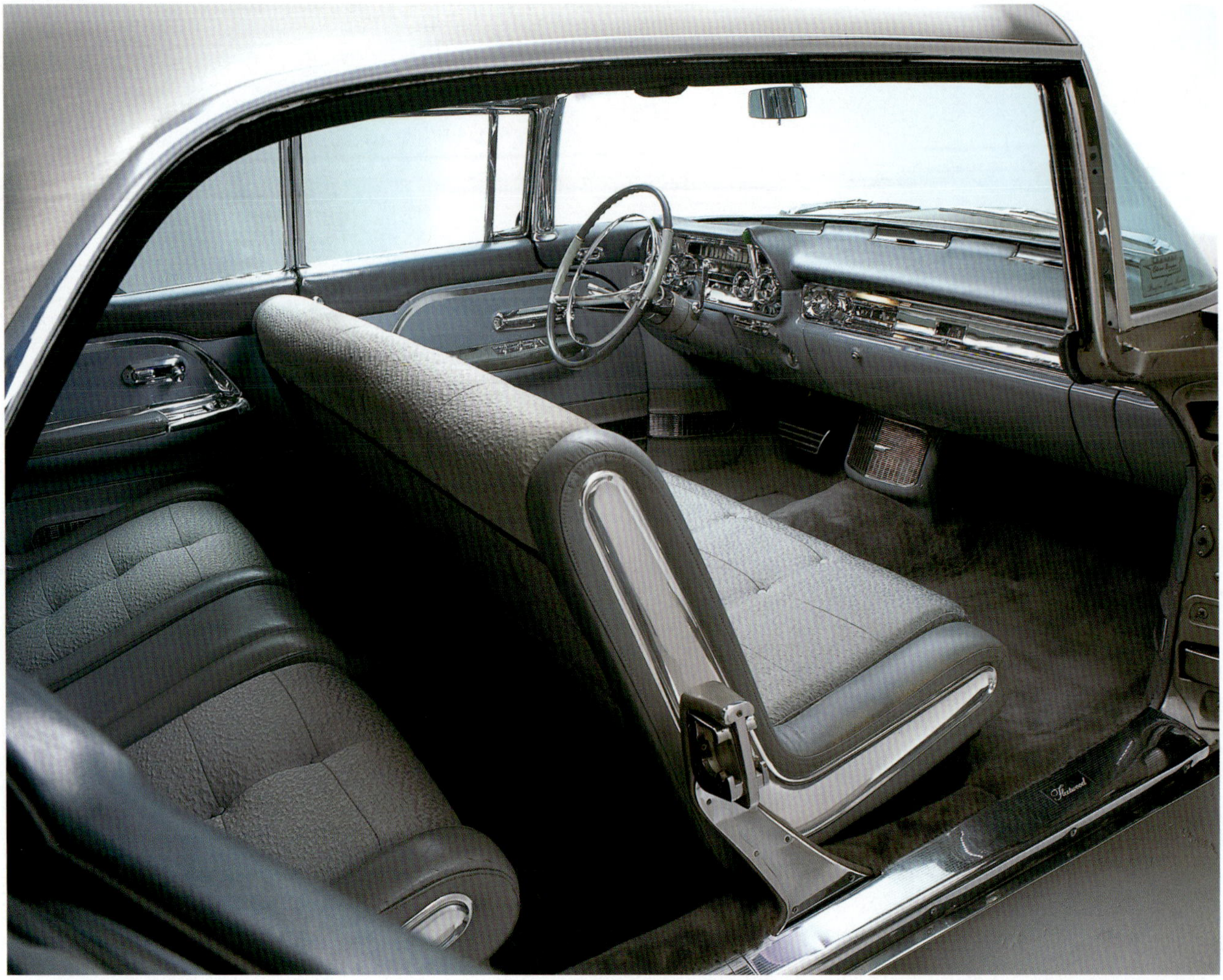

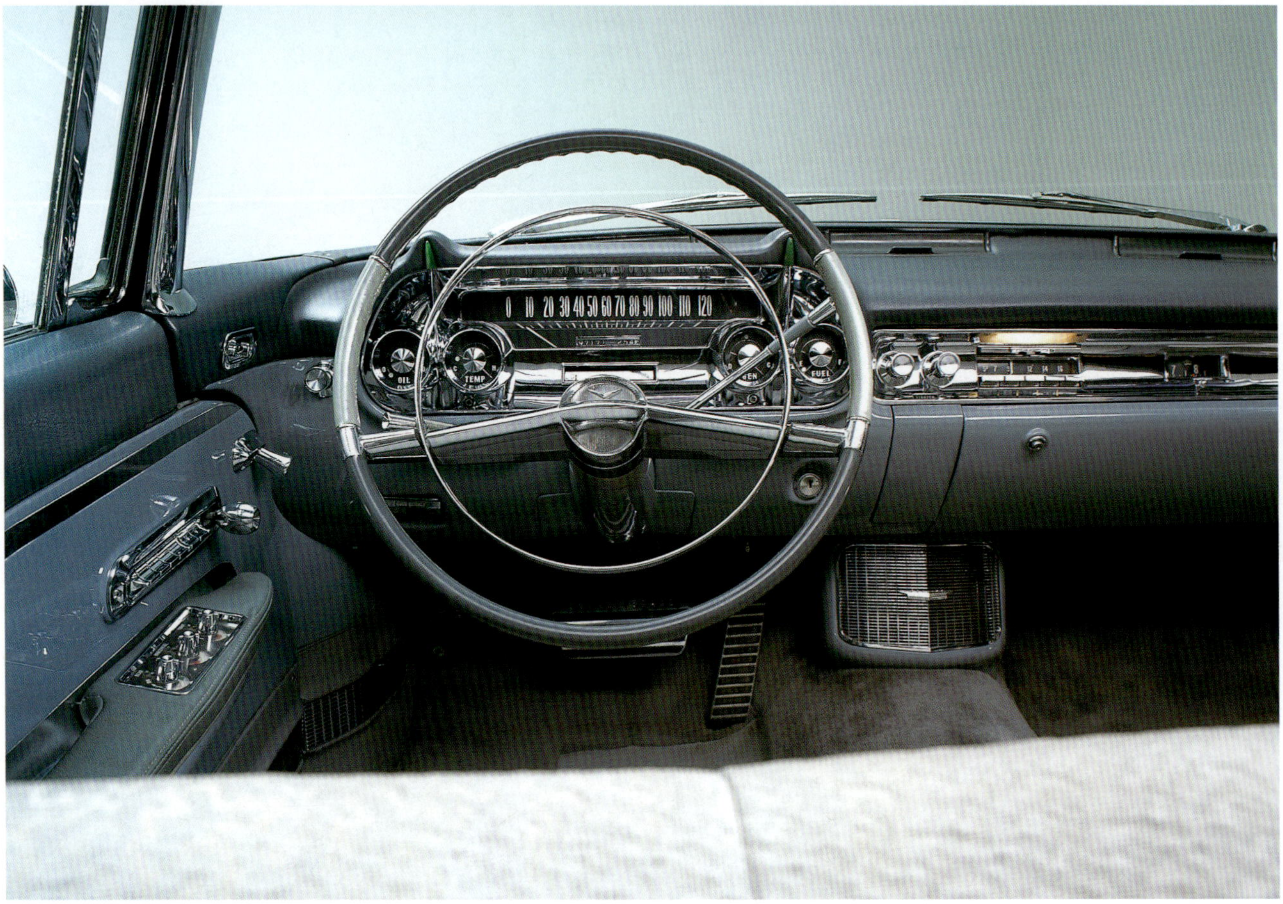

225

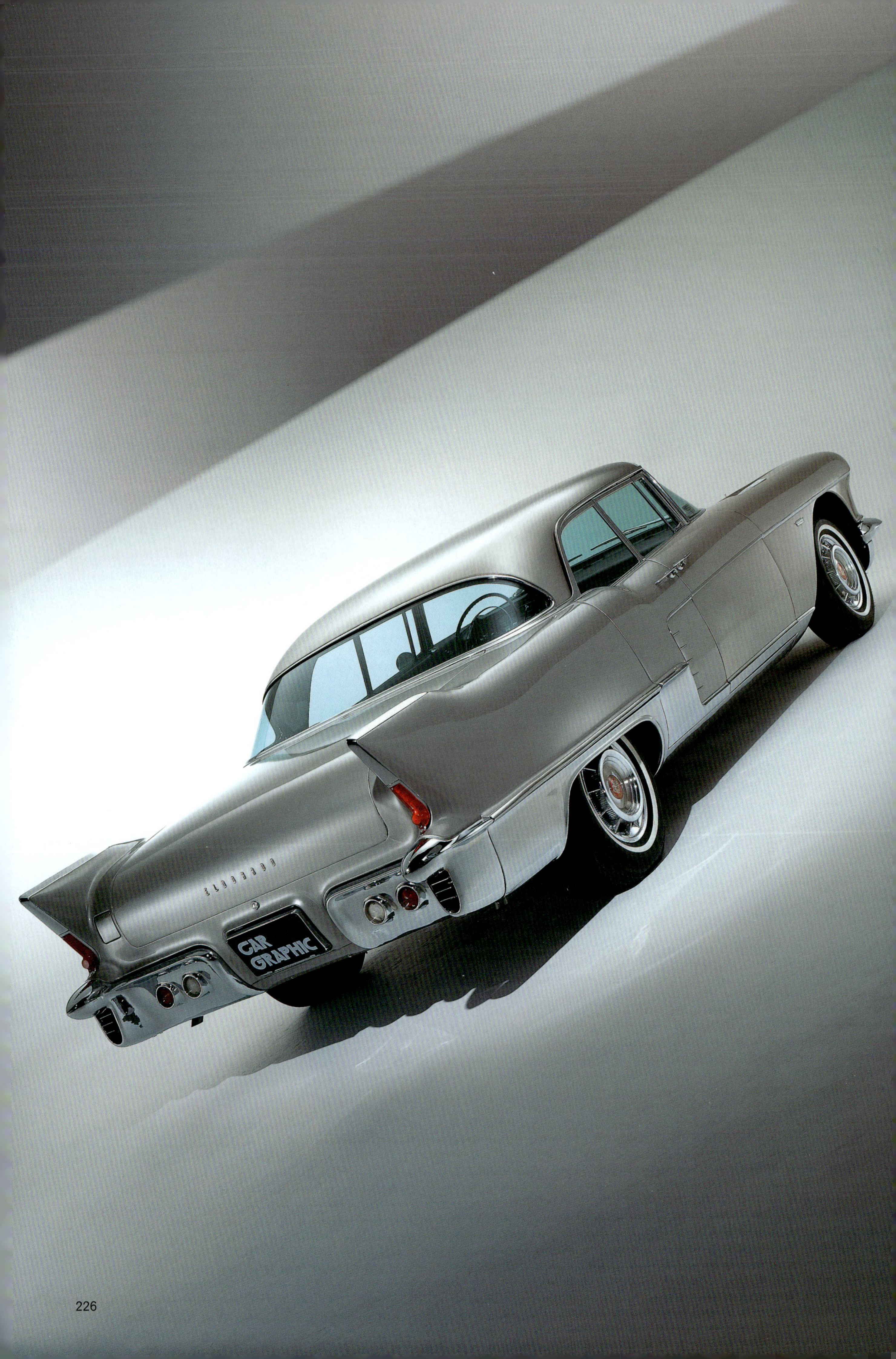
CAR
GRAPHIC

■ゆがみをさがす

　ハイライトという言葉がある。タバコのハイライトとか横山ノックの「今週のハイライト」とかあまりレトロな風物ばかり思い起こさないでほしい、わたくしのように。ここで言っているのは自動車デザイン用語の「ハイライト」のことなのである。専門誌をめくるとたまに登場してくるこの言葉、一体何のことだろうか。

　実際、自動車のデザイナーとかモデラーといった人たちはクルマの「ハイライト」と「ハイライトの流れ」には大変に神経をつかう。「正しいハイライト」なるものを得るために多大なる時間と労力を費す。それで街中で他車のハイライトに誤りをみつけると「あれはダメだね」、「なってないね」と散々悪口をいう。てなわけで、まずはこの「ハイライト」とは何か？についてである。

　では説明のためにさっそく、今ここに一台の車をもってきて、高速道路のトンネルの中に置いたとしよう。いやそれは交通安全上不安なので、大渋滞の交通の中、前に進めずやむを得ず停止しているところでもよい。どちらにしても、トンネルの中を明るく照らす照明がこの自動車の表面に点々と映りこんでいるのが見えますな。この反射したアカリ、簡単に言うならば、「ハイライト」とはそのことなのである。

　「いったいなぜそんなものが自動車デザイン上、大切なんだ？」、まあお待ちなさい。すると今度は、おやおや、やっとのことで車の列がノロノロと動き出した。我々の車も動く。すると今、車の表面に映りこんでいた照明の光は車の後方へ向かって流れていきますな。すなわちこれが「ハイライトの流れ」というものなのです。

　「だからいったいナゼそんなものが重要なんだ！」、エーそこで答え。こうした映りこみがなぜ大切かというと、それは車体の表面、つまりボディの「面」に不正ゆがみやひずみがあると、たちどころにハイライトとその流れにも不整が現われるから。逆に言うと、クルマの「面」のゆがみやひずみを発見するにはハイライトを観察すればよいことになるからなのである。

　現在路上を走るほとんどの自動車はボンネットもフェンダーもヤネもマド部分もテカテカとつやのある材質でできている。だからそこに何かが映りこめば鏡のようにとはいわないが、たとえばボンネットに顔を近づければそれがテメエの顔であることがわかる程度には像が正確に映りこむわけだ。今、この映りこんだボンネット面のテメエの鼻のあたりを指で押してみましょう。ほんのわずかにボンネット面が変形しただけで、たちまちにして映りこんだ顔はでたらめになり、誰のツラかわからなくなってしまうでしょう。

　同様に先程のトンネル内の実験でも、わずかでもどこかの面にへこみのある車が通過すれば、たとえそのへこみが一見わからないぐらいのわずかなものだとしても、映りこむハイライトには必ずそこだけ不整が現われ、ハイライトのスムーズな流れが乱されることになるはずでありましょう。つまりハイライトをチェックすることによって車の「面」のゆがみ・不整を正確に把握することができる。そこで実際に自動車デザインの現場ではこの原理を応用して、クレイモデルの「面」をチェックしては修正するというメソッドが日常的に用いられているというわけなのですねえ。

　もしもクレイモデルの面に不整が残っていると完成した自動車にも同じ不整が残る、ということにもなり得るし、前述の如くデザイナーもモデラーも相当の神経をつかって正しいハイライトの流れが得られるまで修正を続ける。ではどのくらいまでこうした方法によって面の不整を修正していくかというと、これはデザイナーによって会社によって、またモデラーの腕によっても異なるが、まあ1mmも不整があったら放っとく人はまずいないでしょうね。1mmの半分、つまり0.5mmの面の不整、これが何とか見られる許容ギリギリぐらいだと考えてよいだろう。つまりクルマの表面というのはどれもツヤツヤとスムーズにできているが、あれは放っておいてああなったわけではなく、ハイライトのチェックを重ねて熟練のモデラーが丹念に面を修正していったからああいう風にスベスベに仕上がっている、というわけなのであります。

　かくて、世の中にはイイ車へんな車ヘンでイイ車等々色々なクルマがあるが、本職の手によりデザインされモデルされた車はとりあえずはひどい面のひずみや不整などはなくできあがっている。それに対して、というのも僭越ながら、アフターマーケットのスポイラーやウィングのできの悪いものとか、もっと極端な場合には1台まるごと手作りされた「趣味のカスタムカー」みたいなものを目にすることがたまにあるが、こうしたものの多くがひと目見ていかにも完成度が低く思えるのは、デザイン云々よりもまず面に不整があること、つまりハイライトが正しく通っていないことにその原因がある場合が多い。いや、本当のことを言うなら、エッと思うような正しかるべき生産車でもハイライトの処理はずいぶんいい加減、という例もかなりあるのであるが……。

■恐怖心霊写真

　で、例によってつながりがよくないが、というかつながりなどないが、今回の出演はキャディラック・エルドラードである、との本部からのお達し。それはよいがキャディラックはもうその車名をおよそ半世紀にわたって使いつづけている。つまりエルドラードといっても歴史上ずいぶん色々ある。昔はご存知のようにアメ車は毎年デザインをフ

ル・チェンジするのが当たり前だったから、ちょっと間違えただけでもまるで違う車の話を書いてたなんてことになりそうである。そこで2枚ほど実車の写真をメールしてもらう。すると、あなめずらしや、こいつは1957-58年のエルドラード・ブロアムという4ドアのやつである。"Eldo"史上で最も華やかな印象を放つ、コレクターズ・カーとしての価値もたしか非常に高いはずのモデルである。

　まったくの話、エルドラード史上最も華やかってことは間違いなく全自動車史上でも最も華やかな車の一台ってことだ。そもそもエルドラードというのは1950年代前半にリンカーン・コンティネンタル・マークⅡとかクライスラーが、イタリアのカロッツェリア・ギアと組んで作った豪華カスタムカーなんかを見て頭にきた将軍自動車(ゼネラル・モーターズ)が、カネならオレの方がもってるぜとドル札を天まで積みあげてつくった車なのだ。ちなみにこのブロアムも新車時の値段は、同時期のU.S.におけるロールス・ロイス・シルバー・クラウドⅠよりも高かった。

　ではさっそくだが華麗極まるそのデザインを見てみよう。これはナッシュの回でも少々ふれたが、この時代にデトロイトのデザイン・スタジオで誰もが追いかけていたデザイン・テーマにはひとつ明確なものがある。そのテーマとは「ジェット機」なのである。ジェット機を思わせる自動車こそが当時の彼らのひとつの理想だったのだ。そんなデトロイターの中でも殊にGMは「ジェット機風」の追求に熱心であったが、エルドラードにもそんな彼らの努力の跡をいくつもうかがうことができる。

　まず最もその意図を雄弁に物語るのはテール・フィン、つまりこの後部に見えるハネのような垂直尾翼のようなモノであろう。テール・フィンは50年代後半にアメリカの車ファッションを席捲したポピュラーなフィーチャーだが、中でもキャディラックは当時これにいれあげること、はなはだしかった。キャディラックのテール・フィン文化がそのピークを迎えたのは1959年のことで、これはフィンの高さがついには屋根とほぼ同じ高みにまで達し、そのフィン上に左右一対ずつ配置されたジェット・エンジンを模したテール・ランプは、噴きだす炎の形で赤い光が点灯するという、これはジツにナイスなデザインなのであった。

　今回のエルドラードに見るテール・フィンは、そこまでいく手前のフカヒレ成長の過程を示している。すなわちこの車のテール部分、全体としては大いに「ジェット機風」は表わされているが(ただの飛行機ではなく「ジェット機」を思わせるのはハネの先端がツンと突がって、また後退翼を思わせるように後傾姿勢につくられていることによる)、しかしまだそれほど極端にそびえ立つほどのものではない。

　で、ここにはいかにも「発展途上」的な、最後の数十cmまできてフィンがカクッと段つきにもちあがって少しだけ高くなる処理が見られるわけだが、この中途半端なやり方は、派手にそびえるテール・フィンを支持する急進派と、それはケバすぎると主張する穏健派が重役会で半々ににらみ合い、板ばさみになったデザイナーが両方に気に入られるよう考えついた折衷案という感じもする。

　ただ折衷案は折衷案としてひとつの意匠としてまとめているのがウマいところで、この段ツキの後端部は矢の後端の羽根のところからヒントを得たものとも見えるし、またリア・ドアの後半でポップアップしたベルト・ラインから連続的に見ると、ミサイルか何かがここに埋めこまれているようにも見える。

　さて、テール・フィン以外にもジェット機風デザイン・フィーチャー、この車にはあります。たとえば、これは少しわかりにくいかもしれないが、フロントのホイール・オープニング上端を通過してサイド・ウォールを走り、リア・ドアの真ん中で下におりて前方におり返してくるプレスラインがありますね。広大なサイド面に彫りと動きを与えてダレさせないためのラインであるが、このプレスラインに囲まれた領域の「面」をよく見ると、ココがそれ以外の部分に比べてほんのわずかだが曲率が大きく、丸みが強くつけられていることがおわかりだろうか。そして後端はルーバー状のクローム・オーナメントで終わっている。

　で、このプレスラインに囲まれた領域全体は、実はデザイナーの意図としては大きなジェット・エンジンを表わしたつもりだったのだと僕は思う。つまり、真横から見ると最もわかりやすいが、この車のサイド・ビューは横っ腹に全長の半分以上を占めるジェット・エンジンをかかえこんだような、少なくともそうした意図をもって構成されたデザインなのである。ジェット・エンジンであるから断面も多少なりとも丸く、後端のクロームのルーバー・オーナメントはしたがってジェット噴出口を模したものということになる。

　こういう説明は心霊写真の説明みたいなもんで、「ほらココに霊が……」と言われればそうとも見えるが、でも本当かいなと頼りなく思われるかもしれないが、まあご安心あれ。ワタクシは元GM(オペル)デザイナーでもある。昔のGMデザインが「中に何かをかかえこんだ」というテーマのボディ・サイドにどれだけご執心だったか、忘れようったって忘れられるもんじゃありませんて。

■ユメが未来の現実になる

　他にもこの車について語るべきことはずいぶんある。常識的にいって、この車のデザイン・エンジニアリング・フィーチャーとして外してはイケないんだろうと思われてるのは、たとえばこのドアである。観音開きの前後ドア、それを両方共に開けると、おんやBピラーが存在しない。乗

り降りが楽だし見た目の開放感はすばらしい。このエルドラード・ブロアムは観音開きにしてBピラーを完全撤去したアメリカで初めての市販車であると言われている。あと、4灯式のヘッド・ライトも市販車ではこの車が第一号とされているようだ。もっとも4灯式は単に法的な理由で、ある時期まで誰も市販化できなかった、というだけのことだが。

　正直なところこういった類の「世界で最初の、ドコソコで最初の」というのは、発表当時には話題集めによい材料だったに違いないが、何十年もたってしまえばヒストリアンでもない僕には、どの車が1番で2番、3番でというのはどうでもよく思えてしまう。

　このエルドラードは、当時のユメの技術を思い切りブチ込んだ車だったからそういう意味ではたしかにすごい。つまり電動マドあたりが一般的には驚愕の未来的フィーチャーと思われていた時代にこの車はマドなど言うには及ばずで、クルーズコントロール、自動ロック、運転席から操作するトランク開閉ボタン、電動シートとそのポジション・メモリー機構、対向車がくると自動的に下を向くヘッド・ライト、ドアが開いていると自動的に始動できなくなるイグニッション等々の数限りないデンキ仕掛けと、それに加えて自動車高調整式エアサスペンション——しかもドアを開けると乗降用に自動的に車高を下げる——まで装備していた。

　こういう車であるから半世紀前の人々にはまさにユメの乗り物と思えたことは間違いない。しかしクールなことを言えば、これほどの技術もしょせんは当時でもしかるべきサプライヤーに金を積めば手に入るものだったわけで、ただたいていの車には高価すぎて使えなかったものをこの車には金に糸目をつけずに採用した、ということにすぎない。

　ただし、ちょっと違う意味で僕もとても感心していることもある。すなわちこうしてこの車のスペシャル装備をリストアップしてみると、なんとも現代の自動車のゼイタク装備にピタリとオーバーラップしているではないか。これはオドロキだ。よくぞ当時、ここまで未来にもそのまま通用するような装備品を選択することができたと感心せざるを得ない。1950年代後半といったら、「腕木式の方向指示器で中にダイダイ色の明かりがつくもの」みたいなのが高級車の装備と思われていた時代だ（他にもいわゆる高級車が採用し、数年のうちに消え去ったガジェットは数限りない）。それを思えば当時のGMの先見の明はたいしたものだと思う。

　さて、このあたりで例によって小生の個人的好みを言わせてもらうなら、このエルドラード・ブロアムは僕にとっては、まぁ73点ぐらいかな。あまりたいした点ではないのは、実はこのあと2〜3年もするとキャディラックは派手な印象をさらに強めはするが、しかし同時に面処理が意外なほどずっと繊細なものになってくる。ディテールまで驚くほど神経がゆきとどいて長時間見ていても飽きないようになる。それに対してこのブロアムはまだそうした洗練の一歩手前にあるように思われること。それと、これは少々マニアックかもしれないが、歴代エルドラードの中で僕が一番好むヤツは他にあり、それはこのブロアムより少し古いもので、2灯式でコーク・ボトル型の流線型テールの上に小型テールフィンを生やしたラップ・ラウンド・ウィンドシールドのクーペというのがあったのだ。そう言えばおわかりのとおり、それはあまりといえばあまりの過渡期的な混乱したデザインだったわけだが、その過渡期ゆえのアンバランスが何ともオモロイ味わいを醸し出したヘンでイイ車だったのです。

　……さてここから先は冒頭のハイライト・チェックによる面修正というメソッドの創始者はどうもGMデザインだったらしい、という話で結ぼうと思っていたのだが、おっとその話を進めるとなるとトンでもなく長い話になる。まぁしょーがないから、この際そういうシメを読んだつもりになっといてください。……なりました？

名車の残像 I／II

発行　株式会社 二玄社